Numerik gewöhnlicher Differentialgleichungen

Band 2 Mehrschrittverfahren

Von Dr. phil. nat. Rolf Dieter Grigorieff
o. Professor an der Technischen Universität Berlin

unter Mitwirkung von
Dr. phil. nat. Hans Joachim Pfeiffer
wiss. Assistent an der Technischen Universität Berlin

Mit 49 Figuren, 32 Tabellen und zahlreichen Beispielen

B. G. Teubner Stuttgart 1977

Prof. Dr. phil. nat. Rolf Dieter Grigorieff

Geboren 1938 in Berlin. Von 1957 bis 1966 Studium der Physik und Mathematik an der Technischen Universität Berlin und an der Universität Frankfurt/M. 1965 Diplom in Physik. Von 1965 bis 1970 wissenschaftlicher Assistent am Lehrstuhl für Angewandte und Instrumentelle Mathematik der Universität Frankfurt/M., 1967 Promotion, 1970 Habilitation in Mathematik. 1970 Professor an der Technischen Hochschule Darmstadt. Seit 1971 Professor an der Technischen Universität Berlin.

Dr. phil. nat. Hans Joachim Pfeiffer

Geboren 1944 in Darmstadt. Studium der Mathematik von 1964 bis 1969 an der Universität Frankfurt. Diplom 1969 und Promotion 1972 in Frankfurt. Von 1969 bis 1972 Verwalter einer wissenschaftlichen Assistentenstelle am Lehrstuhl für Angewandte und Instrumentelle Mathematik der Universität Frankfurt. Seit 1972 wissenschaftlicher Assistent an der Technischen Universität Berlin.

CIP-Kurztitelaufnahme der Deutschen Bibliothek

Grigorieff, Rolf Dieter
Numerik gewöhnlicher Differentialgleichungen /
unter Mitw. von Hans Joachim Pfeiffer. -
Stuttgart : Teubner.

Bd. 2. Mehrschrittverfahren. - 1. Aufl.- 1977.

(Teubner-Studienbücher : Mathematik)
ISBN 3-519-02045-9

Printed in Germany
Druck: J. Beltz, Hemsbach/Bergstraße
Binderei: G. Gebhardt, Ansbach
Umschlaggestaltung: W. Koch, Sindelfingen

M. gewidmet

Vorwort

Hauptziel des vorliegenden zweiten Teils der Numerik von Anfangswertaufgaben gewöhnlicher Differentialgleichungen ist es, die heute zur Verfügung stehenden Verfahren einschließlich ihrer mathematischen Behandlung darzustellen.

Dementsprechend ist wie im ersten auch in diesem Teil der Versuch unternommen worden, die Wirkungsweise der Verfahren allein, in meist gesonderten Abschnitten, zu beschreiben, die losgelöst von den detaillierteren mathematischen Untersuchungen verstanden werden können und insbesondere auch für den vorwiegend anwendungsorientierten Leser gedacht sind. In den anderen Passagen des Buches ist dann soweit wie möglich das Studium der mathematischen Eigenschaften der Verfahren vorgenommen worden.

Wenn die Durchführung eines solchen Programms auch nur unter Beschränkungen in der Stoffauswahl möglich ist, so ist doch versucht worden, die heute gängigen Verfahren, auch speziell für die sog. steifen Differentialgleichungssysteme, aufzunehmen. Auch die in den letzten Jahren in Gang gekommene Verwendung von Mehrschrittverfahren mit variablen Schrittweiten ist berücksichtigt worden. Ebenso werden Verfahren für Systeme höherer Ordnung mit Möglichkeiten der Reduzierung des Rundungsfehlereinflusses dargestellt.

Die mathematische Analyse ist so angelegt worden, daß damit möglichst auch die in der Praxis Verwendung findenden Verfahren erfaßt werden. Demgemäß sind die Stabilitätsfragen ausführlich behandelt worden. Konvergenzuntersuchungen werden, wenigstens ansatzweise, für variable Schrittweiten vorgenommen, bei Systemen höherer Ordnung auch für die Differenzenquotienten bis zur Ordnung der Differentialgleichung. Eingang gefunden haben auch asymptotische Entwicklungen und neuere Ergebnisse über optimale Fehlerabschätzungen.

Zur Illustrierung des Textes sind eine Reihe numerischer Beispiele aufgenommen worden, die von Herrn Dr. H.-J. Pfeiffer bereitgestellt wurden, soweit sie nicht als aus der Originalliteratur herrührend gekennzeichnet sind. Darüber hinaus bin ich Herrn Dr. Pfeiffer auch für die kritische Durchsicht des ersten Kapitels und der drei letzten Abschnitte des zweiten Kapitels zu großem Dank verpflichtet, ebenso wie Herrn Dipl.-Math. J. Schroll, der entsprechend die anderen Abschnitte von Kap. 2 und das dritte Kapitel durchgesehen hat. Dieses Buch hätte aber nicht erscheinen können ohne die außerordentliche Umsicht und Sorgfalt von Frau G. Froehlich bei der Anfertigung der reproduktionsreifen Druckvorlage, für die ich ihr herzlich danke. Ebenfalls meinen Dank aussprechen möchte ich dem Teubner-Verlag für die jederzeit angenehme Zusammenarbeit.

R.D. Grigorieff

Berlin, im Juli 1977

Inhalt

Inhalt von Band 1 Einschrittverfahren

1. Mehrschrittverfahren für Systeme erster Ordnung

Ziel dieses Kapitels ist die Darstellung einer Reihe von Mehrschrittverfahren, die heute in der Praxis verwendet werden. Dabei beginnen wir im ersten Abschnitt mit der allgemeinen Beschreibung des Aufbaus eines Mehrschrittverfahrens, an die sich einige grundlegende Überlegungen über Konsistenz und Konsistenzordnung anschließen. Es folgen im zweiten Abschnitt die vier geläufigen Grundtypen von Mehrschrittverfahren. Die Nordsieck-Form von Mehrschrittverfahren, auf welcher die Methode von Gear basiert, wird im nächsten Abschnitt dargestellt. Inhalt der folgenden beiden Abschnitte sind verschiedene Verfahren der Anlaufrechnung und der Schätzung des Abschneide- bzw. Diskretisierungsfehlers im Laufe der Rechnung. Der letzte Abschnitt ist den in letzter Zeit immer mehr an Bedeutung gewinnenden Mehrschrittverfahren gewidmet, bei denen sowohl die Schrittweite als auch die Konsistenzordnung gesteuert wird. Neben dem Gearschen Verfahren werden auch die Formeln für die Methode von Krogh entwickelt, welche ein Mehrschrittverfahren auf nicht notwendig äquidistantem Gitter darstellt.

1.1. Definition der Mehrschrittverfahren

In diesem Abschnitt beschreiben wir die allgemeine Gestalt eines Mehrschrittverfahrens zur näherungsweisen Lösung des schon in I-1.1.*) eingeführten Anfangswertproblems

(A) Gegeben sind eine stetige Funktion f der Variablen $(x,y) \in I \times \mathbb{K}^n$ und ein Vektor $\alpha \in \mathbb{K}^n$. Gesucht ist eine stetig differenzierbare Lösung $u: I \to \mathbb{K}^n$ des Systems

(1) $u'(x) = f(x,u(x)), \; x \in I,$

von n gewöhnlichen Differentialgleichungen mit der Anfangsbedingung

(2) $u(a) = \alpha.$

*) Verweise auf Band 1 dieses Buches werden durch ein vorangestelltes I gekennzeichnet

Dabei ist $\mathbb{K}$ der reelle oder komplexe Zahlkörper und $I=[a,b]\subset \mathbb{R}$ ein kompaktes Intervall.

Eine der Beobachtungen, die zur Verwendung von Mehrschrittverfahren führt, ist, daß die Lösung u von (A) der zu (1),(2) äquivalenten Integralgleichung

$$(3) \quad u(x) = u(a) + \int_a^x f(t,u(t))dt, \quad x\in I,$$

genügt. Die Lösung u an der Stelle x hängt also vom Verlauf von u(t) für $t\in[a,x]$ ab. Es ist daher naheliegend, Verfahren zu entwickeln, bei denen die jeweils zu bestimmende Näherung von allen oder wenigstens einigen vorangehenden Gitterpunkten abhängt. Dabei wird man besonders günstige numerische Eigenschaften von den Verfahren erwarten, die ebenso wie (3) implizit sind.

Zur Beschreibung eines m-Schrittverfahrens, $m\in\mathbb{N}$, benötigen wir die Punktgitter

$$I_h' = \{x\in I \mid x = x_j, \ j=0,\ldots,N, \text{ mit } x_j=a+jh\}$$

sowie

$$I_h = \{x\in I \mid x = x_j, \ j=m,\ldots,N\},$$

die mit Hilfe einer Schrittweite $h>0$ erklärt sind, die $N\cdot h\leqslant b-a$, $(N+1)h\geqslant b-a$ erfüllt, wobei stets $N\geqslant m$ angenommen wird. Die Schrittweiten sollen dabei eine Nullfolge $\{h\}$ durchlaufen. Allgemeiner als bei einem Einschrittverfahren wird $u'(x)$ jetzt mit Zahlen $a_0,a_1,\ldots,a_m\in\mathbb{R}$, $a_m\neq 0$, durch einen Ausdruck der Gestalt

$$(4) \quad \frac{1}{h}[a_0u(x-mh) + \ldots + a_{m-1}u(x-h) + a_mu(x)]$$

approximiert und $f(x,u(x))$ durch eine Funktion

$$(5) \quad f_h(x,u(x-mh),\ldots,u(x-h),u(x))$$

von m+2 Veränderlichen aus $I_h\times\mathbb{K}^{n(m+1)}$. Die Werte u(x) der Lösung von (A) an den Gitterpunkten aus I_h' genügen dann den Gleichungen

(6) $\frac{1}{h} \sum_{k=0}^{m} a_k u(x-(m-k)h) = f_h(x,u(x-mh),\ldots,u(x))+\tau_h(x), \; x \in I_h,$

mit einem Restglied τ_h. Durch geeignete Wahl der Zahlen a_k und der Funktion f_h versucht man, τ_h möglichst klein zu halten, etwa von möglichst großer Ordnung in h. Es ist dann die Vermutung, daß die Lösungen der Gleichungen, die aus (6) durch Streichen von τ_h entstehen, sich nur wenig von dem jeweils entsprechenden u(x) unterscheiden, und zwar umso weniger, je kleiner τ_h ist (dabei ist stillschweigend angenommen worden, daß für $u(x_j)$, $j=0,\ldots,m-1$, Näherungen bereits bekannt sind). Wie sich später zeigen wird, ist diese Vermutung, anders als bei Einschrittverfahren, nur unter gewissen zusätzlichen, die Stabilität sichernden, Bedingungen zutreffend.

Nach diesen vorbereitenden Betrachtungen wird als Mehrschrittverfahren das folgende diskrete Anfangswertproblem (A_h) definiert:

(A_h) <u>Gegeben seien reelle Zahlen</u> $a_0,a_1,\ldots,a_m$, $a_m \neq 0$, <u>eine Funktion</u> f_h <u>der</u> m+2 <u>Veränderlichen</u> $(x,y_0,\ldots,y_m) \in I_h \times \mathbb{K}^{n(m+1)}$ <u>mit Werten im</u> $\mathbb{K}^n$ <u>und Vektoren</u> $\alpha_h^{(0)},\ldots,\alpha_h^{(m-1)} \in \mathbb{K}^n$. <u>Gesucht ist eine Lösung</u> $u_h(x)$, $x \in I_h'$, <u>des Gleichungssystems</u>

(7) $\frac{1}{h} \sum_{k=0}^{m} a_k u_h(x+kh) = f_h(x+mh,u_h(x),\ldots,u_h(x+mh)), \; x+mh \in I_h,$

(8) $u_h(a+jh) = \alpha_h^{(j)}, \; j=0,\ldots,m-1.$

Wenn wir abkürzend u_j anstelle von $u_h(x_j)$ schreiben, so läßt sich (7),(8) auch in der Form schreiben

(9) $\frac{1}{h} \sum_{k=0}^{m} a_k u_{j+k} = f_h(x_{j+m},u_j,\ldots,u_{j+m}), \; j=0,\ldots,N-m,$

(10) $u_j = \alpha_h^{(j)}, \; j=0,\ldots,m-1.$

Ist f_h unabhängig von der Variablen y_m, so besitzt das Gleichungssystem (7),(8) eine eindeutig bestimmte Lösung u_h, die durch Auflösung nach $u_h(x+mh)$ sukzessive berechnet werden kann. Man bezeichnet dann (A_h) als <u>explizites</u> Verfahren.

Im allgemeinen Fall ist $u_h(x+mh)$ Lösung des impliziten Gleichungssystems

(11) $z = g(z)$,

wobei sich die Funktion g durch Auflösung der linken Seite von (7) nach $u_h(x+mh)$ bestimmt zu

$$g(z) = -\frac{1}{a_m} \sum_{k=0}^{m-1} a_k u_h(x+kh) + \frac{h}{a_m} f_h(x,u_h(x),\ldots,u_h(x+(m-1)h),z).$$

Die Funktionswerte $u_h(x),\ldots,u_h(x+(m-1)h)$ sind dabei als bekannte Parameter anzusehen, die durch die Startwerte (8) bzw. die bereits berechnete Lösung von (7) in den vorangehenden Gitterpunkten zur Verfügung stehen. Man spricht in diesem Fall von einem _implizíten_ Mehrschrittverfahren (A_h).

Die Lösung von (11) wird man meist mit dem bekannten Iterationsverfahren

(12) $z^{(l+1)} = g(z^{(l)}),\ l=0,1,\ldots,$

versuchen mit einer Startnäherung $z^{(o)} \in \mathbb{K}^n$, die schon möglichst in der Nähe der gesuchten Lösung liegen sollte, um die Zahl der Iterationen in (12) bis zum Erreichen genügender Genauigkeit klein zu halten (s. auch Kap. 4). Es ist natürlich nicht gesagt, ob sich (11) überhaupt lösen läßt bzw. ob (12) eine gegen eine Lösung von (11) konvergente Folge $\{z^{(l)}\}$ liefert. Auf die Lösbarkeitsfrage gehen wir noch in 2.4.(1) näher ein. Wir vermerken an dieser Stelle nur das folgende einfache Ergebnis.

(13) _Es sei_ z^* _eine Lösung von_ (11), _und es gebe Zahlen_ $r>0$, $q<1$, _mit denen für alle_ $|z-z^*|< r$, $|z'-z^*|<r$ _gilt_

(14) $|g(z)-g(z')| \leqslant q|z-z'|$.

Dann ist die Folge (12) _bei beliebigem Startvektor_ $z^{(o)}$ _mit_ $|z^{(o)}-z^*|<r$ _konvergent gegen_ z^* _mit der Fehlerabschätzung_

(15) $|z^{(j)}-z^*| \leqslant q^j|z^{(o)}-z^*|,\ j\in\mathbb{N}$.

Beweis. Wir gehen mit vollständiger Induktion vor. Wenn wir annehmen, daß (15) bereits für ein $j\in\mathbb{N}$ bewiesen ist, so gilt

$|z^{(j)}-z^*|<r$ und es ergibt sich

$$|z^{(j+1)}-z^*| = |g(z^{(j)})-g(z^*)| \leqslant q|z^{(j)}-z^*| \leqslant q^{j+1}|z^{(o)}-z^*|.$$

Aufgrund der Bedeutung von g in unserem Zusammenhang ist (14) gleichbedeutend damit, daß die Funktion

$$f_h(x+mh,u_h(x),\ldots,u_h(x+(m-1)h),\cdot)$$

bezüglich des letzten Arguments in einer Umgebung von z* Lipschitz-stetig ist. Bezeichnet L_m diese Lipschitzkonstante, so wird

(16) $q = hL_m/|a_m|$.

Kann L_m von h unabhängig gewählt werden, so erkennt man, daß die Bedingung $q<1$ für genügend kleine Schrittweiten h eintritt. Bei manchen Problemen, insbesondere bei steifen Differentialgleichungen, bei denen L_m sehr groß wird, stellt dies eine starke Bedingung an die Kleinheit von h dar, die von der Größe des Diskretisierungsfehlers her oft gar nicht erforderlich ist. In diesen Fällen versucht man, (11) beispielsweise mit dem Newton-Verfahren oder einer seiner Varianten zu lösen (s. I-S.122,5.3.3.).

Im weiteren nehmen wir immer an, daß (A_h) eine eindeutig bestimmte Lösung besitzt, ohne darauf immer ausdrücklich hinzuweisen. Es folgen nun noch die grundlegenden Begriffsbildungen der Konsistenz und Ordnung, die zum Ausdruck bringen, daß (A) überhaupt durch (A_h) approximiert wird und wie genau sich diese Approximation bei gegen Null gehender Schrittweite h verhält.

In (6) ist bereits der Abschneidefehler $\tau_h(x)$, $x \in I_h$, bei der Approximation der Differentialgleichung durch (7) eingeführt worden, welcher nichts anderes als den auftretenden Fehler beim Einsetzen der wahren Lösung in die Näherungsgleichungen darstellt. Ebenso tritt beim Einsetzen von u in (10) ein Abschneidefehler der Startwerte auf, welcher gegeben ist durch

(17) $\tau_h(x_j) = u(x_j) - \alpha_h^{(j)}$, $j=0,\ldots,m-1$.

(18) Das Mehrschrittverfahren (A_h) heißt konsistent mit (A),

<u>wenn der Abschneidefehler</u> τ_h <u>die Bedingung erfüllt</u>

$$\max_{j=0,\ldots,m-1} |\tau_h(x_j)| + \sum_{x\in I_h} h|\tau_h(x)| \to 0 \ (h\to 0).$$

Eine hinreichende Bedingung für die Konsistenz ist

(19) $\alpha_h^{(j)} \to \alpha,\ j=0,\ldots,m-1,\ \max_{x\in I_h} |\tau_h(x)| \to 0\ (h\to 0),$

was man leicht wie bei I-1.1.(9) einsieht. Wir beweisen noch ein notwendiges und hinreichendes Kriterium. Dazu führen wir das durch die Koeffizienten von (A_h) definierte Polynom

(20) $\rho(z) = \sum_{k=0}^{m} a_k z^k$

in der Unbestimmten z ein.

(21) <u>Dann und nur dann ist</u> (A_h) <u>konsistent mit</u> (A) <u>und gilt</u>

(22) $\limsup_{h\to 0} \rho(1) \sum_{x\in I_h} h|f_h(x,u(x-mh),\ldots,u(x))|<\infty,$

<u>wenn</u> $\rho(1)u=0$ <u>ist und</u> $\alpha_h^{(j)}\to\alpha$, $j=0,\ldots,m-1$, <u>sowie</u>

(23) $\sum_{x\in I_h} h|f_h(x,u(x-mh),\ldots,u(x))-\rho'(1)f(x,u(x))|\to 0$

<u>für</u> $h\to 0$ <u>konvergiert</u>.

<u>Beweis</u>. Die Bedingungen $\tau_h(x_j)\to 0$ und $\alpha_h^{(j)}\to\alpha$ $(h\to 0)$, $j=0,\ldots,m-1$, sind offenbar gleichbedeutend. Durch Taylorentwicklung erhält man

(24) $$\tau_h(x) = \frac{1}{h}\rho(1)u(x-mh) + \rho'(1)u'(x-mh) + o(h) - f_h(x,u(x-mh),\ldots,u(x)),\ x\in I_h,\ h\to 0,$$

unter Verwendung des bekannten Landauschen Symbols o(h). Ersetzt man u'(x) durch f(x,u(x)), so erkennt man, daß (23) für die Konsistenz hinreichend ist. Außerdem folgt (22) aus (24). Umgekehrt ergibt sich mit Hilfe von (24) aus der Konsistenz

$$\sum_{x\in I_h} |\rho(1)u(x-mh)+h[\rho'(1)u'(x)-f_h(x,u(x-mh),\ldots,u(x)]|\to 0$$

für $h\to 0$. Aufgrund von (22) ist dann $\Sigma|\rho(1)u(x-mh)|$ beschränkt, und daher muß $\rho(1)u=0$ sein, da die Zahl der Gitterpunkte, die in einem Intervall mit $\rho(1)u\neq 0$ liegen, für $h\to 0$ unbeschränkt zunimmt. Damit gilt auf jeden Fall $\rho(1)u=0$, und damit erhält man dann auch (23).

Im hinreichenden Teil von (21) wird die Voraussetzung (22) nicht benötigt. Besitzt (A) nicht gerade die triviale Lösung, so ist $\rho(1)u=0$ mit $\rho(1)=0$ äquivalent.

Einen wichtigen Spezialfall von Funktionen f_h erhält man in der Gestalt

$$(25)\quad f_h(x,y_0,\dots,y_m) = \sum_{k=0}^{m} b_k f(x+kh,y_k),\quad x+mh\in I_h,\ y_k\in\mathbb{K}^n,$$

wobei b_k geeignet gewählte reelle Zahlen sind. Man spricht dann von einem <u>linearen</u> <u>Mehrschrittverfahren</u> (A_h). Die f_h aus (25) erfüllen die Bedingung (22), da in diesem Falle $f_h(x,u(x-mh),\dots,u(x))$ für $x\in I_h$ gleichmäßig für $h\to 0$ beschränkt ist. Führen wir entsprechend zu (20) das Polynom

$$(26)\quad \sigma(z) = \sum_{k=0}^{m} b_k z^k$$

ein, so kann man (21) in der folgenden Form aussprechen.

(27) <u>Ist</u> f_h <u>durch</u> (25) <u>gegeben, so ist</u> (A_h) <u>konsistent mit</u> (A), <u>wenn</u>

$$\alpha_h^{(j)}\to\alpha\ (h\to 0),\ j=0,\dots,m-1,$$

<u>konvergiert und</u>

$$(28)\quad \rho(1) = 0,\quad \rho'(1) = \sigma(1)$$

<u>gilt. In diesem Fall ist sogar</u> (19) <u>erfüllt. Ist</u> $f(\cdot,u)\not\equiv 0$, <u>so sind die angegebenen Bedingungen auch notwendig</u>.

<u>Beweis</u>. Aufgrund der Stetigkeit von f und u erfüllt das f_h aus (25)

$$\max_{x\in I_h} |f_h(x,u(x-mh),\dots,u(x)) - \sigma(1)f(x,u(x))|\to 0$$

für $h\to 0$. Mit $\rho(1)=0$ erhält man daher aus (25) $\max|\tau_h(x)|\to 0$

$(h \to 0)$, womit (19) und damit die Konsistenz bewiesen ist. Umgekehrt geht (24) nach Grenzübergang $h \to 0$ in

$$|\sigma(1)-\rho'(1)| \int_I |f(x,u(x))|dx = 0$$

über. Wegen $f(\cdot,u) \neq 0$ ist auch $u \neq 0$, und (28) folgt.

Der folgende Begriff der Konsistenzordnung gibt ein Maß dafür, mit welcher Geschwindigkeit der Abschneidefehler für $h \to 0$ gegen Null strebt.

(29) Das Mehrschrittverfahren (A_h) besitzt die Konsistenzordnung $p>0$, wenn es eine Konstante K gibt mit der Eigenschaft

$$\max_{j=0,\ldots,m-1} |\tau_h(x_j)| + \sum_{x \in I_h} h|\tau_h(x)| \leq Kh^p, \quad h \to 0.$$

Für Funktionen f_h der speziellen Bauart (25) läßt sich die Konsistenzordnung ähnlich wie die Konsistenz durch algebraische Bedingungen charakterisieren. Wie in I-S.11 bezeichne dabei $U \subset I \times \mathbb{K}^n$ eine Umgebung des Graphen von u.

(30) Sei $p \in \mathbb{N}$. Unter der Voraussetzung

$$\tau_h(x_j) = O(h^p), \quad j=0,\ldots,m-1,$$

ist jede der folgenden Bedingungen damit äquivalent, daß (A_h) für jede Funktion $f \in C^p(U)$ die Konsistenzordnung p besitzt.

(i) Für $l=0,1,\ldots,p$ gilt

$$(31) \quad \sum_{k=0}^{m} (k^l a_k - l k^{l-1} b_k) = 0.$$

(ii) Es ist $z=0$ eine Nullstelle der Ordnung größer gleich $p+1$ der ganzen Funktion

$$(32) \quad \varphi(z) := \rho(e^z) - z\sigma(e^z).$$

(iii) Die Konsistenzordnung für die Anfangswertaufgabe $u'=u$, $u(a)=1$, beträgt p.

(iv) Die Konsistenzordnung ist gleich p für eine Klasse von Anfangswertaufgaben (A), deren Lösungen den Raum der Polynome vom Grade p aufspannen.

Beweis. Für $f \in C^p(U)$ liegt die Lösung u von (A) in $C^{p+1}(I)$, und man erhält für den Abschneidefehler durch Taylorentwicklung

$$(33)\quad h\tau_h(x+mh) = \sum_{k=0}^{m} [a_k u(x+kh) - hb_k u'(x+kh)]$$

$$= \sum_{k=0}^{m} [a_k u(x) + \sum_{l=1}^{p} (\frac{a_k}{l!} k^l - \frac{b_k}{(l-1)!} k^{l-1}) h^l u^{(l)}(x)] + O(h^{p+1}).$$

Die Bedingungen (31) ergeben offenbar die Konsistenzordnung p. Umgekehrt folgen sie aber auch aus ihr, da man in (33) nacheinander $u=1$, $u=x,\ldots,$ $u=x^p$ nehmen kann. Die Argumentation für die Äquivalenz von (iv) ist entsprechend, da τ_h linear in u ist. Offenbar ist (iii) notwendig. Ist umgekehrt (iii) erfüllt, so kann man in (33) $u=\exp(x-a)$ setzen und erhält, da die Konsistenzordnung gleich p sein soll, nach Summation von $h\tau_h(x)$ über I_h

$$\sum_{l=0}^{p} c_l h^{l-1} \sum_{x+mh\in I_h} h \exp(x-a) = O(h^p), \quad h\to 0,$$

mit Zahlen c_l, die bis auf einen Faktor l! mit den linken Seiten von (31) übereinstimmen. Da die Summe über I_h gegen das entsprechende Integral konvergiert, muß $c_l=0$, $l=0,\ldots,p$, gelten. Schließlich ist (i) mit (ii) äquivalent, da (33) in die Entwicklung von φ um die Stelle $z=0$ bis zu Gliedern der Ordnung z^p übergeht, wenn man h durch z und $u^{(l)}(x)$ durch 1 ersetzt.

Eine Folgerung aus (27) und (30) ist, daß ein konsistentes Verfahren (A_h) der Bauart (25) für Anfangswertaufgaben (A) mit $f\in C^1(U)$ bereits die Konsistenzordnung $p=1$ aufweist. Wegen (30)(iv) ist dies auch gleichbedeutend damit, daß der Abschneidefehler τ_h für $x\in I_h$ verschwindet, wenn man ihn mit den beiden Funktionen $u=1$ und $u=x$ bildet.

Wenn $u\in C^{p+2}(I)$ ist, so kann man die Entwicklung in (33) noch um ein Glied fortführen und erhält für ein Verfahren der Konsistenzordnung p

$$\tau_h(x+mh) = \frac{h^p}{(p+1)!} \sum_{k=1}^{m} (k^{p+1} a_k - (p+1) k^p b_k) u^{(p+1)}(x) + O(h^{p+2}).$$

Der Faktor von $h^p u^{(p+1)}(x)$ wird auch als Fehlerkonstante C_p bezeichnet. $\hat{C}_p := C_p/\sigma(1)$ heißt normierte Fehlerkonstante. Ist C_p von Null verschieden, so sagt man auch, daß (A_h) die genaue Konsistenzordnung p besitzt. Man erkennt außerdem, daß sich die Fehlerkonstante bestimmen läßt, indem man den Abschneidefehler für $u=x^{p+1}$ berechnet, denn es besteht der Zusammenhang

(34) $\tau_h(x;u=x^{p+1}) = h^p(p+1)!C_p, \quad x\in I_h.$

Eine weitere Möglichkeit zur Bestimmung von C_p besteht in der Ausnutzung der Beziehung

(35) $C_p = \lim_{h\to 0} h^{-p}\tau_h(a;u=\exp(x-a)).$

In diesem Zusammenhang verfolgen wir abschließend die Frage nach der Existenz linearer Mehrschrittverfahren einer gewissen zu erwartenden größten Konsistenzordnung.

Ein m-schrittiges, lineares Verfahren (A_h) besitzt $2(m+1)$ Parameter a_k, b_k, $k=0,\dots,m$. Da (A_h) homogen von den Parametern abhängt und $a_m \neq 0$ sein muß, kann man noch die Bedingung $a_m=1$ stellen, ohne die Klasse der sich ergebenden Verfahren einzuschränken. Die Bedingung an (A_h), explizit zu sein, reduziert die Freiheiten noch um eins. Daher ist $p=2m$ bzw. $p=2m-1$ als maximale Konsistenzordnung im impliziten bzw. im expliziten Fall zu erwarten, was durch den folgenden Satz bestätigt wird.

(36) Sei r eine ganze Zahl in $0\leq r\leq m$. Dann gibt es genau ein ρ vom Grade m mit $a_m=1$ und genau ein σ vom Grade r, so daß das zugehörige (A_h) unter der Voraussetzung $\tau_h(x_j) = O(h^{m+r})$, $j=0,\dots,m-1$, für jedes $f\in C^{m+r}(U)$ die Konsistenzordnung $p=m+r$ besitzt. Im Falle $r=m$ ist $p=2m$ die genaue Konsistenzordnung.

Beweis. Wir definieren das Polynom ρ^* vom Grade m-1 durch $\rho(z)-\rho(1) = (z-1)\rho^*(z)$ und setzen

(37) $w(\zeta) := \dfrac{\rho^*(\zeta)}{\log^*\zeta}, \quad \log^*\zeta := \dfrac{\log\zeta}{\zeta-1}.$

Die Funktion w ist analytisch in einer Umgebung von $\zeta=1$. Nach der Variablentransformation $\zeta=e^z$ läßt sich (30)(ii) dann äquivalent dadurch ausdrücken, daß $\rho(1) = 0$ ist und $\zeta = 1$ eine Nullstelle der Ordnung größer gleich p der Funktion $w-\sigma$ ist. Entwickeln wir w und σ nach Potenzen von $\zeta-1$, d.h.

$$w(\zeta) = \sum_{j=0}^{\infty} w_j(\zeta-1)^j, \quad \sigma(\zeta) = \sum_{j=0}^{\infty} \sigma_j(\zeta-1)^j, \quad \sigma_j=0, \quad j>r,$$

so besitzt (A_h) also genau dann für jedes $f\in C^p(U)$ die Konsistenzordnung p, wenn gilt

$$\rho(1) = 0, \quad w_j = \sigma_j, \quad j=0,\ldots,p-1.$$

Ordnen wir ρ^* entsprechend zu σ nach Potenzen von $\zeta-1$, so ist (37) äquivalent zu

$$(38) \quad j!\rho_j^* = (w(\zeta)\log^*\zeta)^{(j)}(1), \quad j=0,1,\ldots,$$

wobei $\rho_{m-1}^*=1$, $\rho_j^*=0$, $j\geqslant m$, ist. Eine Anwendung der Leibnizschen Regel führt (38) bei Beachtung von $(\log^*\zeta)^{(j)}(1)=j!/(j+1)$ in

$$(39) \quad \rho_j^* = \frac{1}{j!}\sum_{k=0}^{j}\binom{j}{k}\frac{k!}{k+1}(j-k)!w_{j-k} = \sum_{k=0}^{j}\frac{w_k}{j-k+1}$$

über. Somit ist ρ^* eindeutig bestimmt durch Angabe der w_j, $j=0,\ldots,m-1$, und umgekehrt. Daher besitzt (A_h) die Ordnung $p=m+r$ dann und nur dann, wenn $\rho(1)=0$ gilt und sich Zahlen w_k, $k=0,1,\ldots$, finden lassen mit $w_k=0$, $k=r+1,\ldots,m+r-1$, so daß (39) für $j\geqslant m-1$ erfüllt ist. Da sich (39) bei bekannten w_k, $k=0,\ldots,m+r-1$ für $j>m+r-1$ stets eindeutig lösen läßt, ist dies wiederum genau dann der Fall, wenn sich die für $j=m-1,\ldots,m+r-1$ aus (39) ergebenden r+1 linearen Gleichungen mit $w_k=0$, $k=r+1,\ldots,m+r-1$, nach den r+1 Unbekannten w_k, $k=0,\ldots,r$ auflösen lassen. Dies ist in eindeutiger Weise möglich, da die Koeffizientenmatrix bekanntlich nichtsingulär ist. Ist $r=m$, so führt die Annahme $w_k=0$, $k=m+1,\ldots,2m$, welche mit einer Konsistenzordnung $p>2m$ gleichbedeutend ist, vermöge der für $j=m,m+1,\ldots,2m$ angeschriebenen Gleichungen (39) auf die Bedingung $w_k=0$, $k=0,\ldots,m$, welche einen Widerspruch zu $\rho_{m-1}^*=1$ bedeutet. Damit ist alles bewiesen.

Die Existenz von Mehrschrittverfahren der Konsistenzordnung

$p=2m$ für $m\geq 2$ ist nur von theoretischem Interesse, da sie keine konvergenten Verfahren darstellen, denn sie sind stets instabil (s. 2.6.).

In dem Beweis von (36) ist die folgende Aussage mitenthalten.

(40) _Sei_ r _eine ganze Zahl in_ $0\leq r\leq m$. _Ist_ ρ _ein Polynom vom Grade_ m _mit_ $\rho(1)=0$, _so existiert ein eindeutig bestimmtes Polynom_ σ _vom Grade_ r, _so daß das zugehörige_ (A_h) _für jedes_ $f\in C^{r+1}(U)$ _unter der Voraussetzung_ $\tau_h(x_j) = O(h^{r+1})$, $j=0,\ldots, m-1$, _die Konsistenzordnung_ $p=r+1$ _besitzt_. _Ist umgekehrt_ σ _vom Grade_ r, _so gibt es ein eindeutig bestimmtes_ ρ _vom Grade_ m _mit_ $a_m=1$, _so daß das zugehörige_ (A_h) _für jedes_ $f\in C^{m-1}(U)$ _unter der Voraussetzung_ $\tau_h(x_j) = O(h^{m-1})$ _die Konsistenzordnung_ $p=m-1$ _besitzt_.

Satz (40) zeigt insbesondere, daß man den linearen Teil von (A_h), der durch ρ bestimmt ist, unter der alleinigen Einschränkung $\rho(1)=0$ beliebig vorschreiben kann, wenn man sich auf Verfahren der Konsistenzordnung $p=m+1$ (bzw. $p=m$ im expliziten Fall) beschränkt. Dies ist von Bedeutung bei der Aufstellung von Verfahren mit speziellen asymptotischen Stabilitätseigenschaften, da diese durch die Eigenschaften von ρ bestimmt sind (s. Kap.2).

Wir bemerken noch, daß sich die Fehlerkonstante bei einem Verfahren der Konsistenzordnung p durch $w_p-\sigma_p$ ausdrücken läßt, denn vermöge (35),(37) berechnet man

$$(41)\quad C_p = \lim_{h\to 0} h^{-p}(h^{-1}\rho(e^h)-\sigma(e^h))$$

$$= \lim_{\zeta\to 1} (\zeta-1)^{-p}(w(\zeta)-\sigma(\zeta)) = w_p-\sigma_p.$$

Für $p>m$ oder für ein explizites Verfahren mit $p\geq m$ ist $\sigma_p=0$.

Wir schließen diesen Abschnitt mit einer Bemerkung über die Äquivalenz linearer Mehrschrittverfahren, welche mit Hilfe von Polynomen ρ,σ erzeugt werden, die sich nur um einen gemeinsamen Faktor unterscheiden.

(42) Für $l=1,2$ sei $(A_h^{(l)})$ ein lineares, $m^{(l)}$-schrittiges Mehrschrittverfahren auf äquidistantem Gitter. Für die zugehörigen Polynome gelte

$$(43)\quad \frac{\rho^{(1)}(z)}{\sigma^{(1)}(z)} = \frac{\rho^{(2)}(z)}{\sigma^{(2)}(z)} .$$

Ist u_h eine Lösung von $(A_h^{(1)})$ und gilt $A_h^{(2)} u_h(x_j) = 0$, $j=0,\ldots, m^{(2)}+\max(m^{(1)},m^{(2)})-1$, so ist u_h auch eine Lösung von $(A_h^{(2)})$.

Beweis. Sei ρ bzw. σ der größte gemeinsame Teiler von $\rho^{(1)},\rho^{(2)}$ bzw. $\sigma^{(1)},\sigma^{(2)}$, sei m der Grad von ρ, und sei (A_h) das mit ρ,σ gebildete Verfahren. Sei $\tau^{(l)}:=\rho^{(l)}/\rho$, $l=1,2$. Wegen (43) ist dann auch $\sigma^{(l)}=\sigma\tau^{(l)}$. Sind $c_k^{(l)}$ die Koeffizienten von $\tau^{(l)}$, so gilt daher für $l=1,2$

$$(44)\quad \sum_{k=0}^{m^{(l)}-m} c_k^{(l)} (A_h u_h)(x_{j+k}) = 0, \quad j=m,\ldots,\max(m^{(1)},m^{(2)})-1.$$

Nun sind die Polynome $\tau^{(1)},\tau^{(2)}$ teilerfremd, und die Nullräume der beiden durch die Koeffizienten $c_k^{(l)}$ definierten Differenzenoperatoren (44) haben somit nur das Nullelement gemeinsam, wie man etwa mit Hilfe der Überlegungen in 2.3. leicht erschließt. Daher gilt $A_h u_h(x_j) = 0$, $j=m,\ldots,m^{(1)}-1$. Im Falle $l=1$ gelten die Gleichungen (44) aber sogar für $j=m,\ldots, N+m-m^{(1)}$, woraus dann $A_h u_h(x_j) = 0$, $j=m,\ldots,N$, folgt. Mit Hilfe der Darstellung in (44) erhält man wiederum $A_h^{(2)} u_h = 0$, was behauptet war.

1.2. Spezielle Mehrschrittverfahren

In die allgemeine Klasse der Mehrschrittverfahren werden in diesem Abschnitt einige bekannte spezielle Integrationsmethoden eingereiht und ihre Konsistenzordnung bestimmt. Es handelt sich dabei durchweg um lineare Mehrschrittverfahren, Beispiele für Verfahren (A_h), die nicht mehr linear sind, geben wir bei den Prädiktor-Korrektor-Methoden (s. Kap.4) und den Verfahren mit variabler Schrittweite (s. Kap.5.3.) an.

Nach ihrer Herleitung unterscheidet man zwei Haupttypen von

Verfahren, die auf numerischer Quadratur und die auf numerischer Differentiation beruhenden. Zu den Verfahren des ersten Typs gelangt man, indem man die Anfangswertaufgabe in eine integrierte Form überführt und den Integranden durch ein Interpolationspolynom ersetzt, mit dem das Integral ausgewertet werden kann. Die Lösung u von (A) genügt nämlich für jedes $x^* \in I$ der Beziehung

$$(1) \quad u(x+mh) = u(x^*) + \int_{x^*}^{x+mh} f(t,u(t))dt, \quad x+mh \in I_h.$$

Man wählt nun r=m oder r=m-1 und ersetzt den Integranden durch das Interpolationspolynom vom Grade r durch die Punkte $(x+jh, f(x+jh, u(x+jh)))$, $j=0,\dots,r$. Im Falle r=m erhält man ein sogenanntes <u>Interpolationsverfahren</u>, im Falle r=m-1 ein <u>Extrapolationsverfahren</u>. Je nachdem, ob $x^*=x+(m-1)h$ oder $x^*=x+(m-2)h$ ist, gelangt man noch zu je zwei verschiedenen Typen dieser Verfahren, die in der folgenden Tabelle zusammengestellt sind.

Typ	Name	r	x*
Extrapolations-	ADAMS-BASHFORTH	m-1	x+(m-1)h
verfahren	NYSTRÖM	m-1	x+(m-2)h
Interpolations-	ADAMS-MOULTON	m	x+(m-1)h
verfahren	MILNE-SIMPSON	m	x+(m-2)h

Bei den auf numerischer Differentiation beruhenden Verfahren wählt man ein r in $0 \le r \le m$ und approximiert in der im Punkte x+rh angeschriebenen Differentialgleichung

$$(2) \quad u'(x+rh) = f(x+rh, u(x+rh)), \quad x+mh \in I_h,$$

die Ableitung durch einen finiten Ausdruck, wie er auf der linken Seite von 1.1(7) steht. Einen solchen Ausdruck gewinnt man durch Differentiation eines geeigneten Interpolations-

Polynoms.

1.2.1. Das Verfahren von Adams-Bashforth

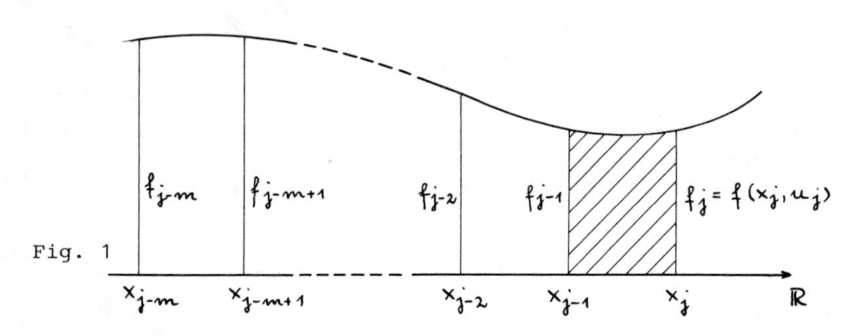

Fig. 1

Zur Aufstellung des Verfahrens beschreiben wir, wie man die Näherung im Punkte $x_{j+m} \in I_h$ berechnet, wenn die vorangehenden Näherungen u_k, $k=j,j+1,\ldots,j+m-1$, bereits bekannt sind. Bezeichnet f_k den Wert $f(x_k,u_k)$ und P das Interpolationspolynom durch die Punkte $(x_j,f_j),\ldots,(x_{j+m-1},f_{j+m-1})$, so wird u_{j+m} Formel (1) zufolge aus

$$(3) \quad u_{j+m} = u_{j+m-1} + \int_{x_{j+m-1}}^{x_{j+m}} P(t)dt$$

ermittelt. Unter Verwendung der rückwärts genommenen Differenzen

$$\nabla^0 f_l = f_l, \quad \nabla^k f_l = \nabla^{k-1} f_l - \nabla^{k-1} f_{l-1}, \quad k=1,2,\ldots,$$

läßt sich P in der Newtonschen Form des Interpolationspolynoms als

$$(4) \quad P(t) = \sum_{k=0}^{m-1} (-1)^k \binom{-s}{k} \nabla^k f_{j+m-1}, \quad s = \frac{1}{h}(t-x_{j+m-1}),$$

schreiben, wobei $t = x_{j+m-1}+hs$ gesetzt worden ist. Ersetzt man den Integranden in (3) durch (4) und führt die Zahlen

$$(5) \quad \gamma_k := (-1)^k \frac{1}{h} \int_{x_{j+m-1}}^{x_{j+m}} \binom{-s}{k} dt = (-1)^k \int_0^1 \binom{-s}{k} ds, \quad k=0,\ldots,m,$$

ein, so erhält man die Formeln

$$(6)\qquad \begin{aligned} u_{j+m} &= u_{j+m-1} + h \sum_{k=0}^{m-1} \gamma_k \nabla^k f_{j+m-1}, \quad j=0,\ldots,N-m, \\ u_k &= \alpha_h^{(k)}, \quad k=0,\ldots,m-1, \end{aligned}$$

von Adams-Bashforth. Die Vektoren $\alpha_h^{(k)}$, $k=0,\ldots,m-1$, müssen wie auch bei den weiteren noch zu behandelnden Verfahren durch eine sogenannte Anlaufrechnung bereitgestellt werden (s. Abschnitt 1.4.), von der wir annehmen, daß

$$\alpha_h^{(k)} \to \alpha \ (h\to 0), \quad k=0,\ldots,m-1,$$

garantiert ist.

Die Koeffizienten γ_k aus (5) lassen sich rekursiv berechnen. Zu diesem Zweck beweisen wir vorbereitend den folgenden Hilfssatz.

(7) <u>Für alle Zahlen</u> $c,d\in\mathbb{R}$ <u>mit</u> $c\le d\le 1$ <u>und für alle</u> $z\in\mathbb{C}$ <u>mit</u> $|z|<1$ <u>gilt</u>

$$\sum_{k=0}^{\infty} (-1)^k \int_c^d \binom{-s}{k} ds \; z^k = - \left.\frac{(1-z)^{-s}}{\log(1-z)}\right|_{s=c}^{s=d}.$$

<u>Beweis</u>. Die Funktion $(1-z)^{-s}$ der komplexen Veränderlichen z besitzt für jedes $s\in[c,d]$ die Reihenentwicklung

$$(1-z)^{-s} = \sum_{k=0}^{\infty} \binom{-s}{k} (-z)^k, \quad |z|<1.$$

Für jedes dieser z ist die vorstehende Reihe gleichmäßig konvergent bezüglich $s\in[c,d]$, denn es besteht für $k\ge|c|$ die Abschätzung

$$\left|\binom{-s}{k}\right| = \frac{|s(s+1)\ldots(s+k-1)|}{k!} \le 1,$$

so daß die geometrische Reihe in $|z|$ für ein Endstück eine konvergente Majorante ist. Daher darf die Reihe gliedweise integriert werden, woraus sich die Behauptung ergibt.

Wir wenden nun (7) mit $c=0$, $d=1$ an und erhalten

$$\sum_{k=0}^{\infty} \gamma_k z^k = \frac{-z}{(1-z)\log(1-z)}, \quad |z|<1.$$

Verwenden wir hierin die Entwicklungen von $1/(1-z)$ und

$$-\frac{z}{\log(1-z)} = 1 + \frac{1}{2}z + \frac{1}{3}z^2 + \ldots, \quad |z|<1,$$

so ergeben sich durch Koeffizientenvergleich die Rekursionsformeln

$$(8) \quad \gamma_k + \frac{1}{2}\gamma_{k-1} + \frac{1}{3}\gamma_{k-2} + \ldots \frac{1}{k+1}\gamma_0 = 1, \quad k=0,1,\ldots,$$

zur Bestimmung der γ_k. Die ersten sieben Zahlenwerte sind in der folgenden Tabelle angegeben.

Tab. 1

k	0	1	2	3	4	5	6
γ_k	1	$\frac{1}{2}$	$\frac{5}{12}$	$\frac{3}{8}$	$\frac{251}{720}$	$\frac{95}{288}$	$\frac{19087}{60480}$
γ_k^*	2	0	$\frac{1}{3}$	$\frac{1}{3}$	$\frac{29}{90}$	$\frac{14}{45}$	$\frac{1139}{3780}$
ν_k	1	$-\frac{1}{2}$	$-\frac{1}{12}$	$-\frac{1}{24}$	$-\frac{19}{720}$	$-\frac{3}{160}$	$-\frac{863}{60480}$
ν_k^*	2	-2	$\frac{1}{3}$	0	$-\frac{1}{90}$	$-\frac{1}{90}$	$-\frac{37}{3780}$

Löst man die rückwärts genommenen Differenzen in (6) auf, so gelangt man zu Formeln der Gestalt

$$(9) \quad u_{j+m} = u_{j+m-1} + h \sum_{k=0}^{m-1} \alpha_{mk} f_{j+k}, \quad j=0,\ldots,N-m.$$

Die α_{mk} lassen sich durch die γ_l ausdrücken. Schreibt man nämlich den Operator ∇ in der Form $\nabla = I-E^{-1}$, wobei I die identische Abbildung und E^{-1} der durch $E^{-1}f_l = f_{l-1}$ definierte rückwärts genommene Verschiebungsoperator bedeuten, so bekommt man mit Hilfe des Binomischen Lehrsatzes

$$\sum_{k=0}^{m-1} \gamma_k \nabla^k = \sum_{k=0}^{m-1} \sum_{l=0}^{k} \gamma_k (-1)^l \binom{k}{l} E^{-l}$$

$$= \sum_{l=0}^{m-1} \sum_{k=l}^{m-1} \gamma_k (-1)^l \binom{k}{l} E^{-l}.$$

Verwendet man diese Beziehung in (6), so gelangt man wegen $E^{-l} f_{j+m-1} = f_{j+m-l-1}$ zu den Formeln

(10) $$\alpha_{mk} = (-1)^{m-k-1} \sum_{l=m-k-1}^{m-1} \gamma_l \binom{l}{m-k-1}, \quad k=0,\ldots,m-1.$$

Einige dieser Koeffizienten sind in Tab. 2 zusammengestellt. Im Falle m = 4 erhält man beispielsweise das Extrapolationsverfahren

$$u_{j+4} = u_{j+3} + \frac{h}{24}(-9f_j + 37f_{j+1} - 59f_{j+2} + 55f_{j+3}), \quad j=0,\ldots,N-4.$$

Für m = 1 ergibt sich das Streckenzugverfahren von Euler-Cauchy.

Da die Adams-Bashforth Formeln in zwei verschiedenen Formen (6),(9) vorliegen, stellt sich die Frage, welche von beiden für die numerische Rechnung zu bevorzugen ist. Bei der Beantwortung kommt es darauf an, mit welcher Flexibilität man das Verfahren durchzuführen gedenkt. Sofern man das Verfahren mit einer festen Ordnung ohne Schrittweitensteuerung verwenden will, so ist sicherlich die Form (9) günstiger, da sie im Vergleich zu (6) weniger Rechenoperationen erfordert, weil die Bildung der Differenzen entfällt. Jedoch bringt die Form (6) unter den folgenden Gesichtspunkten Vorteile mit sich: a) Der Abschneidefehler soll mit Hilfe von (16) numerisch geschätzt werden b) Die Ordnung des Verfahrens soll variabel sein. Die rückwärts genommene Differenz $\nabla^m f$ ist nämlich eine Näherung für $h^m D^m f$ (s. 1.5.2.), und $\nabla^m f$ erhält man durch eine Differenzbildung aus den bereits bei der Rechnung mit (6) bereitgestellten $\nabla^{m-1} f$. Ebenso ist bei einer Änderung der Ordnung um 1 allenfalls eine zusätzliche Differenz zu bilden, wobei hinzu-

Tab. 2

k	0	1	2	3	4	5	6	7	8	9
α_{2k}	$\frac{-1}{2}$	$\frac{3}{2}$								
α_{3k}	$\frac{5}{12}$	$\frac{-16}{12}$	$\frac{23}{12}$							
α_{4k}	$\frac{-9}{24}$	$\frac{37}{24}$	$\frac{-59}{24}$	$\frac{55}{24}$						
α_{5k}	$\frac{251}{720}$	$\frac{-1274}{720}$	$\frac{2616}{720}$	$\frac{-2774}{720}$	$\frac{1901}{720}$					
α_{6k}	$\frac{-475}{1440}$	$\frac{2877}{1440}$	$\frac{-7298}{1440}$	$\frac{9982}{1440}$	$\frac{-7923}{1440}$	$\frac{4277}{1440}$				
α_{7k}	$\frac{19087}{60480}$	$\frac{-134472}{60480}$	$\frac{407139}{60480}$	$\frac{-688256}{60480}$	$\frac{705549}{60480}$	$\frac{-447288}{60480}$	$\frac{198721}{60480}$			
α_{8k}	$\frac{-36799}{120960}$	$\frac{295767}{120960}$	$\frac{-1041723}{120960}$	$\frac{2102243}{120960}$	$\frac{-2664477}{120960}$	$\frac{2183877}{120960}$	$\frac{-1152169}{120960}$	$\frac{434241}{120960}$		
α_{9k}	$\frac{1070017}{3628800}$	$\frac{-9664106}{3628800}$	$\frac{38833486}{3628800}$	$\frac{-91172642}{3628800}$	$\frac{137968480}{3628800}$	$\frac{-139855262}{3628800}$	$\frac{95476786}{3628800}$	$\frac{-43125206}{3628800}$	$\frac{14097247}{3628800}$	
α_{10k}	$\frac{-2082753}{7257600}$	$\frac{20884811}{7257600}$	$\frac{-94307320}{7257600}$	$\frac{252618224}{7257600}$	$\frac{-444772162}{7257600}$	$\frac{538363838}{7257600}$	$\frac{-454661776}{7257600}$	$\frac{265932680}{7257600}$	$\frac{-104995189}{7257600}$	$\frac{30277247}{7257600}$

kommt, daß die Bereitstellung der Koeffizienten von (6) für variables m einfacher ist als für die von (9). Bei einer Schrittweitenänderung ist aber die Form (9) günstiger, da der Aufbau der Differenzen entfällt. Ein numerischer Vorteil von (6) gegenüber (9) besteht noch bezüglich der Rundungsfehler, da bei sinnvoller Verwendung des Verfahrens die Differenzen mit wachsender Ordnung betragsmäßig abnehmen, und bei der üblichen Gleitkommarechnung die Rundungsfehler gemindert werden, wenn man die Summanden in (6), beginnend mit der Differenz der Ordnung m-1 aufaddiert. Die etwas ungünstige numerische Struktur der Formeln (9) erkennt man auch an den in Tab. 2 aufgeführten Koeffizienten, bei denen nahezu betragsgleiche mit entgegengesetztem Vorzeichen auftreten.

Wir passen nun noch das Verfahren von Adams-Bashforth in die allgemeine Klasse (A_h) von Mehrschrittverfahren ein. Die Funktion f_h aus 1.1.(25) ist definiert durch

$$(11)\quad f_h(x,y_0,\dots,y_{m-1}) \doteq \sum_{k=0}^{m-1} \alpha_{mk} f(x+(k-m)h,y_k),\quad x\in I_h,\ y_k\in\mathbb{K}^n.$$

Das zugehörige Polynom aus 1.1.(26) ist gegeben durch

$$(12)\quad \sigma(z) = \sum_{k=0}^{m-1} \alpha_{mk}\, z^k = z^{m-1} \sum_{k=0}^{m-1} \gamma_k (1-z^{-1})^k,$$

wie man anhand der Rechnung von (10) leicht nachvollzieht. Das Polynom ρ aus 1.1.(20) ist gleich

$$(13)\quad \rho(z) = z^m - z^{m-1}.$$

Über die Konsistenz und Ordnung von (6) gilt die folgende Aussage.

(14) <u>Das Extrapolationsverfahren von Adams-Bashforth ist mit der Anfangswertaufgabe</u> (A) <u>konsistent. Für</u> $f\in C^m(U)$ <u>und</u> $|\alpha_h^{(j)}-u(x_j)| = O(h^m)$, $j=0,\dots,m-1$, <u>besitzt es die genaue Konsistenzordnung</u> $p = m$.

<u>Beweis</u>. Die Konsistenz folgt sofort aus Satz 1.1.(27), denn wie man sofort nachprüft, ist $\rho(1) = 0$ und $\rho'(1) = \sigma(1) = 1$.

Zum Beweis über die Konsistenzordnung verwenden wir die bekannte Darstellung

$$R(t) = \frac{1}{m!}(t-x_j)(t-x_{j+1})\ldots,(t-x_{j+m-1})[D^m f(\cdot,u)](\xi(t))$$

für den Fehler R bei der Polynominterpolation, wobei $\xi(t)$ eine Zwischenstelle aus dem Intervall (x_j, x_{j+m}) und D in I-1.1.(13) eingeführt worden ist. Den Abschneidefehler erhält man bis auf einen Faktor h als den sich ergebenden Rest, wenn man u_k in (3) durch $u(x_k)$ ersetzt. Subtrahiert man davon die Formel (1) mit $x = x_j$ sowie $x^* = x_{j+m-1}$, so gelangt man zu der Darstellung

$$(15)\quad \tau_h(x_{j+m}) = \frac{1}{h}\int_{x_{j+m-1}}^{x_{j+m}} [f(t,u(t))-P(t)]dt$$

$$= \frac{1}{m!h}\int_{x_{j+m-1}}^{x_{j+m}} (t-x_j)(t-x_{j+1})\ldots(t-x_{j+m-1})[D^m f(\cdot,u)](\xi(t))dt$$

$$= (-1)^m h^m \int_0^1 \binom{-s}{m}[D^m f(\cdot,u)](\xi(x_{j+m-1}+hs))ds.$$

Beachtet man $(-1)^m\binom{-s}{m}\geq 0$ für $s\in[0,1]$, so ergibt der verallgemeinerte Mittelwertsatz der Integralrechnung

$$(16)\quad \tau_h(x_{j+m}) = h^m\gamma_m[D^m f(\cdot,u)](\xi),\quad j=0,\ldots,N-m,$$

mit einer Zwischenstelle $\xi\in[x_j,x_{j+m}]$. Aus (16) liest man $p=m$ unmittelbar ab.

Vermöge 1.1.(34) erkennt man, daß die Fehlerkonstante für das Verfahren von Adams-Bashforth durch γ_m gegeben ist. Aus der Darstellung (5) ergibt sich auch $\gamma_k>0$, $k\geq 0$, so daß m die genaue Konsistenzordnung ist. Durch Vergleich von (5) und (18) erhält man übrigens auch leicht die Beziehung $\gamma_k>\gamma_k^*$, $k\geq 1$.

1.2.2. Das Verfahren von Nyström

Dieses Verfahren erhält man durch Wahl von $x^* = x_{j+m-2}$, d.h. das Interpolationspolynom P aus (4) ist über das Intervall

$[x_{j+m-2}, x_{j+m}]$ zu integrieren. Wir setzen dabei $m \geq 2$ voraus. Es ergeben sich

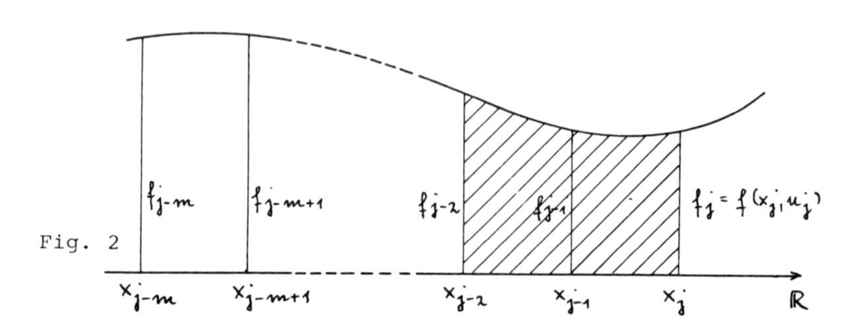

Fig. 2

auf dieselbe Weise wie in 1.2.1. die Formeln

$$
(17)\quad
\begin{aligned}
u_{j+m} &= u_{j+m-2} + h \sum_{k=0}^{m-1} \gamma_k^* \nabla^k f_{j+m-1}, \quad j=0,\dots,N-m,\\
u_k &= \alpha_h^{(k)}, \quad k=0,\dots,m-1,
\end{aligned}
$$

mit den Koeffizienten

$$
(18)\quad \gamma_k^* = (-1)^k \int_{-1}^{1} \binom{-s}{k} ds, \quad k=0,\dots,m.
$$

Zu der erzeugenden Funktion der γ_k^* gelangt man mit Hilfe von (7), indem man dort $c = -1$, $d = 1$ wählt. Es ergibt sich

$$
\sum_{k=0}^{\infty} \gamma_k^* z^k = \frac{-z}{\log(1-z)} \, \frac{2-z}{1-z}, \quad |z|<1.
$$

Durch Potenzreihenentwicklung erhält man

$$
(1 + \tfrac{1}{2}z + \tfrac{1}{3}z^2 + \dots)\,(\gamma_0^* + \gamma_1^* z + \dots) = 2+z+z^2+z^3+\dots,
$$

woraus sich $\gamma_0^* = 2$ und die folgenden Rekursionsformeln ergeben:

$$
\gamma_k^* + \tfrac{1}{2}\gamma_{k-1}^* + \tfrac{1}{3}\gamma_{k-2}^* + \dots + \tfrac{1}{k+1}\gamma_0^* = 1, \quad k = 1,2,\dots .
$$

Einige dieser Koeffizienten sind in Tab. 1 aufgeführt. Bringt man die Formeln (17) auf die Gestalt

$$(19)\quad u_{j+m} = u_{j+m-2} + h \sum_{k=0}^{m-1} \alpha^*_{mk} f_{j+k}, \quad j=0,\dots,N-m,$$

so lassen sich die Koeffizienten α^*_{mk} durch γ^*_l analog zu (10) durch

$$(20)\quad \alpha^*_{mk} = (-1)^{m-k-1} \sum_{l=m-k-1}^{m-1} \gamma^*_l \binom{l}{m-k-1}, \quad k=0,\dots,m-1,$$

ausdrücken. Die folgende Tabelle enthält einige dieser Koeffizienten.

Tab. 3

k	0	1	2	3	4
α^*_{2k}	0	2			
$3\alpha^*_{3k}$	1	-2	7		
$3\alpha^*_{4k}$	-1	4	-5	8	
$90\alpha^*_{5k}$	29	-146	294	-266	269

Für m = 2 ergibt sich aus (19) die sogenannte Mittelpunktregel

$$(21)\quad u_{j+2} = u_j + 2hf(x_{j+1}, u_{j+1}), \quad j=0,\dots,N-2,$$

auf die das in I-S.159,188 beschriebene Graggsche Verfahren wesentlich aufbaut. Setzt man m = 4, so geht (19) in das Verfahren

$$u_{j+4} = u_{j+2} + h(-f_j + 4f_{j+1} - 5f_{j+2} + 8f_{j+3}), \quad j=0,\dots,N-4,$$

über.

Die das Verfahren (17) bzw. (19) definierende Funktion f_h aus 1.1.(25) ist analog zu (11) mit α_{mk} ersetzt durch α^*_{mk} gegeben.

Die Polynome σ und ρ sind

$$(22)\quad \sigma(z) = \sum_{k=0}^{m-1} \alpha^*_{mk} z^k = z^{m-1} \sum_{k=0}^{m-1} \gamma^*_k (1-z^{-1})^k$$

sowie

$$(23)\quad \rho(z) = z^m - z^{m-2}.$$

Die Approximationseigenschaften von (17) fassen wir wie folgt zusammen.

(24) Das Extrapolationsverfahren von Nyström ist mit (A) konsistent. Für $f \in C^m(U)$ und $|\alpha_h^{(j)} - u(x_j)| = O(h^m)$, $j=0,\ldots,m-1$, besitzt es die genaue Konsistenzordnung $p = m$.

Beweis. Man überzeugt sich leicht von $\rho(1)=0$, $\rho'(1)=\sigma(1)=2$, so daß Satz 1.1.(27) die Konsistenz ergibt. Für den Abschneidefehler berechnet man wie im Beweis von (14) für $x \in I_h$

$$(25)\quad \tau_h(x) = (-1)^m h^m \int_{-1}^{1} \binom{-s}{m} [D^m f(\cdot,u)](\xi(x-h+hs))ds.$$

Hieraus folgt die Abschätzung

$$(26)\quad |\tau_h(x)| \leq h^m \int_{-1}^{1} \left|\binom{-s}{m}\right| ds \max_{t \in [x-mh,x]} |(D^m f)(t,u(t))|,$$

so daß die Konsistenzordnung $p = m$ beträgt.

Da $\binom{-s}{m}$ im Intervall $[-1,1]$ das Vorzeichen wechselt, kann die Argumentation, die zu (16) führte, nicht verwendet werden. Für die Fehlerkonstante von (17) bekommt man mit Hilfe von 1.1.(34) gerade γ^*_m.

Für $m \geq 2$, was wir zu Beginn dieses Abschnitts vorausgesetzt haben, läßt sich γ^*_m mit der Form

$$\gamma^*_m = \frac{1}{m!} \int_{-1}^{1} sg(s)ds$$

schreiben mit der Funktion $g(s) = (s+1)(s+2)\ldots(s+m-1)$, die für $s>-1$ positiv ist und streng monoton wächst. Daher ist $\gamma^*_m > 0$, $m \geq 2$, und die Konsistenzordnung ist genau gleich m.

Mit dieser Überlegung erschließt man übrigens auch die Beziehung $\gamma_m > \gamma_m^*$, $k \geq 1$.

Die Formeln mit zentralen Differenzen erweisen sich in vielen Fällen als numerisch ungünstig. Es kann vorkommen, daß sich im Verlauf der Rechnung zwei unterschiedliche Züge $u_0, u_2, u_4, \ldots$ und $u_1, u_3, u_5, \ldots$ herausbilden, die sich in einer Oszillation direkt aufeinanderfolgender Näherungen bemerkbar machen. Für die Mittelpunktregel ist diese Erscheinung von uns bereits in Satz I-5.3.(32) genau studiert worden. Dort ist auch auf die Möglichkeit des Einsatzes von Glättungsprozeduren hingewiesen worden, um der Oszillation entgegenzuwirken. Eine Erklärung für ihr Auftreten geben wir im allgemeineren Zusammenhang noch in 2.9. Hier behandeln wir nur noch das folgende

Beispiel. Mit der Mittelpunktregel (21) soll die Differentialgleichung $u' = \lambda u$, $u(0) = 1$, näherungsweise gelöst werden. Es ergibt sich die Vorschrift

(27) $u_{j+2} = u_j + 2h\lambda u_{j+1}, \quad j=0,\ldots,N-2.$

Als Startwerte wollen wir die exakten Lösungswerte

(28) $u_0 = 1, \quad u_1 = \exp(h\lambda)$

nehmen. Die Differenzengleichungen (27) werden gelöst durch

(29) $u_j = c_1 z_1^j + c_2 z_2^j, \quad j=0,1,\ldots,N,$

wobei z_1, z_2 die Wurzeln der quadratischen Gleichung $z^2 - 2h\lambda z - 1 = 0$ (s. Abschnitt 2.3.), d.h.

$$z_{1,2} = h\lambda \pm \sqrt{1+h^2\lambda^2}\,,$$

und c_1, c_2 reelle Zahlen sind. Diese werden aus den Anfangsbedingungen (28) bestimmt und ergeben sich zu

$$c_1 = \frac{z_2 - \exp(h\lambda)}{z_2 - z_1}, \quad c_2 = \frac{\exp(h\lambda) - z_1}{z_2 - z_1}\,.$$

Wir bestimmen jetzt die ersten Glieder in der Entwicklung von

$u_h(x)$ nach Potenzen von h. Es wird

$$z_1 = 1 + h\lambda + \frac{1}{2}(h\lambda)^2 - \frac{1}{8}(h\lambda)^4 + O(h^6)$$
$$= \exp(h\lambda)\,(1 - \frac{1}{6}(h\lambda)^3) + O(h^5)$$

sowie

$$z_2 = -1 + h\lambda - \frac{1}{2}(h\lambda)^2 + O(h^4)$$
$$= -\exp(-h\lambda)(1 + \frac{1}{6}(h\lambda)^3) + O(h^4),$$

und für die beiden Konstanten ergibt sich

$$c_1 = 1 + \frac{(h\lambda)^3}{12} + O(h^4), \quad c_2 = \frac{(h\lambda)^3}{12} + O(h^4).$$

Insgesamt erhält man also aus (29)

$$(30) \quad u_h(x) = e^{\lambda x}(1 - \frac{\lambda^3 x}{6}h^2 + \frac{\lambda^3}{12}h^3) + (-1)^{x/h} e^{-\lambda x}\,\frac{\lambda^3}{12}h^3 + O(h^4).$$

Zunächst entnimmt man (30), daß $u_h - u$ mit der Ordnung $O(h^2)$ gleichmäßig auf I_h' für $h \to 0$ gegen Null konvergiert, was der Konsistenzordnung $p = 2$ der Mittelpunktregel entspricht. Die Fehlerglieder der Ordnung h^3 enthalten einen von Gitterpunkt zu Gitterpunkt alternierenden Anteil mit dem Faktor $\exp(-\lambda x)$. Für $\lambda<0$ ist dieser Faktor mit x schnell wachsend und wird insbesondere groß gegen die dann exponentiell abfallende Lösung u bzw. den sie annähernden Term in (30). Integriert man über ein Intervall genügender Länge, so wird der Verlauf von u_h allein durch den oszillierenden Bestandteil bestimmt und hat keine Ähnlichkeit mehr mit der gesuchten Lösung u. Im Falle $\lambda \geq 0$ dagegen ist der oszillierende Term nicht störend.

Der Einfluß des störenden Anteils würde gemindert werden, wenn man statt der wahren Lösung die ungenauere Startnäherung

$$u_1 = 1 + h\lambda + \frac{1}{2}(h\lambda)^2$$

verwendet hätte, die sich von $u(x_1)$ um Größen der Ordnung $O(h^3)$ unterscheidet, jedoch die zu z_1 gehörige Komponente in (29) besser annähert. Es ergibt sich dann nämlich

$$u_h(x) = e^{\lambda x}(1- \frac{\lambda^3 x}{6}h^2+O(h^4)) - (-1)^{x/h}e^{-\lambda x}\,\frac{\lambda^4}{16}h^4 + O(h^6).$$

Wir weisen noch auf den Unterschied zu dem Beispiel I-S.58 hin, bei dem ebenfalls ein exponentiell anwachsender Fehler bei exponentiell fallender Lösung u auftrat. Während dies aber an einer speziellen Eigenart der zu integrierenden Anfangswertaufgabe lag, die eine inhärente Instabilität besaß, ist die vorangehend analysierte Erscheinung eine Folge des gewählten Integrationsverfahrens. Daß die auch als parasitär bezeichnete Lösungskomponente in u_h überhaupt vorhanden ist, rührt von der zweiten Wurzel z_2 her, die dadurch auftritt, daß die approximierende Differenzengleichung (27) von höherer (nämlich zweiter) Ordnung ist als die approximierte Differentialgleichung. Sie besitzt zwei linear unabhängige Lösungen, von denen die zu z_1 gehörige bereits ausreicht, um u mit der Genauigkeit $O(h^2)$ anzunähern, während die zu z_2 gehörige sich im betrachteten Beispiel als störend erweist.

Für $\lambda = -1$ und die Schrittweiten h = 0.1, 0.025 sind Näherungslösungen u_j für verschiedene Anlaufwerte u_1 mit der Mittelpunktregel im Intervall [0,10] berechnet und diese zusammen mit den relativen Fehlern $d_j = (u_j-u(x_j))/u(x_j)$ für $x_j = 5-jh$ sowie $x_j = 10-jh$, j = 3,2,1,0, in der nachfolgenden Tabelle zusammengefaßt.

Wird als Anlaufwert u_1 entweder der Wert der wahren Lösung u(h) verwendet oder dieser mit der verbesserten Polygonzugmethode berechnet, so sieht man, wie schnell die durch die zweite Lösung der Differenzengleichung z_2 verursachte Oszillation die Näherungslösungen unbrauchbar macht. Die Berechnung des Anlaufwertes u_1 mit dem Runge-Kutta-Verfahren führt auf annähernd gleich schlechte Ergebnisse wie $u_1 = u(h)$. Der mit dem Euler-Cauchy-Verfahren berechnete Anlaufwert $u_1=1-h+h^2/2$ liefert, wie schon zuvor begründet, merklich bessere Näherungen als $u_1 = u(h)$. Man beachte die starke Empfindlichkeit der Näherungen gegenüber den Anlaufwerten, die in allen Fällen in den ersten fünf Stellen übereinstimmen. Setzt man $u_1=\sqrt{1+h^2}-h$, so ist $u_j = c_1 z_1^j$ die Lösung der Differenzengleichung (29). Die Oszillation des relativen Fehlers gegen Ende des Intervalls zeigt das Vorhandensein der Lösungskomponente z_2^j, was auf Rundungsfehler im Laufe der Rechnung zurückzuführen ist.

Tab. 4

$u' = -u$			$u(0) = 1$			
h = 0.1 Anlaufwerte	$u_1 = 0.904987562$ $\cong \sqrt{1+h^2} - h$		$u_1 = 0.905$ verb. Euler-Cauchy		$u_1 = 0.904837418$ exakte Lösung	
x_j	u_j	d_j	u_j	d_j	u_j	d_j
4.7	0.917E-2	0.78E-2	0.984E-2	0.82E-1	0.10E-2	-0.9
4.8	0.830E-2	0.80E-2	0.755E-2	-0.82E-1	0.17E-1	0.1 E 1
4.9	0.751E-2	0.82E-2	0.833E-2	0.12	-0.24E-2	-0.1 E 1
5.0	0.679E-2	0.83E-2	0.588E-2	-0.13	0.18E-1	0.2 E 1
9.7	0.630E-4	0.28E-1	0.99 E-1	0.2 E 4	-0.12E 1	-0.2 E 5
9.8	0.556E-4	0.24E-2	-0.11	-0.2 E 4	0.13E 1	0.2 E 5
9.9	0.519E-4	0.34E-1	0.12	0.2 E 4	-0.15E 1	-0.3 E 5
10.0	0.452E-4	-0.41E-2	-0.13	-0.3 E 4	0.16E 1	0.4 E 5
h=0.025 Anlaufwerte	$u_1 = 0.9753124512$ $\cong \sqrt{1+h^2} - h$		$u_1 = 0.9753125$ verb. Euler-Cauchy		$u_1 = 0.975309912$ exakte Lösung	
x_j	u_j	d_j	u_j	d_j	u_j	d_j
4.925	0.726E-2	0.51E-3	0.727E-2	0.98E-3	0.71E-2	-0.2 E-1
4.950	0.709E-2	0.52E-3	0.708E-2	0.30E-4	0.73E-2	0.3 E-1
4.975	0.691E-2	0.52E-3	0.692E-2	0.10E-2	0.67E-2	-0.3 E-1
5.000	0.674E-2	0.52E-3	0.674E-2	-0.16E-4	0.69E-2	0.3 E-1
9.925	0.491E-4	0.37E-2	0.55 E-3	0.1 E 2	-0.26E-1	-0.5 E 3
9.950	0.476E-4	0.18E-2	-0.46 E-3	-0.1 E 2	0.27E-1	0.6 E 3
9.975	0.467E-4	0.40E-2	0.57 E-3	0.1 E 2	-0.27E-1	-0.6 E 3
10.000	0.453E-4	-0.21E-2	-0.49 E-3	-0.1 E 2	0.28E-1	0.6 E 3

Als weiteres Beispiel für dieses numerisch ungünstige Verhalten der Mittelpunktregel nehmen wir die nichtlineare Differentialgleichung $u' = u^2$, $u(0) = -1$. An den analog zum vorhergehenden Beispiel in einer Tabelle zusammengestellten Ergebnissen für verschiedene Schrittweiten sieht man, daß ein ganz entsprechendes Fehlerverhalten auftritt, obwohl die obigen, für den linearen Fall aufgestellten Überlegungen hier nicht direkt zutreffen.

Tab. 5

$u' = u^2$			$u(0) = -1$			
h = 0.1 Anlauf-werte	$u_1 = -0.90981191$		$u_1 = -0.9095$ verb. Euler-Cauchy		$u_1 = -0.911769090113$ Runge-Kutta	
x_j	u_j	d_j	u_j	d_j	u_j	d_j
4.7	-0.176	0.14E-2	-0.171	-0.27E-1	-0.206	0.18
4.8	-0.173	0.14E-2	-0.178	0.31E-1	-0.139	-0.19
4.9	-0.170	0.14E-2	-0.164	-0.30E-1	-0.202	0.19
5.0	-0.167	0.14E-2	-0.172	0.34E-1	-0.131	-0.21
9.7	-0.935E-1	0.94E-3	-0.075	-0.2	-0.18	0.92
9.8	-0.927E-1	0.73E-3	-0.110	0.2	0.03	-0.13E 1
9.9	-0.918E-1	0.93E-3	-0.073	-0.2	-0.18	0.96
10.0	-0.910E-1	0.71E-3	-0.109	0.2	0.04	-0.14E 1
h=0.025 Anlauf-werte	u_1=-0.975624224554		u_1=-0.9756171875 verb. Euler-Cauchy		u_1=-0.975806779465 Runge-Kutta	
x_j	u_j	d_j	u_j	d_j	u_j	d_j
4.925	-0.16879	0.88E-4	-0.1687	-0.64E-3	-0.172	0.19E-1
4.950	-0.16808	0.87E-4	-0.1682	0.83E-3	-0.165	-0.19E-1
4.975	-0.16738	0.87E-4	-0.1673	-0.66E-3	-0.171	0.20E-1
5.000	-0.16668	0.86E-4	-0.1668	0.85E-3	-0.163	-0.20E-1
9.925	-0.09154	0.54E-4	-0.0911	-0.45E-2	-0.102	0.12
9.950	-0.09133	0.50E-4	-0.0918	0.46E-2	-0.080	-0.12
9.975	-0.09112	0.53E-4	-0.0907	-0.46E-2	-0.102	0.12
10.000	-0.09091	0.50E-4	-0.0913	0.47E-2	-0.080	-0.12

1.2.3. Das Verfahren von Adams-Moulton

Dieses Verfahren erhält man, indem man zur Interpolation mit P zu den in 1.2.1. und 1.2.2. verwendeten Punkten (x_k, f_k), $k=j,\dots,j+m-1$, zusätzlich noch den Punkt (x_{j+m}, f_{j+m}) heranzieht, in den die noch zu bestimmende Näherung u_{j+m} eingeht. Das Verfahren wird daher implizit. Das Interpolationspolynom hat jetzt die Gestalt

$$P(t) = \sum_{k=0}^{m} (-1)^k \binom{-s}{k} \nabla^k f_{j+m}, \quad s = \frac{t-x_{j+m}}{h} .$$

Man erhält dann auf dieselbe Weise wie in Abschnitt 1.2.1. das Verfahren

$$(31)\quad u_{j+m} = u_{j+m-1} + h\sum_{k=0}^{m} \nu_k \nabla^k f_{j+m}, \quad j=0,\dots,N-m,$$

$$u_k = \alpha_h^{(k)}, \quad k=0,\dots,m-1,$$

mit den Koeffizienten

$$(32)\quad \nu_k = (-1)^k \int_{-1}^{0} \binom{-s}{k} ds, \quad k=0,\dots,m.$$

Durch Anwendung von (7) mit $c = -1$, $d = 0$ gewinnt man die erzeugende Funktion der ν_k zu

$$\sum_{k=0}^{\infty} \nu_k z^k = \frac{-z}{\log(1-z)}, \quad |z|<1.$$

Durch Potenzreihenentwicklung von $\log(1-z)$ und Koeffizientenvergleich gelangt man zu der Beziehung

$$(1 + \tfrac{1}{2}z + \tfrac{1}{3}z^2 + \dots)(\nu_o + \nu_1 z + \nu_2 z^2 + \dots) = 1,$$

aus der $\nu_o = 1$ und die Rekursionsformeln

$$\nu_k + \tfrac{1}{2}\nu_{k-1} + \tfrac{1}{3}\nu_{k-2} + \dots + \tfrac{1}{k+1}\nu_o = 0, \quad k=1,2,\dots,$$

folgen. Die ersten Koeffizienten sind in Tab.1 zu finden. Die Formeln (31) kann man auch in die Gestalt

$$(33)\quad u_{j+m} = u_{j+m-1} + h\sum_{k=0}^{m} \beta_{mk} f_{j+k}, \quad k=0,\dots,N-m,$$

überführen, wobei die Koeffizienten gegeben sind durch

$$(34)\quad \beta_{mk} = (-1)^{m-k} \sum_{l=m-k}^{m} \nu_l \binom{l}{m-k}, \quad k=0,\dots,m.$$

Eine Reihe dieser Koeffizienten ist in Tab.6 zusammengestellt. Im Falle $m = 1$ erhält man gerade die Trapezregel, im Falle $m = 3$ ergibt sich das Interpolationsverfahren

$$u_{j+3} = u_{j+2} + \frac{h}{24}(f_j - 5f_{j+1} + 19f_{j+2} + 9f_{j+3}), \quad j=0,\dots,N-3.$$

Tab. 6

k	0	1	2	3	4	5	6	7	8	9
β_{1k}	$\frac{1}{2}$	$\frac{1}{2}$								
β_{2k}	$\frac{-1}{12}$	$\frac{8}{12}$	$\frac{5}{12}$							
β_{3k}	$\frac{1}{24}$	$\frac{-5}{24}$	$\frac{19}{24}$	$\frac{9}{24}$						
β_{4k}	$\frac{-19}{720}$	$\frac{106}{720}$	$\frac{-264}{720}$	$\frac{646}{720}$	$\frac{251}{720}$					
β_{5k}	$\frac{27}{1440}$	$\frac{-173}{1440}$	$\frac{482}{1440}$	$\frac{-798}{1440}$	$\frac{1427}{1440}$	$\frac{475}{1440}$				
β_{6k}	$\frac{-863}{60480}$	$\frac{6312}{60480}$	$\frac{-20211}{60480}$	$\frac{37504}{60480}$	$\frac{-46461}{60480}$	$\frac{65112}{60480}$	$\frac{19087}{60480}$			
β_{7k}	$\frac{1375}{120960}$	$\frac{-11351}{120960}$	$\frac{41499}{120960}$	$\frac{-88547}{120960}$	$\frac{123133}{120960}$	$\frac{-121797}{120960}$	$\frac{139849}{120960}$	$\frac{36799}{120960}$		
β_{8k}	$\frac{-33953}{3628800}$	$\frac{312874}{3628800}$	$\frac{-1291214}{3628800}$	$\frac{3146338}{3628800}$	$\frac{-5033120}{3628800}$	$\frac{5595358}{3628800}$	$\frac{-4604594}{3628800}$	$\frac{4467094}{3628800}$	$\frac{1070017}{3628800}$	
β_{9k}	$\frac{57281}{7257600}$	$\frac{-583435}{7257600}$	$\frac{2687864}{7257600}$	$\frac{-7394032}{7257600}$	$\frac{13510082}{7257600}$	$\frac{-17283646}{7257600}$	$\frac{16002320}{7257600}$	$\frac{-11271304}{7257600}$	$\frac{9449717}{7257600}$	$\frac{2082753}{7257600}$

Für das Verfahren von Adams-Moulton hat die Funktion f_h aus (A_h) die Gestalt

$$(35)\quad f_h(x,y_o,\ldots,y_m) = \sum_{k=0}^{m} \beta_{mk} f(x+(k-m)h,y_k),\ x\in I_h,\ y_k\in\mathbb{K}^n,$$

mit den Koeffizienten des Polynoms

$$(36)\quad \sigma(z) = \sum_{k=0}^{m} \beta_{mk} z^k = z^m \sum_{k=0}^{m} \nu_k (1-z^{-1})^k .$$

Das Polynom ρ ist dasselbe wie in (13). Über die Konsistenz von (31) bzw. (33) gilt die folgende Aussage.

(37) <u>Das Interpolationsverfahren von Adams-Moulton ist mit</u> (A) <u>konsistent. Für</u> $f\in C^{m+1}(U)$ und $|\alpha_h^{(j)}-u(x_j)| = O(h^{m+1}), j=0,\ldots,m-1,$ <u>besitzt es die genaue Konsistenzordnung</u> $p=m+1$.

<u>Beweis</u>. Die Konsistenz prüft man mit Satz 1.1.(27) nach. Wie in (14) weist man für den Abschneidefehler die Darstellung

$$(38)\quad \tau_h(x) = h^{m+1}\nu_{m+1}[D^{m+1}f(\cdot,u)](\xi),\quad x\in I_h,$$

mit einem $\xi\in[x-mh,x]$ nach. Die Fehlerkonstante ist gleich ν_{m+1}, und da auch $\nu_{m+1}<0$ gilt, ist die Konsistenzordnung genau gleich m+1.

Die Lösung u_{j+m} ist mit einem der in 1.1. beschriebenen iterativen Verfahren zu bestimmen. Um die Zahl der Iterationen zum Erreichen einer genügend genauen Annäherung an u_{j+m} möglichst klein zu halten, empfiehlt es sich, mit einem möglichst genauen Startwert zu beginnen, den man etwa durch eine explizite Formel mit demselben m bestimmen kann. Einzelheiten über diese Technik finden sich im Kapitel 4 über Prädiktor-Korrektor-Verfahren. Wir weisen noch darauf hin, daß es auch bei Verwendung der Formel in der Gestalt (31) zur Durchführung der 1.1.(12) entsprechenden Iteration nicht nötig ist, sämtliche Differenzen $\nabla^k f_{j+m}$ neu zu berechnen, da aus (33) hervorgeht, daß von der Iteration nur der Summand $\beta_{mm} f_{j+m}$ berührt wird, so daß es genügt, diesen Term jeweils zu ersetzen.

Angesichts der zusätzlichen Probleme, welche durch die Lösung der impliziten Gleichungssysteme bei Interpolationsverfahren auftreten, stellt sich die Frage, warum man stattdessen nicht ein (m+1)-schrittiges Extrapolationsverfahren verwendet, das ja dieselbe Konsistenzordnung wie ein m-schrittiges Interpolationsverfahren besitzt. Ein Grund dafür, daß dennoch bei den meisten Problemen implizite Verfahren (oft in Verbindung mit einer Prädiktor-Korrektor-Technik) bevorzugt werden, liegt vor allem an ihren viel günstigeren Stabilitätseigenschaften (s. Kap.4).

In der folgenden Tabelle 7 ist neben der Schrittzahl m, der Ordnung p und der Fehlerkonstanten C_p auch noch das auf der reellen Achse gelegene Intervall $(\alpha,0)$ der absoluten Stabilität (s. 3.2.(43),(46)) für die Verfahren (6) und (31) angegeben. Beispielsweise hat das explizite Verfahren der Ordnung $p = 4$ eine betragsmäßig etwa 13-mal größere Fehlerkonstante und ein um den Faktor 10 kleineres Stabilitätsintervall als das implizite Verfahren gleicher Ordnung.

Tab. 7

	Adams-Bashforth (explizit)				
m	1	2	3	4	5
p	1	2	3	4	5
C_p	$\frac{1}{2}$	$\frac{5}{12}$	$\frac{3}{8}$	$\frac{251}{720}$	$\frac{95}{288}$
α	-2	-1	$-\frac{6}{11}$	$-\frac{3}{10}$	$-\frac{90}{551}$
	Adams-Moulton (implizit)				
m	1	2	3	4	5
p	2	3	4	5	6
C_p	$-\frac{1}{12}$	$-\frac{1}{24}$	$-\frac{19}{720}$	$-\frac{3}{160}$	$-\frac{863}{60480}$
α	$-\infty$	-6	-3	$-\frac{90}{49}$	$-\frac{45}{38}$

1.2.4. Das Verfahren von Milne-Simpson

Zu diesem Verfahren kommt man bei Verwendung des Interpolationspolynoms P aus 1.2.3. und Integration über das Intervall $[x_{j+m-2}, x_{j+m}]$, wobei wir $m \geq 2$ annehmen. Es ergeben sich die Formeln

$$(39)\quad u_{j+m} = u_{j+m-2} + h \sum_{k=0}^{m} \nu_k^* \nabla^k f_{j+m}, \quad j=0,\ldots,N-m$$

$$u_k = \alpha_h^{(k)}, \quad k=0,\ldots,m-1,$$

wobei die Koeffizienten durch

$$(40)\quad \nu_k^* = (-1)^k \int_{-2}^{0} \binom{-s}{k} ds, \quad k=0,\ldots,m,$$

gegeben sind. Aus (7) bestimmt man die erzeugende Funktion der ν_k^* zu

$$\sum_{k=0}^{\infty} \nu_k^* z^k = \frac{-z}{\log(1-z)}(2-z), \quad |z|<1.$$

Dies führt mit Hilfe von Potenzreihenentwicklung auf die Beziehung

$$(1 + \tfrac{1}{2}z + \tfrac{1}{3}z^2 + \ldots)(\nu_0^* + \nu_1^* z + \nu_2^* z^2 + \ldots) = 2-z,$$

aus der man durch Koeffizientenvergleich $\nu_0^* = 2$, $\nu_1^* = -2$ und die Rekursionsformeln

$$(41)\quad \nu_k^* + \tfrac{1}{2}\nu_{k-1}^* + \tfrac{1}{3}\nu_{k-2}^* + \ldots + \tfrac{1}{k+1}\nu_0^* = 0, \quad k=2,3,\ldots,$$

findet. Einige Werte von ν_k^* sind in Tab.1 aufgeführt. Durch Auflösung der rückwärts genommenen Differenzen in (39) erhält man die Verfahrensgleichungen in der Form

$$(42)\quad u_{j+m} = u_{j+m-2} + h \sum_{k=0}^{m} \beta_{mk}^* f_{j+k}, \quad j=0,\ldots,N-m,$$

mit den Koeffizienten

$$(43)\quad \beta_{mk}^* = (-1)^{m-k} \sum_{l=m-k}^{m} \nu_l^* \binom{l}{m-k}, \quad k=0,\ldots,m.$$

Einige dieser Koeffizienten sind in der nachstehenden Tab.8 enthalten.

Tab. 8

k	0	1	2	3	4	5
$3\beta_{2k}^*$	1	4	1			
$3\beta_{3k}^*$	0	1	4	1		
$90\beta_{4k}^*$	-1	4	24	124	29	
$90\beta_{5k}^*$	1	-6	14	14	129	28

Für $m=2$ und $m=3$ ergibt sich derselbe Formelsatz

(44) $u_{j+2} = u_j + \frac{h}{3}(f_j+4f_{j+1}+f_{j+2}), \quad j=0,\ldots,N-2,$

welcher gerade der Verwendung der Simpsonschen Quadraturformel entspricht, in deren summierte Form (44) auch im Falle $f(x,y) = F(x)$ übergeht.

Das zum Verfahren (39) bzw. (43) gehörige Polynom σ ist gegeben durch

(45) $\sigma(z) = \sum_{k=0}^{m} \beta_{mk}^* z^k = z^m \sum_{k=0}^{m} \nu_k^* (1-z^{-1})^k,$

das Polynom ρ stimmt mit dem in (23) überein. Über die Konsistenzeigenschaften beweisen wir die folgende Aussage.

(46) <u>Das Interpolationsverfahren von Milne-Simpson ist mit (A) konsistent. Für</u> $f\in C^{m+1}(U)$ und $|\alpha_h^{(j)}-u(x_j)| = O(h^{m+1})$, $j=0,\ldots,m-1$, <u>besitzt es die Konsistenzordnung</u> $p=m+1$, <u>die im Falle</u> $m\geq 3$ <u>genau ist. Im Falle</u> $m=2$ <u>und</u> $f\in C^4(U)$ <u>ist</u> $p=4$ <u>die genaue Ordnung.</u>

<u>Beweis</u>. Die Konsistenz ergibt sich aus Satz 1.1.(27). Für den Abschneidefehler berechnet man entsprechend wie in (24) für $x\in I_h$

(47) $\tau_h(x) = (-1)^{m+1}h^{m+1} \int_{-2}^{0} \binom{-s}{m} [D^{m+1}f(\cdot,u)](\xi(x+hs))ds,$

woraus die Abschätzung

$$(48)\quad |\tau_h(x)| \le h^{m+1} \int_{-2}^{0} |\binom{-s}{m}|\,ds \max_{t\in[x-mh,x]} |(D^{m+1}f)(t,u(t))|$$

folgt. Damit ist $p = m+1$ bewiesen. Die Fehlerkonstante ist im Falle $m\ge 3$ gleich ν^*_{m+1}, im Falle $m = 2$ gleich ν^*_4. Die Eigenschaft $\nu^*_k \ne 0$, $k\ge 4$, genauer sogar $\nu^*_k<0$, erkennt man aus der Darstellung

$$k!\nu^*_k = \int_{-2}^{0} s(s+1)(s+2)g_k(s)ds, \quad k = 4,5,\ldots,$$

mit der Funktion $g_k(s) = (s+3)(s+4)\ldots(s+k-1)$, die für $s\ge -2$ streng monoton wachsend ist. Damit ist alles bewiesen.

Bezüglich des numerischen Verhaltens der Formeln (39) trifft das zum Verfahren von Nyström Gesagte entsprechend zu.

1.2.5. Verfahren, die auf numerischer Differentiation beruhen

Der Aufstellung dieser Verfahren liegt der Gedanke zugrunde, durch die Punkte $(x_j,u_j),\ldots,(x_{j+m},u_{j+m})$ das interpolierende Polynom P vom Grade m zu legen und den Ausdruck $P'(x_{j+m-r})$ mit r in $0\le r\le m$ als Approximation für die Ableitung im Punkte x_{j+m-r} zu verwenden. P ist gegeben durch

$$P(t) = \sum_{k=0}^{m} (-1)^k \binom{-s}{k} \nabla^k u_{j+m}, \quad s = \frac{t-x_{j+m}}{h}.$$

Durch Differentiation bekommt man

$$P'(x_{j+m-r}) = \frac{1}{h} \sum_{k=0}^{m} \rho_{rk} \nabla^k u_{j+m}, \quad r = 0,\ldots,m,$$

mit den Koeffizienten

$$(49)\quad \rho_{rk} = (-1)^k h \frac{d}{dt}\binom{-s}{k}\Big|_{t=x_{j+m-r}} = (-1)^k \frac{d}{ds}\binom{-s}{k}\Big|_{s=-r}.$$

Folgt man dem oben dargelegten Gedankengang, so erhält man nach Wahl einer Zahl r das Verfahren

$$(50)\quad \sum_{k=0}^{m} \rho_{rk} \nabla^k u_{j+m} = hf_{j+m-r}\ , \quad j = 0,\ldots,N-m.$$

Die linke Seite von (50) stellt eine Linearkombination der $u_j,\ldots,u_{j+m}$ dar mit dem Faktor $\rho_{ro}+\rho_{r1}+\ldots+\rho_{rm}$ vor u_{j+m}. Ist dieser Faktor von Null verschieden, so definiert (50) ein lineares Mehrschrittverfahren, das für $r = 0$ implizit, sonst explizit ist. Zur Bestimmung der Koeffizienten ρ_{rk} gehen wir von der erzeugenden Funktion

$$(51)\quad \sum_{k=0}^{\infty} \rho_{rk} z^k = -(1-z)^r \log(1-z), \quad |z|<1,$$

aus, die sich aus der Rechnung

$$\frac{d}{ds}(1-z)^{-s}\Big|_{s=-r} = \frac{d}{ds} \sum_{k=0}^{\infty} \binom{-s}{k} (-z)^k \Big|_{s=-r} = \sum_{k=0}^{\infty} (-z)^k \frac{d}{ds}\binom{-s}{k}\Big|_{s=-r}$$

ergibt. Die auftretende unendliche Reihe darf gliedweise differenziert werden, da sie bei festgehaltenem $|z|<1$ für $s = -r$ konvergiert und die durch formale Differentiation entstehende Reihe einer ähnlichen Überlegung wie in (7) zufolge in einer Umgebung von $s = -r$ gleichmäßig konvergiert. Durch Potenzreihenentwicklung der rechten Seite von (51) erhält man

$$\rho_{ro}+\rho_{r1}z+\rho_{r2}z^2+\ldots =$$
$$(z+\tfrac{1}{2}z^2+\tfrac{1}{3}z^3+\ldots)(1-\tbinom{r}{1}z+\tbinom{r}{2}z^2-+\ldots+(-1)^r z^r),$$

so daß sich die Beziehungen ergeben

$$\rho_{ro} = 0, \quad r = 0,1,\ldots$$
$$\rho_{rk} = \frac{1}{k} - \frac{1}{k-1}\binom{r}{1} + \frac{1}{k-2}\binom{r}{2} -+\ldots+(-1)^{k-1}\binom{r}{k-1}, \quad 0<k<r,$$
$$\rho_{rk} = \frac{1}{k} - \frac{1}{k-1}\binom{r}{1} + \frac{1}{k-2}\binom{r}{2} -+\ldots+(-1)^{r}\frac{1}{k-r}, \quad k>r.$$

Hieraus entnimmt man insbesondere für die Koeffizienten der impliziten rückwärts genommenen Differentiationsformeln (s. auch Ende von 1.3.)

$$(52)\quad \rho_{oo} = 0, \quad \rho_{ok} = \frac{1}{k}, \quad k = 1,2,\ldots .$$

Zur rekursiven Berechnung der weiteren ρ_{rk} macht man von dem aus (51) durch Multiplikation mit (1-z) folgenden Zusammenhang

$$\rho_{r+1,k} = \rho_{rk} - \rho_{r,k-1}, \quad r \geq 0, \ k \geq 1,$$

Gebrauch. Einige Zahlenwerte sind in Tab.9 zusammengestellt.

Tab. 9

r \ k	0	1	2	3	4	5	6
0	0	1	1/2	1/3	1/4	1/5	1/6
1	0	1	-1/2	-1/6	-1/12	-1/20	-1/30
2	0	1	-3/2	1/3	1/12	1/30	1/60
3	0	1	-5/2	5/3	-17/12	-1/20	-1/60
4	0	1	-7/2	25/6	-37/12	41/30	1/30
5	0	1	-9/2	23/3	-87/12	89/20	-4/3

Für $m = 1$ und $r = 1$ bzw. $r = 0$ gehen die Formeln (50) in die vorwärts bzw. rückwärts genommene Eulerformel über. Für $m = 2$, $r = 1$ ergibt sich die Mittelpunktregel (21).

Wir passen die Formeln (50) noch in die allgemeine Klasse (A_h) ein. Die Funktion f_h ist durch

$$f_h(x,y_0,\ldots,y_m) = f(x-rh,y_{m-r}), \quad x \in I_h, \ y_k \in \mathbb{K}^n,$$

gegeben, so daß man für das Polynom σ aus 1.1.(26)

$$(53) \quad \sigma(z) = z^{m-r}$$

erhält. Das Polynom ρ aus 1.1.(20) bestimmt man zu

$$(54) \quad \rho(z) = z^m \sum_{k=0}^{m} \rho_{rk}(1-z^{-1})^k.$$

Über die Konsistenz und Ordnung des Verfahrens (50) gilt die folgende Aussage.

(55) <u>Das auf numerischer Differentiation beruhende Verfahren</u> (50) <u>ist mit</u> (A) <u>konsistent. Für</u> $f\in C^m(U)$ <u>und</u> $|\alpha_h^{(j)}-u(x_j)| = O(h^m)$, $j=0,\ldots,m-1$, <u>besitzt es die genaue Konsistenzordnung</u> $p=m$.

<u>Beweis</u>. Die Konsistenz prüft man mit Hilfe von 1.1.(27) nach, denn es ist $\rho(1)=0$ und $\rho'(1)=m\rho_{r0}+\rho_{r1}=1=\sigma(1)$. Für den Abschneidefehler erhält man die Darstellung

$$\tau_h(x_{j+m}) = \frac{1}{h}\sum_{k=0}^{m}\rho_{rk}\nabla^k u(x_{j+m})-f(x_{j+m-r},u(x_{j+m-r}))$$

$$= P'(x_{j+m-r})-u'(x_{j+m-r}),\quad j=0,\ldots,N-m,$$

wobei P die Punkte $(x_j,u(x_j)),\ldots,(x_{j+m},u(x_{j+m}))$ interpoliert. Der Fehler $R:=P-u$ besitzt, wie bereits in (14) angegeben worden ist, für $u\in C^{m+1}(I)$ die Darstellung

$$R(x) = (-1)^{m+1}h^{m+1}\binom{-s}{m+1}u^{(m+1)}(\xi(x)),\quad s=\frac{x-x_{j+m}}{h}.$$

Aus dieser Darstellung folgt, daß $u^{(m+1)}(\xi(x))$ als Funktion von x differenzierbar ist, und es wird wegen $\tau_h(x_{j+m}) = R'(x_{j+m-r})$ nach Ausführung der Differentiation und Beachtung von (49)

(56) $\tau_h(x) = h^m\rho_{r,m+1}u^{(m+1)}(\xi),\quad x\in I_h,\ r=0,\ldots,m,$

mit $\xi\in[x-mh,x]$. Daher ist $p=m$ und $\rho_{r,m+1}$ ist gemäß (34) die Fehlerkonstante. Aus der Definitionsgleichung (49) liest man $\rho_{r,m+1}\neq 0$ unmittelbar ab.

Es sei an dieser Stelle bereits darauf hingewiesen (s. 2.4.), daß die Verfahren (50), obwohl sie stets konsistent sind, mit Ausnahme der Bereiche

(57) $r=0,\ m\le 6$ und $r=1,\ m\le 2$

unbrauchbar sind (s. Tabelle 15, 2.3.), da sie die fundamentale zweite Forderung an ein brauchbares Verfahren, die Stabilität (s. 2.4.), nicht erfüllen. Dennoch haben die sich für $r = 0$ ergebenden impliziten rückwärts genommenen Differentiationsformeln als Verfahren mit speziellen Stabilitätseigenschaften eine große Bedeutung gefunden (s. 1.6.2.,1.6.3,3.).

1.2.6. Formeln mit günstiger Fehlerfortpflanzung

Ein lineares Mehrschrittverfahren ist von der allgemeinen Bauart

$$(58)\quad \sum_{k=0}^{m} a_k u_{j+k} = h \sum_{k=0}^{m} b_k f_{j+k}, \quad j = 0,1,\ldots,N-m.$$

Dabei bedeutet es wegen $a_m \neq 0$ keine Einschränkung der Verfahrensklasse, wenn man $a_m = 1$ annimmt. Damit stehen in (58) insgesamt 2m+1 freie Parameter zur Verfügung, die man prinzipiell dazu verwenden kann, eine möglichst hohe Konsistenzordnung zu erreichen, und in der Tat läßt sich $p = 2m$ verwirklichen (s. 1.1.(36)). Wir werden jedoch später zeigen, daß auf Grund der Stabilitätsforderung die maximale Ordnung im Falle $m > 2$ nicht erreicht werden kann und bei Beschränkung auf Verfahren, für welche das zugehörige Polynom ρ nur Wurzeln vom Betrag kleiner Eins besitzt, sogar höchstens gleich m+1 ist.

Verfahren der Konsistenzordnung m+1 haben wir bereits mit den Interpolationsformeln in 1.2.3. gefunden. Es gibt jedoch unendlich viele solcher Verfahren, da die 2m+1 freien Parameter durch die m+2 Bedingungen der Konsistenzordnung und durch die oben genannte Wurzelbedingung noch nicht eindeutig bestimmt sind. Es stellt sich die Frage nach einem Kriterium, unter diesen verbliebenen Verfahren das günstigste auszuwählen.

Wir beschreiben ein solches Auswahlkriterium, das von Fehlberg [210] angegeben worden ist. Unter den Formeln der Ordnung $p = m+1$ geschieht die Auswahl wie folgt.

a) Das Verfahren ist implizit, d.h. es ist $b_m \neq 0$.

b) Das Verfahren soll eine möglichst günstige Fehlerfortpflanzung aufweisen.

c) Außer der aus der Wurzel $z = 1$ von ρ hervorgehenden Wurzel besitzt das Polynom

$$\sum_{k=0}^{m} (a_k + \kappa b_k) z^k$$

für $|\kappa| < 0.1$ nur Wurzeln vom Betrage kleiner 0.95.

Die Bedingung b) kann man wie folgt quantifizieren. Der Fehler $e(x) = u(x) - u_h(x)$, $x \in I_h'$, genügt den Gleichungen

$$(59) \quad \sum_{k=0}^{m} a_k e_{j+k} = h \sum_{k=0}^{m} b_k [f(x_{j+k}, u(x_{j+k})) - f(x_{j+k}, u_{j+k})]$$

$$+ h\tau_h(x_{j+m}), \quad j = 0, \ldots, N-m,$$

die sich durch Subtraktion der Definitionsgleichungen 1.1.(6) von (58) ergeben. Wenn wir annehmen, daß f genügend glatt ist, so folgt aus (59) durch Entwicklung nach Potenzen von h

$$(60) \quad \sum_{k=0}^{m} [a_k - h b_k f_y(x_{j+k}, u(x_{j+k}))] e_{j+k}$$

$$= C_{m+1} h^{m+2} u^{(m+2)}(x_j) + O(h^{m+3}),$$

wobei wir $e_h = O(h^{m+1})$ unterstellt haben. C_{m+1} bedeutet die Fehlerkonstante von (58) und f_y ist die Funktionalmatrix von $f(x,\cdot)$ bezüglich der zweiten Veränderlichen. Vernachlässigen wir noch das Glied $hb_k f_y$, so sind die Fehler ungefähr bestimmt durch

$$\sum_{k=0}^{m} a_k e_{j+k} \sim C_{m+1} h^{m+2} u^{(m+2)}(x_j).$$

Führen wir die Größen ε_j ein durch $e_j = \varepsilon_j h^{m+2} u^{(m+2)}(x_j)$, so ergibt sich bis auf Glieder der Ordnung $O(h^{m+3})$

$$(61) \quad \sum_{k=0}^{m} a_k \varepsilon_{j+k} = C_{m+1}, \quad j = 0, \ldots, N-m.$$

Die Lösung von (61) setzt sich aus der allgemeinen Lösung der zugehörigen homogenen Gleichung und einer partikulären zusammen. Eine partikuläre Lösung von (61) ist $\varepsilon_k = \varepsilon k$, $k = 0, \ldots, N$, mit

$$(62)\quad \varepsilon = C_{m+1}\left(\sum_{k=0}^{m} ka_k\right)^{-1},$$

wie man durch Einsetzen unter Ausnutzung der Eigenschaft $\rho(1)=0$ leicht verifiziert. Die partikuläre Lösung gibt das Verhalten von ε_h für $h\to 0$ an, da die Lösung der homogenen Gleichung (61) aufgrund der Stabilität von (58) für $h\to 0$ gleichmäßig beschränkt bleibt (s. 2.3.). Die Bedingung b) bedeutet daher, unter den zur Konkurrenz zugelassenen Verfahren eins aufzusuchen, für das $\rho'(1)=\Sigma ka_k$ maximal wird.

Die Bedingung c) bedeutet für $\kappa=0$, daß ρ außer der bei konsistenten Verfahren gemäß 1.1.(24) stets vorhandenen Wurzel $z=1$ nur Wurzeln besitzt, die echt kleiner als Eins sind. Die zu diesen Wurzeln gehörigen parasitären Lösungen (s. 2.3.) klingen daher schnell ab. Die Verfahren von Nyström und Milne-Simpson werden beispielsweise damit ausgeschlossen, da bei ihnen auch $z=-1$ eine Wurzel von ρ ist. Daß c) noch für $|\kappa|\leq 0.1$ gelten soll, ist eine zusätzliche Stabilitätsforderung an die zugelassenen Verfahren, die sich daraus ergibt, daß man nicht mit $h\to 0$, sondern mit einem vielleicht kleinen, aber von Null verschiedenen h rechnet. Die Fehlerfortpflanzung wird aber durch (60) beschrieben, und der Einfluß der Glieder hb_kf_y ist zu berücksichtigen (s. auch Kap.3). Dies geschieht nun in Bedingung c) dadurch, daß man hf_y mit κ identifiziert und für nicht zu große Abweichungen vom Grenzfall $h=0$ noch dieselbe Kleinheitsbedingung an die Wurzeln von $\rho+\kappa\sigma$ stellt.

Die von Fehlberg angegebenen Koeffizienten sind in Tab.10 aufgeführt. Das Fehlerfortpflanzungsverhältnis $\eta := \varepsilon/\varepsilon_{Adams}$ hat die folgenden Werte

m	2	3	4	5	6	7
η	0,6667	0,4737	0,2667	0,2256	0,0801	0,1743

Für $m=6$ beispielsweise ist der Wert von ε auf nur 8% desjenigen bei der Adams-Moulton-Formel reduziert.

Tab. 10

m	a_0	a_1	a_2	a_3	a_4	a_5	a_6	a_7
2	$-\frac{1}{5}$	$-\frac{4}{5}$	1					
3	$\frac{1}{17}$	$-\frac{9}{17}$	$-\frac{9}{17}$	1				
4	$-\frac{11}{27}$	0	0	$-\frac{16}{27}$	1			
5	$\frac{756}{21319}$	$-\frac{8775}{21319}$	$-\frac{13300}{21319}$	0	0	1		
6	$-\frac{79}{125}$	0	0	$-\frac{1}{8}$	0	$-\frac{243}{1000}$	1	
7	$\frac{1994625}{82490048}$	$-\frac{434875}{1288907}$	$-\frac{3568131}{10311256}$	0	$-\frac{28107625}{82490048}$	0	0	1

m	b_0	b_1	b_2	b_3	b_4	b_5	b_6	b_7
2	0	$\frac{4}{5}$	$\frac{2}{5}$					
3	0	0	$\frac{18}{17}$	$\frac{6}{17}$				
4	$\frac{1}{9}$	$\frac{2}{3}$	0	$\frac{10}{9}$	$\frac{1}{3}$			
5	0	0	$\frac{21300}{21319}$	$\frac{13500}{21319}$	$\frac{29700}{21319}$	$\frac{6720}{21319}$		
6	$\frac{9}{50}$	$\frac{81}{80}$	0	$\frac{3}{2}$	0	$\frac{567}{400}$	$\frac{3}{10}$	
7	0	0	$\frac{35317485}{41245024}$	0	$\frac{34489815}{20622512}$	$\frac{330750}{1288907}$	$\frac{63007875}{41245024}$	$\frac{379680}{1288907}$

Eine theoretisch systematischere Vorgehensweise für das Auffinden von Formeln mit günstigster Fehlerfortpflanzung ist von Hull und Newberry [262] entwickelt worden. Sie gehen von der Beobachtung aus, daß der Nenner in (62) gleich $\rho'(1)$ ist, und daher auch in der Form

$$(63)\quad \rho'(1) \equiv \sum_{k=0}^{m} ka_k = \prod_{j=2}^{m} (1-z_j)$$

geschrieben werden kann, wobei z_j, $j=1,\dots,m$, die Wurzeln von ρ bezeichnen mit der Vereinbarung $z_1 = 1$. Außerdem ist die Normierung

$$(64)\quad a_m = 1$$

als gegeben angenommen worden. Um also $\rho'(1)$ möglichst groß zu machen, muß man die z_j, $j=2,\dots,m$, möglichst nahe bei -1 wählen. Aus Stabilitätsgründen (s.2.3.) dürfen sie auf keinen Fall einen Betrag größer 1 haben. Berücksichtigt man auch noch die Wurzeln des Polynoms in c), die außer z_1 für kleine κ ebenfalls vom Betrage kleiner 1 sein sollen, so müssen die z_j, $j=2,\dots,m$, auch genügend weit im Innern des Einheitskreises liegen. Durch diese Überlegungen wird man zu der Schar von sog. <u>westwärtigen</u> <u>Formeln</u> $W_m(c)$ geführt, für die

$$(65)\quad z_1 = 1, \quad z_j = -c, \quad j = 2,\dots,m, \quad c\in[0,1)$$

ist. Der Fall $c=0$ beschreibt gerade die Formeln vom Adams-Typ. Außer im Fall $m=2$ ist $c=-1$ nicht zulässig, da die zugehörige Formel instabil ist (s.2.3.). Nach Vorgabe von ρ vermöge (65) wird dann σ so bestimmt, daß die Konsistenzordnung größtmöglich ist. Wie Satz 1.1.(40) zeigt, ist σ dadurch eindeutig bestimmt und $p=m+1$ die sich ergebende Konsistenzordnung.

Unter dem Gesichtspunkt, daß die Wurzeln des Polynoms c) auch noch für möglichst große κ vom Betrag kleiner 1 sind, erscheint die Wahl (65) einer $(m-1)$-fachen Wurzel von ρ nicht besonders günstig. Bekanntlich macht sich die Störung der

Größenordnung κ in den Koeffizienten dann in einer Änderung der Wurzeln proportional $\kappa^{1/(m-1)}$ bemerkbar, die also im Falle $m>2$ für kleine κ relativ groß im Vergleich zur Störung der Koeffizienten ist. Daher bietet es sich an, eine weitere Schar $R_m(c)$ von sog. <u>radialen Formeln</u> zu betrachten, bei denen die Wurzeln z_j, $j=2,\ldots,m$, möglichst weit auseinander liegen. Für diese Formeln wird also

(66) $z_1 = 1, \quad z_j = c\exp[2\pi i(j-1)/m], \quad j=2,\ldots,m, \quad c\in[0,1)$

genommen. Ein Kompromiß zwischen diesen beiden Formeltypen sind die $WR_m(c)$-Formeln, bei denen die Wurzeln auf einem Dreiviertelkreis mit Radius c verteilt sind, mit Ausnahme von geradem m, bei dem noch eine Wurzel, etwa z_m, gleich Null gewählt wird. In diesem Fall ist demnach

(67) $$z_j = \begin{cases} c\exp[i\pi(1/4+3(j-1)/2m)], & j=2,\ldots,m, \quad m \text{ ungerade} \\ c\exp[i\pi(1/4+3(j-1)/2m-2)], & j=2,\ldots,m-1, \quad m \text{ gerade}, \end{cases}$$

und $z_1 = 1$ sowie bei geradem m auch $z_m = 0$. In [262] sind für einige c die Zahlenwerte für $\rho'(1) = \Sigma\beta$, die Fehlerkonstante C_p, den Quotienten $C_p/\Sigma\beta$ aus (62) und für κ_0 ausgerechnet worden, wobei κ_0 die kleinste reelle Zahl bedeutet, so daß das Polynom aus c) für $|\kappa| < \kappa_0$ außer der aus $z_1 = 1$ hervorgehenden Wurzel nur Wurzeln vom Betrage kleiner 1 besitzt. Tab.11 enthält die in [262] angegebenen Zahlenwerte. Ein * nach einem Wert von κ_0 bedeutet, daß $\kappa_0 > |1/b_m|$ ist, was man für die Konvergenz der Iteration 1.1.(12) der impliziten Gleichungen beachten muß, so daß man in diesen Fällen bei zu großem κ zu einem anderen Lösungsverfahren greifen muß (vgl. die Bemerkung nach 1.1.(16)).

Die aufgrund der verschiedenen $C_p/\Sigma\beta$ zu erwartende unterschiedliche Größe des Diskretisierungsfehlers wird in dem Beispiel der Anwendung der Formeln auf die Anfangswertaufgabe

(68) $u' = 2(u+1)(u-\sin 4x) + 4\cos 4x, \quad u(0) = 0$

sichtbar. Die exakte Lösung von (68) ist $u = \sin 4x$. Als Schritt-

Tab. 11

	$\Sigma\beta$	$-C_p$	$\frac{-C_p}{\Sigma\beta}$	κ_o	$\Sigma\beta$	$-C_p$	$\frac{-C_p}{\Sigma\beta}$	κ_o	$\Sigma\beta$	$-C_p$	$\frac{-C_p}{\Sigma\beta}$	κ_o
	m = 2				m = 3				m = 4			
$W_m(0)$	1	42	42	6.000*	1	26	26	3.000*	1	19	19	1.837
$W_m(\frac{1}{4})$	1	31	25	3.600*	2	20	13	1.800	2	14	7	.962
$W_m(\frac{1}{2})$	2	21	14	2.000	2	18	8	1.000	3	11	3	.370
$W_m(\frac{3}{4})$	2	10	6	.857	3	18	6	.429	5	7	1	.053
$WR_m(0)$	1	42	42	6.000*	1	26	26	3.000*	1	19	19	1.837
$WR_m(\frac{1}{4})$	1	42	42	6.000*	1	23	16	2.269	1	17	12	1.436
$WR_m(\frac{1}{2})$	1	42	42	6.000*	2	22	11	2.172	2	15	8	1.270
$WR_m(\frac{3}{4})$	1	42	42	6.000*	3	25	10	3.441*	3	15	6	1.450
$WR_m(1)$	1	42	42	6.000*	3	31	9	.000	3	16	5	.000
$R_m(0)$	1	42	42	6.000*	1	26	26	3.000*	1	19	19	1.837
$R_m(\frac{1}{4})$	1	31	25	3.600	1	24	19	2.600	1	17	13	1.548
$R_m(\frac{1}{2})$	2	21	14	2.000	2	25	15	3.000*	2	15	8	1.200
$R_m(\frac{3}{4})$	2	10	6	.857	2	30	13	5.571*	3	9	3	.637
$R_m(1)$	2	0	0	.000	3	38	13	.000	4	0	0	.000

	m = 5				m = 6				m = 7				m = 8			
$W_m(0)$	1	14	14	1.184	1	11	11	.769	1	9	9	.493	1	8	8	.310
$W_m(\frac{1}{4})$	2	11	4	.517	3	9	3	.267	4	7	2	.132	5	6	1	.063
$W_m(\frac{1}{2})$	5	9	2	.147	8	7	1	.050	11	6	1	.016	17	5	0	.005
$W_m(\frac{3}{4})$	9	8	1	.015	16	5	0	.002	29	5	0	.000	50	3	0	.000
$WR_m(0)$	1	14	14	1.184	1	11	11	.769	1	9	9	.493	1	8	8	.310
$WR_m(\frac{1}{4})$	2	12	7	.842	2	10	6	.544	2	8	4	.311	2	7	3	.192
$WR_m(\frac{1}{2})$	3	11	4	.655	3	9	3	.408	4	7	2	.210	4	6	1	.126
$WR_m(\frac{3}{4})$	5	12	2	.733	5	9	2	.373	10	8	1	.179	10	6	1	.095
$WR_m(1)$	9	18	2	.000	9	9	1	.000	21	12	1	.000	21	6	0	.000
$R_m(0)$	1	14	14	1.184	1	11	11	.769	1	9	9	.493	1	8	8	.310
$R_m(\frac{1}{4})$	1	13	10	1.022	1	11	8	.660	1	9	7	.422	1	8	6	.263
$R_m(\frac{1}{2})$	2	13	7	.982	2	10	5	.565	2	9	4	.381	2	7	4	.229
$R_m(\frac{3}{4})$	3	15	5	1.423	3	8	2	.363	3	10	3	.455	4	6	2	.167
$R_m(1)$	5	23	5	.000	6	0	0	.000	7	16	2	.000	8	0	0	.000

weite wurde $h = 3/64$ gewählt. Das Ergebnis der Integration für die verschiedenen Formeltypen ist in der nachstehenden, aus [262] entnommenen Tabelle enthalten, welche die größten im Intervall [0,3] auftretenden Fehler angibt, was stets für den Endpunkt $x = 3$ der Fall war. In Übereinstimmung mit den oben angestellten Überlegungen nimmt der Fehler mit wachsendem c und mit wachsendem m ab. Instabilität zeigt sich zuerst bei den westwärtigen Formeln $W_m(c)$, und zwar bei wachsendem m bereits für kleinere c. Hierin spiegelt sich der Einfluß der mit m zunehmenden Vielfachheit der Wurzeln des charakteristischen Polynoms ρ wieder. Für kleine m liefern die $W_m(c)$-Formeln die besten Ergebnisse, für größere m sind die als Kompromiß entstandenen $WR_m(c)$-Formeln überlegen.

Tab. 12

	m = 2	m = 3	m = 4	m = 5	m = 6	m = 7	m = 8
$W_m(0)$	710000	48000	7800	440	110	17	8
$W_m(\frac{1}{4})$	430000	25000	3400	160	31	2	2
$W_m(\frac{1}{2})$	250000	16000	1600	67	13	1	2100
$W_m(\frac{3}{4})$	110000	13000	680	43	1400	3600000	
$W_m(1)$	15000	12000	1800	27000	>10000000	>10000000	
$WR_m(0)$	710000	48000	7800	440	110	17	8
$WR_m(\frac{1}{4})$	710000	31000	5200	250	69	5	8
$WR_m(\frac{1}{2})$	710000	23000	3700	140	33	0	6
$WR_m(\frac{3}{4})$	710000	20000	2800	100	20	1	1
$WR_m(1)$	710000	21000	2300	100	12	1	1
$R_m(0)$	710000	48000	7800	440	110	17	8
$R_m(\frac{1}{4})$	430000	35000	5600	330	80	6	3
$R_m(\frac{1}{2})$	250000	29000	3700	240	60	7	10
$R_m(\frac{3}{4})$	110000	28000	1900	220	35	3	4
$R_m(1)$	15000	28000	130	230	2	1	2

Die Spalten sind mit 10^{-7} zu multiplizieren.

1.2.7. Bemerkungen zum Taylorabgleich

Zur Aufstellung von Mehrschrittverfahren kann man auch dadurch gelangen, daß man die Bedingungsgleichungen löst, die sich durch die Forderung nach einer bestimmten Konsistenzordnung aus dem Verschwinden der entsprechenden Koeffizienten in einer Taylorentwicklung des Abschneidefehlers nach Potenzen von h ergeben. Bei linearen Mehrschrittverfahren 1.1.(25) sind diese Bedingungsgleichungen durch 1.1.(31) gegeben.

Diesen Weg zur Aufstellung von Formeln wird man beispielsweise beschreiten, wenn man zu einigen bereits aus anderen Erwägungen heraus festgelegten Konstanten aus der Menge der a_k, b_k die restlichen zur Erreichung einer gewissen Ordnung bestimmen will (s. 1.1.(36),(40)), oder wenn man Formeln gewinnen will, die unter Verzicht auf die maximal erreichbare Konsistenzordnung noch von einigen frei wählbaren Parametern abhängen, durch die man noch andere Forderungen (z.B. Explizitheit, besondere Stabilitätseigenschaften, exponentielle Angepaßtheit) erfüllen kann.

Wir führen dies an zwei einfachen Beispielen vor. Die Konsistenzbedingungen 1.1.(28) für ein lineares Zweischrittverfahren

$$a_0 u_j + a_1 u_{j+1} = h(b_0 f_j + b_1 f_{j+1})$$

lauten $a_0 + a_1 = 0$, $a_1 = b_0 + b_1$, woraus man nach Festlegung des freien Faktors durch $a_1 = 1$ und Benennung von b_0 mit b zu der Formelschar

$$(69) \quad u_{j+1} = u_j + h[bf(x_j, u_j) + (1-b)f(x_{j+1}, u_{j+1})], \quad b \in \mathbb{R},$$

kommt, die wir bereits in I-3.4.(2) kennengelernt haben. Die Verfahrensfunktion in (1) besitzt ihrer Herleitung zufolge für jedes b und $f \in C^2(U)$ mindestens die Konsistenzordnung $p = 1$ mit der Fehlerkonstanten

$$(70) \quad C_1 = \frac{1}{2}(2b-1).$$

Genau im Falle $b = \frac{1}{2}$, d.h. wenn (69) mit der Trapezformel übereinstimmt, hat man $p = 2$, und die Fehlerkonstante ist dann gleich

(71) $C_2 = -\frac{1}{12}$.

Die Bedingungsgleichungen 1.1.(31) für die Konsistenzordnung $p = 2$ bei einem Zweischrittverfahren lauten

$$a_o + a_1 + a_2 = 0$$
$$a_1 + 2a_2 = b_o + b_1 + b_2$$
$$a_1 + 4a_2 = 2b_1 + 4b_2 \ .$$

Wir erwarten als Ergebnis eine von zwei Parametern abhängige Formelschar. Wir setzen $a_2 = 1$ und führen die Parameter $a = a_1/4$, $b = (b_1 - 2)/2$ ein. Damit ergibt sich die zweiparametrige Schar

(72) $-(1+4a)u_j + 4au_{j+1} + u_{j+2} = h[(3a-b)f_j + 2(1+b)f_{j+1} + (a-b)f_{j+2}]$.

Für $a = -1/3$, $b = -1$ ist in (72) die rückwärts genommene implizite Differentiationsformel, für $a = b = 0$ die Mittelpunktregel und für $a = -1/4$, $b = -2/3$ das Verfahren von Adams-Moulton enthalten. Die Fehlerkonstante von (72) als Verfahren der Konsistenzordnung $p = 2$ ist

(73) $C_2 = \frac{1}{3}(1-4a+3b)$.

Die Bedingung für die Konsistenzordnung $p = 3$ ist $C_2 = 0$, wodurch man auf die einparametrige Schar

(74) $-(1+4a)u_j + 4au_{j+1} + u_{j+2} = \frac{h}{3}[(1+5a)f_j + 4(1+2a)f_{j+1} + (1-a)f_{j+2}]$

geführt wird. Die Adams-Moulton-Formel ist in dieser Schar enthalten. Die Fehlerkonstante für (74) beträgt

(75) $C_3 = \frac{a}{6}$.

Das einzige Verfahren der Konsistenzordnung $p = 4$, d.h. mit $C_3 = 0$, das unter den linearen Zweischrittverfahren vorkommt, ist daher das sich für $m = 2$ aus 1.2.(39) ergebende Verfahren 1.2.(44) von Milne-Simpson.

Es sei schon an dieser Stelle darauf hingewiesen, daß aus Stabilitätsgründen nur eine Teilmenge der Scharen (72) bzw. (74) für die näherungsweise Lösung von (A) brauchbar ist (s. 2.4.).

1.3. Mehrschrittverfahren in Nordsieck-Form

Von Nordsieck [335] ist eine Klasse von Verfahren angegeben worden, die effektiv Mehrschrittverfahren sind, sich jedoch in Form eines Einschrittverfahrens schreiben lassen, bei dem die für ein Mehrschrittverfahren typische Information über die Näherungen von u in vorangehenden Gitterpunkten in Form von Näherungen für eine entsprechende Zahl von Ableitungen von u in einem Punkt gespeichert wird. Dies kann vorteilhaft bei Schrittweitenänderungen ausgenutzt werden (s. 1.6.).

Zur Beschreibung des Nordsieck-Verfahrens führen wir einen Funktionsvektor

$$(1)\quad v_h = (u_h, hu_h^{(1)}, \frac{h^2}{2!}u_h^{(2)}, \ldots, \frac{h^m}{m!}u_h^{(m)})$$

ein, wobei $m \in \mathbb{N}$ eine frei wählbare Zahl ist. Unter den Gitterfunktionen $u_h^{(l)}$, $l = 1,\ldots,m$, hat man sich Näherungen für die Ableitungen $u^{(l)}$ vorzustellen. Nach dieser Deutung kann man daher ausgehend von einem Punkte $x \in I_h$ eine erste Näherung für $v_h(x+h)$ durch abgebrochene Taylorentwicklung erhalten. Diese ist gegeben durch Pv_h, wobei P eine $(m+1)\times(m+1)$ Matrix mit $n\times n$ Matrizen $P_{jk} = p_{jk}E$ als Elementen ist und E die $n\times n$ Einheitsmatrix sowie p_{jk} die Zahlen

$$(2)\quad p_{jk} = \begin{cases} \binom{k}{j}, & k \geq j, \\ 0, & k < j, \end{cases} \qquad j,k = 0,1,\ldots,m,$$

bedeuten. Demnach hat P obere Dreiecksgestalt mit E als Diagonalelementen. Beispielsweise ist für $m = 4$

$$P = \begin{bmatrix} E & E & E & E & E \\ & E & 2E & 3E & 4E \\ & & E & 3E & 6E \\ & & & E & 4E \\ & & & & E \end{bmatrix}.$$

Bisher ist noch nicht von der Differentialgleichung Gebrauch gemacht worden, die mindestens verlangt, daß $u_h^{(1)}(x+h) = hf(x+h,u_h(x+h))$ gilt. Dies kann man durch Hinzufügung von

$$(3)\quad hf(x+h,u_h(x+h)) - (Pv_h(x))^{(1)}$$

zur zweiten Komponente von $v_h(x+h)$ erreichen. Eine zu dieser Größe proportionale Korrektur sollte auch an der ersten Näherung für $u(x+h)$ angebracht werden, um eine möglichst gute Annäherung zu erreichen. In derselben Weise korrigieren wir auch die anderen Komponenten von v_h, was sich weiter unten zum Erreichen eines gewissen Stabilitätsverhaltens als günstig erweisen wird. Bezeichnet γ_l, $l=0,\dots,m$, den Proportionalitätsfaktor, mit dem (3) multipliziert die Korrektur zur l-ten Komponente von Pv_h ergibt, so erhält man bei Zusammenfassung dieser Faktoren zu dem Vektor $\gamma = (\gamma_0,\dots,\gamma_m) \in \mathbb{R}^{m+1}$ das Nordsieck-Verfahren

$$(4)\quad v_{j+1} = Pv_j + \gamma \times [hf(x_{j+1},u_{j+1}) - P^{(1)}v_j], \quad j=0,1,\dots,N-1,$$

wobei $P^{(1)}$ die zweite Zeile von Matrizen in P und $\gamma\times z$, $z\in\mathbb{K}^n$, den Vektor $(\gamma_0 z,\gamma_1 z,\dots,\gamma_m z)\in\mathbb{K}^{(m+1)n}$ bedeutet.

Man erkennt, daß zur Durchführung von (4) im allgemeinen ein nichtlineares algebraisches Gleichungssystem für u_{j+1} zu lösen ist. Über die Lösbarkeit und die Lösungsmethoden gilt das bei impliziten Mehrschrittverfahren Gesagte entsprechend.

Der Vektor v_0 ist durch eine Startrechnung zu bestimmen. Eine geeignete Möglichkeit ist

$$(5)\quad v_0 = (u(a), hu'(a), \frac{h^2}{2!}u''(a),\dots,\frac{h^m}{m!}u^{(m)}(a)),$$

wobei man die höheren Ableitungen von u wie unter I-1.2.4. beschrieben berechnen kann. Aber auch jede andere Startrechnung kann verwendet werden, welche Näherungen $v_0^{(l)}(a)$ liefert, die

$$(6)\quad |v_0^{(l)}(a) - \frac{h^l}{l!}u^{(l)}(a)| = O(h^s), \quad l=0,\dots,m, \quad h\to 0$$

mit $s=m+1$ erfüllen, d.h. es werden Näherungen für $u^{(l)}(a)$ der

Ordnung $O(h^{m+1-l})$ benötigt. Solche Näherungen bekommt man beispielsweise aus der Kenntnis von Näherungen $\alpha_h^{(j)}$ für $u(x_j)$, $j = 0,\dots,m$, der Ordnung $O(h^s)$ durch Bildung der den jeweiligen Ableitungen entsprechenden vorwärts genommenen Differenzenquotienten der $\alpha_h^{(j)}$.

Koeffizienten für Verfahren vom Typ (4), die für die Praxis eine große Bedeutung gewonnen haben, sind in den folgenden beiden Tabellen enthalten.

Die Verfahren der Tab. 13 entsprechen in dem in (12) genannten Sinne den Adams-Moulton-Verfahren 1.2.3., die der Tab. 14 den rückwärts genommenen Differentiationsformeln 1.2.(52). Bei der numerischen Durchführung von (4) wird der Vektor Pv durch sukzessive Additionen berechnet der Gestalt

$$
(7)\quad
\begin{array}{lcl}
v^{(m-1)} & = & v^{(m-1)} + v^{(m)} \\
v^{(m-2)} & = & v^{(m-2)} + v^{(m-1)} \\
 & \vdots & \\
\underline{v^{(o)}} & = & v^{(o)} + v^{(1)} \\
v^{(m-1)} & = & v^{(m-1)} + v^{(m)} \\
 & \vdots & \\
\underline{v^{(1)}} & = & v^{(1)} + v^{(2)} \\
v^{(m-1)} & = & v^{(m-1)} + v^{(m)} \\
 & \vdots & \\
\underline{v^{(2)}} & = & v^{(2)} + v^{(3)} \\
 & \vdots & \\
\underline{v^{(m-1)}} & = & v^{(m-1)} + v^{(m)} ,
\end{array}
$$

wobei die vorstehenden Gleichungen als Anweisungen im Fortran-Sinne zu lesen sind. Daß die unterstrichenen Größen die Komponenten von Pv sind, folgt aus der Eigenschaft

$$\binom{k}{j} + \binom{k}{j+1} = \binom{k+1}{j+1}$$

der Koeffizienten von P. Zur Lösung der impliziten Gleichungen (4) bietet sich das iterative Verfahren

Tab. 13

m	γ_0	γ_1	γ_2	γ_3	γ_4	γ_5	γ_6	γ_7
2	$\frac{5}{12}$	1	$\frac{1}{2}$					
3	$\frac{3}{8}$	1	$\frac{3}{4}$	$\frac{1}{6}$				
4	$\frac{251}{720}$	1	$\frac{11}{12}$	$\frac{1}{3}$	$\frac{1}{24}$			
5	$\frac{95}{288}$	1	$\frac{25}{24}$	$\frac{35}{72}$	$\frac{5}{48}$	$\frac{1}{120}$		
6	$\frac{19087}{60480}$	1	$\frac{137}{120}$	$\frac{5}{8}$	$\frac{17}{96}$	$\frac{1}{40}$	$\frac{1}{720}$	
7	$\frac{5257}{17280}$	1	$\frac{49}{40}$	$\frac{203}{270}$	$\frac{49}{192}$	$\frac{7}{144}$	$\frac{7}{1440}$	$\frac{1}{5040}$

Tab. 14

m	γ_0	γ_1	γ_2	γ_3	γ_4	γ_5	γ_6
1	1	1					
2	$\frac{2}{3}$	$\frac{3}{3}$	$\frac{1}{3}$				
3	$\frac{6}{11}$	$\frac{11}{11}$	$\frac{6}{11}$	$\frac{1}{11}$			
4	$\frac{24}{50}$	$\frac{50}{50}$	$\frac{35}{50}$	$\frac{10}{50}$	$\frac{1}{50}$		
5	$\frac{120}{274}$	$\frac{274}{274}$	$\frac{225}{274}$	$\frac{85}{274}$	$\frac{15}{274}$	$\frac{1}{274}$	
6	$\frac{720}{1764}$	$\frac{1764}{1764}$	$\frac{1624}{1764}$	$\frac{735}{1764}$	$\frac{175}{1764}$	$\frac{21}{1764}$	$\frac{1}{1764}$

$$(8)\quad v_{j+1}^{[\nu+1]} = Pv_j+\gamma\times(hf(x_{j+1},u_{j+1}^{[\nu]})-P^{(1)}v_j),\ \nu=0,1,\ldots,$$

an, wobei als Startnäherung

$$(9)\quad u_{j+1}^{[o]} = P^{(1)}v_j$$

genommen wird. Wenn f Lipschitzstetig und h klein genug ist, konvergiert das iterative Verfahren (8),(9) (vgl. 1.1.(13)). Wie wir im Anschluß an 1.1.(16) schon erläutert haben, möchte man die daraus folgende Einschränkung an die Größe von h manchmal vermeiden, etwa wenn man die zu Tab.14 gehörigen Formeln bei steifen Differentialgleichungssystemen verwendet. Man kann dann anstelle von (8) das Newton-Verfahren

$$(10)\quad v_{j+1}^{[\nu+1]}= Pv_j+\gamma\times[hf(x_{j+1},u_{j+1}^{[\nu]})-P^{(1)}v_j+hf'(x_{j+1},u_{j+1}^{[\nu]})u_{j+1}^{[\nu+1]}]$$

verwenden. Die erste Komponente dieser Gleichung liefert $u_{j+1}^{[\nu+1]}$ als Lösung des linearen algebraischen Gleichungssystems

$$(11)\quad [E-h\gamma_o f'(x_{j+1},u_{j+1}^{[\nu]})]u_{j+1}^{[\nu+1]}= (P^{(o)}-\gamma_o P^{(1)})v_j + h\gamma_o f(x_{j+1},u_{j+1}^{[\nu]}).$$

Damit lassen sich die restlichen Komponenten von $v_j^{[\nu+1]}$ aus (10) ermitteln. Da die Berechnung der Funktionalmatrix f' meist numerisch aufwendig ist, rechnet man gewöhnlich einige Schritte lang mit demselben f'. Eine neue Berechnung von f' erfolgt, wenn die Anzahl der Iterationen in (10) eine vorgegebene Zahl, etwa $\nu = 3$, überschreitet. Da in (11) nur die erste Komponente von $v^{[\nu]}$ benötigt wird, werden die anderen Komponenten zur Verringerung der Multiplikationen mit γ nicht in jedem Iterationsschritt berechnet, sondern nur die Zuwächse aufaddiert. Entsprechend geht man bei Verwendung von (8) vor. Weitere Einzelheiten bezüglich der numerischen Realisierung von (4) sind in 1.6.2. beschrieben.

Wir zeigen jetzt, daß (4) mit der Lösung eines Mehrschrittverfahrens gleichbedeutend ist (s. [222,344]). Dabei bezeichnen wir mit $\tilde{P}$ die Matrix P im Falle $n=1$.

(12) Sei $\gamma_1 = 1$ und $v_0^{(1)} = hf(a,u_0)$. Dann gibt es ein lineares m-Schrittverfahren (A_h), so daß die erste Komponente $v_h^{(o)}$ der Lösung von (4) auch Lösung von (A_h) ist. Das (A_h) zugeordnete Polynom ρ ist gegeben durch

$$z\rho(z) = \det(zE - \tilde{P} + \gamma\times\tilde{P}^{(1)})$$

und von γ_0 unabhängig. Ist $f\in C^m(U)$ und (6) mit $s=m$ erfüllt, so besitzt (A_h) für jede Wahl von $\gamma_0, \gamma_2, \gamma_3, \ldots, \gamma_m$ die Konsistenzordnung $p=m$. Sind γ_j, $j=2,\ldots,m$, beliebig vorgegeben mit $\gamma_m \neq 0$, so existiert zu jeder Zahl $C_{m+1}\in\mathbb{R}$ ein eindeutig bestimmtes γ_0, so daß C_{m+1} die Fehlerkonstante von (A_h) ist. Ist insbesondere (6) mit $s=m+1$ erfüllt, so existiert ein eindeutig bestimmtes γ_0, so daß (A_h) für jedes $f\in C^{m+1}(U)$ die Konsistenzordnung $p=m+1$ besitzt.

Beweis. Als erstes zeigen wir, daß bei Voraussetzung von (6) und $f\in C^s(U)$ für $s=m$ oder $s=m+1$ die mit (4) berechneten v_j für $j=0,\ldots,m$ die Eigenschaft

$$(13) \quad |v_j^{(l)} - \frac{h^l}{(l+1)!}u^{(l)}(x_j)| = O(h^s),\ l=0,\ldots,m,\ h\to 0,$$

besitzen. Für $j=0$ ist dies nach Voraussetzung richtig. Wenn wir annehmen, daß (13) für ein j in $0\le j<m$ bereits bewiesen ist, so ergibt sich aus der Konstruktion der Matrix P mit Hilfe einer leichten Abschätzung

$$(14) \quad |\frac{h^l}{l!}u^{(l)}(x_{j+1})-(Pv_j)^{(l)}| = O(h^s),\ l=0,\ldots,m,\ h\to 0.$$

Mit einer entsprechenden Argumentation wie im Beweis von 1.2.8.(5) erschließt man, daß (4) für genügend kleine h eine eindeutig bestimmte Lösung v_{j+1} mit $(x_{j+1},u_{j+1})\in U$ besitzt. Dann folgt aus (4) für $l=0,\ldots,m$

$$(15) \quad |v_{j+1}^{(l)}-(Pv_j)^{(l)}| \le \gamma_l hL|u_{j+1}-u(x_{j+1})| + O(h^s),$$

wobei wir die Lipschitzstetigkeit von f und $u'(x_{j+1}) = f(x_{j+1},u(x_{j+1}))$ sowie (14) ausgenutzt haben. Durch sukzessive

Anwendung von (15), beginnend mit $l=0$, ergibt sich dann mit Hilfe von (14) die Beziehung (13) für $j+1$.

Im zweiten Schritt des Beweises konstruieren wir ein Mehrschrittverfahren (A_h), dem $u_h:=v_h^{(o)}$ genügt. Wir bezeichnen mit $\hat{v}_j$ bzw. $\hat{P}^{(1)}$ den Vektor, der aus v_j bzw. $P^{(1)}$ durch Streichen der ersten beiden Komponenten entsteht und entsprechend mit $\hat{P}$ die Matrix, die man aus P durch Streichen der ersten beiden Zeilen und Spalten erhält. Da P obere Dreiecksgestalt hat und $\gamma_1=1$ ist, besitzt die Matrix $P-\gamma\times P^{(1)}$ die beiden Eigenwerte $\lambda=1$ und $\lambda=0$, und ihr charakteristisches Polynom t hängt mit dem von $\hat{P}-\hat{\gamma}\times\hat{P}^{(1)}$ zusammen über die Beziehung $t(z)=z(z-1)\hat{t}(z)$. Da die zweite Komponente von (4) mit $v_{j+1}^{(1)}=hf_{j+1}$ gleichbedeutend ist, läßt sich die erste in der Form

$$(16)\quad u_{j+1}-u_j = hf_j+(\hat{P}^{(o)}-\gamma_o\hat{P}^{(1)})\hat{v}_j+h\gamma_o(f_{j+1}-f_j)$$

und die letzten $m-1$ in der Form

$$\hat{v}_{j+1} = (\hat{P}-\hat{\gamma}\times\hat{P}^{(1)})\hat{v}_j+h\hat{\gamma}(f_{j+1}-f_j)$$

schreiben, woraus für $k=0,\dots,m$ und $j=0,\dots,N-m$ folgt

$$(17)\quad \hat{v}_{j+k} = (\hat{P}-\hat{\gamma}\times\hat{P}^{(1)})^k\hat{v}_j+h\hat{L}_k(f_j,\dots,f_{j+k})$$

mit einem Vektor L_k von Linearkombinationen der $f_j,\dots,f_{j+k}$ mit von h unabhängigen Koeffizienten. Seien $\hat{\eta}_o,\dots,\hat{\eta}_{m-1}$ die Koeffizienten von $\hat{t}$. Schreibt man (16) mit j ersetzt durch $j+k$ an und multipliziert mit $\hat{\eta}_k$, so erhält man nach Summation über k

$$\sum_{k=0}^{m-1}\hat{\eta}_k(u_{j+k+1}-u_{j+k})=(\hat{P}^{(o)}-\gamma_o\hat{P}^{(1)})\sum_{k=0}^{m-1}\hat{\eta}_k\hat{v}_{j+k}+h\gamma_o L_o(f_j,\dots,f_{j+m})$$

mit einer Linearkombination L_o der $f_j,\dots,f_{j+m}$. Setzen wir hierin (17) ein und beachten die Cayley-Hamiltonsche Gleichung $\hat{t}(\hat{P}-\hat{\gamma}\times\hat{P}^{(1)})=0$, so ergibt sich

$$(18)\quad \sum_{k=0}^{m-1}\hat{\eta}_k(u_{j+k+1}-u_{j+k}) = hL_1(f_j,\dots,f_{j+m-1})+h\gamma_o L_2(f_j,\dots,f_{j+m}),$$

wobei die Linearkombinationen L_1 und L_2 so gewählt werden können, daß ihre Koeffizienten von γ_0 und h unabhängig sind. Mit (18) sind die u_j als Lösungen eines linearen m-Schrittverfahrens erkannt. Das zugehörige Polynom ρ ist offenbar durch $(z-1)\hat{t}(z) = t(z)/z$ gegeben, und ρ hängt nicht von γ_0 ab, da auch $\hat{t}$ diese Eigenschaft hat.

Im letzten Teil des Beweises zeigen wir noch, daß die Konsistenzordnung von (18) mindestens m beträgt und daß es ein eindeutig bestimmtes γ_0 gibt, so daß sie gleich m+1 ist. Dann ist auch γ_0 durch C_{m+1} eindeutig bestimmt. (A_h) besitzt nämlich für jedes $f \in C^{m+1}(U)$ die Konsistenzordnung $p = m+1$ genau dann, wenn C_{m+1} verschwindet. Nun erkennt man aufgrund der speziellen Gestalt der rechten Seite von (18) bei Verwendung von 1.1.(34) die Darstellung

$$C_{m+1} = C^{(1)} + \gamma_0 C^{(2)}$$

mit nur von $\gamma_1, \dots, \gamma_m$ abhängigen Zahlen $C^{(1)}, C^{(2)}$, so daß wegen der Eindeutigkeit von γ_0 gelten muß $C^{(2)} \neq 0$.

Wegen 1.1.(30) genügt es zum Nachweis der Behauptungen über die Konsistenzordnung zu zeigen, daß die $v_j^{(l)}$, $l = 1, \dots, m$, so gewählt werden können, daß die Funktionen $u_h = x^k$, $k = 0, \dots, m$, bzw. bei geeignetem γ_0 auch noch $u_h = x^{m+1}$ Lösungen von (4) sind, wobei im letzten Fall γ_0 eindeutig bestimmt ist. Für $k = 0, \dots, m$ ist dies in der Tat für jedes γ nach Konstruktion von P der Fall, wenn wir nur $l!v^{(l)} = h^l d^l x^k / dx^l$ nehmen. Es bleiben die Bedingungen für $p = m+1$ nachzuprüfen. Dazu machen wir den Ansatz

$$v^{(l)} = \frac{h^l}{l!} \frac{d^l(x^{m+1})}{dx^l} + h^{m+1} c_l, \quad l = 1, 2, \dots, m,$$

mit noch geeignet zu bestimmenden Zahlen c_l. Wegen $v_j^{(1)} = hf_j$ muß $c_1 = 0$ sein. Wir gehen mit diesem Ansatz in die Gleichungen (4) ein und berechnen zunächst für $l = 0, 1, \dots, m$

$$(19) \quad P^{(l)} v_j = \frac{h^l}{l!} \frac{d^l(x^{m+1})}{dx^l}(x_{j+1}) + h^{m+1}\left(P^{(l)} c - \binom{m+1}{l}\right),$$

wobei $c = (0,0,c_2,\dots,c_m)$ gesetzt worden ist. Damit sind die m-1 letzten Komponenten in (4) gleichbedeutend mit

$$(20)\quad P^{(l)}c - c_l - \gamma_l P^{(1)}c = \binom{m+1}{l} - \gamma_l(m+1), \quad l = 2,\dots,m.$$

Da $P^{(l)}c-c_l$ nur von $c_{l+1},\dots,c_m$ abhängt mit l+1 als Faktor vor c_{l+1}, handelt es sich bei (20) um ein nichtsinguläres, tridiagonales Gleichungssystem für die Unbekannten $P^{(1)}c$, $c_3,\dots,c_m$, so daß $c_2,\dots,c_m$ bei vorgegebenen $\gamma_2,\dots,\gamma_m$ mit $\gamma_m \neq 0$ durch (20) eindeutig bestimmt sind. Verwendet man (19) noch in der ersten Komponente von (4) und die Bestimmungsgleichung (20) für $P^{(1)}c$, so ergibt sich γ_o aus

$$(21)\quad \gamma_o \frac{m+1}{\gamma_m} = 1 - P^{(o)}c = 1 - \sum_{l=2}^{m} c_l.$$

Damit ist alles bewiesen.

Wir führen nun einige Ergebnisse an, welche die umgekehrte Fragestellung betreffen, nämlich die Möglichkeit, lineare Mehrschrittverfahren in Nordsieckform zu schreiben. Als erstes Resultat beweisen wir (s.[344, 14-Satz 6.2.2.])

(22) Sei ρ ein Polynom vom genauen Grade m mit $\rho(1) = 0$ und dem Koeffizienten 1 vor z^m. Bei Wahl von $\gamma_1 = 1$ und $v_o^{(1)} = hf(a,u_o)$ gibt es eindeutig bestimmte Zahlen $\gamma_2,\dots,\gamma_m$, so daß bei beliebigem γ_o das dem Nordsieck-Verfahren (4) gemäß (12) zugeordnete Mehrschrittverfahren (A_h) ρ als charakteristisches Polynom besitzt. Es ist $\gamma_m \neq 0$ genau dann, wenn $\rho'(1) \neq 0$ ist.

Beweis. Aus (12) geht hervor, daß wir uns auf den Fall $n = 1$ beschränken dürfen. Es genügt zu zeigen, daß es eindeutig bestimmte $\gamma_2,\dots,\gamma_m$ gibt, mit denen

$$(23)\quad z\rho(z) = \det(zE-P-\gamma\times P^{(1)})$$

gilt. Im Beweis von (12) ist bereits die Darstellung

$$(24)\quad \det(zE-P-\gamma\times P^{(1)}) = z(z-1)\det(z\hat{E}-\hat{P}-\hat{\gamma}\times\hat{P}^{(1)})$$

verwendet worden, wobei $\hat{E},\hat{P},\hat{\gamma},\hat{P}^{(1)}$ die dort eingeführten Grössen sind. $\hat{P}$ ist eine obere Dreiecksmatrix mit Einsen auf der Diagonalen, und es gilt $\det(z\hat{E}-\hat{P}) = (z-1)^{m-1}$ sowie

$$\det(z\hat{E}-\hat{P}-\hat{\gamma}\times\hat{P}^{(1)}) = (z-1)^{m-1}\det(\hat{E}-(z\hat{E}-\hat{P})^{-1}\hat{\gamma}\times\hat{P}^{(1)}).$$

Da $\hat{E}-\hat{x}\times\hat{y}$ für beliebige Vektoren $\hat{x},\hat{y}$ den Eigenwert $\lambda = 1$ mit mindestens (m-2)-facher Vielfachheit und den Eigenwert $1-(\hat{y},\hat{x})$ besitzt, ist $\det(\hat{E}-\hat{x}\times\hat{y}) = 1-(\hat{y},\hat{x})$, so daß man schließlich

$$(25)\quad \det(z\hat{E}-\hat{P}-\hat{\gamma}\times\hat{P}^{(1)}) = (z-1)^{m-1}(1-(\hat{P}^{(1)},(z\hat{E}-\hat{P})^{-1}\hat{\gamma}))$$

hat. Stellen wir $z\hat{E}-\hat{P}$ in der Form

$$z\hat{E}-\hat{P} = (z-1)[\hat{E}-(z-1)^{-1}\hat{O}]$$

dar, so ist $\hat{O}$ eine obere Dreiecksmatrix mit verschwindender Diagonale und Elementen $\hat{O}_{k,l}>0$, $l>k$. Bei Verwendung der Neumannschen Reihe ergibt sich daher

$$(z\hat{E}-\hat{P})^{-1} = \sum_{k=0}^{m-2}(z-1)^{-k-1}\hat{O}^{k}.$$

Setzen wir dieses Ergebnis in (25) ein, so erhalten wir eine Entwicklung nach Potenzen von z-1 mit $(z-1)^{m-1}$ als Glied höchster Ordnung und mit Koeffizienten von $(z-1)^k$, $k = 0,\dots,m-2$, die Linearkombinationen von $\gamma_{m-k},\dots,\gamma_m$ darstellen, wobei der Koeffizient von γ_{m-k} nicht verschwindet. Ordnen wir entsprechend das Polynom $\rho(z)/(z-1)$ nach Potenzen von z-1, so ist (24) mit einem linearen, tridiagonalen Gleichungssystem für die Zahlen $\gamma_2,\dots,\gamma_m$ äquivalent, das nichtverschwindende Diagonalelemente besitzt. Damit ist ihre Existenz und Eindeutigkeit bewiesen. Die dem konstanten Glied entsprechende Gleichung lautet $c\gamma_m = \rho'(1)$ mit $c \neq 0$, womit auch die letzte Aussage des Satzes bewiesen ist.

Die bisher bewiesenen Ergebnisse führen uns nun zu dem folgenden Sachverhalt. Gemäß (12) ist jedem Nordsieck-Verfahren (4), das

(26) $\gamma_1 = 1\ \gamma_m \neq 0,\ v_o^{(1)} = hf(a,u_o)$

erfüllt, ein lineares m-Schrittverfahren (A_h) zugeordnet. Jedes solche (A_h) definiert wiederum ein geordnetes Paar von Polynomen (ρ,σ) durch die ihm zugeordneten Polynome 1.1.(20), (26). Bezeichnen wir mit $\mathfrak{P}_m$ die Menge dieser (ρ,σ) und mit $\mathfrak{N}_m$ die Menge der Nordsieck-Verfahren (4), welche (26) erfüllen, so ist also auf diese Weise eine Abbildung

(27) $M: \mathfrak{N}_m \to \mathfrak{P}_m$

erklärt. Diese Abbildung hat die folgende Eigenschaft (28), welche die Äquivalenz von Nordsieck- und linearen m-Schrittverfahren zum Ausdruck bringt. Unter Verfahrensteil von (A_h) verstehen wir dabei die durch (A_h) vorgegebene Rechenvorschrift für die Punkte x_j, $j = m, m+1, \ldots, N_h$.

(28) Die Menge $\mathfrak{P}_m$ besteht aus den geordneten Paaren von Polynomen (ρ,σ) vom Grade höchstens m, wobei $\rho(1) = 0$, $\rho'(1) \neq 0$ gilt und der Koeffizient von z^m in ρ gleich 1 ist, so daß der durch (ρ,σ) definierte Verfahrensteil eines linearen m-Schrittverfahrens (A_h) für jedes $f \in C^m(U)$ die Konsistenzordnung $p = m$ besitzt. Die Abbildung M aus (27) ist bijektiv.

Beweis. Sei $(\rho,\sigma) \in \mathfrak{P}_m$ gegeben. In (12) ist gezeigt worden, daß jedem Nordsieck-Verfahren, welches (21) erfüllt, ein (A_h) zugeordnet ist, dessen Verfahrensteil für jedes $f \in C^m(U)$ von der Konsistenzordnung $p = m$ ist. Aus 1.1.(27) folgt dann $\rho(1) = 0$. Dann entnimmt man (22), daß die Zahlen $\gamma_2, \ldots, \gamma_m$ eindeutig durch ρ bestimmt sind. Ebenso zeigt (22) die Eigenschaft $\rho'(1) \neq 0$. Im Beweis von 1.1.(40) ist gezeigt worden, daß σ durch Vorgabe von ρ, der Fehlerkonstanten C_{m+1} sowie der Bedingung einer Konsistenzordnung $p = m$ eindeutig festgelegt ist. Daher erschließt man aus (12) die Injektivität von M. Eine Anwendung von (22) zeigt dann schließlich, daß $\mathfrak{P}_m$ genau aus den in der Behauptung genannten Paaren (ρ,σ) besteht.

Ergänzend vermerken wir noch, daß bei einem Nordsieck-Verfahren (4), das mit $s = m$ oder $s = m+1$ Startwerte $v_o^{(l)}(a)$, $l = 0, \ldots, m$, verwendet, die (6) genügen, und Näherungen u_j, $j=1,2,\dots,N_h$, der Genauigkeit $|u_j-u(x_j)|=O(h^s)$ liefert, die Größen $v_j^{(l)}$ die (6) entsprechende Eigenschaft

$$(29)\quad |v_j^{(l)} - \frac{h^l}{l!}u^{(l)}(x_j)| = O(h^s), \quad l=0,\dots,m, \quad h\to 0$$

besitzen. Diesen Sachverhalt erschließt man mit der zu Beginn des Beweises von (12) vorgeführten Überlegung.

Abschließend weisen wir noch darauf hin, daß die Nordsieckform in einfacher Weise auf Verfahren führt, die zur Integration von impliziten Differentialgleichungen geeignet sind, die also nicht in der aufgelösten Form $u'-f(x,u)=0$ vorliegen (s.[5 ,Chap.11]). Zu diesem Zwecke braucht man in (4) nur das Residuum $hf_{j+1}-P^{(1)}v_j$ durch einen entsprechenden Ausdruck zu ersetzen.

Aus Referenzgründen geben wir hier noch die Tab.14 entsprechenden Koeffizienten der als Mehrschrittverfahren geschriebenen rückwärts genommenen Differentiationsformeln an.

m	a_o	a_1	a_2	a_3	a_4	a_5	a_6	b_m
1	-1	1						1
2	$\frac{1}{3}$	$-\frac{4}{3}$	1					$\frac{2}{3}$
3	$-\frac{2}{11}$	$\frac{9}{11}$	$-\frac{18}{11}$	1				$\frac{6}{11}$
4	$\frac{3}{25}$	$-\frac{16}{25}$	$\frac{36}{25}$	$-\frac{48}{25}$	1			$\frac{12}{25}$
5	$-\frac{12}{137}$	$\frac{75}{137}$	$-\frac{200}{137}$	$\frac{300}{137}$	$-\frac{300}{137}$	1		$\frac{60}{137}$
6	$\frac{10}{147}$	$-\frac{72}{147}$	$\frac{225}{147}$	$-\frac{400}{147}$	$\frac{450}{147}$	$-\frac{360}{147}$	1	$\frac{60}{147}$

Tab. 15

1.4. Anlaufrechnung

Bei Verwendung eines m-Schrittverfahrens benötigt man zu Beginn der Rechnung Näherungen $\alpha_h^{(j)}$ für $u(x_j)$, $j=0,1,\dots,m-1$. Dabei wird man i.a. $\alpha_h^{(o)}=\alpha$ nehmen. Im Falle $m>1$ müssen die restlichen $\alpha_h^{(j)}$ durch eine gesonderte Rechnung bereitgestellt werden. Dabei empfiehlt es sich in der Praxis meist, die Startwerte nach beiden Seiten bezüglich des Punktes $x = a$ zu berechnen, beispielsweise in x_{-2}, x_{-1}, x_1, x_2 anstelle von x_1, x_2, x_3, x_4, da die auf diese Weise entstehende Symmetrie bezüglich des Punktes $x = a$ vorteilhaft sein kann und weil die Entfernung vom Startpunkt $x = a$ auf diese Weise möglichst klein gehalten wird. Bei der Berechnung der Startwerte ist darauf zu achten, daß sie mindestens von derselben Ordnung wie das Mehrschrittverfahren sind, denn ein Fehler in den Startwerten pflanzt sich die gesamte Rechnung hindurch fort und kann auch nicht mehr durch Verwendung eines besonders genauen Mehrschrittverfahrens kompensiert werden.

Zur Anlaufrechnung kann immer ein Einschrittverfahren verwendet werden, das ja bereits mit dem einen Wert $\alpha_h^{(o)}$ starten kann. Wir beschreiben in diesem Abschnitt noch einige weitere Möglichkeiten.

Eine gewisse Klasse von Formeln für die Anlaufrechnung erhält man mit derselben Überlegung, die zur Aufstellung der Formeln in 1.2.1.-1.2.4. führten. Es mögen $r \geq 0, s \geq 0$ ganze Zahlen sein, und Startwerte in den Punkten $x_k = a+kh$, $k = -r,-r+1,\ldots,s$, gesucht werden, die wir mit u_k bezeichnen. Sei dann P das Interpolationspolynom durch die Punkte (x_k, f_k), $k = -r,\ldots,s$, wobei f_k als Abkürzung für $f(x_k, u_k)$ steht. Durch Integration über die Intervalle $[x_k, a]$ kommt man dann zu Formeln der Gestalt

$$(1) \quad u_k = \alpha + h \sum_{l=-r}^{s} c_{kl} f(x_l, u_l), \quad k = -r,-r+1,\ldots,-1,1,\ldots,s,$$

die ein implizites System von r+s Gleichungen zur Bestimmung der r+s Unbekannten u_k darstellen. Die Koeffizienten c_{kl} hängen nicht von h ab. Wir werden weiter unten zeigen, daß die Gleichungen (1) unter passenden Voraussetzungen eindeutig auflösbar sind und Näherungen der Ordnung $O(h^{r+s+2})$ liefern.

Im Falle $r = s = 1$ entsprechen die Formeln (1) gemäß ihrer Herleitung gerade der Ausführung je eines Schritts des Adams-Moulton-Verfahrens 1.2.(33) mit $m=2$ in positiver bzw. negativer x-Richtung, beginnend bei x_{-1} bzw. x_1, so daß sich

$$(2)\quad \begin{aligned} u_o - u_{-1} &= \frac{h}{12}(5f_{-1}+8f_o-f_1) \\ u_1 - u_o &= \frac{h}{12}(5f_1+8f_o-f_{-1}) \end{aligned}$$

ergibt. Die Unbekannten u_{-1} und u_1 können entsprechend dem Vorgehen bei den Interpolationsverfahren iterativ aufgelöst werden. Um mit möglichst wenigen Iterationen zum Ziel zu kommen, kann man für die beiden Unbekannten sukzessive Prädiktorformeln wachsender Ordnung verwenden. Damit ergibt sich folgender Formelsatz

$$(3)\quad \begin{aligned} u_{-1}^{(1)} &= u_o - hf_o, \quad u_1^{(1)} = u_o + hf_o \\ u_{-1}^{(2)} &= u_o - \frac{h}{2}(f_o+f_{-1}^{(1)}), \quad u_1^{(2)} = u_o + \frac{h}{2}(f_o+f_1^{(1)}), \end{aligned}$$

wobei $f_{-1}^{(1)} = f(x_{-1},u_{-1}^{(1)})$ und $f_1^{(1)} = f(x_1,u_1^{(1)})$ ist. Für den Fehler erhält man durch Taylorentwicklung

$$u_j^{(1)} - u(x_j) = O(h^2), \quad u_j^{(2)} - u(x_j) = O(h^3), \quad j=-1,1.$$

Setzt man $u_j^{(2)}$ noch einmal in die rechten Seiten von (2) ein und bezeichnet die damit berechneten, also einmal korrigierten, Werte mit $u_j^{(3)}$, so bekommt man unter Beachtung der Darstellung 1.2.(38) des Abschneidefehlers τ_h der Adams-Moulton-Formeln

$$\begin{aligned} u_1^{(3)}-u(x_1) &= \frac{h}{12}[-f(x_{-1},u_{-1}^{(2)})-f(x_{-1},u(x_{-1}))+5f(x_1,u_1^{(2)})- \\ &\quad 5f(x_1,u(x_1))]+h\tau_h(x_1) \\ &= hO(|u_{-1}^{(2)}-u(x_{-1})|)+hO(|u_1^{(2)}-u(x_1)|)+O(h^4) = O(h^4), \end{aligned}$$

wobei $f\in C^3(U_o)$ in einer Umgebung $U_o\subset\mathbb{R}\times\mathbb{K}^n$ des Punktes (a,α) vorausgesetzt worden ist. Entsprechend gilt $u_{-1}^{(3)}-u(x_{-1}) = O(h^4)$, so daß die mit (2) einmal korrigierten Werte als Startnäherungen für ein 4-schrittiges Verfahren der Konsistenzordnung $p=4$ dienen können. Die exakten Lösungen von

(2) besitzen dieselbe Ordnung wie die nur einmal korrigierten Werte, so daß sie asymptotisch für $h \to 0$ gesehen von derselben Genauigkeit sind. Für festes h können sie sich jedoch beträchtlich unterscheiden, wobei allgemein nicht gesagt werden kann, welche Werte besser sind (s. Ende dieses Abschnitts).

Im Falle $r = s = 2$ erhält man bei Integration über die Intervalle $[a,x_2]$ bzw. $[x_{-2},a]$ gerade die Interpolationsformeln von Milne-Simpson für einen Integrationsschritt in positiver bzw. negativer x-Richtung. Auch bei den beiden Intervallen $[a,x_1],[x_{-1},a]$ kann man die Koeffizienten leicht berechnen, was wir nicht explizit vorführen. Man gelangt zu dem folgenden impliziten Gleichungssystem

$$(4)\quad \begin{aligned} \alpha-u_{-2} &= \frac{h}{90}(29f_{-2}+124f_{-1}+24f_0+4f_1-f_2) \\ u_2-\alpha &= \frac{h}{90}(29f_2+124f_1+24f_0+4f_{-1}-f_{-2}) \\ \alpha-u_{-1} &= \frac{h}{720}(-19f_{-2}+346f_{-1}+456f_0-74f_1+11f_2) \\ u_1-\alpha &= \frac{h}{720}(-19f_2+346f_1+456f_0-74f_{-1}+11f_{-2}) \end{aligned}$$

zur Bestimmung der vier Unbekannten u_{-2},u_{-1},u_1,u_2. Als sukzessive Prädiktorformeln wachsender Ordnung verwendet man hier

$$u_{-1}^{(1)} = \alpha-hf_0,\quad u_1^{(1)} = \alpha+hf_0$$

$$u_{-2}^{(2)} = \alpha-2hf_{-1}^{(1)},\quad u_{-1}^{(2)} = \alpha-\frac{h}{2}(f_0+f_{-1}^{(1)})$$

$$u_1^{(2)} = \alpha+\frac{h}{2}(f_0+f_1^{(1)}),\quad u_2^{(2)} = \alpha+2hf_1^{(1)}$$

$$u_{-2}^{(3)} = \alpha-\frac{h}{3}(f_0+4f_{-1}^{(2)}+f_{-2}^{(2)}),\quad u_{-1}^{(3)} = \alpha-\frac{h}{12}(5f_0+8f_{-1}^{(2)}-f_{-2}^{(2)})$$

$$u_1^{(3)} = \alpha+\frac{h}{12}(5f_0+8f_1^{(2)}-f_2^{(2)}),\quad u_2^{(3)} = \alpha+\frac{h}{3}(f_0+4f_1^{(2)}+f_2^{(2)})$$

$$u_{-2}^{(4)} = \alpha-\frac{h}{3}(f_0+4f_{-1}^{(3)}+f_{-2}^{(3)}),\quad u_{-1}^{(4)} = \alpha-\frac{h}{24}(-f_1^{(3)}+13f_0+13f_{-1}^{(3)}-f_{-2}^{(3)})$$

$$u_1^{(4)} = \alpha+\frac{h}{24}(-f_{-1}^{(3)}+13f_0+13f_1^{(3)}-f_2^{(3)}),\quad u_2^{(4)} = \alpha+\frac{h}{3}(f_0+4f_1^{(3)}+f_2^{(3)}).$$

Die Prädiktorformeln lassen sich durch ganz entsprechende

Überlegungen gewinnen, die zu (1) führten.

Mit $u_j^{(5)}$ wollen wir die einmal mit (4) korrigierten Werte $u_j^{(4)}$ bezeichnen, d.h. $u_j^{(5)}$ ist das Resultat, wenn man $u_j^{(4)}$ in die rechten Seiten von (4) einsetzt. Analog wie oben kann man für $f \in C^5(U_o)$

$$|u_j^{(k)} - u(x_j)| = O(h^{k+1}), \quad j = -2,-1,1,2, \quad k = 1,2,\dots,5,$$

zeigen, so daß die $u_j^{(5)}$ von derselben Ordnung $O(h^6)$ wie die exakten Lösungen von (4) sind.

Es bleibt noch das angekündigte Ergebnis über die Lösungen von (1) zu beweisen.

(5) <u>Sei</u> $U_0 \subset \mathbb{R} \times \mathbb{K}^n$ <u>eine Kugel-Umgebung des Punktes</u> (a,α), <u>und sei</u> $f \in C^{r+s+1}(U_o)$. <u>Dann gibt es für genügend kleines</u> h <u>eine eindeutig bestimmte Lösung</u> u_j, $j = -r,\dots,-1,1,\dots,s$, <u>von</u> (1) <u>mit</u> $(x_j,u_j) \in U_o$, <u>und es gilt</u> $|u_j - u(x_j)| = O(h^{r+s+2})$, $j = -r,\dots,s$, <u>für</u> $h \to 0$.

<u>Beweis</u>. Fassen wir die Unbekannten u_j zu einem Vektor $v = (u_{-r},\dots,u_{-1},u_1,\dots,u_s) \in \mathbb{K}^{n(r+s)}$ zusammen, so stellt (1) eine Fixpunktgleichung $v = f(v)$ in $\mathbb{K}^{n(r+s)}$ dar, die in einer gewissen Umgebung V des Punktes $\alpha^{(r+s)} := (\alpha,\dots,\alpha,\alpha,\dots,\alpha)$ definiert ist, welche aus U_o hervorgeht. Eine Standardrechnung (vgl. I-1.2.(31)) ergibt in jeder abgeschlossenen Teilmenge von V die Lipschitzstetigkeit von F in der Form

$$(6) \qquad \|F(v) - F(v')\| \le hF_o \|v - v'\|, \quad v,v' \in V,$$

mit einer von h unabhängigen Zahl F_o, so daß F für genügend kleines h eine strikte Kontraktion wird. Lösungen von (1) aus V sind daher eindeutig bestimmt. Setzen wir $v' = (u(x_{-r}),\dots,u(x_{-1}),u(x_1),\dots,u(x_s))$, so wird

$$[v' - F(v')]_j = \int_{x_j}^{a} [f(t,u(t)) - P(t)]dt, \quad j = -r,\dots,s,$$

wobei P das Interpolationspolynom durch die Punkte $(x_k,u(x_k))$, $k = -r,\dots,s$, bedeutet. Der Integrand, d.h. der Fehler bei der

Polynominterpolation, verhält sich wie $O(h^{r+s+1})$, so daß sich insgesamt $F(v') = v'+O(h^{r+s+2})$ ergibt. Der Banachsche Fixpunktsatz liefert dann die Existenz einer Lösung von $v = F(v)$. Mit Hilfe von (6) berechnet man

$$\|v-v'\| \leq \|F(v)-F(v')\| + O(h^{r+s+2}) \leq hF_o \|v-v'\| + O(h^{r+s+2}),$$

woraus auch die behauptete Ordnung von $u_j-u(x_j)$ folgt.

Eine andere Klasse von Formeln für die Anlaufrechnung baut auf den impliziten Formeln I-1.2.8.

$$u_{j+1} = u_j + \sum_{l=1}^{m} h^{l-1}[\alpha_l (D^{l-1}f)_j - \beta_l (D^{l-1}f)_{j+1}]$$

mit höheren Ableitungen auf, bei denen es sich um implizite Einschrittverfahren handelt. Die Koeffizienten in dieser Formel sind gegeben durch

$$\alpha_l = (-1)^l \frac{1}{(l+1)!} \frac{\binom{2m-l}{m}}{\binom{m}{2m}}, \quad l = 1,\dots,m, \quad m = 1,2,\dots .$$

Zu ihnen gehört die sog. Anlaufrechnung I-1.2.(47) nach Milne der Gestalt

$$(7) \quad u_{j+1}-u_j = \frac{h}{2}[(Df)_j+(Df)_{j+1}] + \frac{h^2}{12}[(D^2f)_j-(D^2f)_{j+1}]$$

der Konsistenzordnung $p = 4$ mit der Fehlerkonstanten $C_p=1/720$. Zwei weitere Formeln dieser Art sind gegeben durch

$$(8) \quad u_{j+1}-u_j = \frac{h}{2}[(Df)_j+(Df)_{j+1}] + \frac{h^2}{10}[(D^2f)_j-(D^2f)_{j+1}] + \frac{h^3}{120}[(D^3f)_j+(D^3f)_{j+1}]$$

mit $p = 6$ und $C_p = 1/100800$ sowie

$$(9) \quad u_{j+1}-u_j = \frac{h}{2}[(Df)_j+(Df)_{j+1}] + \frac{3h^2}{28}[(D^2f)_j-(D^2f)_{j+1}] + \frac{h^3}{84}[(D^3f)_j+(D^3f)_{j+1}] + \frac{h^4}{1680}[(D^4f)_j-(D^4f)_{j+1}]$$

mit $p = 8$ und $C_p = 1/25401600$. Die Verwendbarkeit dieser Formeln hängt mit der Berechenbarkeit der Ableitungen höherer

Ordnung zusammen, wobei das in I-1.2.4. Gesagte zur Methode der Taylorentwicklung zutrifft. Bei gleicher Konsistenzordnung benötigen die Formeln (7)-(9) nur Ableitungen halb so hoher Ordnung wie die Methode der Taylorentwicklung, was unter Umständen gegenüber der Verwendung letzterer als Anlaufrechnung von Vorteil ist.

Auch bei den Formeln (7)-(9) kann man sukzessive Prädiktoren wachsender Ordnung bei der angenäherten Lösung der impliziten Gleichungen verwenden. Solche Formelsätze sind von Ceschino [2] angegeben worden, von denen wir für die Formel (8) den folgenden angeben:

$$u_{j+1}^{(1)} = u_j + hf_j + \frac{h^2}{2}(Df)_j + \frac{h^3}{6}(D^2f)_j$$

$$u_{j+1}^{(2)} = u_j + hf_j + \frac{h^2}{2}(Df)_j + \frac{h^3}{24}[3(D^2f)_j+(D^2f)_{j+1}^{(1)}]$$

$$u_{j+1}^{(3)} = u_j + hf_j + \frac{h^2}{20}[7(Df)_j+3(Df)_{j+1}^{(2)}] + \frac{h^3}{60}[3(D^2f)_j-2(D^2f)_{j+1}^{(2)}]$$

$$u_{j+1}^{(4)} = u_j + \frac{h}{2}[f_j+f_{j+1}^{(3)}] + \frac{h^2}{10}[(Df)_j-(Df)_{j+1}^{(3)}] + \\ + \frac{h^3}{120}[(D^2f)_j+(D^2f)_{j+1}^{(3)}].$$

Bemerkenswert an diesen Formeln ist, daß man außer für $j=0$ jeweils nur 6 Ableitungen berechnen muß, um Näherungen der Ordnung $p=6$ zu erhalten.

Zur Frage des Einflusses der Iterationszahl in der Startrechnung (4) auf das Fehlerverhalten haben wir anhand einfacher Differentialgleichungen Beispiele angegeben, daß die einmal korrigierten Werte $u_j^{(5)}$ besser oder schlechter sein können als die exakten Lösungen u_j der Differenzengleichungen.

In diesen Beispielen werden mit der exakten Lösung u der Anfangswertaufgabe (A) für verschiedene Schrittweiten h die Fehler

$$d_j^{(5)} = u_j^{(5)}-u(x_j), \quad d_j = u_j-u(x_j), \quad j = -2,-1,1,2,$$

gebildet. Außerdem wird für beide Anfangswertsätze $u_j^{(5)}$ und u_j die Anfangswertaufgabe im Intervall $I=[0,10]$ mit dem

Adams-Bashforth-Verfahren der Ordnung sechs numerisch gelöst. Es werden die maximalen Fehler

$$e^{(5)} = \max_{\substack{x_3 \le x \le 5 \\ x \in I_h'}} |(u_j^{(5)} - u(x))/u(x)|$$

$$e = \max_{\substack{x_3 \le x \le 5 \\ x \in I_h'}} |(u_j - u(x))/u(x)|$$

sowie entsprechend $E^{(5)}$,E im Intervall [5,10] bestimmt, um zu prüfen, welcher der Anfangswertsätze eine in diesem Sinne bessere Näherungslösung im Intervall I ergibt.

Die gewonnenen Zahlenwerte sind in der nachfolgenden Tab.16 zusammengefaßt, wobei in den Spalten $d_j^{(5)}$, d_j, $j = -2,-1,1,2$, jeweils für eine Schrittweite h untereinander die Werte $d_j^{(5)}$ und darunter die d_j stehen, entsprechend für $e^{(5)}$,e.

Bei allen als Beispiele behandelten Differentialgleichungen außer bei $u' = u^2$ ist der Fehler $d_{\pm 2}^{(5)}$ der Anlaufwerte $u_j^{(5)}$ in den außen gelegenen Punkten $x_{\pm 2}$ betragsmäßig größer als in $x_{\pm 1}$, der Quotient $|d_{\pm 2}^{(5)}|/|d_{\pm 1}^{(5)}|$ (jeweils oberes oder unteres Vorzeichen) geht von etwa 1.5 bei $u' = x \cdot u$ bis zu 65 bei $u' = u$. Dieses Fehlerverhalten wird im Fall der Differentialgleichungen $u' = u$ und $u' = u-2x/u$ bei den Lösungen u_j geglättet, es gilt $|d_{\pm 2}| < |d_{\pm 2}^{(5)}|$, $|d_{\pm 1}| > |d_{\pm 1}^{(5)}|$, jedoch bleiben die Fehler in $x_{\pm 2}$ betragsmäßig größer als in $x_{\pm 1}$. Der Quotient $|d_{\pm 2}|/|d_{\pm 1}|$ hat bei $u' = u$ etwa den Wert 1.5 und bei $u' = u-2x/u$ den Wert 1.8. Bei diesen beiden Beispielen wird damit der maximale Fehler $\max |d_j|$ kleiner als $\max |d_j^{(5)}|$. Bei $u' = u$ macht diese Verbesserung fast eine Zehnerpotenz im Fehler aus. Außerdem ändert sich bei dem letzten Beispiel das Vorzeichenverhalten des Fehlers. Die maximalen Fehler $e^{(5)}$ und e der beiden Näherungslösungen in I unterscheiden sich kaum.

Bei der Differentialgleichung $u' = x \cdot u$ unterscheiden sich $u_j^{(5)}$ und u_j praktisch nicht, nur bei großen Schrittweiten wird der obige Glättungsprozeß erkennbar. Das Beispiel $u' = 1-u^2$ macht

Tab. 16

h	$d_{-2}^{(5)}$ d_{-2}	$d_{-1}^{(5)}$ d_{-1}	$d_{1}^{(5)}$ d_{1}	$d_{2}^{(5)}$ d_{2}	$e^{(5)}$ e	$E^{(5)}$ E
		$u' = u$	,	$u(0) = 1$		
0.025	-0.22-10 0.27-11	-0.34-12 -0.18-11	-0.35-12 -0.19-11	-0.22-10 0.27-11	0.73-9 0.28-8	0.25- 6 0.76- 6
0.05	-0.14- 8 0.18- 9	-0.22-10 -0.12- 9	-0.22-10 -0.12- 9	-0.14- 8 0.17- 9	0.42-7 0.17-6	0.16- 4 0.48- 4
0.1	-0.86- 7 0.11- 7	-0.14- 8 -0.73- 8	-0.14- 8 -0.80- 8	-0.92- 7 0.11- 7	0.27-5 0.10-4	0.92- 3 0.28- 2
		$u' = u-2x/u$	,	$u(0) = 1$		
0.0125	-0.45-10 -0.43-10	0.25-10 0.28-10	0.24-10 0.27-10	-0.40-10 -0.38-10	0.20-7 0.37-7	0.31- 3 0.58- 3
0.025	-0.31- 8 -0.29- 8	0.16- 8 0.18- 8	0.16- 8 0.18- 8	-0.25- 8 -0.23- 8	0.13-5 0.25-5	0.21- 1 0.39- 1
0.05	-0.23- 6 -0.22- 6	0.11- 6 0.12- 6	0.10- 6 0.12- 6	-0.15- 6 -0.13- 6	0.84-4 0.16-3	0.12+ 1 0.21+ 1
		$u' = x \cdot u$	,	$u(0) = 1$		
0.025	0.41-10 0.41-10	-0.28-10 -0.28-10	-0.28-10 -0.28-10	0.41-10 0.41-10	0.90-1 0.90-1	0.20+18 0.20+18
0.05	0.26- 8 0.26- 8	-0.18- 8 -0.18- 8	-0.18- 8 -0.18- 8	0.26- 8 0.26- 8	0.48+1 0.48+1	0.87+19 0.87+19
0.1	0.17- 6 0.17- 6	-0.12- 6 -0.12- 6	-0.12- 6 -0.12- 6	0.17- 6 0.17- 6	0.19+3 0.19+3	0.29+21 0.29+21
		$u' = 1-u^2$	,	$u(0) = 0$		
0.025	0.41-11 0.70-11	-0.23-11 -0.11-11	0.23-11 0.11-11	-0.41-11 -0.70-11	0.16-9 0.17-9	0.32-13 0.32-13
0.05	0.52- 9 0.89- 9	-0.29- 9 -0.14- 9	0.29- 9 0.14- 9	-0.52- 9 -0.89- 9	0.10-7 0.10-7	0.45-11 0.44-11
0.1	0.65- 7 0.11- 6	-0.36- 7 -0.17- 7	0.36- 7 0.17- 7	-0.65- 7 -0.11- 6	0.58-6 0.62-6	0.33- 9 0.32- 9
0.2	0.71- 5 0.12- 4	-0.41- 5 -0.20- 5	0.41- 5 0.20- 5	-0.71- 5 -0.12- 4	0.31-4 0.35-4	0.27- 7 0.26- 7
		$u' = u^2$	,	$u(0) = -1$		
0.025	0.15- 9 -0.20- 8	0.19- 8 0.14- 8	0.18- 8 0.13- 8	-0.67-10 -0.19- 8	0.15-8 0.14-8	0.10- 9 0.45-10
0.05	0.17- 7 -0.14- 6	0.13- 6 0.94- 7	0.11- 6 0.82- 7	-0.10- 7 -0.12- 6	0.88-7 0.59-7	0.66- 8 0.30- 8
0.1	0.23- 5 -0.10- 4	0.87- 5 0.13- 5	0.72- 5 0.53- 5	-0.14- 5 -0.77- 5	0.54-5 0.20-5	0.46- 6 0.21- 6

beim Übergang von $u_j^{(5)}$ zu u_j nicht den obigen Glättungsprozeß durch, vielmehr wird das Fehlerverhalten aufgerauht, der Fehler in $x_{\pm 1}$ wird etwa halbiert und der in $x_{\pm 2}$ fast verdoppelt, so daß $2\max|d_j^{(5)}| \approx \max|d_j|$ gilt. Trotzdem hat diese Verschlechterung der Qualität der Startwerte u_j keinen Einfluß auf die Qualität der Näherungslösungen in I.

Bei der Differentialgleichung $u' = u^2$ sind, anders als bei den obigen Beispielen, die Fehler $d_{\pm 2}^{(5)}$ betragsmäßig kleiner als $d_{\pm 1}^{(5)}$, der Übergang zu u_j kehrt dieses Fehlerverhalten um, $|d_{\pm 2}| > |d_{\pm 1}|$, jedoch so stark, daß der maximale Fehler $\max|d_j| > \max|d_j^{(5)}|$ ist. Die Vorzeichenumkehrung des Fehlers für $j = -2$ bewirkt, daß die mit den betragsmäßig schlechteren Anfangswerten u_j in I bestimmte Näherungslösung besser als die mit $u_j^{(5)}$ bestimmte ist.

1.5. Bemessung der Schrittweite

Die Frage nach der Bemessung der Schrittweite ist gleichbedeutend mit der Frage nach Fehlerabschätzungen in Abhängigkeit von der Schrittweite. Hierbei unterscheidet man im wesentlichen drei qualitativ verschiedene Zugänge, nämlich die Berechnung von Schranken für den globalen Fehler, von Schätzungen für den globalen Fehler und von Schätzungen des Abschneidefehlers.

Wir geben in diesem Abschnitt für eine spezielle Klasse von Mehrschrittverfahren (A_h), die auf [127] zurückgeht, eine Schranke für den globalen Fehler in Termen des Abschneidefehlers an. Für praktische Belange ist diese Abschätzung meist nicht brauchbar, auch wenn man Schranken für den Abschneidefehler findet, da der wahre Fehler oft um Größenordnungen unter der berechneten Fehlerschranke liegt. Dies trifft auch weitgehend auf gewisse Verfeinerungen dieser Methode zu (s.[12,20,41,59,282,411,412]), auf die wir nicht weiter eingehen.

Zu einer Schätzung des globalen Fehlers kann man auf die im

folgenden dargestellte Weise gelangen, zu deren Beschreibung wir einige Abkürzungen einführen. Die Gleichungen des Mehrschrittverfahrens (A_h) lassen sich, ähnlich wie in I-S.176, in der kompakten Form

(1) $A_h u_h = 0$

schreiben, wobei A_h den Operator

$$A_h u_h(x) = \frac{1}{h} \sum_{k=0}^{m} a_k u_h(x+(k-m)h) - f_h(x, u_h(x-mh), \ldots, u_h(x)),\ x \in I_h,$$

$$A_h u_h(x_j) = u_h(x_j) - \alpha_h^{(j)},\quad j = 0, \ldots, m-1,$$

bezeichnet, so daß A_h auf $\overset{\circ}{I}_h$ erklärte Gitterfunktionen u_h in ebensolche abbildet. Der Abschneidefehler gewinnt dann die einfache Form

(2) $\tau_h = A_h u,$

wobei wir darauf verzichtet haben zu kennzeichnen, daß die punktweise Restriktion der Lösung u von (A) in (2) als Argument von A_h zu nehmen ist. Der Fehler $e_h := u - u_h$ genügt daher der Gleichung

(3) $A_h(u_h + e_h) = \tau_h.$

Durch Taylorentwicklung (s.I-5.3.(3)) gewinnt man hieraus bei Vernachlässigung Glieder höherer Ordnung in e_h und Beachtung von (1)

(4) $A_h'(u_h)e_h = \tau_h,$

wobei A_h' die Fréchetableitung von A_h bezeichnet, deren Existenz wir hier annehmen (s.I-S.176). Bekanntlich ist $A_h'(u_h)$ eine lineare Abbildung von Gitterfunktionen auf $\overset{\circ}{I}_h$ in sich, so daß (4) eine lineare Differenzengleichung zur (genäherten) Bestimmung von e_h darstellt. Im Falle eines linearen Mehrschrittverfahrens (A_h) läßt sich $A_h'(u_h)$ unter Verwendung der Fréchetableitung f_y von f bezüglich der Variablen y (die nichts weiter als die sog. Funktionalmatrix ist) darstellen.

Es ergibt sich für $x+mh \in I_h$

$$A_h'(u_h)e_h(x+mh) = \frac{1}{h} \sum_{k=0}^{m} a_k e_h(x+kh) - \sum_{k=0}^{m} b_k [f_y(\cdot,u_h)e_h](x+kh)$$

und für $x = x_j$, $j = 0,\dots,m-1$, ist $A_h'(u_h)e_h(x) = e_h(x)$.

Zur Lösung von (4) wird eine Schätzung des Abschneidefehlers benötigt, die man mit einer der ebenfalls in diesem Abschnitt beschriebenen Methoden erhalten kann. Die gängige Praxis ist, daß man die Schrittweite nur aufgrund einer Schätzung der Größe des Abschneidefehlers allein bemißt, wobei man die Akkumulierung der (lokalen) Abschneidefehler zum globalen Fehler einrechnet.

1.5.1. Eine Schranke für den globalen Fehler

Die Klasse von Mehrschrittverfahren, die wir hier behandeln, ist durch die Eigenschaft

$$(5) \quad a_m = 1, \quad a_k \le 0, \quad k = 0,\dots,m-1, \quad \rho(1) = 0$$

ihrer Koeffizienten gekennzeichnet, wobei ρ das Polynom 1.1. (20) ist. Die in 1.2.1.-1.2.4. angegebenen Verfahren erfüllen (5). Entsprechende Abschätzungen wie in (8) für Verfahren, die der Einschränkung (5) nicht unterliegen, beweisen wir in 2.4..

Eine weitere Eigenschaft der Verfahren (A_h), um zu Fehlerschranken und später zu Stabilitäts- sowie Konvergenzaussagen zu kommen, ist eine in h gleichmäßige lokale Lipschitzbedingung an die Funktion f_h, die wir in entsprechender Weise auch bei den Einschrittverfahren benötigt haben (vgl.I-S.79).

(L) <u>Es existiert eine Umgebung</u> $U \subset I \times \mathbb{K}^n$ <u>des Graphen</u> $(x,u(x))$, $x \in I$, <u>von</u> u <u>sowie Zahlen</u> $H > 0$ <u>und</u> $L_k \ge 0$, <u>so daß für alle Schrittweiten</u> $h < H$ <u>und alle Vektoren</u> y_k, y_k' <u>mit</u> $(x+mh,y_k)$, $(x+mh,y_k') \in U \cap (I_h \times \mathbb{K}^n)$, $k = 0,\dots,m$, <u>gilt</u>

$$|f_h(x,y_0,\dots,y_m) - f_h(x,y_0',\dots,y_m')| \le \sum_{k=0}^{m} L_k |y_k - y_k'|.$$

Für lineare Mehrschrittverfahren 1.1.(25) ist die Bedingung (L) offensichtlich erfüllt, wenn die Funktion f aus (A) der Lipschitzbedingung (L_0) aus I-S.82 genügt, und zwar mit den Konstanten

(6) $L_k = L_f b_k, \quad k = 0,\ldots,m,$

wenn L_f die Lipschitzkonstante von f ist. Wir behaupten den folgenden Satz:

(7) Das Mehrschrittverfahren (A_h) genüge den hinreichenden Konsistenzbedingungen 1.1.(19) und erfülle (5) sowie (L). Dann existiert für genügend kleines h eine eindeutig bestimmte Lösung u_h von (A_h), und es besteht mit der Abkürzung $L = L_0+\ldots+L_m$ die Fehlerabschätzung

(8) $$|(u-u_h)(x)| \le \max_{j=0,\ldots,m-1} |\tau_h(x_j)| \exp \frac{L(x-a)}{1-hL_m} + \max_{\substack{t\in I_h \\ t\le x-mh}} |\tau_h(t)| \frac{1}{L}[\exp \frac{L(x-a)}{1-hL_m} - 1], \quad x\in I_h'.$$

Beweis. Wir nehmen zunächst an, daß die Bedingung (L) global, d.h. mit $U = I\times\mathbb{K}^n$ gilt. Die Funktion g aus 1.1.(11) genügt dann einer globalen Lipschitzbedingung mit der aus 1.1.(16) folgenden Konstanten hL_m. Für genügend kleine h liefert daher der Banachsche Fixpunktsatz die Existenz einer eindeutig bestimmten Lösung von (A_h).

Wie in 1.2.6.(59) erhält man für den Fehler $e_h = u-u_h$ die Gleichung

$$e_h(x) = -\sum_{k=0}^{m-1} a_k e_h(x+(k-m)h)+h[f_h(x-mh,u(x-mh),\ldots,u(x)) -f_h(x-mh,u_h(x-mh),\ldots,u_h(x)]+h\tau_h(x), \quad x\in I_h.$$

Unter Verwendung von (L) ergibt sich hieraus

$$|1-hL_m|\,|e_h(x)| \le \sum_{k=0}^{m-1}(|a_k|+hL_k)|e_h(x+(k-m)h)|+h|\tau_h(x)|.$$

Wir führen die Gitterfunktionen

$$E_h(x) = \max_{\substack{t\in I_h' \\ t\leq x}} |e_h(t)|, \quad x\in I_h', \quad T_h(x) = \max_{\substack{t\in I_h \\ t\leq x}} |\tau_h(t)|$$

ein und erhalten durch Abschätzung in der vorstehenden Beziehung für $x\in I_h$

$$|1-hL_m| E_h(x) \leq \left(\sum_{k=0}^{m-1} (|a_k|+hL_k)\right) E_h(x-h)+hT_h(x).$$

Wegen (5) haben die a_k, $k=0,\ldots,m-1$, alle ein Vorzeichen und wegen $\rho(1)=0$ ist ihre Summe gleich -1. Die Behauptung ergibt sich daher nach Division durch $1-hL_m$ durch eine Anwendung von Lemma I-1.3.(5).

Ist die Bedingung (L) nicht erfüllt, so kann man die Funktion f_h in analoger Weise wie auf I-S.80 beschrieben zu einer global Lipschitzstetigen Funktion $\hat{f}_h$ mit demselben L fortsetzen, für welche das bisher Bewiesene zutrifft. Man erkennt anhand der Fehlerabschätzung, daß die mit $\hat{f}_h$ berechneten Lösungen für genügend kleine h in einer Umgebung des Graphen von u verlaufen, in der f_h und $\hat{f}_h$ übereinstimmen, so daß sie auch Lösungen von (A_h) sind.

Die bewiesene Abschätzung läßt erkennen, daß sich der Betrag des Fehlers $u-u_h$ für $h\to 0$ wie der des Abschneidefehlers τ_h verhält. Der Faktor bei τ_h wächst wie $\exp L(x-a)$ und trägt damit dem ungünstigsten denkbaren Fall Rechnung und ergibt daher oft eine unrealistische Überschätzung. So erhält man beispielsweise für ein lineares Mehrschrittverfahren, das auf die skalaren Gleichungen $u'=u$ und $u'=-u$ angewandt wird, denselben exponentiell anwachsenden Faktor in der Abschätzung.

1.5.2. Schätzungen des Abschneidefehlers

Wir beschreiben zunächst die prinzipielle Vorgehensweise, mit der man zu Schätzungen des Abschneidefehlers kommt (s.[386]).

Das Verfahren (1) besitze die Konsistenzordnung $p\geq 1$, und für den Abschneidefehler gelte die Darstellung

(9) $\tau_h(x) = h^p\psi(x) + O(h^{p+1}), \quad x\in I_h', \quad h\to 0.$

Das Bestehen solcher Darstellungen ist am Ende von 1.1. untersucht worden. Wir nehmen weiter an, daß ein zweites Mehrschrittverfahren gegeben ist, das durch einen Operator $\tilde{A}_h$ definiert wird und für das der Abschneidefehler die (9) entsprechende Darstellung

(10) $\tilde{\tau}_h(x) = ch^p\psi(x) + O(h^{p+1}), \quad x\in I_h', \quad h\to 0,$

gestattet mit derselben Funktion ψ wie in (9) und einer Zahl $c \neq 1$. Dies trifft insbesondere zu, wenn die Konsistenzordnung von $\tilde{A}_h$ größer gleich p+1 ist, so daß $c = 0$ wird. Während die Bedingungen (9),(10) im wesentlichen nur Forderungen an die Glattheit der Funktion u bzw. f beinhalten, wird jetzt noch eine gravierendere Forderung gestellt, die mit der Existenz asymptotischer Entwicklungen des Diskretisierungsfehlers zusammenhängt (s.2.9.). Es wird nämlich verlangt, daß mit der Gitterfunktion

(11) $\varepsilon_h(x) := h^{-p}(u(x)-u_h(x)), \quad x\in I_h',$

die Fréchetableitungen von A_h und $\tilde{A}_h$ (die hier und im weiteren benötigten Regularitätseigenschaften von A_h und $\tilde{A}_h$ werden nicht explizit aufgeführt) in der Beziehung

(12) $[A_h'(u)-\tilde{A}_h'(u)](\varepsilon_h(x)+O(h)) = O(h), \quad x\in I_h', \quad h\to 0,$

zueinanderstehen, wobei in (12) zum Ausdruck gebracht worden ist, daß ε_h noch bis auf Größen der Ordnung O(h) abgeändert werden darf. Durch Taylorentwicklung ergibt sich

$$0 = A_h u_h = A_h(u-h^p\varepsilon_h) = \tau_h - h^p A_h'(u)\varepsilon_h + O(h^{p+1})$$

und

$$\tilde{A}_h u_h = \tilde{\tau}_h - h^p\tilde{A}_h'(u)\varepsilon_h + O(h^{p+1}),$$

woraus man durch Subtraktion unter Berücksichtigung von (9), (10),(12)

(13) $h^p\psi(x) = \frac{1}{c-1}\tilde{A}_h u_h(x) + O(h^{p+1}), \quad x\in I_h', \quad h\to 0,$

erhält, womit das gesuchte führende Fehlerglied im Abschneidefehler τ_h bestimmt ist.

Die vorangehend beschriebene Vorgehensweise kann bei linearen Mehrschrittverfahren wie folgt realisiert werden.

1) Für A_h wähle man ein explizites m-Schrittverfahren der Konsistenzordnung m (etwa das von Adams-Bashforth) und für $\tilde{A}_h$ ein implizites m-Schrittverfahren der Ordnung m+1 (etwa das von Adams-Moulton). Die mit dem expliziten Verfahren gewonnene Lösung setzt man in die impliziten Gleichungen ein. Der negativ genommene auftretende Rest gibt dann (13) zufolge bis auf Größen der Ordnung $O(h^{m+1})$ das führende Glied im Abschneidefehler der expliziten Formeln an. Dieser Rest ist übrigens gerade gleich der Differenz zwischen dem unkorrigierten und dem einmal korrigierten Wert.

2) Für A_h und $\tilde{A}_h$ wähle man zwei Verfahren derselben Konsistenzordnung p. Bei Vorliegen genügender Glattheit haben wir am Ende von 1.1. gezeigt, daß (9) und (10) mit der Funktion $\psi(x) = C_p u^{(p+1)}$ und

$$c = \tilde{C}_p/C_p$$

erfüllt sind, wobei C_p bzw. $\tilde{C}_p$ die Fehlerkonstanten der Verfahren sind. Dieses Vorgehen wird als <u>Methode von Milne</u> bezeichnet. Es sei noch darauf hingewiesen, daß man das mit (13) erhaltene führende Fehlerglied verwenden kann, um eine Näherung $\hat{u}_h$ der Ordnung h^{p+1} zu berechnen, indem man gemäß (9)

(14) $\hat{u}_h(x) = u_h(x) + \frac{C_p}{\tilde{C}_p - C_p}\tilde{A}_h u_h(x), \quad x\in I_h',$

bildet.

3) Zu einem vorgegebenen Verfahren A_h der Konsistenzordnung p nehme man

(15) $\tilde{A}_h u_h(x) = \nabla^p f(x,u_h(x))$, $x \in I_h$,

wobei ∇^p die rückwärts genommene Differenz der Ordnung p bezeichnet. Da $h^{-p}\nabla^p$ die p-te Ableitung mit der Ordnung $O(h)$ approximiert, ist (10) mit

$$c = 1/C_p$$

erfüllt. Die Berechnung der rechten Seite von (15) kann ohne großen zusätzlichen Rechenaufwand geschehen, wenn man die Verfahren in 1.2.1.-1.2.4. in der Form mit rückwärts genommenen Differenzen durchgeführt hat, da dann bereits im Laufe der Rechnung die Differenzen bis zur Ordnung p-1 bereitgestellt wurden.

Wir fügen noch einige Bemerkungen bezüglich der Bedingung (12) an. Den Differenzenoperator $A_h'(u)$ (nach (4) ist er übrigens mit Hilfe von f_y ausgedrückt worden) kann man auffassen als Mehrschrittverfahren für das System

(16) $e'(x) = f_y(x,u(x))e(x)$, $x \in I$.

In 1.1.(30) ist gezeigt worden, daß sich die Konsistenzbedingungen für lineare Mehrschrittverfahren allein durch algebraische Bedingungen mit den Koeffizienten a_k, b_k ausdrücken lassen. Wenn daher $v \in C^2(I)$ ist, so gilt $A_h'(u)v = O(h)$, $h \to 0$. Demgemäß gilt (12) für $x \in I_h$, wenn $\varepsilon_h = e_p + O(h)$ gilt mit $e_p \in C^2(I)$, d.h. wenn u_h die asymptotische Entwicklung

(17) $u_h(x) = u(x) + h^p e_p(x) + O(h^{p+1})$

besitzt. Für Einschrittverfahren kann man allein unter genügenden Glattheitsvoraussetzungen an f mit der Existenz einer Entwicklung (17) rechnen (s.I-5.3.). Für Mehrschrittverfahren trifft dies nicht unbedingt zu (s.2.9.). Jedoch ist (17) auch nur eine hinreichende Bedingung für (12). Verwendet man z.B. die Mittelpunktregel I-5.3.(31) in Verbindung mit dem Milne-Simpson-Verfahren, so ist von uns in I-5.3.(32) die Existenz je einer asymptotischen Entwicklung für die $x_j \in I_h$ mit geradem bzw. ungeradem Index gezeigt worden. Da der zentrale Differenzenquotient aber nur jeweils solche Punkte koppelt, ist (12) auch in diesem Fall gegeben.

Die unter 1) und 2) zuvor beschriebenen Schätzungsmethoden des Abschneidefehlers haben wir am Beispiel der Adams-Bashforth- und der Adams-Moulton-Verfahren für die Van-der-Polsche Differentialgleichung $u'' = \varepsilon(1-u^2)u'-u$ als System erster Ordnung

$$u_1' = u_2 \qquad , \quad u_1(0) = 2,$$
$$u_2' = \varepsilon(1-u_1^2)u_2-u_1, \quad u_2(0) = 0,$$

durchgeführt. Die Ergebnisse sind für die Ordnung $p=3$, $\varepsilon=2$ und $h=0.05$ in den nachfolgenden Bildern 3 - 8 für das Intervall $I=[0,10]$ dargestellt.

Die Schätzung des Abschneidefehlers nach 1) erfolgte für $m=p$ beim m-Schritt-Adams-Bashforth-Verfahren durch Einsetzen der Näherungslösung in das m-Schritt-Adams-Moulton-Verfahren und im Falle des (m-1)-schrittigen Adams-Moulton-Verfahrens ebenfalls durch Einsetzen in das m-Schritt-Adams-Moulton-Verfahren.

Bei der Methode von Milne wurde die m-Schritt-Adams-Bashforth-Näherungslösung in das (m-1)-schrittige Adams-Moulton-Verfahren eingesetzt und umgekehrt (Fehlerkonstanten siehe Tab. 7 und Tab.24). Die nach den Methoden 1) und 2) berechneten Abschneidefehlerschätzungen τ_{hg} stimmen so gut wie überein (lediglich bei großen Schrittweiten wird ein kleiner Unterschied sichtbar), so daß die mit den verschiedenen Methoden gewonnenen Abschneidefehler in den graphischen Darstellungen nicht zu unterscheiden sind.

Für jedes der beiden Verfahren wurde der Quotient $|\tau_{hg}^B|/|\tau_h^B|$ (Fig.5) bzw. $|\tau_{hg}^M|/|\tau_h^M|$ (Fig.8) der Norm des geschätzten dividiert durch die des wahren lokalen Abschneidefehlers dargestellt (die "wahre" Lösung $u \equiv u_1$ (s. Fig. 6) wurde mit dem Adams-Moulton-Verfahren der Ordnung $p=3$ bei Verwendung der

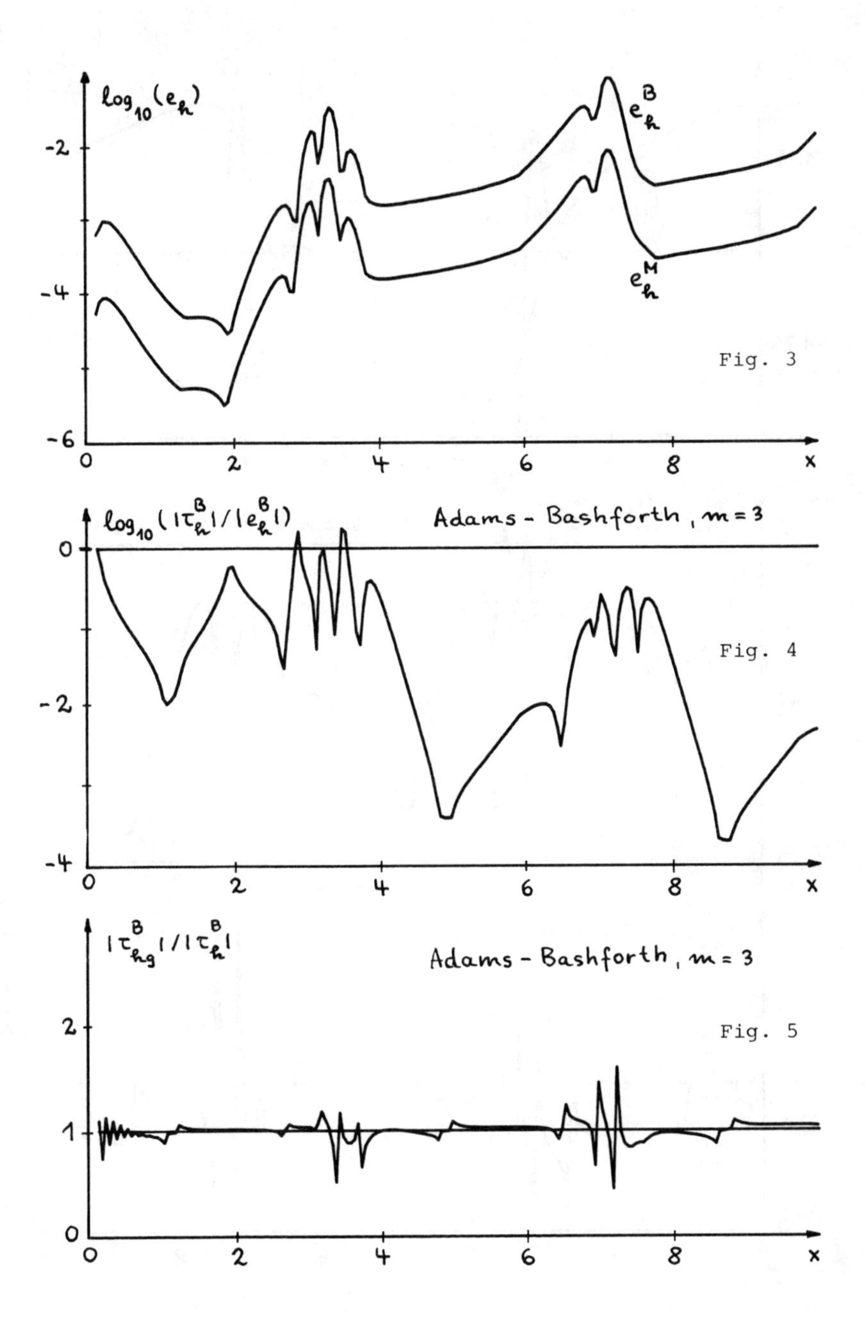

Fig. 3

Fig. 4

Fig. 5

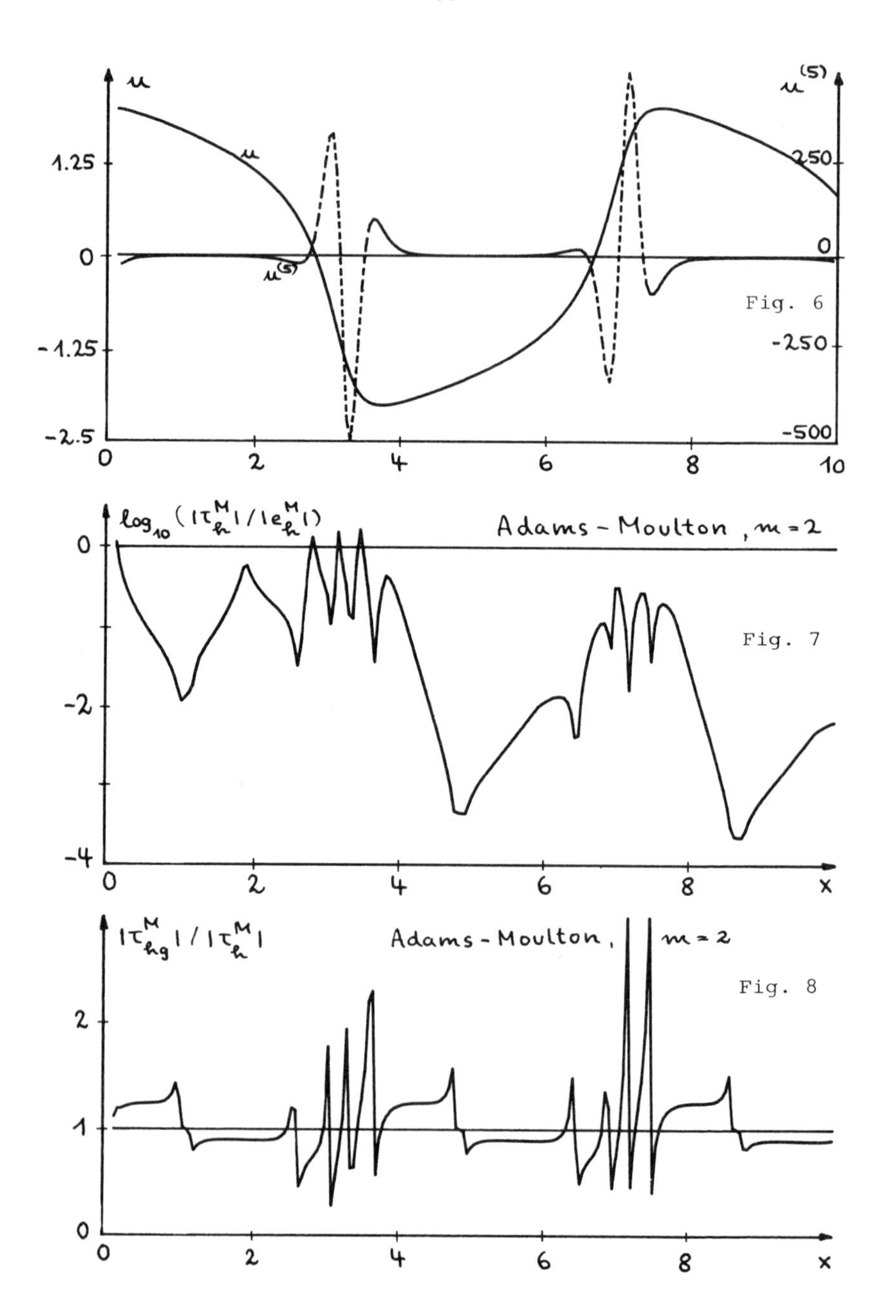
u
$u^{(5)}$
1.25
0
-1.25
-2.5
250
0
-250
-500
0
2
4
6
8
10
Fig. 6
$\log_{10}(|\tau_h^M|/|e_h^M|)$
Adams - Moulton, m = 2
0
-2
-4
x
Fig. 7
$|\tau_{hg}^M|/|\tau_h^M|$
Adams - Moulton, m = 2
2
1
0
Fig. 8

um den Faktor 15 verkleinerten Schrittweite berechnet, $|\cdot|$ bedeutet hier das Betragsmaximum der beiden Komponenten). Man erkennt an den Figuren, daß sich $|\tau_{hg}^B|$ bzw. $|\tau_{hg}^M|$ höchstens um einen Faktor 2 bzw. 3 von den wahren Werten unterscheiden. Die Abschneidefehlerschätzung ist, insbesondere beim Adams-Bashforth-Verfahren, in den Intervallteilen ganz ausgezeichnet, in denen die Ableitungen relativ glatt verlaufen. In den Bereichen starker Oszillation der Ableitungen ($-500 \leq u^{(4)} \leq 500$, $-5000 \leq u^{(5)} \leq 5000$, s. Fig. 6) ist wegen der zehnfach größeren fünften Ableitung bei der Abschneidefehlerschätzung für $h = 0.05$ das vernachlässigte Fehlerglied $O(h^{p+1})$, $p = 3$, nicht mehr klein gegen das führende Fehlerglied, sondern etwa halb so groß. Dieser Umstand erklärt die Schwankungen in den Fig. 5 + 8 an gerade diesen Stellen.

In Fig. 4 bzw. Fig. 7 ist der dekadische Logarithmus des Quotienten $|\tau_h^B|/|e_h^B|$ bzw. $|\tau_h^M|/|e_h^M|$ aufgetragen worden, wobei $e_h^B := u-u_h^B$ bzw. $e_h^M := u-u_h^M$ die wahren Fehler bedeuten. Aus ihnen geht hervor, daß der lokale Abschneidefehler im allgemeinen den globalen Fehler um ganze Zehnerpotenzen unterschätzt. In Bereichen starker Oszillation der Ableitungen sind sie jedoch größenordnungsmäßig gleich.

Die Figur 3 zeigt $\log_{10}|e_h^B|$ bzw. $\log_{10}|e_h^M|$. An ihr kann man noch einmal den Einfluß des Verlaufs der in Fig. 6 dargestellten vierten Ableitung auf den globalen Fehler ablesen. Auch kann man aus ihr entnehmen, daß der globale Fehler des Adams-Bashforth-Verfahrens etwa um eine Zehnerpotenz größer als der des Adams-Moulton-Verfahrens ist, was durch die unterschiedlichen Fehlerkonstanten $c_3^B = \frac{3}{8}$, $c_2^M = -\frac{1}{24}$, die sich betragsmäßig um den Faktor 9 unterscheiden, begründet wird.

1.6. Änderung der Schrittweite und Ordnung

Für einen wirkungsvollen Einsatz der Mehrschrittverfahren müssen Vorkehrungen für eine Schrittweitensteuerung vorgesehen werden. Die Notwendigkeit einer Steuerung der Schrittweite ist in Teil I im Zusammenhang mit Einschrittverfahren dargelegt worden. Gegenüber diesen ist eine Änderung der Schrittweite bei Mehrschrittverfahren mit größerem numerischem Aufwand verbunden. Eine noch größere Effektivität erreicht man durch eine gleichzeitige Steuerung der Konsistenzordnung, d.h. der Schrittzahl der Verfahren. Auf diese Weise entfällt bei geeigneter Organisation auch eine spezielle Anlaufrechnung, da man die Rechnung mit dem einschrittigen Typ der jeweils verwendeten Verfahrensklasse beginnen kann.

Soll die Schrittweite geändert werden, so kann man prinzipiell immer so vorgehen, daß man die Anlaufrechnung zur Bereitstellung der Näherungen in den vorangehenden, der neuen Schrittweite angepaßten Gitterpunkten verwendet. Wir beschreiben in diesem Abschnitt drei weitere, bei häufigem Schrittweitenwechsel ökonomischere Vorgehensweisen, welche auf die Arbeiten von Ceschino [2,168], Gear [222,223,224,225, 227] und Krogh [292,294,295,296] (s. auch [147,214,420]) zurückgehen.

1.6.1. Die Methode von Ceschino

Diese Methode ist für die Formeln 1.2.1.,1.2.3. vom Adams-Typ ausgearbeitet worden, welche die Gestalt

$$(1) \quad u_j = u_{j-1} + h \sum_{k=0}^{m} \beta_k f_{j-m+k}, \quad j = m, m+1, \ldots, N_h,$$

haben. Wenn man im Punkte x_j für ein gewisses j zu einer neuen Schrittweite ωh mit $\omega \neq 1$ übergehen will, etwa nach Maßgabe eines der in 1.5.2. dargestellten Kriterien, so benötigt man Näherungen in den Punkten $x_{j+k\omega} = x_j + k\omega h$, $k = 1, \ldots, m-1$. Zu ihrer Berechnung werden Formeln des Typs

$$(2) \quad u_{j+k\omega} = u_{j+(k-1)\omega} + h \sum_{l=1}^{k} B_{kl} f_{j+l\omega} + h \sum_{l=k-1}^{m} C_{kl} f_{j-m+l}$$

verwendet, die entsprechend (1) in expliziter oder impliziter Form herangezogen werden. Die Berechnung der Koeffizienten erfolgt ähnlich wie bei den Formeln in 1.2.1.-1.2.4. durch

Tab. 17

m	Explizite Formeln				Faktor
2	$-\omega$	$\omega+2$			$\frac{\omega}{2}$
3	$\omega(2\omega+3)$	$-4\omega(\omega+3)$	$2\omega^2+9\omega+12$		$\frac{\omega}{12}$
	$14\omega+9$	$5\omega^2$	$-(5\omega+3)(\omega+1)$		$\frac{\omega}{6(\omega+1)}$
4	$-\omega(\omega+2)^2$	$\omega(3\omega^2+16\omega+18)$	$-\omega(3\omega^2+20\omega+36)$	$\omega^3+8\omega^2+22\omega+24$	$\frac{\omega}{24}$
	$\frac{15\omega^2+28\omega+12}{(\omega+1)(\omega+2)}$	$-\frac{\omega^2(17\omega+10)}{6(\omega+2)}$	$\frac{\omega^2(17\omega+20)}{3(\omega+2)}$	$-\frac{17\omega^2+30\omega+12}{6}$	$\frac{\omega}{4}$
	$-\frac{2(43\omega+16)}{\omega+1}$	$\frac{119\omega+46}{2\omega+1}$	$-\frac{54\omega^3}{(2\omega+1)(\omega+1)}$	$27\omega+10$	$\frac{\omega}{24}$
	Implizite Formeln				
2	$\frac{2\omega+3}{\omega+1}$	$-\frac{\omega^2}{1+\omega}$	$\omega+3$		$\frac{\omega}{6}$
3	$\frac{\omega+2}{\omega+1}$	$\frac{\omega^2}{6}$	$-\frac{\omega^2(\omega+4)}{3(\omega+1)}$	$\frac{\omega^2+6\omega+12}{6}$	$\frac{\omega}{4}$
	$\frac{11\omega+8}{3(\omega+1)}$	$\frac{17\omega+10}{6(2\omega+1)}$	$\frac{\omega^3}{(2\omega+1)(\omega+1)}$	$-\frac{3\omega+2}{6}$	$\frac{\omega}{4}$

Integration eines geeigneten Interpolationspolynoms. Auf die Einzelheiten gehen wir hier nicht ein (vgl. auch 1.6.3.). Die Koeffizienten der expliziten Formeln für $m = 2,3,4$ und die der impliziten für $m = 2,3$ sind in Tab.17 zusammengestellt. Dabei enthält jede Zeile der Reihe nach die m Koeffizienten aus den beiden Summen in (2), wobei in der letzten Spalte ein Faktor enthalten ist, mit dem die Elemente der zugehörigen Zeile noch zu multiplizieren sind. Zum Beispiel lautet die implizite Formel für $m = 2$

$$u_{j+\omega} = u_j + \frac{\omega h}{6(\omega+1)}[(2\omega+3)f_{j+\omega} - \omega^2 f_{j-1} + (\omega+3)(\omega+1)f_j].$$

Der Abschneidefehler für die angegebenen Formeln hat dieselbe Ordnung wie die zugehörige Formel (1), zu deren Schrittweitenänderung sie verwendet werden soll.

1.6.2. Die Methode von Nordsieck-Gear

Führt man ein Mehrschrittverfahren in Nordsieck-Form 1.3.(4) durch, so läßt sich eine Schrittweitenänderung aufgrund der Bedeutung 1.3.(1) des Nordsieckvektors v_h leicht bewerkstelligen, da man die l-te Komponente, $l = 1,...,m$, von v_h nur mit $(h_{neu}/h_{alt})^l$ zu multiplizieren braucht.

Die Implementierung der in Tab.13+14 enthaltenen Verfahren geht auf Gear [5,223,224,225] zurück. Die zur Lösung der impliziten Gleichungen 1.3.(4) verwendeten Techniken sind bereits in 1.3. dargestellt worden. Hinzu tritt eine Steuerung der Schrittweite und Ordnung, die wir anschließend für das Adams-Moulton-Verfahren in Nordsieck-Gestalt beschreiben. Für die rückwärts genommenen Differentiationsformeln verfährt man analog.

Die Gearsche Implementierung verwendet einen Korrektor 1.3.(8) derselben Ordnung m wie der Prädiktor 1.3.(9), indem für γ_0 die Konstante genommen wird, die für das entsprechende Verfahren mit m-1 anstelle von m zutrifft. Das sich damit ergebende Korrektorverfahren ist gerade das (m-1)-schrittige Adams-Moulton-Verfahren; denn gemäß 1.3.(12) ist das zugeordnete Polynom ρ von γ_o unabhängig und gleich z^m-z^{m-1}, der Koeffizient γ_o von z^m in σ ist nach Konstruktion gleich dem Koeffizienten $\beta_{m-1,m-1}$ in der (m-1)-schrittigen Formel 1.2.(33), und die Konsistenzordnung beträgt m, wodurch auch die restlichen Koeffizienten von σ eindeutig bestimmt sind (s.1.1.(40)) und sich somit das (m-1)-schrittige Adams-Moulton-Verfahren ergeben muß.

Die Bemessung der Schrittweite erfolgt nach der Größe des Abschneidefehlers, für den wir in 1.2.(38) eine Darstellung hergeleitet haben (wobei nach dem oben Gesagten m durch m-1 zu ersetzen ist). Da die Prädiktorformel dieselbe Ordnung wie die Korrektorformel hat, gibt 1.2.(38) auch bei nur einmaliger Korrektur das führende Fehlerglied im Abschneidefehler des von Gear verwendeten Prädiktor-Korrektor-Verfahrens wieder (s.Kap.4.3.). Eine Näherung für die m-te Ableitung von f erhält man durch die rückwärts genommene Differenz der letzten Komponente des Nordsieck-Vektors v_h, d.h. man verwendet

$$(3)\quad h\tau_h(x_{j+m}) \approx \nu_m m!\nabla v_h^{(m)}(x_{j+m}).$$

Ist ε die vorgegebene Genauigkeit für $h\tau_h$, so wird der Schritt akzeptiert, wenn die Norm $\|\cdot\|$ der rechten Seite von (3) kleiner ε ist. Hierbei ist $\|\cdot\|$ eine geeignete Norm in $\mathbb{K}^n$, welche insbesondere auch eine Gewichtung der einzelnen Komponenten von $v_h^{(m)}$ beinhalten kann. Im nächsten Schritt oder bei Wiederholung desselben Schrittes wird die Schrittweite qh verwendet mit q gegeben durch

$$(4)\quad q = \frac{1}{1.2}\left[\frac{\varepsilon}{\nu_m\, m!}\,\frac{1}{\|\nabla v_h^{(m)}\|}\right]^{1/m},$$

wobei die Division durch 1.2 eine zusätzliche Sicherheit erbringen soll. Eine Vergrößerung der laufenden Schrittweite wird erst für $q \geq 1.1$ vorgenommen, da die dafür erforderlichen zusätzlichen Rechnungen sonst nicht rentabel erscheinen.

Um die Ordnung zu steuern, werden auch Näherungen für die Abschneidefehler der Verfahren der Ordnung m-1 und m+1 nach den zu (3) entsprechenden Formeln berechnet und q nach der Vorschrift

$$(5) \quad q = \frac{1}{1.4}\left[\frac{\varepsilon}{\nu_{m+1}(m+1)!} \; \frac{1}{\|\nabla^2 v_h^{(m)}\|}\right]^{1/(m+1)}$$

bzw.

$$(6) \quad q = \frac{1}{1.3}\left[\frac{\varepsilon}{\nu_{m-1}(m-1)!} \; \frac{1}{\|v_h^{(m)}\|}\right]^{1/(m-1)}$$

gebildet. Man rechnet dann mit dem Verfahren der Ordnung weiter, welches das größte q ergibt unter Beachtung der nachfolgend genannten Einschränkungen. Die in (5),(6) angebrachten Faktoren begünstigen eine Beibehaltung der Konsistenzordnung sowie eine Verkleinerung gegenüber einer Vergrößerung aus Gründen des geringeren Rechenaufwandes der begünstigten Steuerung. Muß ein Schritt wiederholt werden, so wird eine Erhöhung der Ordnung nicht zugelassen.

Das Verfahren benötigt keine gesonderte Anlaufrechnung, da man mit den Formeln der Ordnung 1 startet. Nach einer Schrittweiten- oder Ordnungsänderung findet aus Stabilitätsgründen (s.u.) m+1 Schritte lang keine weitere Änderung statt, außer wenn der nach (3) geschätzte Fehler zu groß wird. Ist die Schrittweite nach m+1 erfolgreichen Schritten nicht zu vergrößern, so wird der nächste Test gemäß (4)-(6) erst nach zehn weiteren Schritten durchgeführt, um den numerischen Aufwand für die Steuerung klein zu halten.

Überschreiten die anzubringenden Korrekturen bei der Iteration nach 1.3.(8) auch nach drei Schritten noch eine vorgegebene Schranke, so wird die Schrittweite um den Faktor vier verkleinert und der Schritt wiederholt. Nach drei ergebnislosen Steuerungsversuchen an einem Punkt reduziert man die Ordnung auf Eins.

Wir fügen noch einige qualitative Bemerkungen über das Stabilitätsverhalten des Nordsieck-Gear-Verfahrens bei Schrittweitenänderungen an (s.[227,294]). Wenn h die alte und h' die neue Schrittweite bezeichnet, so geschieht der Übergang zu den Formeln mit h' an einer Stelle x prinzipiell dadurch, daß aus den Werten $f(x-kh,u_h(x-kh))$, $k=0,\ldots,m$, durch Interpolation neue Werte an den Stellen $x-kh'$, $k=1,\ldots,m$, berechnet werden, mit denen sich dann die Rechnung fortführen läßt. Wie in 1.2. dargestellt ist, ergibt sich die Näherung im Punkte $x+h'$ durch Integration eines Polynoms durch die $m-1$ vorangehenden, äquidistant im Abstande h' gelegenen Stützpunkte. Dieses Polynom geht also i.a. nicht durch die ursprünglichen Werte von f, so daß der Interpolationsprozeß beim Übergang von h zu h' zum Tragen kommt. Als Ergebnis stellt sich in manchen Fällen ein starkes Anwachsen der Fehler ein, insbesondere wenn man mit Verfahren höherer Ordnung, etwa $m \geq 8$, arbeitet.

Die Ursache für das beschriebene Verhalten soll im Falle der Halbierung bzw. Verdoppelung der Schrittweite noch etwas genauer erklärt werden. Wir nehmen an, daß u ein reelles Polynom in x vom Grade $m+2$ ist und bezeichnen mit P_m das Interpolationspolynom durch die Punkte $(x_{j+k}, f(\cdot,u)(x_{j+k}))$, $k=0,\ldots,m$, wobei $x_{j+k}=x_j+kh$ ist. Da P_m interpolierend und vom Grade kleiner gleich m ist, hat man

$$(7)\qquad \nabla_h^k P_m(x_{j+m}) = \begin{cases} \nabla^k f_{j+m}, & k=0,\ldots,m \\ 0 \quad, & k>m, \end{cases}$$

wobei ∇_h die rückwärts genommene Differenz mit der Schrittweite h ist. Bei Halbierung bzw. Verdoppelung von h verwendet man zur Fortführung des Verfahrens die Größen

$$(8)\qquad \nabla_{h/2}^k P_m(x_{j+m}) = \nabla_{h/2}^{k-1} P_m(x_{j+m}) - \nabla_{h/2}^{k-1} P_m(x_{j+m}-\tfrac{h}{2})$$

bzw.

$$(9)\qquad \nabla_{2h}^k P_m(x_{j+m}) = \nabla_{2h}^{k-1} P_m(x_{j+m}) - \nabla_{2h}^{k-1} P_m(x_{j+m}-2h)$$

für $k=1,\ldots,m$. (Auf diesen Formeln baut übrigens ein in [147] gegebener Zugang zur Schrittweitenänderung bei Mehrschrittverfahren auf, der die Überführung in Nordsieckform vermeidet.)

Wir wollen nun die Fehler $\varepsilon_{2h}^{(k)}$ bzw. $\varepsilon_{h/2}^{(k)}$ in $\nabla_{2h}^{k} P_m(x_{j+m})$ bzw. $\nabla_{h/2}^{k} P_m(x_{j+m})$ betrachten, die bei Verwendung der Formeln (8), (9) gegenüber den exakten Werten auftreten, welche gemäß (7) auch durch $\nabla_h^k P_m$ geliefert werden würden. Da $u^{(m+2)}$ konstant ist, beträgt der Fehler bei der Interpolation mit P_m nach geläufigen Formeln

$$R(x) = \frac{1}{(m+1)!} s(s+1)\dots(s+m)\varepsilon, \quad s = (x-x_{j+m})/h,$$

wobei die Abkürzung $\varepsilon = h^{m+1} u^{(m+2)}$ verwendet worden ist. Geht man damit in die Formeln (9), so ergibt eine leichte Überlegung $\varepsilon_{2h}^{(k)} = 0$, $k = 0,\dots,[m/2]$ und

$$\operatorname{sgn} \varepsilon_{2h}^{(k)} = -\operatorname{sgn} \varepsilon_{2h}^{(k+1)}, \quad k = [\tfrac{m}{2}]+1,\dots,m-1.$$

Ebenso erhält man aus den Formeln (8) die Eigenschaft

$$\operatorname{sgn} \varepsilon_{h/2}^{(k)} = \operatorname{sgn} \varepsilon_{h/2}^{(k+1)}, \; k = 0,\dots,m-1$$

der Fehler bei Halbierung der Schrittweite. Diese Fehler pflanzen sich auf die rückwärts genommenen Differenzen in den Punkten $x_{j+m}+h', x_{j+m}+2h', \dots,$ fort, wobei $h' = 2h$ bzw. $h/2$ bedeutet. Verfolgen wir die Fortpflanzung der $\varepsilon_{h'}^{(k)}$ allein, d.h. nehmen wir an, daß für f in $x_{j+m}+lh'$, $l = 0,1,\dots,m$, die exakten Werte verwendet werden, so ist

$$-\sum_{l=1}^{k-1} \varepsilon_{h'}^{(l)}, \quad k = 2,\dots,m,$$

der fortgepflanzte Fehler der k-ten rückwärts genommenen Differenz im Punkte $x_{j+m}+h'$, wie man aus ihrem Bildungsgesetz leicht erschließt. Dann ist

$$\sum_{r=2}^{k-1} \sum_{l=1}^{r-1} \varepsilon_{h'}^{(l)}, \quad k = 3,\dots,m,$$

der Fehler in ∇^k im Punkte $x_{j+m}+2h'$ usf. Da die Fehler $\varepsilon_{h/2}^{(k)}$ ein Vorzeichen haben, verstärkt sich ihr Einfluß bei fortschreitender Rechnung, während die $\varepsilon_{2h}^{(k)}$ etwa zur Hälfte verschwinden und alternieren, so daß ihr Einfluß abnimmt. Die

Schrittweitenverdoppelung erweist sich daher als stabiler Prozeß, wogegen die Fehlerfortpflanzung bei Halbierung so bedeutend werden kann, daß die Differenz (m+1)-ter Ordnung in einem der Punkte $x_{j+m}+lh/2$ größer werden kann als der ursprüngliche Fehler im Punkte x_{j+m}, der nach unserer Annahme aufgrund der Beziehung $\nabla^{m+1}u' = h^{m+1}u^{(m+2)}$ gleich ε ist. Die folgende, aus [294] entnommene Tab.18 enthält den Fehler Q nach Halbierung und bezogen auf ε nach Durchführung von j Schritten, wobei j so gewählt ist, daß man den größten Wert erhält.

Tab.18

r	4	5	6	7	8	9	10	11	12	13
j	2	2	3	3	4	4	5	5	6	6
Q	.26	.37	.53	.83	1.3	2.2	3.5	6.0	10	18

In einem numerischen Beispiel ist die Instabilität der rückwärts genommenen Differentiationsformeln 1.2.(52) bei stark schwankenden Schrittweiten in [147] demonstriert worden. Als Gitterpunkte wurden 50 Zufallszahlen im Bereich zwischen 0 und 1 und in (A) die Funktion $f(x,y) = 5x^4$ verwendet. Die Instabilität in den im folgenden aufgeführten numerischen Ergebnissen zeigt sich deutlich an den Abweichungen von dem zu erwartenden monotonen Verlauf.

Tab.19

x_j	0	.092	.094	.096	.098	.106	.156	.164	.172	.208
u_j	0	.0001	.0001	.0001	.0001	.0001	.0011	.0011	.0012	.0006

.212	.222	.268	.308	.310	.312	.342	.352	.376
.0007	.0009	.0189	.0358	.0359	.0360	.0254	.0262	.0387

In [294] ist eine Vorschrift angegeben worden, welche durch Korrekturen an den rückwärts genommenen Differenzen im ersten und zweiten Schritt nach einer Halbierung zu einer Stabilisierung beiträgt.

1.6.3. Das Verfahren von Krogh

Die beiden vorangehend beschriebenen Verfahren arbeiten prinzipiell mit den Vorschriften der Mehrschrittverfahren mit konstanter Schrittweite, nur daß sie zusätzlich Algorithmen bereitstellen, welche den Wechsel einer Schrittweite ermöglichen. Die in diesem Abschnitt dargestellten m-Schrittverfahren sind solche mit variabler Schrittweite im eigentlichen Sinne. Sie gestatten die Berechnung von Näherungen in den Punkten eines beliebigen Gitters, wobei jede Näherung unter Verwendung der m vorangehenden, nicht notwendig äquidistant gelegenen Näherungen berechnet wird. Verbunden mit dieser vollen Flexibilität der Schrittweite ist die Notwendigkeit, die Koeffizienten des Verfahrens von Schritt zu Schritt neu zu berechnen.

Das Punktgitter I_h' von N+1 Gitterpunkten stellt sich jetzt in der Gestalt

(1) $$I_h' = \{x \in I \,|\, x = x_j,\ j = 0,\dots,N,\ \text{mit } x_o = a,\ x_j = x_{j-1}+h_j\}$$

dar, wobei $h_j > 0$ Schrittweiten mit $h_1+h_2+\dots+h_N = b-a$ sind, die wir zu einem Vektor $h = (h_1,\dots,h_N)$ zusammenfassen. Das Gitter I_h erhält man wieder durch Fortlassen der ersten m Punkte von I_h'. Manchmal fassen wir h als Funktion auf der Punktmenge $I_h' \setminus \{x_o\}$ auf, die durch $h(x_j) = h_j$, $j = 1,2,\dots,N$ definiert ist.

Sind $a_{k,h}$, $k = 0,\dots,m$, reellwertige Funktionen auf I_h mit

$$a_{m,h}(x) \neq 0, \quad x \in I_h,$$

und ist f_h auf $I_h \times \mathbb{K}^{n(m+1)}$ erklärt, so wird ein <u>Mehrschrittverfahren</u> (A_h) <u>mit variabler Schrittweite</u> definiert durch

(2) $$\begin{aligned} &\frac{1}{h_j}\sum_{k=0}^{m} a_{k,h}(x_j)\,u_h(x_{j-m+k}) = f_h(x_j, u_h(x_{j-m}),\dots,u_h(x_j)),\quad x_j \in I_h,\\ &u_h(x_j) = \alpha_h^{(j)},\quad j = 0,\dots,m-1. \end{aligned}$$

Dabei ist $\bar{h} = (\bar{h}_o, \bar{h}_1, \ldots, \bar{h}_N)$ ein Vektor gemittelter Schrittweiten, die durch

$$(3)\quad \bar{h}_j = \frac{1}{m}(h_j + h_{j-1} + \ldots + h_{j-m+1}), \quad j = m, \ldots, N,$$

$\bar{h}_o = \ldots = \bar{h}_{m-1} = \bar{h}_m$, definiert sind. Die Einführung von $\bar{h}$ gemäß (3) ist an dieser Stelle belanglos, da die durch (2) beschriebene Klasse infolge der Freiheit in der Definition von f_h auch bei anderer Definition von $\bar{h}$ dieselbe bleibt. Die spezielle Wahl kommt erst bei den Konvergenzuntersuchungen in Kap.2 zum Tragen.

Ein <u>lineares m-Schrittverfahren</u> liegt vor, wenn f_h mit Hilfe von m Funktionen $b_{k,h} : I_h \to \mathbb{R}$ in der Form

$$(4)\quad f_h(x_j, y_o, y_1, \ldots, y_m) = \sum_{k=0}^{m} b_{k,h}(x_j) f(x_{j-m+k}, y_k), \quad x_j \in I_h,$$

gegeben ist.

Die Aufstellung von speziellen Mehrschrittverfahren verläuft nach denselben Ideen der Ersetzung des Integranden von 1.2. (1) durch ein Interpolationspolynom bzw. der Ersetzung der Ableitung durch die eines Interpolationspolynoms, wie wir sie in 1.2. beschrieben haben. Das Interpolationspolynom $P_{r,m-1}$ durch die Punkte (x_k, w_k), $k = r-m+1, \ldots, r$, läßt sich bekanntlich in der Newtonschen Form

$$(5)\quad P_{r,m-1} = w[r] + (x-x_r)w[r,r-1] + \ldots + (x-x_{r-m+2}) \ldots (x-x_r) \cdot w[r,r-1,\ldots,r-m+1]$$

schreiben mit $w[r] = w_r$ und den dividierten Differenzen

$$(6)\quad w[r,r-1,\ldots,r-k] = \{w[r,\ldots,r-k+1] - w[r-1,\ldots,r-k]\}/(x_r - x_{r-k})$$

für $k = 1, \ldots, m-1$. Wir führen weiter die folgenden Größen ein

$$
(7)\quad
\begin{aligned}
&\tau = (x-x_r)/h_{r+1} \\
&\xi_k(r+1) = h_{r+1}+h_r+\ldots+h_{r+1-k} \\
&\alpha_k(r+1) = h_{r+1}/\xi_k(r+1) \\
&\beta_o(r+1) = 1, \quad \beta_k(r+1) = \xi_o(r+1)\ldots\xi_{k-1}(r+1)/(\xi_o(r)\ldots\xi_{k-1}(r)) \\
&\psi_o(r) = w_r, \quad \psi_k(r) = \xi_o(r)\ldots\xi_{k-1}(r)w[r,r-1,\ldots,r-k] \\
&H_k(r+1) = h_{r+1}/k, \quad H_o(r+1) = h_{r+1}.
\end{aligned}
$$

Man prüft leicht die Gültigkeit der Beziehung

$$
(8)\quad \psi_{k+1}(r+1) = \psi_k(r+1)-\beta_k(r+1)\psi_k(r)
$$

nach, aus der sich ergibt, daß im Falle eines äquidistanten Gitters $\psi_k(r)$ gleich $\nabla^k w_r$ ist. Abkürzend führen wir noch die Größe

$$
(9)\quad \psi_k^*(r) = \beta_k(r+1)\psi_k(r)
$$

ein. Damit kann man dem Interpolationspolynom (5) die Gestalt

$$
(10)\quad P_{r,m-1}(x) \equiv P_{r,m-1}(x_r+h_{r+1}\tau) = \sum_{l=0}^{m-1} c_{l,r}(\tau)\psi_l^*(r)
$$

geben mit den Koeffizienten $c_{o,r}(\tau) = 1$ und

$$
c_{l,r}(\tau) = \frac{h_{r+1}\tau(h_{r+1}\tau+\xi_o(r))\ldots(h_{r+1}\tau+\xi_{l-2}(r))}{\xi_o(r+1)\quad \xi_1(r+1)\quad \ldots \quad \xi_{l-1}(r+1)}, \quad l \geq 1,
$$

für die sich bei Verwendung der Zahlen $\alpha_k(r)$ auch

$$
(11)\quad c_{l,r}(\tau) = \begin{cases} 1 & , \ l=0 \\ \tau & , \ l=1 \\ [\alpha_{l-1}(r+1)\tau+\xi_{l-2}(r)/\xi_{l-1}(r+1)]c_{l-1,r}(\tau) & , \ l>1 \end{cases}
$$

ergibt. Vermöge der aus (7) folgenden Beziehung

$$
(12)\quad \alpha_{l-1}(r+1)+\xi_{l-2}(r)/\xi_{l-1}(r+1) = 1, \quad l \geq 2,
$$

erhält man

(13) $c_{l,r}(1) = 1, \quad l \geq 0.$

Damit können wir als erstes die Formel vermerken, welche von den Punkten $(x_j,w_j),\ldots,(x_{j+m-1},w_{j+m-1})$ auf den Punkt x_{j+m} mit Hilfe des Interpolationspolynoms $P_{j+m-1,m-1}$ extrapoliert:

$$(14) \quad P_{j+m-1,m-1}(x_{j+m}) = \sum_{l=0}^{m-1} \psi_l^*(j+m-1).$$

Für $m = 3$ ist (14) beispielsweise mit der Formel

$$P_{j+2,2}(x_{j+3}) = w_{j+2} + h_{j+3}w[j+2,j+1] + h_{j+3}(h_{j+3}+h_{j+2})w[j+2,j+1,j]$$

gleichbedeutend, wobei $w[j+2,j+1] = (w_{j+2}-w_{j+1})/h_{j+2}$ und

$$(15) \quad w[j+2,j+1,j] = \frac{1}{h_{j+1}h_{j+2}}\left(\frac{h_{j+2}}{h_{j+1}+h_{j+2}}w_j - w_{j+1} + \frac{h_{j+1}}{h_{j+1}+h_{j+2}}w_{j+2}\right)$$

ist. Die numerische Auswertung von (14) geschieht unter Verwendung der Formeln (6)-(8).

Zur Herleitung von rückwärts genommenen, impliziten Differentiationsformeln wird die Ableitung des Polynoms $P_{r+1,m}$ im Punkte x_{r+1} benötigt. Es ist

$$P_{r+1,m}(x) = P_{r,m-1}(x) + (x-x_r)(x-x_{r-1})\ldots(x-x_{r-m+1})w[r+1,r,\ldots,r-m+1].$$

Da wir später $P_{r+1,m}$ mit Hilfe einer Prädiktorformel für w_{r+1} auswerten wollen, geben wir eine Darstellung von $P_{r+1,m}$, in der w_{r+1} explizit auftritt. Zu diesem Zwecke berechnen wir zunächst Näherungen $\psi_l^{(e)}(r+1)$ für $\psi_l(r+1)$, indem wir $\psi_m^{(e)} = 0$ schätzen. Eine Umformung von (8) ergibt

$$(16) \quad \psi_l^{(e)}(r+1) = \psi_{l+1}^{(e)}(r+1) + \beta_l(r+1)\psi_l(r), \quad l = m-1, m-2, \ldots, 0.$$

Den zweiten Summanden auf der rechten Seite ersetzt man wiederum mit Hilfe von (8) und erhält sukzessive für $l = 1,2,\ldots,m$

$$(17) \quad \psi_l(r+1) - \psi_l^{(e)}(r+1) = \psi_{l-1}(r+1) - \psi_{l-1}^{(e)}(r+1) = w_{r+1} - \psi_0^{(e)}(r+1).$$

Entsprechend wie zu (10) gelangt man mit (17) und Beachtung von $\psi_m^{(e)} = 0$ daher zu der Formel

$$(18)\quad P_{r+1,m}(x) = P_{r,m-1}(x) + c_{m,r}(\tau)(w_{r+1} - \psi_o^{(e)}(r+1)).$$

Die Differentiation nach x läßt sich anhand von (10),(18) leicht durchführen, indem man die Ableitungen von $c_{l,r}$ berechnet. Vermöge der Formeln (11)-(13) ergibt sich $c'_{o,r} = 0$ und

$$(19)\quad c'_{l,r}(1) = \alpha_{l-1}(r+1) + c'_{l-1,r}(1), \quad l \geq 1.$$

Damit erhält man als Differentialquotienten des Polynoms $P_{j+m,m}$ durch die Punkte (x_k, w_k), $k = j,\dots,j+m$, an der Stelle x_{j+m}

$$(20)\quad P'_{j+m,m}(x_{j+m}) = h_{j+m}^{-1} \sum_{l=1}^{m-1} c'_{l,j+m-1}(1)\psi_l^*(j+m-1) + h_{j+m}^{-1} c'_{m,j+m-1}(1)(w_{j+m} - \psi_o^{(e)}(j+m)).$$

Für $m = 2$ geht (20) beispielsweise in die Formel

$$(21)\quad P'_{j+2,2}(x_{j+2}) = w[j+2,j+1] + \frac{h_{j+2}}{h_{j+1}+h_{j+2}}(w[j+2,j+1] - w[j+1,j])$$

über.

Wir kommen nun zu den <u>Formeln, die sich durch Integration der Interpolationspolynome</u> ergeben. Sei

$$c_{l,r}^{(-k)}(\tau) = \int_0^{\tau}\int_0^{\tau_1}\dots\int_0^{\tau_{k-1}} c_{l,r}(t)\,dt, \quad k = 1,2,\dots .$$

Durch partielle Integration von (11) erhält man

$$c_{l,r}^{(-1)}(\tau) = (\alpha_{l-1}(r+1)\tau + \frac{\xi_{l-2}(r)}{\xi_{l-1}(r+1)})c_{l-1,r}^{(-1)}(\tau) - \alpha_{l-1}(r+1)c_{l-1,r}^{(-2)}(\tau)$$

und hieraus durch weitere fortgesetzte Integration

$$c_{l,r}^{(-k)}(\tau)=(\alpha_{l-1}(r+1)\tau+\frac{\xi_{l-2}(r)}{\xi_{l-1}(r+1)})c_{l-1,r}^{(-k)}(\tau)-k\alpha_{l-1}(r+1)c_{l-1,r}^{(-k-1)}(\tau).$$

Verwendet man (12) und setzt zur Abkürzung

$$g_{l,r}^{(k)} = (k-1)!c_{l,r}^{(-k)}(1), \quad g_{l,r} = g_{l,r}^{(1)},$$

so ergeben sich für $k = 1,2,...$ die Rekursionsformeln

$$(22)\quad g_{l,r}^{(k)} = \begin{cases} 1/k & , \quad l=0 \\ 1/[k(k+1)] & , \quad l=1 \\ g_{l-1,r}^{(k)}-\alpha_{l-1}(r+1)g_{l-1,r}^{(k+1)}, & \quad l=2,3,...,m, \end{cases}$$

aus denen $g_{l,r}^{(k)}$, $l = 0,1,...,m$, berechnet werden kann. Durch Integration des Polynoms $P_{j+m-1,m-1}$ über das Intervall $[x_{j+m-1},x_{j+m}]$ erhält man dann aus (10) die <u>(explizite) Formel</u>

$$(23)\quad \int_{x_{j+m-1}}^{x_{j+m}} P_{j+m-1,m-1}(x)dx = h_{j+m}\sum_{l=0}^{m-1} g_{l,j+m-1}\psi_l^*(j+m-1).$$

Entsprechend ergibt sich durch Integration von (18) die <u>(implizite) Formel</u>

$$(24)\quad \int_{x_{j+m-1}}^{x_{j+m}} P_{j+m,m}(x)dx = \int_{x_{j+m-1}}^{x_{j+m}} P_{j+m-1,m-1}(x)dx + h_{j+m}g_{m,j+m-1}(w_{j+m}-\psi_o^{(e)}(j+m)).$$

Beispielsweise liefern (23) und (24) im Falle $m = 2$ die Formeln

$$h_{j+2}^{-1}\int_{x_{j+1}}^{x_{j+2}} P_{j+1,1}(x)dx = -\frac{h_{j+2}}{2h_{j+1}}w_j+(1+\frac{h_{j+2}}{2h_{j+1}})w_{j+1}$$

$$h_{j+2}^{-1}\int_{x_{j+1}}^{x_{j+2}} P_{j+2,2}(x)dx =$$

$$= - \frac{h_{j+2}^2}{6h_{j+1}(h_{j+1}+h_{j+2})}w_j + \frac{3h_{j+1}+h_{j+2}}{6h_{j+1}}w_{j+1} - \frac{3h_{j+1}+2h_{j+2}}{6(h_{j+1}+h_{j+2})}w_{j+2}.$$

Verwendet man (23) mit $w = f$ in 1.2.(1), so gelangt man zu den Adams-Bashforth-Formeln mit variabler Schrittweite, welche als Prädiktor für die Adams-Moulton-Formeln mit variabler Schrittweite herangezogen werden, die sich mit Hilfe von (24) aus 1.2.(1) ergeben. Dabei wird für die Rechnung im nächsten Schritt die Funktion f noch mit der korrigierten Näherung ausgewertet (PECE-Mode, s.Kap.4.1.). So folgt aus (23) die Prädiktorformel

$$(25)\quad u_{j+m}^{(pr)} = u_{j+m-1} + h_{j+m}\sum_{l=0}^{m-1} g_{l,j+m-1}\psi_l^*(j+m-1).$$

Aus (24) erhält man zugehörige Korrektorformeln. Nach einem Vorschlag von Krogh verwendet man eine Korrektorformel derselben Ordnung wie (25), die in (24) mit m ersetzt durch m-1 und j ersetzt durch j+1 enthalten ist, so daß sich

$$(26)\quad u_{j+m}^{(ko)} = u_{j+m}^{(pr)} + h_{j+m}g_{m-1,j+m-1}[f(x_{j+m},u_{j+m}^{(pr)})-\psi_o^{(e)}(j+m)]$$

ergibt. Zur Steuerung der Schrittweite und Ordnung benötigt man eine Schätzung E_{j+m} für den Abschneidefehler. Man verwendet dazu die Differenz der mit (26) ermittelten Näherung und einer Näherung u_{j+m} höherer Ordnung, die sich aus der (26) entsprechenden Formel mit m Stützpunkten berechnet, d.h. man setzt

$$(27)\quad E_{j+m} = h_{j+m}g_{m,j+m-1}^*[f(x_{j+m},u_{j+m}^{(pr)})-\psi_o^{(e)}(j+m)],$$

wobei gilt

$$(28)\quad g_{l,k}^* = g_{l,k}-g_{l-1,k},\quad l \geq 1,\quad k \geq 0.$$

Mit Hilfe von E_{j+m} kann dann die Näherung (26) noch verbessert werden gemäß der Formel

$$(29)\quad u_{j+m} = u_{j+m}^{(ko)} + E_{j+m}.$$

Die aktuelle Steuerung der Ordnung und Schrittweite geht von einer etwas abgewandelten Form von (27) aus. Zunächst berechnet man die Größen

$$
(30)\quad
\begin{aligned}
\psi_m &= f(x_{j+m}, u_{j+m}^{(pr)}) - \psi_o^{(e)}(j+m) \\
\psi_{m-1} &= \psi_{m-1}^{(e)}(j+m) + \psi_m \\
\psi_{m-2} &= \psi_{m-2}^{(e)}(j+m) + \psi_m,
\end{aligned}
$$

wobei sich die Formeln für ψ_{m-1} und ψ_{m-2} aus (17) ergeben. Um das Verfahren auf eine Erhöhung der laufenden Ordnung zu prüfen, benötigt man auch eine Schätzung ψ_{m+1} für die Differenz (m+1)-ter Ordnung, die es erforderlich macht, daß man als Hilfsgröße in jedem Schritt auch $\psi_m(j+m)$ mitführt. Es wird dann

$$
(31)\quad \psi_{m+1} = f(x_{j+m}, u_{j+m}) - \tilde{\psi}_o^{(e)}(j+m)
$$

gesetzt, wobei $\tilde{\psi}_o^{(e)}$ aus den (16) entsprechenden Formeln

$$
(32)\quad \tilde{\psi}_l^{(e)}(r+1) = \tilde{\psi}_{l+1}^{(e)}(r+1) + \beta_l(r+1)\psi_l(r), \quad l = m, m-1, \ldots, 0,
$$

mit $\tilde{\psi}_{m+1}^{(e)} = 0$ berechnet wird. Man beachte, daß $f(x_{j+m}, u_{j+m})$ in (31) im Laufe des Verfahrens sowieso benötigt wird.

Für eine profunde Steuerung der Ordnung empfiehlt Krogh, vier Differenzen heranzuziehen. Die laufende Ordnung m wird um 1 erniedrigt, wenn die beiden Bedingungen

$$
(33)\quad |\psi_{m+1}| > |\psi_m| > |\psi_{m-1}|
$$

erfüllt sind. Diese Bedingungen werden durch (27) nahegelegt, wenn man die geringe Veränderlichkeit von $g^*_{m,j+m-1}$ mit m außer Acht läßt.

An eine Erhöhung der Ordnung werden etwas schärfere Anforderungen gestellt, als sie etwa das Bestehen der umgekehrten Ungleichungen in (33) darstellen, da sich der numerische Aufwand bei größerer Ordnung erhöht, die Stabilitätseigenschaften dagegen verschlechtern. Zur Steuerung wird die Größe

$$(34)\quad \Theta_m = \begin{cases} |\psi_{m+1}|/|\psi_{m-1}-\psi_m| & \text{für } \psi_{m+1}\psi_{m-1} \geq 0 \\ |\psi_{m+1}|/|\psi_{m-1}| & \text{für } \psi_{m+1}\psi_{m-1} < 0 \end{cases}$$

verwendet und die Ordnung um 1 erhöht, falls die Bedingungen erfüllt sind

$$(35)\quad \begin{aligned} &\Theta_m+\Theta_{m-1} < \begin{cases} 3/4, & \text{falls } h_{j+m} \text{ Tendenz zeigt, zu groß zu sein} \\ \rho^{-2}, & \text{falls } h_{j+m} \text{ Tendenz zeigt, zu klein zu sein} \end{cases} \\ &\Theta_m^2 < \Theta_{m-1}, \quad \Theta_m < 2\Theta_{m-1}. \end{aligned}$$

Dabei ist ρ eine Zahl, die so gewählt ist, daß eine Schrittweitenvergrößerung unterlassen wird, falls die neue Schrittweite nicht wenigstens um den Faktor ρ größer ist, also etwa $\rho = 2$. Die unterschiedliche Wahl von Θ_m wird vorgenommen, um dem Umstand Rechnung zu tragen, daß alternierende Vorzeichen in den Differenzen ψ_l eine schnelle Konvergenz andeuten, was nur im Falle $\psi_{m+1}\psi_{m-1} \geq 0$ vorkommen kann und in der ersten Zeile von (34) entsprechend bewertet wird. Die zweiten Bedingungen in (35) verlangen, daß die Tendenz zu einer Erhöhung der Ordnung deutlich vorhanden ist.

Die Bemessung der Schrittweite wird nach der im Vergleich zu (27) einschränkenderen Bedingung

$$(36)\quad h_{m+j}|g^*_{m,j+m-1}|(|\psi_m|+|\psi_{m+1}|)/(1-\bar{\Theta})$$

mit $\bar{\Theta} = \min(\Theta_m, \Theta_{m-1}, 0.75)$ vorgenommen. Die Hinzunahme von $|\psi_{m+1}|$ ist günstig, da sich Instabilitäten aufgrund zu groß gewählter Schrittweiten verstärkt in den Differenzen höherer Ordnung bemerkbar machen. Die Division durch $(1-\bar{\Theta})$ kommt verstärkt zum Tragen, wenn die Differenzen langsam konvergieren und (27) etwas zur Unterschätzung des wahren Fehlers neigt. Eine Schrittweitenverkleinerung wird mindestens um einen Faktor 2 vorgenommen. Zusammen mit dem Mindestfaktor ρ aus (35) bei Schrittweitenvergrößerung vermeidet man damit einen zu häufigen Schrittweitenwechsel. Zur Schätzung des Fehlers bei

Vergrößerung der Schrittweite um den Faktor ρ auf den Wert h wird

$$(37)\quad h|g^*_{m,j+m-1}|\rho^m \max\{\sigma_{m,j},1\}(|\psi_{m-1}|+|\psi_m|+|\psi_{m+1}|)/(1-\bar{\Theta})^2$$

verwendet. Die Zahl $\sigma_{m,j}$ ist gegeben durch

$$(38)\quad \sigma_{m,j} = \frac{h(2h)\ldots(mh)}{h(h+h_{m+j-1})\ldots(h+h_{m+j-1}+\ldots+h_{j+1})}$$

und berücksichtigt die ungefähre Änderung des Faktors $\xi_0(r)\ldots\xi_{m-1}(r)$ von $\psi_m(r)$ in (7), wenn man m Schritte mit der neuen Schrittweite h ausführt, so daß Schrittweitenänderungen allein der Änderung dieses Faktors zufolge vermieden werden.

Man startet das Verfahren mit der Ordnung $m = 1$, so daß keine gesonderte Anlaufrechnung erforderlich ist. Nach Berechnung der einmal korrigierten Näherung c_1 im Punkte $x_1 = x_0+h_1$ schätzt man den Fehler, wobei man zur Sicherheit einen Faktor 4 anbringt. Gegebenenfalls beginnt man noch einmal mit einer verkleinerten Schrittweite h, wobei man quadratische Abhängigkeit des Fehlers von h annimmt. Dann berechnet man die zweimal korrigierte Näherung c_2. Den Fehler von c_2 schätzen wir durch $4h[f(x_1,c_1^{(pr)})-f(x_1,c_1)]$ ab, wobei $c_1^{(pr)}$ die (mit der Eulerformel) ermittelte, unkorrigierte Näherung für u_1 bedeutet. Gegebenenfalls startet man das Verfahren erneut. Anderenfalls prüft man, ob für jede Komponente

$$16h|\, f\,(x_1,c_1^{(pr)}) - f\,(x_1,c_1)| \le |c_{1,k}^{(pr)}-c_{1,k}|, \quad k = 1,\ldots,n,$$

gilt. Hiermit prüft man die Stabilitätsbedingung $h|f_{y_k}| \le 1/16$ nach. Ist sie nicht erfüllt, so korrigiert man c_2 ein weiteres Mal und prüft die Stabilitätsbedingung mit Hilfe von c_2 und c_3. Ist sie wiederum verletzt, so führt man das Verfahren mit erster Ordnung fort. Im anderen Fall erhöht man die Ordnung auf $m = 2$ und im nächsten Schritt auf $m = 3$. Von da ab verfährt man wie weiter oben beschrieben.

Die auf (20) beruhenden rückwärts genommenen impliziten Differentiationsformeln werden bei steifen Problemen verwendet. Die Prädiktorformel wird dabei auf (14) aufgebaut, wobei hier w die gesuchte Lösung u bedeutet. Die impliziten Korrektorformeln löst man aus den nach 1.1.(16) genannten Gründen mit Varianten des Newton-Verfahrens. Sind in einem System nur einige Gleichungen steif, so kann man die auf Quadratur bzw. Differentiation beruhenden Formeltypen gemischt verwenden. Die in diesem Abschnitt entwickelten Formeln können auch leicht auf Systeme höherer Ordnung ausgedehnt werden. Sie lassen sich dann auch an Systeme mit komponentenweise variabler Ordnung und an implizite Gleichungen anpassen (s.[296]).

Abschließend untersuchen wir die Konsistenz und Konsistenzordnung der in diesem Abschnitt hergeleiteten Formeln.

(39) Für eine Zahl $p \in \mathbb{N}$ sei das lineare m-Schrittverfahren (2),(4) exakt, falls die Lösung u von (A) ein Polynom vom Grade höchstens p ist. Es gilt dann

$$\max_{x \in I_h} |\tau_h(x)| \to 0,$$

und für $f \in C^p(U)$ besteht die Abschätzung

(40) $$|\tau_h(x)| \leq K h_{max}^p, \quad x \in I_h.$$

Beweis. Sei u die Lösung von (A). Dann liegt u in $C^1(I)$, und τ_h besitzt für $x_j \in I_h$ die Darstellung

(41) $$\tau_h(x_j) = \frac{1}{\bar{h}_j} \sum_{k=0}^{m} a_{k,h}(x_j) u(x_{j-m+k}) - \sum_{k=0}^{m} b_{k,h}(x_j) u'(x_{j-m+k}).$$

Durch Taylorentwicklung erhält man für $k = 1,\ldots,m$ gleichmäßig in j

$$u(x_{j-m+k}) = u(x_{j-m}) + (h_{j-m+1} + \ldots + h_{j-m+k})[u'(x_{j-m}) + o(h_{max})].$$

Entsprechend gilt $u'(x_{j-m+k}) = u'(x_{j-m}) + o(h_{max})$. Setzt man dies in (41) ein und beachtet, daß τ_h für $u = 1$ und $u = x$ verschwindet, so erkennt man die Konsistenz. Ist $f \in C^p(U)$, so führt man die Taylorentwicklung von u bzw. u' bis zu Gliedern der Ordnung p+1 bzw. p durch. Da τ_h für $u = x^l$, $l = 0,\ldots,p$, verschwindet, bleiben nach Einsetzen der Entwicklungen in (41) nur die Terme mit den Restgliedern stehen, woraus (40) folgt.

Die Anwendbarkeit von (39) auf die Verfahren dieses Abschnitts sichert der folgende Satz.

(42) Die auf den Formeln (20),(23) bzw. (24) beruhenden m-Schrittverfahren sind der Reihe nach exakt für Polynome vom Grade m,m bzw. m+1. Ihre Koeffizienten sind gleichmäßig für $h \to 0$ beschränkt unter der Bedingung

$$(43)\quad \limsup_{h\to 0} \max_{j=1,\ldots,N} \frac{h_j}{h_{j-1}} < \infty .$$

Beweis. Der erste Teil der Behauptung ergibt sich aus der Konstruktion der Formeln mit Hilfe von Interpolationspolynomen. Um die Beschränktheit der Koeffizienten zu untersuchen, gehen wir von der Lagrangeschen Form

$$(44)\quad P(x) = \sum_{k=0}^{r} f_k L_k(x), \quad L_k(x) := \prod_{\substack{l=0\\ l\neq k}}^{r} \frac{x-x_l}{x_k-x_l}$$

des Interpolationspolynoms P durch die Punkte $(x_0,f_0),\ldots,$ (x_r,f_r) aus. Zur Untersuchung der auf Differentiation beruhenden Formeln (20) nehmen wir $r = m$, $f = u$ und erhalten für die Koeffizienten der f_k, $k = 0,\ldots,m-1$,

$$(45)\quad L_k'(x_m) = \frac{1}{x_k-x_m} \sum_{\substack{l=0\\ l\neq k}}^{m-1} \frac{x_m-x_l}{x_k-x_l}$$

sowie von f_m

$$L_m'(x_m) = - \sum_{k=0}^{m-1} L_k'(x_m),$$

letzteres wegen $\Sigma L_k \equiv 1$. Jeder der Faktoren $(x_m-x_l)/(x_k-x_l)$ in (45) ist gleichmäßig für $h \to 0$ beschränkt, denn bezeichnet $K \geq 1$ eine gemeinsame Schranke der h_j/h_{j-1}, so gilt

$$x_m - x_l = h_m + h_{m-1} + \ldots + h_{l+1} \leq (K^{m-l-1} + K^{m-l-2} + \ldots + 1) h_{l+1}$$

sowie $|x_k - x_l| \geq h_{l+1}/K$. Wir bringen die auf Differentiation beruhenden Formeln auf die Gestalt (2) mit der Setzung $a_{k,h}(x_m) = h_m L'_{\underline{k}}(x_m)$. Dann wird $b_{k,h}(x_m) = 0$, $k = 0,\ldots,m-1$, $b_{m,h}(x_m) = h_m/\bar{h}_m$, und offenbar sind $a_{k,h}(x_m)$, $b_{k,h}(x_m)$ gleichmäßig für $h \to 0$ beschränkt. Die Konstruktion von $a_{k,h}(x_j)$, $b_{k,h}(x_j)$, $j > m$, erfolgt entsprechend durch Translation, und die behauptete Beschränktheit ist in diesem Fall bewiesen.

Für die auf Integration beruhende Extrapolationsformel (23) nimmt man in (44) $r = m-1$ und integriert L_k über das Intervall $[x_{m-1}, x_m]$ der Länge h_m. Wie im ersten Teil des Beweises erschließt man die Beschränktheit von $L_k(x_m)$ und damit die Behauptung. Im Falle der Formel (24) wählt man $r = m$ und verfährt im gleichen Sinne. Damit ist alles bewiesen.

2. Asymptotische Eigenschaften der Mehrschrittverfahren

In diesem Kapitel wird das Verhalten von Mehrschrittverfahren im Grenzfall $h \to 0$ studiert. Wichtigste Frage ist dabei die Konvergenz der Näherungslösungen u_h gegen die gesuchte Lösung u. Die ersten vier Abschnitte beschäftigen sich demgemäß damit, dem bei Einschrittverfahren in I-2. festgestellten Zusammenhang zwischen Konvergenz, Konsistenz und asymptotischer Stabilität auch bei Mehrschrittverfahren einen Sinn zu geben.

Die asymptotische Stabilität wird den grundlegenden Dahlquistschen Untersuchungen gemäß durch algebraische Bedingungen charakterisiert. Die Beweise sind soweit wie möglich für variable Schrittweite durchgeführt worden, womit versucht wird, den heute Verwendung findenden Verfahren (s. Kap.1) auch in ihrer theoretischen Behandlung etwas gerechter zu werden. Als konkrete Anwendung wird die Konvergenz der Verfahren vom Adams-Typ mit variabler Schrittweite bewiesen. Ferner findet sich der Nachweis, daß die rückwärts genommenen Differentiationsformeln für $m>6$ nicht konvergent sind.

Die nächsten beiden Abschnitte wenden sich einer Darstellung der interessanten Untersuchungen von Spijker über optimale und zweiseitige Fehlerabschätzungen zu, die sich mit unseren Methoden gut erfassen lassen. Es folgt eine Bemerkung über die Konvergenz linearer Mehrschrittverfahren für den Fall, daß die Funktion f keiner Lipschitzbedingung genügt. Anschließend werden die Dahlquistschen Ergebnisse über die maximal erreichbare Konsistenzordnung stabiler linearer Mehrschrittverfahren dargestellt. Den Abschluß bildet ein längerer Abschnitt über das genauere asymptotische Verhalten des Diskretisierungsfehlers, was in Form der auf Gragg zurückgehenden asymptotischen Entwicklungen nach Potenzen der Schrittweite geschieht. Für die Bestimmung des führenden Glieds allein wird ein einfacherer Beweis gegeben.

2.1. Inverse Stabilität

Eine Motivation für die Einführung des Begriffs der Stabilität bei einem Diskretisierungsverfahren ist bereits in I-2.2. gegeben worden. Die in I-2.2.(1) für Einschrittverfahren angeschriebene asymptotische Stabilität überträgt sich sinngemäß sofort auf Mehrschrittverfahren. Jedoch besitzen die Mehrschrittverfahren ebenso wie die Einschrittverfahren (s. I-2.2. (5)) die stärkere Eigenschaft der <u>inversen Lipschitz-Stabilität</u>, so daß wir gleich diese hier einführen wollen (auf den Zusatz "invers" verzichten wir im weiteren).

Für Mehrschrittverfahren mit variabler Schrittweite liegen bisher nur erste Ansätze zur Analyse ihrer Stabilität vor (s.[227,228,296,347,14-S.73]). Wir betrachten hier meist, ähnlich wie in [347], die ziemlich eingeschränkte Klasse von Verfahren mit konstanten Koeffizienten a_k, für welche sich die Beweise ohne großen zusätzlichen Aufwand führen lassen. Sie gestatten jedoch wenigstens die Behandlung der auf Quadratur beruhenden Verfahren 1.6.(25) mit variabler Schrittweite. Wir verwenden im folgenden die in 1.6.3. eingeführten Gitter I_h' und I_h und die mittleren Schrittweiten $\bar{h}$ aus 1.6.3. (3). Das Mehrschrittverfahren 1.6.3.(2) mit variablen Schrittweiten führt uns auf die Abbildung

$$(2) \quad A_h v_h(x_j) := \begin{cases} v_j - \alpha_h^{(j)}, \quad j = 0,\dots,m-1 \\ \dfrac{1}{\bar{h}_j} \sum\limits_{k=0}^{m} a_{k,h}(x_j) v_{j-m+k} - f_h(x_j, v_{j-m},\dots,v_j), \\ \hfill j = m,\dots,N, \end{cases}$$

welche Gitterfunktionen auf I_h' in ebensolche abbildet. Mit Hilfe von A_h läßt sich 1.6.3.(2) in der kurzen Form $A_h u_h = 0$ schreiben. Zur Abkürzung führen wir außerdem für Gitterfunktionen v_h auf I_h' die Norm

$$[v_h] := \sum_{j=0}^{m-1} |v_h(x_j)| + \sum_{x \in I_h} \bar{h}(x) |v_h(x)|$$

ein. Unter $\{v_h\},\{w_h\}$ verstehen wir Folgen von Gitterfunktionen v_h, w_h, welche für h aus einer Nullfolge von Schrittweitevektoren erklärt sind.

(3) <u>Das Mehrschrittverfahren</u> (A_h) <u>heißt Lipschitz-stabil im Punkte</u> $\{v_h\}$, <u>wenn es positive Zahlen</u> H, δ, η <u>gibt, so daß für alle</u> h <u>mit</u> $h_{max} < H$ <u>und für alle</u> w_h <u>mit der Eigenschaft</u>

(4) $[A_h v_h - A_h w_h] \leq \delta$

<u>die Abschätzung besteht</u>

(5) $|v_h(x) - w_h(x)| \leq \eta [A_h v_h - A_h w_h]$, $x \in I_h'$.

Die Definition (3) erfaßt die in h gleichmäßige Lipschitz-stetige Abhängigkeit der Urbilder unter A_h für solche Störungen w_h, deren Bilder in der Nähe von $A_h v_h$ liegen. Bezüglich der Festlegung der Nähe von $A_h v_h$ und $A_h w_h$ werden die m Startwerte und ein Mittel über I_h herangezogen, so daß auf wenige Punkte von I_h beschränkte Abweichungen beispielsweise zulässig sind. In der Lipschitz-Stabilität ist insbesondere eine lokale Eindeutigkeitsaussage für Lösungen von (A_h) enthalten. Die Zahl η in (5) heißt <u>Stabilitätsschranke</u>. Das Bestehen von (5) kann man im allgemeinen nicht mit $\delta = \infty$ in (4) erwarten, vielmehr ist das Auftreten einer sog. <u>Stabilitätsschwelle</u> $\delta < \infty$ für viele Anwendungen typisch (s. [382, 14-S.9]). Bei linearem A_h treten jedoch eine Stabilitätsschwelle und auch eine Abhängigkeit vom Punkte $\{v_h\}$ nicht auf, denn es gilt die Aussage

(6) <u>Ist die Abbildung</u> A_h <u>für alle</u> h <u>linear, so sind die folgenden beiden Bedingungen notwendig und hinreichend für die Lipschitz-Stabilität in einem Punkte</u> $\{v_h\}$:

(i) <u>Es existiert ein</u> $H>0$, <u>so daß</u> A_h <u>für</u> $h_{max}<H$ <u>injektiv ist</u>

(ii) <u>Es existiert ein</u> $\eta_0>0$, <u>so daß für alle</u> h, <u>für die</u> A_h <u>injektiv ist, und für alle</u> w_h <u>gilt</u>

(7) $|w_h(x)| \leq \eta_0 [A_h w_h]$, $x \in I_h'$.

<u>Beweis</u>. Da A_h linear ist, folgt (5) aus (7) unter Beachtung von (i). Zum Beweis der Umkehrung bemerken wir, daß (7) mit

$$(8)\quad |w_h(x)| \leq \eta_o\Big(\sum_{j=m}^{N} \Big|\sum_{k=0}^{m} a_{k,h}(x_j)w_{j-m+k}\Big| + \sum_{j=0}^{m-1}|w_j|\Big)$$

gleichbedeutend ist. Sei h so, daß A_h injektiv ist. Da alle Normen in endlich dimensionalen Räumen äquivalent sind, gilt (8) für die zu h gehörige Zahl N, möglicherweise mit η_o noch abhängig von N. Die Gleichmäßigkeit von η_o bezüglich N erschließt man mit Hilfe von (5). Man setze dort bei beliebig vorgegebenem z_h nur $w_h = v_h + \delta_h z_h$, wobei $\delta_h > 0$ so bestimmt wird, daß (4) erfüllt ist. Daraus folgt (7) nach Kürzen durch δ_h für $h_{max}<H$ und somit auch (8) für genügend große N.

Bemerkung: Besitzt A_h konstante Koeffizienten, so ergibt sich aus (i) die Injektivität für alle h. In entsprechender Weise wie in (6) läßt sich zeigen, daß die asymptotische Stabilität von (A_h) bei linearen A_h mit (7) äquivalent ist.

Als erste wichtige Eigenschaft beweisen wir jetzt, daß die Lipschitz-Stabilität gegenüber additiven Störungen der Funktion f_h, welche der folgenden Lipschitzbedingung (L) genügen, unempfindlich ist.

(L) Es gibt eine Umgebung $U \subset I \times \mathbb{K}^n$ des Graphen $(x,u(x))$ von u und Zahlen $H>0, L \geq 0$, so daß für alle h mit $h_{max}<H$ und für alle Vektoren y_k, y_k' mit $(x,y_k),(x,y_k') \in U \cap (I_h \times \mathbb{K}^n)$, $k=0,\ldots,m$, gilt

$$|f_h(x,y_o,\ldots,y_m) - f_h(x,y_o',\ldots,y_m')| \leq L\sum_{k=0}^{m}|y_k - y_k'|.$$

Für ein lineares Mehrschrittverfahren 1.6.3.(4) ist die Bedingung (L) offenbar erfüllt, wenn die Koeffizientenfunktionen b_k gleichmäßig beschränkt sind und f der Lipschitzbedingung (L_o) aus I-2.3. genügt.

Im nächsten Satz bezeichnen wir zur Verdeutlichung mit $r_h u$ die Gitterfunktion, die sich durch punktweise Restriktion der Lösung u von (A) auf I_h' ergibt.

(9) Unter der Bedingung (L) ist (A_h) dann und nur dann im Punkte $\{r_h u\}$ Lipschitz-stabil, wenn das mit $f_h = 0$ gebildete

Mehrschrittverfahren Lipschitz-stabil ist.

Beweis. Wir nehmen zunächst an, daß (L) mit $U = I\times\mathbb{K}^n$ erfüllt ist und (A_h) Lipschitz-stabil im Punkte $\{r_h u\}$ ist. Es wird vorbereitend gezeigt, daß für genügend kleine h_{max} für jedes w_h, welches (5) genügt, die Abschätzung

$$(10)\quad |z_h(x)| \le \eta\Big(\sum_{\substack{t\in I_h\\ t\le x}} \bar{h}(t)\,|(A_h r_h u - A_h w_h)(t)| + \sum_{\substack{j=0\\ t_j\le x}}^{m-1} |z_h(t_j)|\Big)$$

besteht für $x\in I_h'$, wobei abkürzend $z_h = r_h u - w_h$ geschrieben worden ist. Sei $x\in I_h'$ gegeben. Wir führen die Funktion $\tilde{w}_h$ ein als Lösung der Gleichungen

$$A_h\tilde{w}_h(t) = A_h w_h(t),\ t\le x,\quad A_h\tilde{w}_h(t) = A_h r_h u(t),\ t>x,$$

die aufgrund der Bedingung (L) für genügend kleine h_{max} existiert und eindeutig bestimmt ist. Damit ist (10) eine Folge von (5), wenn man dort $\tilde{w}_h$ anstelle von w_h einsetzt.

Sei nun g_h eine Funktion, die ebenfalls der Bedingung (L) global genügt. Mit $\tilde{A}_h$ bezeichnen wir den (2) entsprechenden, mit $f_h + g_h$ gebildeten Operator. Durch Anwendung der Dreiecksgleichung und der Bedingung (L) ergibt sich aus (10)

$$|z_h(x_l)| \le \eta\Big[\sum_{t\in I_h} \bar{h}(t)\,|(\tilde{A}_h r_h u - \tilde{A}_h w_h)(t)| + \sum_{j=0}^{m-1} |z_h(t_j)| +$$

$$+ L\sum_{j=m}^{l} \bar{h}(t_j)\sum_{k=0}^{m} |z_h(t_{j-k})|\Big],\quad l = 0,\dots,N.$$

Ordnen wir die letzte Summe nach gleichen Argumenten von z_h und kürzen den Bestandteil $[\tilde{A}_h r_h u - \tilde{A}_h w_h]$ in der Klammer mit σ ab, so erhält man für $h_{max}\eta L < 1$ die Beziehung

$$|z_l| \le \frac{\eta}{1-h_{max}\eta L}\Big(\sigma + L\sum_{k=0}^{l-1}\Big(\sum_{\substack{j=k\\ j>m}}^{m+k} \bar{h}_j\Big)|z_k|\Big).$$

Hierauf läßt sich das Lemma I-2.2.(9) von Gronwall für Gitterfunktionen anwenden, welches

$$|z_h(x)| \le \eta'\sigma \exp[\eta' Lm(x-a)], \quad x \in I_h',$$

ergibt mit $\eta' := \eta/(1-h_{max}\eta L)$. Hieraus folgt die Aussage des Satzes bei global erfülltem (L), indem man zum Beweis der Notwendigkeit $g_h = -f_h$ und für den der Umkehrung $g_h = f_h$ nimmt. Dabei muß man mit ausnutzen, daß bei linearen A_h gemäß (6) aus der lokalen die globale Lipschitz-Stabilität folgt.

Ist (L) nur lokal erfüllt, so setze man f_h in entsprechender Weise fort wie in I-S.79 angegeben. Mit der so fortgesetzten Funktion läßt sich das bisher Bewiesene anwenden. Der Lipschitz-Stabilität entnimmt man dann, daß für genügend kleines δ aus $[A_h r_h u - A_h w_h] \le \delta$ folgt, daß w_h in der Umgebung U verläuft, in der f_h gleich der fortgesetzten Funktion ist. Damit ist alles bewiesen.

Im Beweis des vorstehenden Satzes ist das folgende Korollar enthalten.

(11) _Es sei_ $r > 0$ _eine Zahl, so daß für jedes_ $x \in I$ _die abgeschlossene Kugel_ $K_r(u(x))$ _vom Radius_ r _um_ u(x) _die Bedingung_

(12) $\{x\} \times K_r(u(x)) \subset U$

erfüllt. Ist η_0 _die Stabilitätsschranke im Falle_ $f_h = 0$, _so besitzt_ (A_h) _unter der Voraussetzung_ (L) _die Stabilitätsschranke_

$$\eta = \eta_0' \exp[\eta_0' Lm(b-a)]$$

mit

$$\eta_0' = \begin{cases} \eta_0 & \text{, für explizites } (A_h) \\ \eta_0/(1-h_{max}\eta_0 L) & \text{, für implizites } (A_h) \end{cases}$$

und die Stabilitätsschwelle $\delta = r/\eta$.

2.2. Algebraische Charakterisierungen der Lipschitz-Stabilität

Im vorangehenden Abschnitt haben wir gezeigt, daß unter der Voraussetzung (L) Lipschitz-Stabilität von (A_h) genau dann vorliegt, wenn der lineare Anteil diese Eigenschaft hat. Die Lipschitz-Stabilität im linearen Fall läßt sich bei Voraussetzung konstanter Koeffizienten a_k, die wir in diesem Abschnitt stets machen, durch die auf Dahlquist [183] zurückgehende sog. Wurzelbedingung (P) charakterisieren.

(P) Die Wurzeln ζ_j, $j = 1,\dots,m$, des charakteristischen Polynoms ρ aus 1.1.(20) erfüllen die Bedingung $|\zeta_j| \leq 1$, und die Wurzeln vom Betrage Eins sind einfach.

Zum Beweis der Äquivalenz bedienen wir uns eines etwas anderen Zugangs als üblich. Wir geben eine explizite Darstellung der Greenschen Funktion von (A_h) im linearen Fall an mit Hilfe von komplexen Linienintegralen. Dieser Zugang ist zur alleinigen Klärung der Stabilitätsfrage sicherlich nicht der kürzest mögliche, jedoch erscheint er aus der Sicht der Theorie der Differentialgleichungen sehr natürlich und bringt überdies eine Reihe von Vorteilen für spätere Untersuchungen mit sich.

Wir treffen einige Vorbereitungen. Es sei $r > 0$ eine Zahl mit der Eigenschaft $|\zeta_j| < r$, $j = 1,\dots,m$, für die Wurzeln ζ_j von ρ. Dann wird die Funktion $S : \mathbb{Z} \to \mathbb{C}$ durch

$$(1) \quad S(j) = \frac{1}{2\pi i} \int_{|z|=r} \frac{z^{j-1}}{\rho(z)} dz, \quad j \in \mathbb{Z},$$

wobei $i^2 = -1$ ist. S besitzt die folgende Eigenschaft einer Grundlösung.

(2) S genügt den Beziehungen $S(j) = 0$, $j < m$, und

$$\sum_{k=0}^{m} a_k S(j+k) = \delta_{j0}, \quad j \in \mathbb{Z}.$$

Beweis. Für $j < m$ ist der Zählergrad höchstens gleich $m-2$, wobei m der Grad von ρ ist, so daß das Integral in (1) verschwindet. Ferner berechnet man

$$2\pi i \sum_{k=0}^{m} a_k S(j+k) = \int_{|z|=r} z^{j-1} dz,$$

woraus die restliche Behauptung unmittelbar folgt.

Mit Hilfe von S kann man zu vorgegebener Inhomogenität w_j Lösungen der Gleichung

$$(3) \quad \sum_{k=0}^{m} a_k v_{k+j} = w_j, \quad j = 0,\ldots,N,$$

darstellen. Wir benötigen solche Lösungen von (3), die noch vorgegebenen Anfangsbedingungen für $j = 0,\ldots,m-1$, genügen. Dies gelingt mit Hilfe der Funktionen $P^{(l)}$, $l = 0,\ldots,m-1$, die definiert sind durch

$$(4) \quad P^{(l)}(j) = \frac{1}{2\pi i} \int_{|z|=r} \frac{z^j}{\rho(z)} \sum_{k=0}^{m-l-1} a_{k+l+1} z^k dz, \quad j \in \mathbb{Z}.$$

(5) _Die Funktionen_ $P^{(l)}$ _genügen den Beziehungen_ $P^{(l)}(j) = \delta_{lj}$, $j,l = 0,\ldots,m-1$, _und_

$$\sum_{k=0}^{m} a_k P^{(l)}(j+k) = 0, \quad j \geq 0.$$

Beweis. Die zweite der Behauptungen zeigt man wie im Beweis von (2). Zum Nachweis der ersten kürzen wir die Summe in (4) mit $\rho^{(l)}$ ab und bemerken, daß für $j < l$ der Grad von $z^j \rho^{(l)}$ kleiner als $m - 1$ ist, so daß das Integral in (4) verschwindet. Für $j = l$ nehmen wir die Umformung

$$z^j \rho^{(l)}(z) = \sum_{k=0}^{m-l-2} a_{k+l+1} z^{k+l} + a_m z^{m-1}$$

vor, anhand der man mit Hilfe des Residuensatzes $P^{(l)}(l) = 1$ erkennt. Für $l < j \leq m-1$ verwenden wir die Zerlegung

$$z^j \rho^{(l)}(z) = z^{j-l-1} \rho(z) - z^{j-l-1} \sum_{k=0}^{l} a_k z^k,$$

bei der das letzte Glied vom Grade kleiner $m-1$ ist, so daß das Integral in (4) wiederum verschwindet. Die Eigenschaften von S und $P^{(l)}$ zeigen die noch verbliebene Behauptung.

(6) Es ist v_j, $j = 0,\dots,N$, dann und nur dann Lösung der Gleichungen

$$(7) \quad \sum_{k=0}^{m} a_k v_{j-m+k} = w_j, \; j = m,\dots,N, \quad v_j = \alpha^{(j)}, \; j = 0,\dots,m-1,$$

wenn für $j = 0,\dots,N$ gilt

$$(8) \quad v_j = \sum_{k=m}^{N} w_k S(j+m-k) + \sum_{l=0}^{m-1} \alpha^{(l)} P^{(l)}(j).$$

Beweis. Mit Hilfe von (2) und (5) rechnet man sofort nach, daß die rechte Seite von (8) Lösung von (7) ist. Da (7) eindeutig lösbar ist, folgt die Behauptung.

Über das Verhalten von S für große j beweisen wir den Satz:

(9) Die Bedingung (P) sei erfüllt, und r_0 sei eine Zahl mit den Eigenschaften $r_0 \geq |\zeta_j|$, $j = 1,\dots,m$, und $r_0 > |\zeta_j|$ für jede Wurzel ζ_j von ρ mit $|\zeta_j| < 1$. Dann gibt es eine Zahl K mit

$$(10) \quad |S(j)| \leq K r_0^j, \quad j \in \mathbb{Z}.$$

Beweis. Es genügt wegen (2) $j \geq m$ anzunehmen. Seien z_k, $k = 1,\dots,s$, die paarweise verschiedenen Wurzeln von ρ und ν_k die zugehörigen Vielfachheiten. Sei weiter ρ_k definiert durch $\rho = (z-z_k)^{\nu_k} \rho_k$, $k = 1,\dots,s$. In einer Umgebung von z_k lassen sich $1/\rho_k$ und z^j in die Taylorreihen

$$\frac{1}{\rho_k(z)} = \sum_{l=0}^{\infty} \alpha_l (z-z_k)^l, \quad z^j = \sum_{l=0}^{j} \beta_l (z-z_k)^l$$

entwickeln, wobei $\alpha_0 \neq 0$ und $l!\beta_l = j(j-1)\dots(j-l+1) z_k^{j-l}$, $l = 0,\dots,j$, gilt. Das Integral in (1) ist gleich der Summe der Residuen des Integranden, die gegeben sind durch

$$(11) \quad \operatorname{Res} \left(\frac{z^j}{\rho(z)}\right)_{z=z_k} = \sum_{l=0}^{\nu_k - 1} \beta_l \alpha_{\nu_k - l - 1}.$$

Für die rechte Seite von (11) hat man die Abschätzung

$$(12)\quad j^{\nu_k-1} |z_k|^{j-\nu_k} \sum_{l=0}^{\nu_k-1} \frac{1}{l!} |\alpha_{\nu_k-l-1}| .$$

Für $|z_k| = 1$ ist $\nu_k = 1$ und in (12) bleibt nur $|\alpha_0|$ stehen. Ist $|z_k| < 1$, so läßt sich (12) bekanntlich durch Kr_0^j abschätzen, womit alles bewiesen ist.

Da $P^{(l)}$ eine Linearkombination von Ausdrücken der Gestalt (1) ist, gilt auch

(13) <u>Unter den Voraussetzungen von</u> (9) <u>gibt es ein</u> K <u>mit</u> $|P^{(l)}(j)| \leq Kr_0^j$, $j \in \mathbb{Z}$, $l = 0,\ldots,m-1$.

Der Hauptsatz dieses Abschnitts lautet nun

(14) <u>Unter der Voraussetzung von</u> (L) <u>und konstanter Koeffizienten</u> a_k <u>ist die Bedingung</u> (P) <u>notwendig und hinreichend für die Lipschitz-Stabilität von</u> (A_h) <u>im Punkte</u> $\{r_h u\}$.

<u>Beweis</u>. Wegen 2.1.(9) kann man $f_h = 0$ annehmen. Es ist 2.1.(8) zu zeigen. Ist v_h beliebig gegeben, so besteht die Darstellung (8), wobei w_k und $\alpha^{(l)}$ durch (7) bestimmt sind. Unter der Gültigkeit von (P) folgt aus (9) und (13) wegen $r_0 < 1$ die Beschränktheit von S und $P^{(j)}$, so daß 2.1.(8) sich unmittelbar aus (8) ergibt. Die Umkehrung ist als Spezialfall in (15) enthalten.

(15) <u>Ist</u> (P) <u>nicht erfüllt, so existieren im Falle</u> $f_h = 0$ <u>für jede Folge von Punkten</u> $x_h \in I_h$ <u>mit</u> $\liminf x_h > a$ <u>Lösungen</u> v_h <u>der Gleichungen</u> $A_h v_h(x) = 0$, $x \in I_h$, <u>so daß gilt</u>

$$(16)\quad |v_h(x_h)| \to \infty, \quad v_h(x_j) \to 0 \quad (h \to 0), \quad j = 0,\ldots,m.$$

<u>Beweis</u>. Sei z eine Wurzel von ρ mit $|z| > 1$. Da auch $\rho(\bar{z}) = 0$ gilt, folgt aus 2.3.(6), daß für jedes $c_h \in \mathbb{R}^n$ die Funktionen

$$(17)\quad u_h^{(1)}(x_j) = c_h(z^j + \bar{z}^j), \quad u_h^{(2)}(x_j) = c_h(z^j - \bar{z}^j)/i$$

reelle Lösungen von $A_h u_h(x) = 0$, $x \in I_h$, sind. Setzt man

$$c_h = h_{max}^{1/2} c_0$$

mit einem $c_0 \in \mathbb{R}^n$, $c_0 \neq 0$, so überzeugt man sich leicht davon, daß man durch passende Setzung von $u_h = u_h^{(k)}$, $k=1$ oder 2, für $h \to 0$ die Bedingungen

$$(18)\quad u_h(x_j) \to 0, \quad j=0,\ldots,m-1 \quad |u_h(x_h)| \to \infty$$

erfüllen kann. Im Falle einer mehrfachen Wurzel z von ρ mit $|z| = 1$ verwende man zum Nachweis von (18) in (17) die entsprechenden Funktionen, die sich aus jz^j bilden lassen. Ist also (P) nicht erfüllt, so zeigt die Funktionenfolge $w_h = v_h + u_h$, daß keine Stabilität vorliegt.

Als Beispiel für die Bedingung (P) ziehen wir die Schar 1.2. (66) von Zweischrittverfahren heran. In diesem Fall ist $\rho(z) = z^2+4az-1-4a$. Die beiden Wurzeln von ρ sind $z_1 = 1$, $z_2 = -1-4a$. Daher ist die Bedingung (P) genau dann erfüllt, wenn $-1/2 < a \leq 0$ gilt. Für alle anderen Werte von a ist etwa das Verfahren 1.2.(68) nicht stabil, obwohl es für alle $a \in \mathbb{R}$ die Konsistenzordnung $p = 3$ besitzt.

In (15) ist enthalten, daß die Bedingung (P) bereits notwendig ist, um Stabilität gegenüber Störungen der Startwerte zu gewährleisten. Dasselbe trifft auch zu für Störungen auf I_h alleine, wie das folgende Resultat zeigt.

(19) <u>Unter den Voraussetzungen von</u> (15) <u>gibt es Gitterfunktionen</u> v_h <u>mit</u> $v_h(x_j) = 0$, $j=0,\ldots,m-1$, <u>und</u>

$$(20)\quad [A_h v_h] \to 0, \quad |v_h(x_h)| \to \infty \quad (h \to 0).$$

<u>Beweis</u>. Wir zeigen die Existenz von Gitterfunktionen v_h, welche $v_h(x_j) = 0$, $j=0,\ldots,m-1$, und mit der Abkürzung $w_h := A_h v_h$

$$(21)\quad \limsup_{h \to 0} [w_h] < \infty, \quad |v_h(x_h)| \to \infty \quad (h \to 0)$$

erfüllen, woraus man offensichtlich nach Anbringen eines geeigneten von h abhängigen Faktors die im Satz behauptete Folge v_h erhält.

Es bezeichne $r \geq 1$ den Betrag der betragsgrößten Wurzel von ρ und ν die größte Vielfachheit unter diesen Wurzeln. Die Numerierung der Wurzeln von ρ sei so vorgenommen, daß $z_1,\dots,z_t$ die paarweise verschiedenen Wurzeln von ρ vom Betrage r und der Vielfachheit ν sind. Wir gehen von der Darstellung (8) der Lösungen von (7) aus mit $\alpha^{(j)} = 0$, $j = 0,\dots,m-1$, und versuchen w_k, $k = m,\dots,N$, so zu bestimmen, daß (21) gilt. In der Auswertung der Funktion S aus (1) mit Hilfe des Residuensatzes, d.h. in

$$\rho(j) = \sum_{k=1}^{s} \operatorname{Res} \left(\frac{z^j}{\rho(z)}\right)_{z=z_k},$$

sammeln wir die Terme, die am stärksten anwachsen. Man erhält bei Verwendung von (11)

$$(22)\quad S(j) = \sum_{k=1}^{t} [c_k j^{\nu-1} z_k^j + O(j^{\nu-2} z_k^j)] + O(r^j), \quad j \to \infty.$$

Sei $d = (d_1,\dots,d_t)$ ein im weiteren noch festzulegender Vektor. Für jedes $s \geq t$ betrachten wir die Lösung des Gleichungssystems

$$(23)\quad \sum_{l=0}^{t-1} (j-l)^{\nu-1} z_k^{s-l} e_{l,s} = s^{\nu-1} z_k^s d_k, \quad k = 1,\dots,t.$$

Mit Hilfe der Cramerschen Regel verifiziert man leicht

$$(24)\quad e_{l,j} = \left(\frac{s(t-l)}{(s-l)t}\right)^{\nu-1} e_{l,t}.$$

Sei nun D ein endliches System von Vektoren d, so daß für jedes $s \geq t$ ein $d = d(s) \in D$ existiert mit

$$(25)\quad \operatorname{Re} \sum_{l=1}^{t} (z_l/|z_l|)^s d_l c_l \geq t.$$

Mit den $d \in D$ als rechten Seiten von (23) entnimmt man (24), daß die zugehörigen Lösungen $e_{l,s}(d)$, $l = 0,\dots,t-1$, $s \geq t$, beschränkt sind.

Wir kommen nun zur Konstruktion der w_h. Es sei $j(h)$ bestimmt durch $x_h = x_{j(h)}$. Dann gilt $j(h) \to \infty$ $(h \to 0)$, und man kann $j(h) = m+qt+j_t$ schreiben mit eindeutig bestimmten Zahlen q und j_t, $0 \leq j_t < q$. Dann setzen wir

$$w_{m+st+l} = e_{l,j(h)-st}\, d(j(h)-st), \quad l=0,\dots,t-1, \quad s=0,\dots,q-1,$$

und $w_k = 0$, $k \geq m+qt$. Offenbar ist die erste Bedingung in (21) erfüllt. Zum Beweis der zweiten entnehmen wir (8),(22),(23), (25) nach einer elementaren Rechnung

$$\operatorname{Re} v_{j(h)} \geq \sum_{k=m+j_t}^{j(h)} k^{\nu-1} r^k - O\Big(\sum_{k=m}^{j(h)} k^{\nu-2} r^k\Big) - o\Big(\sum_{k=m}^{j(h)} r^k\Big),$$

was wegen $j(h) \to \infty$ und $j_t < t$ auch $|v_h(x_h)| \to \infty$ $(h \to \infty)$ zeigt.

2.3. Vorbemerkungen zur Konvergenz der Mehrschrittverfahren

In diesem Abschnitt stellen wir einige Überlegungen an, die für die Konvergenz von Mehrschrittverfahren von Bedeutung sind. Insbesondere geben wir ein Beispiel für ein konsistentes, aber nicht konvergentes Verfahren.

Um den ins Auge gefaßten Überblick über das zu erwartende Konvergenzverhalten der Mehrschrittverfahren zu erhalten, studieren wir die auftretenden Erscheinungen bei Anwendung eines linearen Mehrschrittverfahrens mit konstanter Schrittweite auf die lineare Anfangswertaufgabe

(1) $\quad u'(x) = \lambda u(x), \quad x \in I, \quad u(a) = \alpha,$

mit $\alpha \neq 0$. Die Näherungsgleichungen lauten in diesem Falle

(2) $\quad \sum_{k=0}^{m} a_k u_h(x+kh) = h\lambda \sum_{k=0}^{m} b_k u_h(x+kh), \quad x+mh \in I_h,$

(3) $\quad u_h(a+jh) = \alpha_h^{(j)}, \quad j=0,\dots,m-1.$

Die Gleichungen (2) kann man bei Einführung der Zahlen $c_k(h) := a_k - h\lambda b_k$ auch kürzer in der Form

(4) $\quad \sum_{k=0}^{m} c_k(h) u_h(x+kh) = 0, \quad x+mh \in I_h,$

schreiben. Wir nehmen $c_m(h) \neq 0$ an, was wegen $a_m \neq 0$ sicherlich für genügend kleine h zutrifft. Die Lösungen von (4) lassen sich mit Hilfe des charakteristischen Polynoms

(5) $\rho_h(z) = \sum_{k=0}^{m} c_k z^k$

von (4) angeben. Sind nämlich $z_l = z_l(h)$, $l = 1,\ldots,s$, die paarweise verschiedenen Wurzeln von ρ_h und sind ν_l ihre Vielfachheit, so ist für $z_l \neq 0$ jede Gitterfunktion v_h der Gestalt

(6) $v_h(x_j) = j^r z_l^j$, $j = 0,\ldots,N$, $r = 0,\ldots,\nu_l - 1$, $l = 1,\ldots,s$,

und für $z_l = 0$

(7) $v_h(x_j) = \begin{cases} 1 \text{ für ein } j \text{ in } 0 \leq j \leq \nu_l - 1 \\ 0 \text{ sonst für } x_j \in I_h' \end{cases}$

eine Lösung von (4). Im Falle (7) ist dies wegen $c_0 = \ldots = c_{\nu_l - 1} = 0$ unmittelbar einzusehen. Für (6) ergibt sich die Aussage nach Einsetzen von v_h in (4) aus der Beziehung

$$\sum_{k=0}^{m} c_k v_h(x_j + kh) = \sum_{k=0}^{m} c_k (j+k)^r z_l^{j+k}$$

$$= z_l^j \sum_{t=0}^{r} \binom{r}{t} j^{r-t} \sum_{k=0}^{m} c_k k^t z_l^k = 0,$$

da die innere Summe wegen

$$0 = \rho_h^{(t)}(z_l) = \sum_{k=0}^{m} c_k k(k-1)\ldots(k-t+1) z_l^{k-t}, \quad t = 0,\ldots,\nu_l - 1,$$

verschwindet. Es ist nicht schwer zu zeigen, daß jede Lösung von (4) durch Linearkombination von (6),(7) zu erhalten ist, d.h. daß (6),(7) ein Fundamentalsystem der Differenzengleichung (4) bildet, worauf wir jedoch nicht näher eingehen (vgl. auch das Ende des Beweises von 2.8.(32)).

Zur weiteren Diskussion verwenden wir die bekannte Eigenschaft

(8) $\zeta_l(h) \to \zeta_l \ (h \to 0)$, $l = 1,\ldots,m$,

der geeignet numerierten Wurzeln von ρ_h, die hier ihrer Vielfachheit gemäß aufgeführt sind und zum Unterschied zu den z_l daher mit $\zeta_l(h)$ bezeichnet worden sind. Es ist ρ_o gerade gleich dem charakteristischen Polynom ρ von (A_h), über das wir die Voraussetzung

$$(9)\quad \rho(1) = 0, \quad \rho'(1) \neq 0$$

machen (vgl. 1.1.(27) und Bedingung (P) aus 2.2.). Wir nehmen die Numerierung der ζ_j so vor, daß $\zeta_1 = 1$ ist. Dann konvergiert also $\zeta_1(h) \to 1$ $(h \to 0)$. Wir behaupten sogar, wenn p die Konsistenzordnung von (4) bezeichnet,

$$(10)\quad \zeta_1(h) = e^{\lambda h} + O(h^{p+1}), \quad h \to 0.$$

Setzt man nämlich in (4) die Lösung $u = \alpha\exp\lambda(x-a)$ von (1) ein, so ergibt sich nach einer einfachen Rechnung

$$\sum_{k=0}^{m} c_k(h)e^{k\lambda h} = hO(h^p), \quad h \to 0,$$

was mit

$$(11)\quad (e^{\lambda h}-\zeta_1(h))(e^{\lambda h}-\zeta_2(h))\ldots(e^{\lambda h}-\zeta_m(h)) = O(h^{p+1}), \quad h \to 0,$$

gleichbedeutend ist. Nun gilt wegen (8),(9) mit einem $c > 0$ auch $|\exp(\lambda h)-\zeta_j(h)| \geq c$, $h \to 0$, $j = 2,\ldots,m$, so daß (10) aus (11) folgt.

Mit der Wurzel $\zeta_1(h)$ erhält man gemäß (6) die Lösung

$$(12)\quad u_h^{(1)}(x_j) = \alpha\zeta_1^j(h), \quad j = 0,\ldots,N,$$

von (4) bzw. (2), welche sich wegen (10) gleichmäßig für $x \in I_h'$ wie

$$u_h^{(1)}(x) = \alpha e^{\lambda x} + O(h^p) = u(x) + O(h^p), \quad h \to 0,$$

verhält. Man benötigt also nur die aus der Wurzel $\zeta_1(0) = 1$ von ρ hervorgehende partikuläre Lösung (12) von (4), um eine mit der zu erwartenden Ordnung konvergente Folge von Näherungslösungen des Mehrschrittverfahrens (A_h) zu bekommen. Die im Falle $m \geq 2$ aus den weiteren Wurzeln ζ_j, $j = 2,\ldots,m$, hervorgehenden partikulären Lösungen der Gestalt (6),(7) sind also überflüssig und, wie wir sehen werden, manchmal sogar störend. Sie werden auch <u>parasitäre</u> Lösungen genannt. Ihr Auftreten erklärt sich daraus, daß die Ordnung m der (A) approximierenden Differenzengleichung größer als die der Differentialgleichung ist.

Die Lösung u_h von (A_h) ergibt sich durch diejenige Linearkombination von (6),(7), welche den Anfangsbedingungen (3) genügt. Wären die Startwerte durch $\alpha_h^{(j)} = u_h^{(1)}(x_j)$, $j = 0,\ldots,m-1$, gegeben, so bekäme man $u_h^{(1)}$ als Lösung von (A_h). Dies trifft im allgemeinen natürlich nicht zu, und eine zufällige Übereinstimmung würde außerdem durch die Rundungsfehler im Laufe der Rechnung zerstört werden. Daher sind in u_h auch Komponenten der zu den parasitären Wurzeln gehörigen Lösungen von (2) vorhanden. Von ihnen geht ein qualitativ ganz unterschiedlicher Einfluß aus, je nachdem ob sie zu Wurzeln von ρ mit $|\zeta_j| < 1$ oder $|\zeta_j| > 1$ gehören. Da sich aufgrund der Konvergenz (8) die $\zeta_j(h)$ für genügend kleine h entsprechend verhalten, verschwindet der Einfluß der zu $|\zeta_j| < 1$ gehörigen Komponenten für $h \to 0$ wegen $|\zeta_j^k(h)| \to 0$. Umgekehrt wird aber im anderen Fall die zugehörige Komponente betragsmäßig sehr groß, wenn $h \to 0$ geht, und macht damit die Lösung von (A_h) unbrauchbar. Dies ist das typische Verhalten eines <u>asymptotisch instabilen</u> Verfahrens. Der Einfluß mehrfacher unimodularer Wurzeln von ρ wird im Falle $\lambda = 0$ besonders anschaulich, da dann die Faktoren j^r in (6) auftreten, welche sich für $j \to \infty$ (was bei $h \to 0$ eintritt) unbeschränkt verhalten. Einfache unimodulare, auch von $\zeta_1(0) = 1$ verschiedene Wurzeln, rufen keine Instabilität im strengen Sinne hervor. Dennoch zeigen diese Verfahren bei gewissen Anfangswertaufgaben ein qualitativ ähnliches Verhalten, wie es in dem Beispiel in 1.2.2. beschrieben ist, was sie ohne geeignete Vorkehrungen im allgemeinen für numerische Zwecke unbrauchbar macht (s. nach 2.8.(31)). Wenn ρ die Wurzelbedingung (P) erfüllt, so nennt man die unimodularen Wurzeln von ρ auch <u>wesentliche Wurzeln</u>. Der Einfluß der Koeffizienten, mit denen die partikulären Lösungen in u_h auftreten, ist bei diesen Überlegungen nicht mit diskutiert worden. Ihr Beitrag wird bei Wurzeln von ρ vom Betrage größer 1 im anschließenden Beispiel deutlich, auf weitergehende Einzelheiten verzichten wir.

In dem angekündigten Beispiel geben wir ein lineares Mehrschrittverfahren der Konsistenzordnung $p=3$ an, das nicht konvergent ist. Wir verwenden dazu das Verfahren 1.2.(50) mit $r=1$, $m=3$, das, auf die Anfangswertaufgabe $u'=-u$, $u(a)=0$, angewandt, die Gestalt hat

$$(13)\quad u_{j+3}+\frac{3}{2}u_{j+2}-3u_{j+1}+\frac{1}{2}u_j = -3hu_{j+2},\quad j=0,\dots,N-3.$$

Das charakteristische Polynom von (13) ist

$$\rho_h(z) = z^3 + (\frac{3}{2}+3h)z^2 - 3z + \frac{1}{2}\,.$$

Die Wurzeln $\zeta_j(0)$ von ρ_0 sind

$$(14)\quad \zeta_1(0) = 1,\quad \zeta_2(0) = -\frac{5+\sqrt{33}}{4},\quad \zeta_3(0) = \frac{\sqrt{33}-5}{4}.$$

Bei geeigneter Numerierung konvergieren die Wurzeln $\zeta_j(h)$, $j=1,2,3$, von ρ_h wie in (8) angegeben. Sie sind daher für genügend kleine h ebenfalls paarweise verschieden, so daß die allgemeine Lösung von (13) mit unbestimmten Koeffizienten c_k durch

$$(15)\quad u_j = c_1\zeta_1^j(h) + c_2\zeta_2^j(h) + c_3\zeta_3^j(h),\quad j=0,\dots,N,$$

gegeben ist. Als Startwerte der Konsistenzordnung $p=3$ nehmen wir $u_0=u_1=0$, $u_2=h^3$, so daß man die diesen Startwerten angepaßte Lösung von (13) aus (15) erhält durch Bestimmung der c_k, $k=1,2,3$, aus dem Gleichungssystem

$$(16)\quad \sum_{k=1}^{3} c_k\zeta_k^l(h) = \delta_{l,2}h^3,\quad l=0,1,2.$$

Für die Determinante D_h von (16) gilt $D_h \to D_0$ $(h\to 0)$. Es ist $D_0 \neq 0$ und daher $|D_h| \geq |D_0|/2$ für genügend kleine h, so daß man mit Hilfe der Cramerschen Regel $c_k = O(h^3)$, $k=1,2,3$, erkennt. Da $\zeta_1^j(h)$ wegen (10) beschränkt ist und dasselbe für

$\zeta_3^j(h)$ bei genügend kleinem h wegen (8) und $|\zeta_3(0)| < 1$ zutrifft, gilt gleichmäßig in j

$$c_1\zeta_1^j(h) + c_3\zeta_3^j(h) = O(h^3), \quad h \to 0.$$

Andererseits ist aber $\zeta_2(h) \leq -2$ für genügend kleine h, so daß bei Verwendung der Lösung

$$c_2 = \frac{h^3}{D_h}(\zeta_3(h)-\zeta_1(h))$$

von (16) wegen $\zeta_3(0)-\zeta_1(0) \neq 0$ mit einer Zahl $c \neq 0$ die Abschätzung

$$|u_h(x)| \geq ch^3 2^{(x-a)/h}, \quad x \in I_h', \quad h \to 0,$$

folgt, welche die Divergenz von (13) beweist.

2.4. Konvergenz der Mehrschrittverfahren

Inhalt dieses Abschnitts ist es, die Konvergenz von (A_h) mit seiner Konsistenz und Lipschitz-Stabilität in Verbindung zu setzen. Für die in 1.2. dargestellten speziellen Verfahren wird auf der Grundlage der erzielten allgemeinen Resultate die Konvergenz untersucht.

(1) Sei (L) erfüllt, und sei (A_h) konsistent mit (A) sowie Lipschitz-stabil im Punkte $\{r_h u\}$ mit der Stabilitätskonstanten η. Dann gibt es $H > 0$, $\delta > 0$, so daß für $h_{max} < H$ die Gleichung $A_h u_h = w_h$ für jedes w_h mit $[w_h] < \delta$ in U eindeutig lösbar ist und die a-priori-Abschätzung besteht

$$\max_{x \in I_h'} |(u_h-u)(x)| \leq \eta([w_h] + [\tau_h]). \tag{2}$$

Beweis. Die Existenzfrage erledigt man wie im Beweis von 2.2.(9), indem man f_h zunächst zu einer global Lipschitz-stetigen Funktion fortsetzt, für welche die Existenz einer Lösung sofort mit Hilfe des Banachschen Fixpunktsatzes erschlossen werden kann. Wendet man 2.1.(5) mit u_h und $r_h u$ an, so ergibt sich

$$|u_h(x)-u(x)| \leq \eta[\tau_h-w_h], \quad x \in I_h', \quad h \to 0. \tag{3}$$

Die Konsistenz ist mit $[\tau_h] \to 0$ gleichbedeutend, und daher sind die u_h für genügend kleines δ und genügend kleine h Lösungen von (A_h) und aufgrund der Lipschitz-Stabilität auch eindeutig bestimmt. Die a-priori-Abschätzung (2) folgt dann aus (3).

Eine unmittelbare Folgerung aus (1) im Falle $w_h = 0$ ist die Konvergenz von (A_h).

(4) Ist (L) erfüllt und ist (A_h) Lipschitz-stabil im Punkte $\{r_h u\}$ sowie konsistent, so existiert für genügend kleines h eine in U verlaufende, eindeutig bestimmte Lösung u_h von (A_h), und es konvergiert

$$(5) \quad \max_{x \in I_h'} |u_h(x) - u(x)| \to 0 \quad (h \to 0).$$

Diese Konvergenz erfolgt mindestens mit der Ordnung des Abschneidefehlers.

Die in (4) enthaltene Existenz- und Konvergenzaussage ist für numerische Zwecke jedoch noch nicht ausreichend, denn aufgrund von Rundungsfehlern hat man im allgemeinen anstelle von $A_h u_h = 0$ die Gleichungen $A_h u_h = w_h$ mit kleinem w_h zu lösen. Satz (1) macht hierzu die weitergehende Aussage, daß sich die gestörten Gleichungen bei genügend kleiner Störung ebenfalls lösen lassen und die Lösungen u_h dabei gleichmäßig in h nahe bei u bleiben. Damit ist (A_h) stabil konvergent im Sinne von Dahlquist [183], worunter man das Bestehen der aus (2) folgenden Abschätzung

$$(6) \quad \limsup_{h \to 0} \max_{x \in I_h'} |(u_h - u)(x)| \le \eta \limsup_{h \to 0} [w_h]$$

versteht.

Im Rahmen der in diesem Abschnitt behandelten asymptotischen Eigenschaften führen wir in diesem Zusammenhang den Begriff der Konvergenz unter Störungen ein, der verlangt, daß aus $[A_h u_h] \to 0$ folgt $\max |(u_h - u)(x)| \to 0$ $(h \to 0)$. Dabei unterscheiden wir noch manchmal zwischen Störungen der Startwerte und Störungen auf I_h. Unter den Voraussetzungen von (1) ist (A_h) offenbar konvergent unter Störungen.

Im weiteren studieren wir die Frage, inwiefern die Konsistenz und die Stabilität auch notwendig für die Konvergenz sind.

(7) Seien (5) und (L) erfüllt. Dann ist die Konsistenz notwendig und hinreichend für die Konvergenz

$$(8)\quad \sum_{j=m}^{N} \bar{h}_j \left| \frac{1}{\bar{h}_j} \sum_{k=0}^{m} a_{k,h}(x_j)(u_h-u)(x_{j-m+k}) \right| \to 0 \quad (h \to 0).$$

Gilt sogar

$$(9)\quad \max_{x \in I_h} |\tau_h(x)| \to 0 \quad (h \to 0),$$

so konvergiert auch

$$(10)\quad \max_{j=m,\dots,N} \left| \frac{1}{\bar{h}_j} \sum_{k=0}^{m} a_{k,h}(x_j)(u_h-u)(x_{j-m+k}) \right| \to 0 \quad (h \to 0).$$

Die Konvergenz in (8) und (10) erfolgt dabei mit der Ordnung des Abschneidefehlers.

Beweis. Wir gehen von der Identität

$$(11)\quad \frac{1}{\bar{h}_j} \sum_{k=0}^{m} a_{k,h}(x_j)(u_h-u)(x_{j+k-m}) = f_h(x_j, u_h(x_{j-m}), \dots, u_h(x_j)) -$$

$$f_h(x_j, u(x_{j-m}), \dots, u(x_j)) - \tau_h(x_j), \quad j = m, \dots, N,$$

aus. Nach Multiplikation mit $\bar{h}_j$ und Summation über I_h ergibt sich (8) unter Ausnutzung von (L). Analog erschließt man (10), wenn (9) vorausgesetzt ist. Die Notwendigkeit der Konsistenz erhält man in entsprechender Weise.

Die Bedeutung der Konvergenz wird klar, wenn man sich vergegenwärtigt, daß

$$(12)\quad \frac{1}{\bar{h}_j} \sum_{k=0}^{m} a_{k,h}(x_j) u(x_{j+k-m})$$

als Approximation von $u'(x_j)$ aufzufassen ist (vgl. (26)). Dann stellt (8) gerade die Konvergenz der entsprechend zu (12) mit u_h anstelle von u gebildeten diskreten l^1-Mittel gegen u' dar (s. auch I-2.3.(4)).

Die Notwendigkeit der Konsistenz ist in (7), entsprechend dem Ergebnis I-2.3.(4) bei Einschrittverfahren, unter Voraussetzung der Konvergenz von u_h und gewisser Differenzenquotienten von u_h bewiesen worden. Der nächste Satz nutzt nur die Konvergenz von u_h alleine aus. Die dabei gemachte Voraussetzung eines äquidistanten Gitters soll hier wie auch später beinhalten, daß die Koeffizienten a_k konstant sind.

(13) Das Gitter I_h' sei äquidistant, es sei $u \neq 0$, die Bedingung (L) sei erfüllt, und die Konvergenz (5) liege vor. Dann und nur dann ist (A_h) mit (A) konsistent und es gilt

$$(14)\quad \limsup_{h\to 0} \rho(1) \sum_{x\in I_h} h|f_h(x,u(x-mh),\dots,u(x))| < \infty,$$

wenn $\rho(1) = 0$ ist und eine Funktion $F\in C(I)$ existiert mit der Eigenschaft

$$(15)\quad \sum_{x\in I_h} h|f_h(x\,,u(x-mh),\dots,u(x)) - F(x)| \to 0 \quad (h\to 0).$$

Beweis. Der hinlängliche Teil ist in 1.1.(21) enthalten mit der Funktion

$$(16)\quad F = \rho'(1)f(\cdot,u).$$

Zum Beweis der Umkehrung zeigen wir (16), so daß die Behauptung wiederum aus 1.1.(21) folgt. Wegen $\rho(1) = 0$ können wir ρ faktorisieren in der Form

$$(17)\quad \rho(z) = (z-1)\rho^*(z), \quad \rho^*(z) =: \sum_{k=0}^{m-1} a_k^* z^k.$$

Führen wir die Gitterfunktion

$$v_h(x_j) = \sum_{k=0}^{m-1} a_k^* u_h(x_{j+k}), \quad j = 0,\dots,N-m+1,$$

ein, so lassen sich die Differenzengleichungen (A_h) auch in der Gestalt

$$(18)\quad v_h(x_{j+1})-v_h(x_j) = hf_h(x_{j+m},u_h(x_j),\dots,u_h(x_{j+m})),\ j=0,\dots,N-m,$$

schreiben, aus der durch Summation über j die Beziehung

$$(19)\quad v_h(x_j) - v_h(x_o) = \sum_{k=0}^{j-1} hf_h(x_{k+m}, u_h(x_k), \ldots u_h(x_{k+m}))$$

folgt. Sei $x \in I$, $x > a$ gegeben. Es werde dann $j = j(h)$ so gewählt, daß $x_j \to x$ $(h \to 0)$ konvergiert. Vermöge der Bedingung (L) und wegen (5),(15) erkennt man, daß (19) im Grenzübergang

$$\sum_{k=0}^{m-1} a_k^* u(x) - u(a) = \int_a^x F(t)dt, \quad x \in I,$$

liefert. Durch Differentiation nach x ergibt sich dann (16).

Über die Notwendigkeit der Wurzelbedingung für die Konvergenz ergibt sich aus 2.2.(15) und 2.2.(19)

(20) <u>Das Gitter</u> I_h' <u>sei äquidistant, es sei</u> $f = 0$, $f_h = 0$, <u>und die Lösungen von</u> (A_h) <u>mögen unter Störungen der Startwerte oder unter Störungen auf</u> I_h <u>konvergent sein. Dann ist die Wurzelbedingung</u> (P) <u>erfüllt</u>.

Wie man anhand von 2.2.(15),2.2.(19) erkennt, hätte es in (20) genügt, die Beschränktheit der Lösungen von (A_h) in einer nicht gegen a konvergierenden Folge von Gitterpunkten aus I_h zu fordern.

Der <u>Verfahrensteil</u> eines linearen Mehrschrittverfahrens ist bereits bei Angabe der Koeffizienten $a_k, b_k \in \mathbb{R}$ für jede Anfangswertaufgabe (A) definiert. Nimmt man an, daß für jedes (A) auch eine bestimmte Startrechnung gegeben ist, so ist es sinnvoll, von der Konvergenz von (A_h) für jedes (A) aus einer gewissen Klasse zu sprechen. Für jedes (A) besitzt ein lineares (A_h) die Eigenschaften (14),(15). Unter der Bedingung (L_o) aus I-2.3. für (A) genügt (A_h) außerdem der Bedingung (L).

(21) <u>Für ein lineares Mehrschrittverfahren</u> (A_h) <u>auf einem äqudistanten Gitter sind die folgenden Bedingungen paarweise äquivalent</u>.

(i) <u>Für jedes</u> (L_o) <u>genügende</u> (A) <u>ist</u> (A_h) <u>für genügend kleine</u>

h in U eindeutig lösbar und konvergent unter Störungen.

(ii) Für jedes (L_0) genügende (A) ist (A_h) für genügend kleine h in U eindeutig lösbar und konvergent entweder unter Störungen der Startwerte oder unter Störungen auf I_h.

(iii) (A_h) ist für die Anfangswertaufgabe $u' = 0$, $u(a) = 1$ konvergent entweder unter Störungen oder unter Störungen der Startwerte oder unter Störungen auf I_h und ist für die Anfangswertaufgabe $u' = 1$, $u(a) = 0$ konvergent. Die Startrechnung ist für jedes (L_0) genügende (A) konsistent.

(iv) Für jedes (L_0) genügende (A) ist (A_h) Lipschitz-stabil im Punkte $\{r_h u\}$ und konsistent.

(v) Die Wurzelbedingung (P) ist erfüllt und (A_h) ist mit jedem (L_0) genügenden (A) konsistent.

(vi) Die Wurzelbedingung (P) ist erfüllt, es gilt $\rho(1) = 0$, $\rho'(1) = \sigma(1)$, und für jedes (L_0) genügende (A) ist die Startrechnung konsistent.

Beweis. Die Behauptungen ergeben sich unmittelbar aus den Sätzen (1),(13),(20),2.2.(14) und 1.1.(27), wobei man zur Anwendung von (13) noch überlegen muß, daß aus (iii) die Bedingung $\rho(1) = 0$ folgt. Dies erschließt man mit Hilfe der Konvergenz (5) aber sofort durch Verwendung der Anfangswertaufgabe $u' = 0$, $u(a) = 1$.

In [14, Abschn. 4.2.4.] wird gezeigt, daß jede der Bedingungen in (21) auch äquivalent ist mit der Konvergenz von (A_h) für jedes (L_0) genügende (A). Allerdings ist der Beweis von Satz 4.2.10 in [14] nicht vollständig ausgeführt.

Mit Hilfe der vorangehenden Sätze beweisen wir jetzt die Konvergenz einiger der im ersten Kapitel angegebenen konkreten Verfahren.

(22) Unter der Voraussetzung (L_0) besitzen die äquidistanten Verfahren 1.2.(6) von Adams-Bashforth, 1.2.(17) von Nyström und für genügend kleine h auch die impliziten Verfahren 1.2.(31) von Adams-Moulton, 1.2.(39) von Milne-Simpson sowie 1.2.6

<u>mit günstiger Fehlerfortpflanzung bei konsistenter Startrechnung eine eindeutig bestimmte Lösung</u> u_h <u>in</u> U. <u>Es geht</u>

(23) $\max_{x \in I_h} |(u_h - u)(x)| \to 0 \quad (h \to 0)$

<u>und</u>

(24) $\max_{x \in I_h} \left| \frac{1}{h\rho'(1)} \sum_{k=0}^{m} a_k u_h(x+kh) - u'(x) \right| \to 0 \quad (h \to 0).$

<u>Die Konvergenz in</u> (23) <u>erfolgt mindestens mit der Ordnung</u> $p = j$, <u>falls</u> $u \in C^j(U)$ <u>ist und die Startwerte der Bedingung</u> $|\alpha_h^{(k)} - u(a+kh)| = O(h^j)$, $k = 0,\dots,m-1$, <u>genügen, wobei</u> j <u>in der Reihenfolge der angegebenen Verfahren gleich</u> m,m,m+1,m+1,m+1 <u>ist</u>.

<u>Beweis</u>. Zum Beweis von (21) weisen wir (21)(iv) nach. Für die ersten vier Verfahren ist das charakteristische Polynom durch $\rho = z^m - z^{m-1}$ oder $\rho = z^m - z^{m-2}$ gegeben, so daß die Wurzelbedingung (P) erfüllt ist. Die Konsistenz der Verfahren ist in 1.2.(14),1.2.(24),1.2.(37),1.2.(46) nachgewiesen worden, wo auch mit den im Satz angegebenen j die Eigenschaft

(25) $\max_{x \in I_h'} |\tau_h(x)| = O(h^j)$

zu entnehmen ist. Die Verfahren mit günstigster Fehlerfortpflanzung erfüllen nach Konstruktion die Wurzelbedingung und sind konsistent. Ebenfalls nach Konstruktion erfüllen sie (25) für $f \in C^{m+1}(U)$ mit $j = m+1$. Damit ergibt Satz (21) die Konvergenz (23). Die Aussage über die Konvergenzordnung ist in Satz (7) enthalten, wobei im vorliegenden äquidistanten Fall für die mittlere Schrittweite $\bar{h}_j$ einfach h zu nehmen ist und

(26) $\sum_{k=0}^{m} a_k u(x_{j+k}) = \rho(1)u(x_j) + \rho'(1)hu'(x_j) + o(h), \quad h \to 0$

mit $\rho(1) = 0$ verwendet wird.

Die Stabilitätseigenschaften der auf Differentiation beruhenden Mehrschrittverfahren sind komplizierter zu erhalten. Während sich die in (27) enthaltene Behauptung bereits bei Henrici [7-S.207] findet, ist der erste Beweis von Cryer [181] publiziert worden. Wir folgen in unserer Darstellung einer einfacheren Beweisidee, die in [179] entwickelt worden ist.

(27) Die rückwärts genommenen impliziten Differentiationsformeln 1.2.(52) erfüllen die Wurzelbedingung (P) genau dann, wenn $m \leq 6$ ist. Die Formeln 1.2.(50) mit $r = 1$ genügen (P) genau dann, wenn $m \leq 2$ ist, im Falle $r > 1$ ist (P) bereits für $m = 2$ verletzt.

Beweis. Das charakteristische Polynom ρ für die Formeln 1.2.(52) ist durch

$$\rho_m(z) = \sum_{k=1}^{m} \frac{1}{k} z^{m-k}(z-1)^k$$

gegeben. Wir setzen $p_m(z) = z^m \rho_m(1/z)$, so daß

$$(28) \quad p_m(z) = \sum_{k=1}^{m} \frac{1}{k}(1-z)^k$$

wird. Dieses Polynom ordnen wir nach Potenzen von z auf die folgende Weise. Man berechnet

$$p'(z) = -\sum_{k=1}^{m} (1-z)^{k-1} = \frac{(1-z)^m - 1}{z}$$

und erhält durch Integration über das Intervall $[0,z]$

$$(29) \quad p_m(z) = p_m(0) + \sum_{j=1}^{m} (-1)^j \binom{m}{j} \frac{1}{j} z^j .$$

Zu zeigen ist, daß p_m genau dann wenigstens eine Wurzel vom Betrage kleiner Eins besitzt, wenn $m > 6$ ist. Wir verwenden zu diesem Zwecke ein in [327] angegebenes Kriterium. Sei $p = \Sigma a_k z^k$ ein Polynom r-ten Grades und $p^* = \Sigma \bar{a}_{r-k} z^k$. Man sagt, daß p vom Typ (p_1, p_2, p_3) ist, wenn p genau p_1 Wurzeln innerhalb und genau p_3 Wurzeln außerhalb des komplexen Einheitskreises besitzt und $p_1 + p_2 + p_3 = r$ ist. Das Polynom $\hat{p}$ sei definiert durch

(30) $\hat{p}(z) := \frac{1}{z}(p^*(0)p(z)-p(0)p^*(z))$.

Zwischen dem Typ von $\hat{p}$ und dem von p besteht die folgende Beziehung: Dann und nur dann ist das Polynom p vom Typ (p_1,p_2,p_3), wenn entweder $|p^*(0)| > |p(0)|$ und $\hat{p}$ vom Typ (p_1-1,p_2,p_3) oder $|p^*(0)| < |p(0)|$ und $\hat{p}$ vom Typ (p_3-1,p_2,p_1) ist.

Es wird als erstes bewiesen, daß p_m für $m \geq 13$ vom Typ (p_1,p_2,p_3) mit $p_1 \geq 1$ ist. Schreiben wir $p_{m,j}(z) = \hat{p}_{m,j-1}(z)$, $j=1,\ldots,m$, $p_{m,o} = p_m$, so zeigen wir dazu

(i) $|p_{m,o}(0)| > |p^*_{m,o}(0)|$ (ii) $|p_{m,1}(0)| < |p^*_{m,1}(0)|$
(iii) $|p_{m,2}(0)| > |p^*_{m,2}(0)|$.

Aufgrund des angegebenen Kriteriums ist dann nämlich $p_{m,2}$ vom Typ (p_1-1,p_2,p_3-2), also insbesondere $p_1 \geq 1$.

Für die Koeffizienten a_j von p_m entnimmt man der Darstellung (29)

$$a_o = \sum_{k=1}^{m} \frac{1}{k}, \quad a_1 = -m, \quad a_2 = \frac{m(m-1)}{4}$$

$$a_{m-2} = (-1)^m \frac{m(m-1)}{2(m-2)}, \quad a_{m-1} = (-1)^{m-1} \frac{m}{m-1}, \quad a_m = (-1)^m \frac{1}{m}.$$

Ersichtlich ist $a_o > |a_m|$ und damit (i) erfüllt. Für die Koeffizienten $a_k^{(1)}$ von $p_{m,1}$ berechnen wir

$$(31) \quad \begin{aligned} a_o^{(1)} &= a_m a_1 - a_o a_{m-1} = (-1)^m (a_o \frac{m}{m-1} - 1) \\ a_1^{(1)} &= a_m a_2 - a_o a_{m-2} = (-1)^m \frac{m-1}{2}(\frac{1}{2} - \frac{m a_o}{m-2}) \\ a_{m-2}^{(1)} &= a_m a_{m-1} - a_o a_1 = a_o m - \frac{1}{m-1} \\ a_{m-1}^{(1)} &= a_m^2 - a_o^2 = \frac{1}{m^2} - a_o^2. \end{aligned}$$

Es ist $-a_{m-1}^{(1)} > |a_o^{(1)}|$ für $m \geq 13$ und daher auch (ii) erfüllt. Mit einer elementaren Rechnung bestätigt man weiter die Beziehung

$$a_{m-2}^{(2)} - (-1)^m a_o^{(2)} = (|a_m| + a_o)\varphi(m)$$

mit der Funktion

$$\begin{aligned}\varphi(m) &= (|a_m|-a_o)(a_m^2-a_o^2-|a_m|a_2+a_o|a_{m-2}|) - \\ &\quad - (|a_{m-1}|+a_1)(|a_m|a_1+a_o|a_{m-1}|) \\ &= a_o^3-(\frac{m}{2}+\frac{1}{2}+\frac{1}{m-2}+\frac{1}{m})a_o^2+(\frac{5m}{4}+\frac{1}{4}+\frac{1}{2(m-2)} - \\ &\quad - \frac{1}{m-1}-\frac{1}{(m-1)^2}-\frac{1}{m^2})a_o - m+\frac{3}{4}+\frac{1}{m-1}+\frac{1}{4m}+\frac{1}{m^3}\ .\end{aligned}$$

Es ist $\varphi(13) < 0$. Bezeichnet nämlich ψ das Polynom

$$\begin{aligned}\psi(z) &= z^3-(7+\frac{1}{11}+\frac{1}{13})z^2+(16+\frac{1}{2}+\frac{1}{22}-\frac{1}{12}+\frac{1}{12^2} - \\ &\quad - \frac{1}{13^2})z-(12+\frac{1}{4}-\frac{1}{12}-\frac{1}{52}-\frac{1}{13^3}),\end{aligned}$$

das man aus $\varphi(m)$ durch Ersetzen von a_o durch z und von m durch 13 erhält, so überzeugt man sich leicht von $\psi(0) < 0$, $\psi(2) > 0$, $\psi(3.1) < 0$, $\psi(3.2) < 0$. Nun ist aber $a_o(13) \in [3.1, 3.2]$ und daher $\psi(a_o(13)) < 0$. Schließlich erhält man unter Verwendung von $a_o(m+1) = a_o(m)+1/(m+1)$ das Resultat

$$\begin{aligned}\varphi(m+1)-\varphi(m) &= a_o^2(-\frac{1}{2}+\frac{1}{m-1}-\frac{2}{m+1}+\frac{1}{m-2}+\frac{1}{m}) + \\ &\quad + a_o(\frac{1}{4}-\frac{1}{2(m-1)}-\frac{1}{m}-\frac{1}{2(m-2)}+\frac{1}{m-1}+\frac{1}{(m-1)^2}) + \\ &\quad + \frac{1}{4}+\frac{3}{4m}-\frac{1}{m-1}-\frac{1}{m^2}-\frac{1}{m^3} < \frac{1}{4}(-a_o^2+a_o+1)\ .\end{aligned}$$

Daher ist $\varphi(m+1) < \varphi(m) < 0$, so daß wir $\varphi(m) < 0$ für $m \geq 13$ und damit (iii) gezeigt haben. Für $m = 7$ berechnet man $|p^*_{7,j}(0)| > |p_{7,j}(0)|$, $j = 0,1,2,3$, und $|p^*_{7,4}(0)| < |p_{7,4}(0)|$, so daß p_7 mindestens eine im Einheitskreis gelegene Wurzel besitzt. Eine weitere, etwas mühselige Rechnung ergibt für $7 < m < 13$ die Ungleichungen $|p^*_{m,j}(0)| > |p_{m,j}(0)|$, $j = 0,1,2$, und $|p^*_{m,3}(0)| < |p_{m,3}(0)|$, so daß auch für diese m die Wurzelbedingung (P) verletzt ist.

Es bleibt zu prüfen, ob (P) für $1 \leq m \leq 6$ erfüllt ist. Für $m = 1,2,3$ kann dies direkt durch Berechnung der Wurzeln von ρ geschehen. Für die restlichen m hat man einige Reduktionsschritte in der vorangehend beschriebenen Weise zu tun. Wir führen sie im Falle $m = 5$ vor. Es ergibt sich

$$\begin{aligned}
60\, p_{5,0} &= 137-300z+300z^2-200z^3+75z^4-12z^5 \\
60^2 p_{5,1} &= 25(-267+952z-1548z^2+1608z^3-745z^4) \\
60^4 p_{5,2} &= 8\cdot 25^2(-34988+92493z-117972z^2+60467z^3) \\
60^8 p_{5,3} &= 45\cdot 8^2\cdot 25^4(32559331-86605952z+54046621z^2).
\end{aligned}$$

Das Polynom $p_{5,3}$ besitzt die Wurzeln z_1, z_2 mit $z_1 = 1$, $|z_2| < 1$. Ferner gilt offenbar $|p_{5,0}(0)| > |p^*_{5,0}(0)|$, $|p_{5,j}(0)| < |p^*_{5,j}(0)|$, $j = 1,2$, so daß $p_{5,0}$ vom Typ $(0,1,4)$ ist und somit die Bedingung (P_0) erfüllt.

Sei nun $r = 1$. Die Koeffizienten ρ_{1k} aus 1.2.(50) sind gleich $\rho_{10} = 0$, $\rho_{11} = 1$, $\rho_{1k} = -1/(k(k-1))$, $k > 1$, so daß das (28) entsprechende Polynom in diesem Fall gegeben ist durch

$$(32)\quad p_m(z) = 1 - z - \sum_{k=2}^{m} \frac{1}{k(k-1)}(1-z)^k, \quad m \geq 2.$$

Für p_m'' erhält man eine geometrische Summe, die man wie im ersten Teil des Beweises auswerten kann, so daß sich die Darstellung

$$(33)\quad p_m(z) = \frac{1}{m} + a_1 z + \sum_{k=2}^{m} (-1)^{k-1} \frac{1}{k(k-1)} \binom{m-1}{k-1} z^k$$

mit dem Koeffizienten $a_1 = 1/2+1/3+\ldots+1/(m-1)$, $m > 2$, ergibt. Für $m = 2$ ist $a_1 = 0$ und $p_2 = (1-z^2)/2$, so daß die Bedingung (P) erfüllt ist. Nehmen wir $m > 2$, so ist $(-1)^{m-1}/((m-1)m)$ der Koeffizient von z^m, so daß $|p_m(0)| > |p^*_m(0)|$ gilt. Wir führen nun einen Schritt des Reduktionsprozesses (30) durch. Es ist $(-1)^m/(m-2)$ der Koeffizient von z^{m-1} und die Formeln (31) ergeben

$$\hat{p}_m(0) = -\frac{(-1)^m}{m}\left(\frac{a_1}{m-1} + \frac{1}{m-2}\right), \quad \hat{p}^*_m(0) = \frac{1}{m^2}\left(1 - \frac{1}{(m-1)^2}\right),$$

so daß $|\hat{p}_m(0)| > |\hat{p}^*_m(0)|$ ausfällt. Ist daher (p_1, p_2, p_3) der Typ von p_m, so besitzt $\hat{p}_m$ den Typ (p_1-1, p_2, p_3-1). Es ist somit

$p_1 > 0$ und die Bedingung (P) verletzt.

Den noch verbliebenen Teil $r > 1$, $m = 2$ des Beweises sieht man aufgrund der Gestalt

$$\rho(z) = z(z-1) - \frac{2r-1}{2}(z-1)^2$$

des charakteristischen Polynoms sofort ein, so daß damit (27) vollständig bewiesen ist.

Die eben bewiesenen Stabilitätseigenschaften der rückwärts genommenen Differentiationsformeln werden für die Ordnung $m = 4$ am Beispiel der Differentialgleichung

$$u' = u^2, \quad u(0) = -1$$

in der nachstehenden Tab. 20 illustriert. Dort sind für das implizite Verfahren, $r = 0$, und die expliziten Verfahren, $r = 1,\dots,4$, die mit der exakten Lösung $u(x) = -(1+x)^{-1}$ gebildeten absoluten Fehler $u_h^{(r)}(x) - u(x)$, die für einige Werte von

Tab. 20

x	h	r = 0	r = 1	r = 2	r = 3	r = 4
0.3	0.1	0.3E-4	-0.8E-4	-0.2E-3	0.6E-3	0.3E-3
	0.05	0.9E-5	0.3E-3	0.5E-2	0.7E-3	0.2E-3
	0.025	0.8E-6	0.2	-0.5E 2	-0.7E-2	-0.5E-2
	0.01	0.2E-7	>E300	>E300	-0.3E 3	-0.3E-2
0.4	0.1	0.8E-4	0.3E-3	-0.1E-2	0.3E-2	0.2E-2
	0.05	0.1E-4	0.8E-2	0.3	0.3E-2	0.7E-3
	0.025	0.8E-6	0.1E 3	-0.7E 7	-0.1	-0.6E-1
	0.01	0.2E-7	>E300	>E300	-0.9E11	-0.5E 5
0.5	0.1	0.1E-3	-0.1E-2	-0.1E-1	0.7E-2	0.5E-2
	0.05	0.1E-4	0.2	-0.2E 2	0.1E-1	0.2E-2
	0.025	0.8E-6	0.7E16	-0.3E26	-0.2E 1	-0.6
	0.01	0.2E-7	>E300	>E300	-0.2E92	-0.2E18
0.6	0.2	0.4E-3	-0.1E-2	-0.2E-2	0.6E-2	0.3E-2
	0.1	0.1E-3	0.7E-2	-0.1	0.2E-1	0.1E-1
	0.05	0.1E-4	0.5E 1	-0.2E 4	0.5E-1	0.7E-2
	0.025	0.8E-6	>E238	>E100	-0.3E 2	-0.7E 1
	0.01	0.2E-7	>E300	>E300	>E300	-0.9E88
0.7	0.1	0.1E-3	-0.4E-1	-0.8	0.4E-1	0.2E-1
	0.05	0.1E-4	0.2E 3	-0.2E 7	0.2	0.2E-1
	0.025	0.7E-6	>E300	>E300	-0.7E 3	-0.7E 2

x jeweils mit verschiedenen Schrittweiten h berechnet wurden, zusammengestellt. Als Anlaufwerte wurden die Funktionswerte der Lösung u benutzt und die impliziten Gleichungen wurden exakt gelöst. Man kann ablesen, daß unabhängig von der gewählten Schrittweite h nach etwa 25 Verfahrensschritten sich die Näherungslösungen bei allen expliziten Verfahren total von der wahren Lösung entfernt haben.

(34) Unter den Voraussetzungen (L_0) und 1.6.(43) besitzt das Verfahren 1.6.(23) von Adams-Bashforth sowie für genügend kleine h auch das Verfahren 1.6.(24) von Adams-Moulton mit variabler Schrittweite in U bei konsistenter Startrechnung eine eindeutig bestimmte Lösung u_h. Es gilt (23) sowie

$$(35) \qquad \max_{j=m,\dots,N} \left| \frac{(u_h-u)(x_j)}{\bar{h}_j} - \frac{(u_h-u)(x_{j-1})}{\bar{h}_j} \right| \to 0 \quad (h \to 0)$$

und für $f \in C^l(U)$ erfolgt die Konvergenz in (23),(28) mit der Ordnung $O(h_{max}^l)$, falls die Startrechnung diese Ordnung hat, wobei $l = m$ bei 1.6.(23) und $l = m+1$ bei 1.6.(24) ist.

Beweis. Bei beiden Verfahren handelt es sich um ein lineares m-Schrittverfahren der Gestalt 1.6.(2),(4). Da gemäß 1.6.(42) die Koeffizienten in 1.6.(4) gleichmäßig für $h \to 0$ beschränkt sind, ist die Bedingung (L) erfüllt. Das charakteristische Polynom $\rho(z) = z^m - z^{m-1}$ erfüllt die Wurzelbedingung (P) und die Verfahren sind 2.2.(14) zufolge daher Lipschitz-stabil. Aus 1.6.(39),(42) gehen auch die Konsistenz und die Konsistenzordnung hervor, so daß die Sätze (4),(7) die Behauptungen des Satzes ergeben.

2.5. Inverse Stabilität bezüglich der Spijker-Norm

Die Lipschitz-Stabilität von (A_h) ist in 2.1.(3) unter Verwendung der diskreten l^∞-Norm für $v_h - w_h$ und der diskreten l^1-Norm für $A_h v_h - A_h w_h$ definiert worden. In Satz 2.2.(14) sind für diesen Fall algebraische Bedingungen zu ihrer Charakterisierung angegeben worden, wobei konstante Koeffizienten vorausgesetzt wurden, was wir auch in diesem Abschnitt stets machen. Wir beweisen hier eine auf Spijker [374] zurückgehende, zu 2.2.(14) analoge Aussage, nur jetzt unter Verwendung der Norm

$$(1)\quad [v_h]^* := \sum_{j=0}^{m-1} |v_h(x_j)| + \max_{x\in I_h} \Big| \sum_{\substack{y\le x\\ y\in I_h}} \bar{h}(y) v_h(y) \Big|$$

anstelle von $[v_h]$ für Gitterfunktionen v_h auf I_h'. Die sich ergebende algebraische Bedingung (P*), die sog. <u>starke Wurzelbedingung</u>, lautet jetzt etwas anders als (P) wie folgt.

(P*) <u>Die Wurzeln</u> ζ_j, $j=1,\ldots,m$, <u>des charakteristischen Polynoms</u> ρ <u>aus</u> 1.1.(20) <u>erfüllen die Bedingung</u> $|\zeta_j| \le 1$, $j=1,\ldots,m$, <u>und aus</u> $|\zeta_j| = 1$ <u>folgt</u> $\zeta_j = 1$ <u>und</u> $|\zeta_k| < 1$ <u>für</u> $k \neq j$.

Offenbar ist (P*) einschränkender als (P). Daß die Bedingung (P) erfüllt sein muß, wenn inverse Stabilität bezüglich der Norm (1) besteht, kann man bereits aus der sofort einzusehenden Ungleichung

$$(2)\quad [v_h]^* \le [v_h]$$

erschließen, aus welcher man entnimmt, daß die Abschätzung 2.1.(5) eine Folge von

$$(3)\quad |v_h(x)-w_h(x)| \le \eta [A_h v_h - A_h w_h]^*, \quad x\in I_h',$$

ist. Man kann auch der Frage nachgehen, welche algebraischen Bedingungen sich ergeben, wenn die Normen in 2.1.(5) durch diskrete l^p-Normen ersetzt werden. Die Antwort darauf ist als Spezialfall in den allgemeineren Untersuchungen [331, s.insb. Satz 2.(2)] enthalten, aus denen hervorgeht, daß für diese Fälle die Bedingung (P) ungeändert bestehen bleibt. Insofern haben wir in der Klasse der l^p-Normen mit der in 2.1.(5) getroffenen Wahl die stärkste hinreichende Aussage angeschrieben.

Wir bemerken noch, daß die beiden Normen $[\cdot]$ und $[\cdot]^*$ nicht gleichmäßig in h äquivalent sind, sondern für jeden Schrittweitenvektor h

(4) $[v_h] \le \{2(N_h-m)+1\}[v_h]^*$

die beste Abschätzung ist, die für jede Gitterfunktion v_h gilt, wobei N_h die Zahl der Gitterpunkte in I_h bezeichnet. Dies erkennt man mit Hilfe vollständiger Induktion sowie einer speziellen Wahl von v_h wie folgt (vgl.[14,S.82]). Für $N:=N_h=m$ ist (4) offenbar richtig. Den Schluß von N auf N+1 vollzieht man nach einer kleinen Nebenüberlegung mit Hilfe der Abschätzung

$$\begin{aligned}\sum_{j=m}^{N+1} \bar{h}_j |v_j| &\le \{2(N-m)-1\} \max_{m\le l\le N} \left|\sum_{k=m}^{l} \bar{h}_k v_k\right| + \bar{h}_{N+1}|v_{N+1}| \\ &\le 2(N-m) \max_{m\le l\le N} \left|\sum_{k=m}^{l} \bar{h}_k v_k\right| + \bar{h}_{N+1}|v_{N+1}| - \left|\sum_{k=m}^{N} \bar{h}_k v_k\right| \\ &\le \{2(N-m)+1\} \max_{m\le l\le N+1} \left|\sum_{k=m}^{l} \bar{h}_k v_k\right| .\end{aligned}$$

Als spezielle Funktion v_h wähle man $v_j=0$, $j=0,\dots,m-1$, $v_m=\bar{h}_m^{-1}$, $v_j=2(-1)^{j-m}\bar{h}_j^{-1}$, $j=m+1,\dots,N$, für die $[v_h]=2(N-m)+1$ und $[v_h]^*=1$ gilt.

Wir beginnen nun mit der Formulierung und dem Beweis der Sätze über die inverse Stabilität. Dabei bezeichnen wir (A_h) als Lipschitz-*stabil, wenn in der Definition 2.1.(3) die Norm $[\cdot]$ durch $[\cdot]^*$ ersetzt wird. Das Analogon zu Satz 2.1.(9) lautet:

(5) Unter der Bedingung (L) ist (A_h) dann und nur dann im Punkte $\{r_h u\}$ Lipschitz-*stabil, wenn das mit $f_h=0$ gebildete Mehrschrittverfahren Lipschitz-*stabil ist.

Der Beweis von (5) wird völlig parallel zu dem Beweis von 2.1.(9) geführt, so daß wir ihn nicht angeben. Ebenso bleibt das Korollar 2.1.(11) wortwörtlich bestehen. Wir kommen daher gleich zur Charakterisierung der Lipschitz-*Stabilität durch algebraische Bedingungen. Wir beginnen vorbereitend mit einem Ergebnis aus [330,3.24], wozu wir den linearen Differenzenoperator

(6) $A_h^* v_h(x_j) := \sum_{k=0}^{m-1} a_k^* v_{j-m+k+1}$, $j=m-1,\dots,N$,

einführen mit den Koeffizienten a_k^*, welche definiert sind durch die Beziehung

(7) $$\rho(z) = (z-1)\sum_{k=0}^{m-1} a_k^* z^k + \rho(1).$$

(8) <u>Unter der Voraussetzung</u> $\rho(1)=0$ <u>ist</u> (A_h) <u>im Falle</u> $f_h=0$ <u>dann und nur dann Lipschitz-*stabil, wenn es</u> $\eta>0$, $H>0$ <u>gibt, daß für alle Schrittweiten</u> h <u>mit</u> $h_{max}<H$ <u>und alle</u> w_h <u>gilt</u>

(9) $$|w_h(x)| \le \eta\left\{\sum_{j=0}^{m-2}|w_h(x_j)| + \max_{j=m-1,\dots,N}|A_h^* w_h(x_j)|\right\},\ x\in I_h',$$

<u>Beweis</u>. Der Operator A_h läßt sich mit Hilfe von A_h^* faktorisieren in der Form

(10) $$\bar{h}_j(A_h v_h)(x_j) = (A_h^* v_h)(x_j)-(A_h^* v_h)(x_{j-1}),\quad j=m,\dots,N.$$

Somit ergibt sich bei der Berechnung von $[A_h v_h]^*$ für den einen Bestandteil

(11) $$\sum_{\substack{y\le x\\ y\in I_h}} \bar{h}(y)(A_h v_h)(y) = (A_h^* v_h)(x)-(A_h^* v_h)(x_{m-1}),\quad x\in I_h,$$

und man erhält durch Abschätzung nach oben und nach unten

$$[A_h v_h]^* \le \sum_{j=0}^{m-2}|v_h(x_j)| + 2\max_{j=m-1,\dots,M}|(A_h v_h)(x_j)| \le K[A_h v_h]^*$$

mit der Konstanten $K=2(1+\Sigma|a_k|)$. Hiermit erschließt man nun leicht die behauptete Äquivalenz.

Der Hauptsatz dieses Abschnitts lautet nun in Analogie zu Satz 2.2.(14) wie folgt.

(12) <u>Sei</u> $\rho(1)=0$, <u>und die Bedingung</u> (L) <u>sei erfüllt. Die Bedingung</u> (P*) <u>ist dann notwendig und hinreichend für die Lipschitz-*Stabilität von</u> (A_h) <u>im Punkte</u> $\{r_h u\}$.

<u>Beweis</u>. Wegen (5) kann man $f_h=0$ annehmen, und gemäß (8) genügt es zu zeigen, daß (9) dann und nur dann besteht, wenn ρ^* nur Wurzeln vom Betrage kleiner 1 besitzt.

Zum Beweis der Notwendigkeit brauchen wir nur zu zeigen, daß

ρ^* keine unimodulare Wurzel besitzt, da wegen (2) aus der Lipschitz-*Stabilität die Lipschitz-Stabilität folgt und hierfür bereits (P) als notwendig erkannt worden ist. Wir nehmen im Widerspruch zur Behauptung an, daß z eine Wurzel von ρ^* ist mit $|z| = 1$ und setzen

$$v_h(x_j) = j(z^j + \bar{z}^j), \quad j = 0,\ldots,N.$$

Man berechnet

$$(A_h^* v_h)(x_j) = (\rho^*)'(z) z^{j-m+1} + (\rho^*)'(\bar{z}) \bar{z}^{j-m+1} = O(1), \; j = 1,\ldots,N, N\to\infty,$$

und $|v_h(x_j)| = O(1)$, $j = 0,\ldots,m-1$. Andererseits bleibt v_h auf I_h für $h \to 0$ nicht beschränkt, womit ein Widerspruch erbracht ist.

Zum Beweis der Umkehrung gehen wir von der Darstellungsformel in Satz 2.2.(6) aus, den wir mit m-1 bzw. a_k^* anstelle von m bzw. a_k anwenden. Über das Wachstum von S und $P^{(l)}$ haben wir die Abschätzungen 2.2.(10), 2.2.(13) zur Verfügung, wobei unter den Voraussetzungen über ρ^* $r_o < 1$ gewählt werden kann. Damit erhält man (9) durch Abschätzung in 2.2.(8) mit der (endlichen) Konstanten

$$\eta = \sup_N \sup_{j=0,\ldots,N} \max\{ \max_{l=0,\ldots,m-2} |P^{(l)}(j)|, \sum_{k=m-1}^{N} |S(j+m-1-k)|\}.$$

Die Lipschitz-*Stabilität kann nun in entsprechender Weise wie in 2.4. für Konvergenzbeweise des Mehrschrittverfahrens (A_h) verwendet werden. Die Beziehung (2), aus der die stärkeren Forderungen an den linearen Teil von (A_h) für das Vorliegen inverser Stabilität resultierten, hat für die Konsistenzbedingung das Gegenteil zur Folge. Es gibt Verfahren (A_h), die bezüglich der Norm $[\cdot]^*$, aber nicht bezüglich der Norm $[\cdot]$ konsistent sind. Wir geben dafür ein Beispiel.

Vorgelegt sei das Einschrittverfahren $u_h(x+h) = u_h(x) + hf_h(x,u_h(x))$, $x\in I_h$, $u_h(a) = \alpha$, mit der Funktion

$$(13)\quad f_h(x_j,y) = \begin{cases} (1+\sigma) f(x_j,y), & j \text{ gerade} \\ (1-\sigma) f(x_j,y), & j \text{ ungerade.} \end{cases}$$

Dabei ist σ eine reelle Zahl. Für $\sigma = 0$ hat man gerade die Polygonzugmethode. Man überzeugt sich leicht, daß im Falle einer nichtkonstanten Lösung u das Verfahren (13) bezüglich der Norm $[\cdot]$ nur für $\sigma = 0$ konsistent ist. Für $u \in C^2(I)$ ist es aber für jedes σ bezüglich der Norm $[\cdot]^*$ konsistent, ja sogar von der Konsistenzordnung $p = 1$, denn man berechnet

$$\tau_h(x_j) = \pm\sigma u'(x_{j-1}) + O(h),\ j = 1,\dots,N,$$

wobei die Vorzeichen mit wachsendem j abwechselnd zu nehmen sind. Somit wird

$$[\tau_h]^* = \max_{j=1,\dots,N} h\left|\sum_{k=1}^{j} (-1)^k \sigma u'(x_{k-1})\right| + O(h).$$

Je zwei aufeinanderfolgende Summanden lassen sich aber noch weiter zusammenfassen in der Form

$$-u'(x_{2l}) + u'(x_{2l+1}) = hu''(\xi_l)$$

mit einer Zwischenstelle ξ_l, so daß sich in der Tat $[\tau_h]^* = O(h)$ ergibt.

In [14,S.82] findet sich ein Beispiel für ein Verfahren, dessen Konsistenzordnung $p = 1$ oder $p = 2$ ist, je nachdem ob man die Norm $[\cdot]$ oder die Norm $[\cdot]^*$ verwendet.

2.6. Optimale und zweiseitige Fehlerabschätzungen

Ausgangspunkt für die Überlegungen dieses Abschnitts ist die folgende Beobachtung. Ist (A_h) ein Mehrschrittverfahren mit konstanten Koeffizienten, das den Bedingungen (L), (P*) und $\rho(1) = 0$ genügt, dann bestehen die folgenden drei a-priori-Abschätzungen

$$(1)\quad \| u_h - v_h \| \le \eta\{s(u_h - v_h) + \max_{x\in I_h} |(A_h u_h - A_h v_h)(x)|\}$$

(2) $\|u_h - v_h\| \leq \eta\{s(u_h - v_h) + \sum_{x\in I_h} \bar{h}(x)|(A_h u_h - A_h v_h)(x)|\}$

(3) $\|u_h - v_h\| \leq \eta\{s(u_h - v_h) + \max_{x\in I_h} |\sum_{\substack{y\leq x\\ y\in I_h}} \bar{h}(y)\,(A_h u_h - A_h v_h)(y)|\}$,

mit einer von h unabhängigen Kostanten η, wobei wir die Abkürzungen

(4) $\|u_h\| := \max_{x\in I_h'} |u_h(x)|$, $s(u_h) := \sum_{j=0}^{m-1} |u_h(x_j)|$

verwendet haben. Dabei nehmen wir der Übersichtlichkeit halber für die folgenden Überlegungen an, daß (1)-(3) global, d.h. für alle Gitterfunktionen u_h, v_h erfüllt sind. Aus 2.5.(2) geht hervor, daß sich die rechte Seite von (3) durch die von (2) abschätzen läßt, und es ist leicht zu sehen, daß bis auf eine von h unabhängige Konstante auch die rechte von (1) die von (2) majorisiert. Das Umgekehrte ist nicht der Fall, was wir betreffend (2) und (3) in 2.5.(4) überlegt haben und was entsprechend für (1) und (2) leicht nachzuweisen ist.

Basierend auf den Arbeiten [376,380] gehen wir im folgenden der Frage nach, ob es eine schärfste Abschätzung dieser Art gibt und wie sie sich gegebenenfalls charakterisieren läßt. Daran anschließend untersuchen wir, ob es Operatoren A_h gibt, die ausgezeichnet stabil sind.

Zur präzisen und übersichtlicheren Formulierung der Problemstellung und Resultate gehen wir von einer Familie $C = \{C_h\}_\Lambda$ von Vektorräumen aus, die für jedes h aus einer Nullfolge Λ von Schrittweiten erklärt sind. Unter C_h, $h\in\Lambda$, kann man sich etwa den Raum von Gitterfunktionen auf I_h' vorstellen. Für jedes $h\in\Lambda$ sei eine Halbnorm $\|\cdot\|_h$ auf C_h erklärt, die wir der Kürze halber oft nur unter Fortlassung des Index "h" schreiben. Wir geben die folgende Definition.

(5) _Eine Familie_ $\psi := \{\psi_h\}_\Lambda$ _von Funktionen_ $\psi_h : C_h \times C_h \to \mathbb{R}$ _heißt ein Stabilitätsfunktional bezüglich einer Familie_ $A := \{A_h\}_\Lambda$ _von Abbildungen_ $A_h : C_h \to C_h$, _wenn es Zahlen_ η _und_ $H > 0$ _gibt,_

so daß für alle $v_h, w_h \in C_h$ gilt

(6) $\quad \| v_h - w_h \|_h \leq \eta \psi_h(A_h v_h, A_h w_h), \quad h \in \Lambda, \quad h < H.$

In der Menge der Familien von Funktionalen führen wir eine Äquivalenzrelation ein, indem wir $\varphi \sim \psi$ nennen, wenn eine Zahl $\beta > 0$ existiert mit der Eigenschaft

(7) $\quad \beta^{-1} \varphi_h(v_h, w_h) \leq \psi_h(v_h, w_h) \leq \beta \varphi_h(v_h, w_h), \quad v_h, w_h \in C_h, \quad h \in \Lambda.$

Im Hinblick auf die Definition (5) erscheint es sinnvoll, diese Festlegung zu treffen, da φ ein Stabilitätsfunktional von A genau dann ist, wenn es ein zu φ äquivalentes Stabilitätsfunktional von A gibt. Wie üblich verwenden wir für die Äquivalenzklassen, in die sich die Menge der Funktionale gemäß (7) einteilen läßt, keine neue Bezeichnung.

In der Menge (der Äquivalenzklassen) von Stabilitätsfunktionalen führen wir eine für unsere Zwecke naheliegende Halbordnung ein. Zwei Funktionale φ, ψ sollen in der Relation $\varphi \prec \psi$ stehen, wenn es eine Zahl β gibt, mit der für fast alle $h \in \Lambda$ gilt

(8) $\quad \varphi_h(v_h, w_h) \leq \beta \psi_h(v_h, w_h), \quad v_h, w_h \in C_h.$

Ein φ heißt dann <u>minimales Stabilitätsfunktional</u> für A, wenn es minimal unter den Stabilitätsfunktionalen $\{\psi\}$ für A ist, d.h. wenn für jedes ψ gilt $\varphi \prec \psi$. Eine Operatorfamilie A heißt <u>stabiler</u> als B, wenn die minimalen Stabilitätsfunktionale φ bzw. ψ von A bzw. B in der Relation $\varphi \prec \psi$ stehen. Ein A heißt <u>optimal stabil</u> in einer Klasse K von Operatorfamilien, wenn A stabiler ist als jedes $B \in K$.

Wir führen jetzt die Klassen K_0 und K_P von Operatorfamilien A ein, die wir weiterhin betrachten wollen. Sie sind modelliert nach der speziellen Struktur, die bei den Mehrschrittverfahren vorliegt.

(9) (i) K_0 <u>ist eine nichtleere Menge von Operatorfamilien</u> $A = (A_h)_\Lambda$, <u>so daß sich jedes</u> A <u>in der Form</u> $A = L + B$ <u>darstellen</u>

<u>läßt mit einer Familie</u> $L = \{L_h\}_\Lambda$ <u>linearer und einer Familie</u> $B = \{B_h\}_\Lambda$ <u>gleichmäßig Lipschitz-stetiger Operatoren</u>.

(ii) <u>Bis auf endlich viele</u> $h \in \Lambda$ <u>sind</u> A_h, L_h <u>bijektiv, und</u> A, L <u>sind stabil bezüglich des durch</u> $\psi_h(v_h) = \| v_h \|_h$, $h \in \Lambda$, <u>definierten Funktionals</u>.

Dabei haben wir der Kürze halber in (9)(ii) nur ein Argument bei ψ_h geschrieben, da wir wie üblich in diesem Fall $\psi_h(v_h, w_h) = \psi_h(v_h - w_h)$ definieren. Die <u>gleichmäßige</u> <u>Lipschitz-Stetigkeit</u> der Familie $\{B_h\}_\Lambda$ bedeutet, daß es eine Zahl η_L gibt mit

$$(10) \quad \| B_h v_h - B_h w_h \| \le \eta_L \| v_h - w_h \|, \quad v_h, w_h \in C_h, \quad h \in \Lambda.$$

Mit $L + B$ ist die Familie $\{L_h + B_h\}_\Lambda$ gemeint.

(11) <u>Es ist</u> K_P <u>eine Teilmenge von</u> K_o <u>mit der Eigenschaft, daß es eine Familie</u> $P = \{P_h\}_\Lambda$ <u>linearer, bijektiver Abbildungen</u> P_h <u>in</u> C_h <u>gibt, so daß für jedes</u> $A = L + B \in K_P$ <u>eine Familie</u> $\{Q_h\}_\Lambda$ <u>linearer, gleichmäßig beschränkter Operatoren</u> Q_h <u>existiert mit</u> $L_h = P_h Q_h$, $h \in \Lambda$.

Mit Hilfe der Familien P und L können wir noch zwei spezielle Funktionale definieren durch die Vorschrift

$$(12) \quad \psi_{P,h}(v_h) := \| P_h^{-1} v_h \|_h, \quad \psi_{L,h}(v_h) := \| L_h^{-1} v_h \|_h, \quad v_h \in C_h, \quad h \in \Lambda.$$

Für den linearen Fall $B = 0$ läßt sich mit ψ_L sofort ein minimales Stabilitätsfunktional für A angeben. Der nächste Satz zeigt, daß diese Eigenschaft von L stabil gegenüber der Störung durch B ist.

(13) <u>Für</u> $A \in K_o$ <u>ist</u> ψ_L <u>minimales Stabilitätsfunktional</u>.

<u>Beweis</u>. Seien $v_h, w_h \in C_h$ gegeben. Wir setzen $z_h = L_h^{-1}(A_h w_h - A_h v_h)$ und erhalten ausgehend von der Identität

$$A_h(w_h - z_h) - A_h v_h = B_h(w_h - z_h) - B_h w_h$$

unter Verwendung der Voraussetzungen (9)(ii),(10)

$$\| w_h - z_h - v_h \| \le \eta \| B_h(w_h - z_h) - B_h w_h \| \le \eta \eta_L \| z_h \|,$$

woraus $\|w_h-v_h\| \leq (1+\eta\eta_L)\|z_h\|$ folgt. Damit ist bewiesen, daß ψ_L ein Stabilitätsfunktional für A ist.

Zum Beweis der Minimalität von ψ_L berechnen wir unter Ausnutzung von (10)

$$\|L_h^{-1}(A_hv_h-A_hw_h)\| \leq (1+\eta_L\|L_h^{-1}\|)\|v_h-w_h\| .$$

Wegen (9)(ii) sind die Normen von L_h^{-1} gleichmäßig beschränkt. Ist daher ψ irgendein Stabilitätsfunktional von A, so ergibt sich bei Beachtung der Surjektivität von A_h für alle $y_h,z_h \in C_h$ mit der Konstanten $\eta_o := (1+\eta_L \sup\|L_h^{-1}\|)$

$$\|L_h^{-1}(y_h-z_h)\| \leq \eta_o \|A_h^{-1}y_h-A_h^{-1}z_h\| \leq \eta\eta_o\psi_h(y_h,z_h),$$

was zu beweisen war.

Als nächstes wollen wir Bedingungen dafür angeben, daß ψ_P ein Stabilitätsfunktional für A ist. Damit ist ψ_P dann automatisch minimal aufgrund des folgenden Sachverhalts.

(14) <u>Es ist</u> $\psi_P \prec \varphi$ <u>für jedes Stabilitätsfunktional</u> φ <u>von</u> $A \in K_P$.

<u>Beweis</u>. Ausgehend von $P_h^{-1} = Q_hL_h^{-1}$ berechnet man für $v_h \in C_h$ unter Verwendung der Minimalität von ψ_L

$$\psi_{P,h}(v_h) \leq \|Q_h\| \; \|L_h^{-1}v_h\| \leq \eta \sup_{h\in\Lambda}\|Q_h\| \; \varphi_h(v_h).$$

Es ist $\sup\|Q_h\|$ der Voraussetzung (11) zufolge endlich, und die Behauptung ist bewiesen.

(15) <u>Es ist</u> ψ_P <u>dann und nur dann ein Stabilitätsfunktional für</u> $A \in K_P$, <u>wenn gilt</u> $\lim \sup_{h\in\Lambda} \|Q_h^{-1}\| < \infty$.

<u>Beweis</u>. Vorbereitend bemerken wir, daß Q_h für ein Endstück Λ_1 von Λ bijektiv ist, da P_h und L_h es sind. Ist die in (15) genannte Bedingung erfüllt, so gilt

$$\psi_L(v_h) = \|L_h^{-1}v_h\| = \|Q_h^{-1}P_h^{-1}v_h\| \leq \sup_{h\in\Lambda_1}\|Q_h^{-1}\| \; \psi_{P,h}(v_h),$$

was $\psi_L \prec \psi_P$ zeigt. Umgekehrt ergibt die Eigenschaft von ψ_P, ein Stabilitätsfunktional zu sein, aufgrund von (13) auch

$\psi_L \prec \psi_P$, und damit wegen $L_h^{-1} = Q_h^{-1} P_h^{-1}$ auch $\|Q_h^{-1}(P_h^{-1} v_h)\| \leq \eta \|P_h^{-1} v_h\|$. Da P_h surjektiv ist, folgt hieraus die Behauptung.

Die optimale Stabilität einer Operatorfamilie A läßt sich wie folgt charakterisieren.

(16) K_P enthalte eine Operatorfamilie der Gestalt $A_o = P + B$. Dann sind die folgenden vier Bedingungen für $A \in K_P$ paarweise äquivalent.

(i) A ist optimal stabil

(ii) ψ_P ist minimales Stabilitätsfunktional für A

(iii) ψ_P ist ein Stabilitätsfunktional für A

(iv) $\limsup_{h \in \Lambda} \|Q_h^{-1}\| < \infty$.

Beweis. Die paarweise Äquivalenz der letzten drei Bedingungen folgt aus (13)-(15). Sei (i) erfüllt. Dann ist A auch stabiler als A_o, und es ist $\psi_L \prec \psi_P$, da ψ_L bzw. ψ_P gemäß (13) minimales Stabilitätsfunktional von A bzw. A_o ist. Damit ist (iii) gezeigt. Umgekehrt folgt für jedes $\tilde{A} \in K_P$ aus (ii),(iv) für das minimale Stabilitätsfunktional φ von $\tilde{A}$ wegen (14),(15) die Beziehung $\psi_P \prec \varphi$, so daß A optimal stabil ist.

Die vorangehenden Ergebnisse wenden wir nun auf Mehrschrittverfahren an, welche der folgenden Voraussetzung genügen.

(17) Ein Mehrschrittverfahren (A_h) gehört zur Klasse K, wenn (A_h) konstante Koeffizienten a_k besitzt, $\rho(1) = 0$ sowie die Wurzelbedingung (P) erfüllt ist und die Lipschitzbedingung (L) global gilt, d.h. mit $U = I \times \mathbb{K}^n$.

Wie wir schon weiter oben erwähnt haben, wird im Fall von Mehrschrittverfahren für C_h der Vektorraum der Gitterfunktionen auf I_h' genommen und für $\|\cdot\|_h$ die Maximumnorm. A_h ist der in 2.1.(2) definierte Operator. Wir setzen

$$L_h v_h(x_j) = \begin{cases} v_h(x_j), & j = 0,\dots,m-1, \\ h_j^{-1} \sum_{k=0}^{m} a_k v_h(x_{j-m+k}), & j = m,\dots,N, \end{cases}$$

$$B_h v_h(x_j) = \begin{cases} -\alpha_h^{(j)}, & j=0,\dots,m-1 \\ -f_h(x_j, v_h(x_{j-m}),\dots,v_h(x_j)), & j=m,\dots,N, \end{cases}$$

$$P_h v_h(x_j) = \begin{cases} v_h(x_j), & j=0,\dots,m-1 \\ \bar{h}_j^{-1}(v_h(x_j)-v_h(x_{j-1})), & j=m,\dots,N. \end{cases}$$

Offenbar sind P_h, L_h lineare bijektive Abbildungen in C_h. Die Inverse von P_h läßt sich leicht ausrechnen. Sie hat die Gestalt

$$(18)\quad (P_h^{-1} w_h)(x_j) = \begin{cases} w_h(x_j), & j=0,\dots,m-1 \\ w_h(x_{m-1}) + \sum_{k=m}^{j} \bar{h}_k w_h(x_k), & j=m,\dots,N. \end{cases}$$

Die Bedingung (L) sichert die gleichmäßige Lipschitz-Stetigkeit der B_h. Die Stabilität von $\{A_h\}, \{L_h\}$ für genügend kleine h ist den Sätzen 2.(14),1.(11) zufolge unter Voraussetzung der Wurzelbedingung (P) gegeben. Offenbar ist L_h für jedes $h \in \Lambda$ und A_h für genügend kleine $h \in \Lambda$ bijektiv.

Von den Bedingungen (9),(11) bleibt noch die gleichmäßige Beschränktheit der Q_h, $h \in \Lambda$, zu zeigen, welche definiert sind durch $Q_h := P_h^{-1} L_h$. Dies ist unter der Voraussetzung $\rho(1) = 0$ der Fall. Dann ergibt nämlich 5.(11) die Darstellung

$$(19)\quad (Q_h v_h)(x_j) = \begin{cases} v_h(x_j), & j=0,\dots,m-1, \\ (A_h^* v_h)(x_j) - (A_h^* v_h)(x_{m-1}), & j=m,\dots,N, \end{cases}$$

mit dem in 5.(6) definierten Operator A_h^*, aus der die Beschränktheit abzulesen ist.

Mit den vorstehend getroffenen Festlegungen handelt es sich also bei den Mehrschrittverfahren der Klasse K um eine Klasse K_P, die den Bedingungen (9),(11) genügt, und man kann von einem minimalen Stabilitätsfunktional sowie einem optimalen Mehrschrittverfahren sprechen.

(20) Für $(A_h) \in K$ sind die folgenden Bedingungen paarweise äquivalent.

(i) (A_h) <u>ist optimal stabil in</u> K

(ii) <u>Die starke Wurzelbedingung</u> (P*) <u>ist erfüllt</u>

(iii) <u>Die Normen</u> $[\cdot]^*$ <u>aus</u> 2.5.(1) <u>bilden ein minimales Stabilitätsfunktional für</u> (A_h)

(iv) (A_h) <u>ist Lipschitz-*stabil mit Stabilitätsschwelle</u> $\delta = \infty$.

<u>Beweis</u>. Die Äquivalenz der Bedingungen (ii) und (iv) ist in Satz 5.(12) enthalten, wobei aus der Bemerkung im Anschluß an 5.(5) entnommen werden kann, daß bei global erfülltem (L) keine Stabilitätsschwelle auftritt. Als nächstes bemerken wir, daß die beiden Familien $\{[\cdot]_h^*\}_\Lambda$ und $\{\psi_{P,h}\}_\Lambda$ von Funktionalen äquivalent sind, was durch einen Vergleich von 5.(1) und (18) hervorgeht. Die Bedingung (iv) bedeutet daher, daß ψ_P ein Stabilitätsfunktional von (A_h) ist, was wegen (16) äquivalent zu (i) ist. Ebenfalls aus (16) entnimmt man, daß (iii) mit (i) äquivalent ist.

Aus (20) geht hervor, daß für die Mehrschrittverfahren $(A_h) \in K$, welche die starke Wurzelbedingung erfüllen, die Lipschitz-*Stabilität eine a-priori-Abschätzung darstellt, welche in dem durch (8) zu verstehenden Sinne nicht mehr verbessert werden kann. Daß (A_h) auch optimal stabil ist, bedeutet, daß das dabei gefundene minimale Stabilitätsfunktional (in diesem Falle $[\cdot]^*$) unabhängig von dem speziellen (A_h) ist.

Eine weitere wichtige Folgerung aus der Minimalität der Lipschitz-*Stabilität ist die <u>zweiseitige</u> <u>Fehlerabschätzung</u>

(21) $$\eta^{-1} \|v_h - w_h\| \leq [A_h v_h - A_h w_h]^* \leq \eta \|v_h - w_h\|$$

für genügend kleine h mit einer von h unabhängigen Konstanten η, falls (A_h) die Bedingungen (17) und (P*) erfüllt. Dabei bedeutet $\|\cdot\|$ die Maximumnorm. Die linke Ungleichung in (21) ist gerade die Lipschitz-*Stabilität, die etwa aus (20)(iv) hervorgeht. Die andere Ungleichung in (21) erhält man durch Verwendung des speziellen Funktionals

(22) $$\psi_h(v_h, w_h) := \|A_h^{-1} v_h - A_h^{-1} w_h\| ,$$

das trivialerweise ein Stabilitätsfunktional für (A_h) bildet. Da aber $[\cdot]^*$ minimal ist, besteht die Ungleichung $[v_h-w_h]_h^* \leq \eta\psi_h(v_h,w_h)$.

Nimmt man in (21) für v_h die Lösung von (A_h) und für w_h die Restriktion $r_h u$ der Lösung von (A) auf das Gitter I_h', so schreibt sie sich

$$(23)\quad \eta\,||u_h-r_h u|| \leq [\tau_h]^* \leq \eta^{-1}\,||u_h-r_h u||\,, \quad h\to 0.$$

Dies bedeutet, daß die Geschwindigkeit, mit der $[\tau_h]^*$ für $h\to 0$ gegen Null geht, ein genaues Maß für die Konvergenzgeschwindigkeit $||u_h-r_h u||\to 0$ ist.

Aus dem vorstehend geschilderten Sachverhalt erklärt sich das besondere Interesse an zweiseitigen Fehlerabschätzungen, deren Existenz und Aussehen wir daher noch etwas weiterverfolgen.

Mit (20) haben wir für eine eingeschränkte Klasse von Mehrschrittverfahren eine optimale Fehlerabschätzung mit Hilfe des Spijker-Stabilitätsfunktionals $[\cdot]^*$, das unabhängig sowohl von dem nichtlinearen als auch von dem linearen Teil von (A_h) ist. In (13) ist ein minimales Stabilitätsfunktional ψ_L für eine weitaus größere Klasse von Mehrschrittverfahren gefunden worden. Hier ist ψ_L abhängig von dem linearen Teil L von (A_h). Ein derartiges minimales Stabilitätsfunktional erfüllt aber durchaus noch seinen Zweck, da es unabhängig von dem nichtlinearen Bestandteil von (A_h) und damit von der jeweiligen Anfangswertaufgabe (A) ist. Stellt man diese Forderung nicht, so findet man sofort ein minimales Stabilitätsfunktional in der Setzung (22), das jedoch aufgrund seiner komplizierten und vom jeweilig vorliegenden Mehrschrittverfahren abhängigen Struktur unbrauchbar ist.

Unsere bisherigen Ergebnisse hingen weiterhin davon ab, daß wir die Maximumnorm für die Gitterfunktion auf I_h' verwendeten. Im verbleibenden Teil dieses Abschnitts fragen wir nach der Existenz von f_h unabhängiger minimaler Stabilitätsfunktionale, d.h. nach optimalen Fehlerabschätzungen, wobei wir für $||\cdot||_h$ eine beliebige, absolute Halbnorm zulassen. Dabei heißt $||\cdot||_h$

absolut, wenn für irgend zwei Gitterfunktionen v_h, w_h mit der Eigenschaft

(24) $|v_h(x)| = |w_h(x)|,\ x \in I_h' \Rightarrow \|v_h\|_h = \|w_h\|_h$.

Alle l^p-Normen haben die Eigenschaft, absolut zu sein, dagegen nicht die Spijker-Norm $[\cdot]^*$.

Wir führen jetzt die im weiteren zugrunde gelegte Klasse K_S von Mehrschrittverfahren (A_h) ein. Mit $L = (L_h)_\Lambda$ bzw. $B = (B_h)_\Lambda$ bezeichnen wir den linearen Teil L_h bzw. nichtlinearen Teil B_h von A_h und mit $\psi_L = (\psi_{L,h})_\Lambda$ die aus den Funktionalen $\psi_{L,h} := \|L_h^{-1}(\cdot)\|_h$ gebildete Familie.

(25) Es ist $m \in \mathbb{N}$, und K_S ist die Menge aller m-schrittigen Mehrschrittverfahren (A_h), für welche die Lipschitzbedingung (L) global erfüllt ist und eine Konstante η existiert, so daß für alle $h \in \Lambda$ und für jedes v_h mit $v_h(x_j) = 0,\ j = 0,\dots,m-1$, gilt

(26) $$|v_h(x)| \le \eta \sum_{y \in I_h} \bar{h}(y)\,|L_h v_h(y)|,\quad x \in I_h.$$

Die Verfahren aus K_S besitzen also einen linearen Teil, der eine durch (26) beschriebene inverse Stabilität aufweist (vgl. mit 2.(14)).

Zur Formulierung des nächsten Satzes führen wir noch für jedes j in $m \le j \le N$ eine Menge $\Delta(j,k)$ von Summationsindizes ein durch

(27) $$\Delta(j,k) = \begin{cases} m, m+1, \dots, m+k & , 0 \le k < \min(m, j-m) \\ \max(j-m, m), \dots, j, & \min(m, j-m) \le k \le \max(j-m, m) \\ k, k+1, \dots, j & , \max(j-m, m) < k \le j, \end{cases}$$

welche gerade derart gewählt ist, daß die folgende Summationsregel gilt

$$\sum_{l=m}^{j} \bar{h}_l \sum_{k=0}^{m} v_{l-k} = \sum_{k=0}^{j} \Big(\sum_{l \in \Delta(j,k)} \bar{h}_l \Big) v_k.$$

(28) Für jedes $h \in \Lambda$ sei $\|\cdot\|_h$ eine absolute Halbnorm auf dem

Vektorraum C_h der Gitterfunktionen auf I_h'. Dann sind die folgenden fünf Bedingungen paarweise äquivalent.

(i) Für jedes $(A_h) \in K_S$ gibt es ein minimales Stabilitätsfunktional $\psi = \{\psi_h\}_\Lambda$ mit ψ unabhängig von $(f_h)_\Lambda$

(ii) Für jedes $(A_h) \in K_S$ ist ψ_L ein minimales Stabilitätsfunktional

(iii) Für jedes $(A_h) \in K_S$ gibt es eine Zahl $\eta > 0$, so daß für fast alle $h \in \Lambda$ und für $v_h, w_h \in C_h$ die optimale Fehlerabschätzung besteht

(29) $\eta^{-1} \|v_h - w_h\|_h \le \psi_{L,h}(A_h v_h - A_h w_h) \le \eta \|v_h - w_h\|_h$

(iv) Die Aussage (iii) gilt im Falle $L_h v_h(x_j) := \bar{h}_j^{-1}(v_h(x_j) - v_h(x_{j-1}))$ und $f_h(x_j, y_{j-m}, \ldots, y_j) := y_{j-m} + \ldots + y_j$, $j = m, \ldots, N$

(v) Es gibt eine Zahl η, so daß für jedes $h \in \Lambda$ und jedes $v_h \in C_h$ die Funktion $w_h(x_j) := 0$, $j = 0, \ldots, m-1$,

$$w_h(x_j) := \sum_{k=0}^{j} \Big(\sum_{l \in \Delta(j,k)} \bar{h}_l \Big) v_h(x_k), \quad j = m, \ldots, N,$$

der Abschätzung $\|w_h\|_h \le \eta \|v_h\|_h$ genügt.

Da $\Delta(j,k)$ höchstens die m Indizes $j-m, \ldots, m$ enthält, ist die Bedingung (26)(v) offensichtlich erfüllt, wenn $\|\cdot\|_h$ für eine der l^p-Normen

(30) $\|v_h\|_p := \Big(\sum_{x \in I_h'} \bar{h}(x) |v_h(x)|^p \Big)^{1/p}, \quad 1 \le p \le \infty,$

steht, wobei $p = \infty$ wie üblich die Maximumnorm bedeuten soll. Als Spezialfall ergibt (28) daher beispielsweise für die auf Quadratur beruhenden Mehrschrittverfahren, bei denen $L_h v_h(x_j) = h_j^{-1}(v_h(x_j) - v_h(x_{j-1}))$, $j = m, \ldots, N$, ist, für fast alle $h \in \Lambda$ die zweiseitige Fehlerabschätzung

$$(31) \quad \eta^{-1} \|v_h - w_h\|_p \le \Big[\sum_{j=0}^{m-1} \bar{h}_j |(A_h v_h - A_h w_h)(x_j)|^p + \sum_{x \in I_h} \bar{h}(x) \Big| \sum_{\substack{y \le x \\ y \in I_h}} \bar{h}(y)(A_h v_h - A_h w_h)(y) \Big|^p \Big]^{1/p} \le \eta \|v_h - w_h\|_p ,$$

die bei Vornahme einer kleinen Umformung nichts weiter ist als (29) unter Beachtung, daß in diesem Fall $\psi_L = \psi_P$ ist und L_h^{-1} durch (18) ausgedrückt werden kann.

Ein Beispiel für eine Halbnorm $\|\cdot\|_h$, für die (28)(v) nicht erfüllt ist, wird gegeben durch

$$\|v_h\|_h := |v_h(x_N)| .$$

In [380] sind auch Beispiele mit gewichteten l^P-Normen zu finden, die auf lokal verbesserte Fehlerabschätzungen führen, was wir hier nicht vorführen wollen.

Zum Beweis von (28) beginnen wir mit einigen technischen Vorbereitungen bezüglich absoluter Halbnormen (s.[380,Lemma 1]).

(32) Ist $\|\cdot\|$ absolut, so folgt für $v_h, w_h \in C_h$ aus $|v_h(x)| \leq |w_h(x)|$, $x \in I_h'$, die Ungleichung $\|v_h\| \leq \|w_h\|$.

Beweis. Für jedes $j = 0,\ldots,N$ wählen wir zwei Zahlen β_j, γ_j mit

$$\beta_j \geq 0, \quad \gamma_j \geq 0, \quad \beta_j + \gamma_j = 1, \quad (\beta_j - \gamma_j)|w_j| = |v_j|,$$

und setzen $z_j = \beta_j w_j + (-\gamma_j) w_j$. Offenbar gilt $|z_j| = |v_j|$ und daher auch $\|z_h\| = \|v_h\|$, da $\|\cdot\|$ absolut ist. Für jedes y_h ergibt dann eine Anwendung der Dreiecksungleichung

$$\|(y_0,\ldots,y_{k-1},z_k,y_{k+1},\ldots y_N)\| \leq \|(y_0,\ldots,y_{k-1},w_k,y_{k+1},\ldots,y_N)\|$$

für $k = 0,\ldots,N$. Wendet man diese Ungleichung sukzessive für $k = 0,1,\ldots,N$ an mit $y_j = w_j$, $j < k$, $y_j = z_j$, $j > k$, so erhält man $\|z_h\| \leq \|w_h\|$, was die Behauptung ergibt.

(33) Ist $\|\cdot\|$ absolut, so folgt aus (28)(v) die Existenz einer Zahl η, mit der für jedes $h \in \Lambda$ und $v_h, w_h \in C_h$ die Beziehungen

(34) $|w_h(x_j)| \leq \sum_{k=0}^{j} \Big(\sum_{l \in \Delta(j,k)} \bar{h}_l \Big) |v_h(x_k)|$, $j = m,\ldots,N$, $w_h(x_k) = 0$,

$k = 0,\ldots,m-1$, das Bestehen der folgenden Ungleichung nach sich ziehen

(35) $\|w_h\| \leq \eta \|v_h\|$.

Beweis. Sei $e\in\mathbb{K}^n$ ein Vektor mit $|e| = 1$. Wir definieren

$$\tilde{v}_h(x) := |v_h(x)|e, \; x\in I_h', \; \tilde{w}_h(x_j) := \sum_{k=0}^{j} \Big(\sum_{l\in\Delta(j,k)} \bar{h}_l \Big) \tilde{v}_h(x_k)$$

für $j = m,\ldots,N$, sowie $\tilde{w}_h(x_k) = 0$, $k = 0,\ldots,m-1$. Dann gilt $|w_h(x)| \le |\tilde{w}_h(x)|$, $|\tilde{v}_h(x)| = |v_h(x)|$, $x\in I_h'$, und die Behauptung folgt durch Anwendung von (32) und (28)(v).

(36) <u>Ist $\|\cdot\|$ eine Norm mit der Eigenschaft, daß</u> (35) <u>aus</u> (34) <u>folgt, so gilt</u> (28)(iii).

Beweis. Wir bemerken als erstes, daß aus (26) auch die Abschätzung

$$(37) \quad |v_h(x)| \le \eta \sum_{\substack{t\in I_h \\ t\le x}} \bar{h}(t)|L_h v_h(t)|, \quad x\in I_h,$$

für jedes v_h mit $v_k = 0$, $k = 0,\ldots,m-1$ folgt, was man wie im Beweis von 1.(9) erschließt, wobei die Bijektivität von L_h die dortige Überlegung vereinfacht.

Seien $v_h, w_h \in C_h$ gegeben. Wir setzen $z_h = v_h - w_h - L_h^{-1}(A_h v_h - A_h w_h)$, so daß $z_k = 0$, $k = 0,\ldots,m-1$, und

$$(38) \quad L_h z_h = -B_h v_h + B_h w_h$$

wird. Unter Ausnutzung von (L) und von (37) erhält man daher für $j = m,\ldots,N$

$$|z_j| \le \eta L \sum_{l=m}^{j} \bar{h}_l \sum_{k=0}^{m} |v_{l-k} - w_{l-k}|$$

$$\le \eta L \sum_{k=0}^{j} \Big(\sum_{l\in\Delta(j,k)} \bar{h}_l \Big) |v_k - w_k| .$$

Wir identifizieren diese Beziehung mit (34) und erhalten $\|z_h\| \le \eta^2 L \, \|v_h - w_h\|$. Der Bedeutung von z_h zufolge ergibt sich hieraus

$$\psi_{L,h}(A_h v_h - A_h w_h) \le (1+\eta^2 L) \, \|v_h - w_h\|_h .$$

Zum Beweis der umgekehrten Ungleichung schreiben wir (38) in der Form

$$L_h z_h = B_h(w_h) - B_h(w_h+z_h) + y_h, \quad y_h = B_h(w_h+z_h) - B_h(v_h).$$

Dies führt entsprechend wie oben für $j=m,\dots,N$ auf die Ungleichung

$$(1-\eta L\bar{h}_j)|z_j| \le \eta L \sum_{k=0}^{j-1} \Big(\sum_{l\in\Delta(j,k)} \bar{h}_l \Big) |z_k| + \eta \sum_{k=m}^{j} \bar{h}_k |y_k|.$$

Wir wählen l in $m\le l\le N$ und betrachten die vorstehende Ungleichung nur für $m\le j\le l$, wobei der letzte Summand noch nach oben abgeschätzt wird, indem man j durch l ersetzt. Hierauf wenden wir das Lemma I-2.2.(9) von Gronwall an und erhalten bei Beachtung von

$$\sum_{k=0}^{j-1} \sum_{l\in\Delta(j,k)} \bar{h}_k \le \sum_{k=0}^{j-1} m\bar{h}_k \le m(b-a)$$

für genügend kleine h mit der Abkürzung $\eta_o := 1-\eta L h_{max}$

$$|z_l| \le \frac{\eta}{\eta_o} \sum_{k=0}^{l} \bar{h}_k |y_k| \exp[\eta_o m L(b-a)], \quad l=m,\dots,N.$$

Die Differenz $y_h = B_h(v_h - L_h^{-1}(A_h v_h - A_h w_h)) - B_h v_h$ wird wieder mit Hilfe von (L) abgeschätzt, und wie im ersten Teil des Beweises kommt man unter Ausnutzung von (34),(35) zu der Ungleichung

$$\|z_h\| \le \eta' \| L_h^{-1}(A_h v_h - A_h w_h) \|,$$

aus der mit der Bedeutung von z_h nach einer Anwendung der Dreiecksungleichung $\|v_h - w_h\| \le (1+\eta')\psi_{1,h}(A_h v_h - A_h w_h)$ folgt.

(39) Aus (28)(iv) folgt (28)(v).

Beweis. Sei v_h gegeben, und sei w_h die Lösung der Gleichungen

$$(40)\quad w_k = 0, \quad k=0,\dots,m-1, \quad w_j - w_{j-1} = \bar{h}_j \sum_{k=j-m}^{j} v_k, \quad j=m,\dots,N.$$

Sei (A_h) das durch (28)(iv) definierte Mehrschrittverfahren, das ersichtlich die Bedingung (L) global erfüllt, und sei u_h

die Lösung von $A_h u_h = 0$. Dann besitzt w_h die Darstellung

$$w_h = -L_h^{-1} A_h(u_h+v_h)+v_h,$$

denn nach Anwendung von L_h auf diese Gleichung ergibt sich (40). Die rechte Ungleichung in (29) liefert dann

$$\|v_h - w_h\| = \psi_{L,h}(A_h(u_h+v_h)-A_h u_h) \leq \eta \|v_h\| ,$$

womit gezeigt ist, daß (35) aus (40) folgt. Da die Gleichungen in (28)(v) und (40) äquivalent sind, was man leicht nachprüft, ist der Hilfssatz bewiesen.

Beweis von (28). (ii) $\Leftrightarrow$ (iii) Wenn ψ_L ein minimales Stabilitätsfunktional ist, so ergibt sich die Abschätzung (29) wie der Beweis von (21). Die Umkehrung ist eine einfache Folgerung aus (29).

(iii) $\Rightarrow$ (iv) $\Rightarrow$ (v) $\Rightarrow$ (iii) Die erste dieser Folgerungen ist trivial, die zweite ist in (39), die dritte in (33),(36) bewiesen worden.

(i) $\Leftrightarrow$ (ii) Ist ψ ein minimales Stabilitätsfunktional, so gilt (29) mit ψ_h anstelle von $\psi_{L,h}$. In dieser Ungleichung kann man speziell auch $A_h = L_h$ nehmen und erhält

$$\eta^{-1}\psi_{L,h}(v_h - w_h) \leq \psi_h(v_h, w_h) \leq \eta\psi_{L,h}(v_h - w_h),$$

was die Äquivalenz von ψ_h mit $\psi_{L,h}$ zeigt. Da ψ von $(f_h)_\Lambda$ unabhängig ist, folgt, daß ψ_L minimales Stabilitätsfunktional ist. Die Umkehrung (ii) $\Rightarrow$ (i) ist trivial, so daß (28) vollständig bewiesen ist.

2.7. Die maximale Konsistenzordnung stabiler Mehrschrittverfahren

Am Ende von 1.1. ist bewiesen worden, daß es lineare m-schrittige Verfahren (A_h) mit der Konsistenzordnung $p = 2m$ gibt. Wie von Dahlquist [182] bewiesen worden ist, ergibt die Forderung der Stabilität von (A_h), d.h. das Erfülltsein der Wurzelbedingung (P), Einschränkungen an die größte erreichbare Konsistenzordnung, die wir im folgenden Satz festhalten.

(1) Sei (A_h) ein lineares m-schrittiges Verfahren auf äquidistantem Gitter, das der Wurzelbedingung (P) genügt und mit einer Zahl $r \in \mathbb{N}$ für jedes $f \in C^r(U)$ die Konsistenzordnung $p = r$ besitzt. Dann ist $r \leq m+2$, und aus $r = m+2$ folgt, daß m eine gerade Zahl ist und ρ nur unimodulare Wurzeln besitzt. Zu jedem ρ von geradem Grade m, das $a_m = 1$, $\rho(1) = 0$ erfüllt und dessen Wurzeln sämtlich unimodular sind, gibt es ein eindeutig bestimmtes σ, so daß das zugehörige (A_h) die Konsistenzordnung $p = m+2$ hat, falls auch für die Startwerte $\tau_h(x_j) = O(h^{m+2})$, $j = 0,\ldots,m-1$, gilt.

Beweis. Sei (A_h) ein stabiles Verfahren der Konsistenzordnung r. Wir verwenden die Transformation

$$(2) \quad \zeta = \frac{z-1}{z+1}, \quad z = \frac{1+\zeta}{1-\zeta}$$

der komplexen Ebene, mit der das Innere des Einheitskreises $|z| < 1$ umkehrbar eindeutig auf die Halbebene $\operatorname{Re}\zeta < 0$ abgebildet wird, wobei der Rand $|z| = 1$ in die imaginäre Achse $\operatorname{Re}\zeta = 0$ übergeht. Mit Hilfe von ρ,σ führen wir die Polynome

$$(3) \quad P(\zeta) := \left(\frac{1-\zeta}{2}\right)^m \rho\left(\frac{1+\zeta}{1-\zeta}\right), \quad \Sigma(\zeta) := \left(\frac{1-\zeta}{2}\right)^m \sigma\left(\frac{1+\zeta}{1-\zeta}\right)$$

vom Grade kleiner gleich m ein. Aufgrund der Konsistenz und Stabilität ist $z = 1$ eine einfache Wurzel von ρ, so daß $\zeta = 0$ eine einfache Wurzel von P ist. Daher läßt sich P in der Form

$$(4) \quad P(\zeta) = d_1\zeta + d_2\zeta^2 + \ldots + d_m\zeta^m, \quad d_1 \neq 0,$$

schreiben. Wir können $d_1 > 0$ annehmen, da dies gegebenenfalls durch Multiplikation der Gleichungen von (A_h) mit -1 erreichbar ist.

Wir behaupten $d_k \geq 0$, $k = 2,\ldots,m$. Aufgrund der Wurzelbedingung besitzt P nur Wurzeln mit nichtpositivem Realteil. Da die Koeffizienten reell sind, läßt P sich bis auf einen konstanten Faktor in der Form

$$P(\zeta) = \zeta \prod_j (\zeta - r_j) \prod_k [(\zeta - s_k)^2 + t_k^2]$$

faktorisieren, wobei sich das erste Produkt über die reellen und das zweite über die Paare konjugiert komplexer Wurzeln erstreckt. Wegen $r_j \leq 0$, $s_k \leq 0$ werden beim Ausmultiplizieren der Produkte alle Potenzen von ζ mit nichtnegativen Faktoren multipliziert, was zusammen mit $d_1 \geq 0$ auch $d_k \geq 0$ ergibt.

Die Bedingung 1.1.(30)(ii) zeigt bei Berücksichtigung der Transformation (2), daß der Verfahrensteil von (A_h) genau dann für jedes $f \in C^r(U)$ die Konsistenzordnung r besitzt, wenn $\rho(1) = 0$ und $\zeta = 0$ eine Nullstelle der Ordnung r der Funktion

$$\Phi(\zeta) := \frac{1}{\log \frac{1+\zeta}{1-\zeta}} P(\zeta) - \Sigma(\zeta), \quad |\zeta| < 1,$$

ist. Wir schreiben die Potenzreihenentwicklung des ersten Summanden in der Form

$$(5) \quad \frac{\zeta}{\log \frac{1+\zeta}{1-\zeta}} \frac{P(\zeta)}{\zeta} = e_o + e_1\zeta + e_2\zeta^2 + \ldots$$

an. Da Σ vom Grade höchstens m ist, kann $\zeta = 0$ dann und nur dann eine Wurzel von Φ der Ordnung $r > m+1$ sein, wenn $e_{m+1} = \ldots = e_{r-1} = 0$ ist. In (10) beweisen wir die Potenzreihenentwicklung

$$(6) \quad \frac{\zeta}{\log \frac{1+\zeta}{1-\zeta}} = c_o + c_2\zeta^2 + c_4\zeta^4 + \ldots , \quad |\zeta| < 1,$$

mit Koeffizienten $c_{2j} < 0$, $j = 1,2,\ldots$. Verwenden wir dies in (5), so ergibt sich durch Koeffizientenvergleich

$$(7) \quad \begin{aligned} e_o &= c_o d_1, \quad e_1 = c_o d_2 \\ e_{2j} &= c_o d_{2j+1} + c_2 d_{2j-1} + \ldots + c_{2j} d_1, \quad j = 1,2,\ldots \\ e_{2j+1} &= c_o d_{2j+2} + c_2 d_{2j} + \ldots + c_{2j} d_2 . \end{aligned}$$

Ist m ungerade, so folgt aus (7) die Beziehung

$$e_{m+1} = c_2 d_m + c_4 d_{m-2} + \ldots + c_{m+1} d_1 ,$$

und wegen $c_{2j} < 0$, $d_k \geq 0$, $d_1 > 0$ muß $e_{m+1} < 0$ sein. Damit ist $r > m+1$ nicht möglich. Ist m gerade, so ergibt (7)

$$e_{m+1} = c_2 d_m + c_4 d_{m-2} + \ldots + c_m d_2 \ .$$

Wegen $c_{2j} < 0$, $d_k \geq 0$ kann $e_{m+1} = 0$ dann und nur dann sein, wenn

(8) $d_2 = d_4 = \ldots = d_m = 0$

ist. Das ist genau dann der Fall, wenn P ungerade ist. Da P keine Wurzeln mit positivem Realteil besitzt, kann es daher auch keine mit negativem geben. Umgekehrt ist dies auch hinreichend für $P(-\zeta) = -P(\zeta)$. Notwendig und hinreichend für (8) ist daher, daß P nur rein imaginäre Wurzeln oder gleichbedeutend ρ nur unimodulare Wurzeln besitzt. Wie im Falle eines geraden m erschließt man $e_{m+2} < 0$. Damit ist $r \leq m+2$, und die im Satz angegebenen Bedingungen sind notwendig für $r = m+2$. Sind sie erfüllt, so kann umgekehrt

(9) $\Sigma(\zeta) = e_0 + e_1\zeta + \ldots + e_m\zeta^m$

genommen werden, so daß $\zeta = 0$ eine Wurzel der Ordnung m+2 von Φ wird. Zu Σ gehört ein σ, und dieses σ ist eindeutig durch ρ bestimmt, wie wir in 1.1.(40) gezeigt haben (und was auch aus $e_m \neq 0$ folgt). Damit ist auch der zweite Teil des Satzes bewiesen.

(10) <u>Es besteht die Potenzreihenentwicklung</u> (6) <u>mit</u> $c_{2j} < 0$, $j = 1,2,\ldots$.

<u>Beweis</u>. Mit Hilfe der Potenzreihe

$$\log \frac{1+\zeta}{1-\zeta} = 2(\zeta + \frac{1}{3}\zeta^3 + \frac{1}{5}\zeta^5 + \ldots), \quad |\zeta| < 1,$$

erkennt man, daß (6) in der Tat nach Potenzen von ζ^2 fortschreitet, und für die Koeffizienten gewinnt man die Rekursionsformeln

(11) $\sum_{j=0}^{k} c_{2j} a_{k-j} = 0, \ k = 1,2,\ldots, \quad a_k = \frac{1}{2k+1}, \ k = 0,1,\ldots,$

mit $c_o = 1/2$. Schreiben wir (11) mit k ersetzt durch k+1 an, so ergibt sich

$$(12) \quad \sum_{j=0}^{k} c_{2j} a_{k-j+1} + c_{2(k+1)} = 0, \quad k = 1,2,\ldots .$$

Multiplikation von (11) mit a_{k+1} sowie von (12) mit a_k und Subtraktion der entstehenden Gleichungen führt auf

$$(13) \quad a_k c_{2(k+1)} = \sum_{j=1}^{k} c_{2j}(a_{k-j}a_{k+1} - a_{k-j+1}a_k), \quad k = 1,2,\ldots .$$

Für jedes $j \geq 1$ rechnet man leicht $a_{k-j}a_{k+1} - a_{k-j+1}a_k > 0$ nach. Die Behauptung folgt nun leicht durch vollständige Induktion. Es ist $c_2 = -1/6$, und nehmen wir für ein $k \geq 1$ an, daß $c_{2j} < 0$, $j = 1,\ldots,k$, ist, so zeigt (13) auch $c_{2(k+1)} < 0$.

Für $m = 1$ ist die Trapezformel das Verfahren mit der optimalen Konsistenzordnung $p = 2$. Für $m = 2$ haben wir mit dem Verfahren 1.2.(44) von Milne-Simpson das Verfahren mit der Konsistenzordnung $p = 4$. In diesen beiden Fällen sind die Verfahren eindeutig bestimmt, da $\rho = z-1$ für $m = 1$ und $\rho = z^2-1$ für $m = 2$ sein muß, letzteres, da wegen (1) ρ nur unimodulare und konjugiert komplexe Wurzeln besitzen kann, von denen $z_1 = 1$ die eine sein muß, so daß für die andere nur $z_2 = -1$ übrig bleibt.

Als Beispiel bestimmen wir noch die optimalen Verfahren für $m = 4$. In diesem Fall muß ρ wegen (1) das Aussehen

$$(14) \quad \begin{aligned} \rho(z) &= (z^2-1)(z-z_3)(z-\bar{z}_3) = (z^2-1)(z^2-2\cos\tau\, z + 1) \\ &= z^4 - 2\cos\tau\, z^3 + 2\cos\tau\, z - 1, \quad \tau \in (0,\pi), \end{aligned}$$

besitzen. Führen wir die Transformation (2) durch, so ergibt sich

$$P(\zeta) = \frac{\zeta}{2}(1-\cos\tau + \zeta^2(1+\cos\tau)).$$

Die ersten drei Koeffizienten c_{2j} aus (6) bestimmt man mit Hilfe von (11) zu $c_o = 1/2$, $c_2 = -1/6$, $c_4 = -2/45$, und vermöge (7) ergibt sich

$$e_1 = e_3 = 0, \quad e_o = \frac{1-\cos\tau}{4}, \quad e_2 = \frac{1+2\cos\tau}{6}, \quad e_4 = -\frac{19+11\cos\tau}{180} .$$

Damit ist Σ gemäß (9) bestimmt und die Rücktransformation mit (2) ergibt

$$\sigma(z) = e_0(z+1)^4 + e_2(z-1)^2(z+1)^2 + e_4(z-1)^4,$$

woraus man die Koeffizienten β_j von σ durch Sammeln nach Potenzen von z zu

$$(15) \quad \beta_0 = \beta_4 = \frac{14+\cos\tau}{45}, \quad \beta_1 = \beta_3 = -\frac{64-34\cos\tau}{45}, \quad \beta_2 = \frac{8-38\cos\tau}{15}$$

bestimmt. Die Fehlerkonstante C_6 kann man etwa mit Hilfe der Formel vor 1.1.(34) bestimmen, indem man $u = x^7$, $h = 1$, $a = -2$ nimmt. Die einfache Rechnung ergibt bei Ausnutzung der Symmetrie der Koeffizienten

$$C_6 = \frac{2}{7!} \sum_{k=0}^{1} (\alpha_k(k-2)^7 - 7\beta_k(k-2)^6) = -\frac{16+5\cos\tau}{1890}.$$

Die Fehlerkonstante kann, wie es sein muß, durch keine Wahl von τ zu Null gemacht werden. Sie wird betragsmäßig minimal für $\tau \to \pi$, jedoch ist $\tau = \pi$ aufgrund der zu fordernden Einfachheit der Wurzeln nicht erlaubt. Für $\tau = \pi/2$ erhält ρ die besonders einfache Form $\rho = z^4 - 1$. Auch β_2 kann zu Null gemacht werden für $\cos\tau = -4/19$.

2.8. Weiteres zur Konvergenz von Mehrschrittverfahren

Unsere bisherigen Konvergenzbeweise für Mehrschrittverfahren (s. 2.4.,2.5.) verlangten das Bestehen der Bedingung (L), was bei linearen Mehrschrittverfahren auf das Vorliegen der Lipschitzbedingung (L_0) für f hinauslief. Die Konvergenz der Polygonzugmethode ist in I-2.1.(5) bereits für stetiges f bewiesen worden, falls die Lösung u eindeutig bestimmt ist. In diesem Abschnitt beweisen wir ein entsprechendes Resultat für Mehrschrittverfahren, welche der starken Wurzelbedingung (P*) aus 2.5. genügen (s.[260]).

Die Forderung der Stetigkeit läßt sich noch weiter abschwächen. In [233] ist die Konvergenz für rechte Seiten f bewiesen worden, die der Carathéodory-Bedingung genügen. Die Konvergenz gegen Lösungen von (A), die im Sinne von Filippov zu verstehen sind, ist in [395,397] untersucht worden, was für Anwendungen auf nichtlineare Schwingungsprobleme von Bedeutung ist. In [396] werden auch Verfahren, welche nur der Bedingung (P) genügen, auf Konvergenz untersucht, wobei eine stärkere Bedingung als die Stetigkeit an f gestellt wird, welche insbesondere die Eindeutigkeit der Lösung zur Folge hat.

Im folgenden Satz bezeichnet U wie stets eine Umgebung des Graphen von u. Bedeutet $K_r(y)$ die abgeschlossene Kugel in $\mathbb{K}^n$ um y mit Radius r und $\overset{o}{U}$ den offenen Kern von U, so sei $r_0(U)$ die größte Zahl, so daß gilt

$$U_r := \bigcup_{x\in I} \{x\}\times K_r(u(x)) \subset \overset{o}{U}, \quad r < r_0(U).$$

D_h soll als Abkürzung für den vorwärts genommenen Differenzenquotienten stehen, wobei wir zur Vereinfachung $D_h u_h(x_N) = 0$ setzen.

(1) Es sei $f\in C(U)$, und in keinem Intervall $[a,c]$ mit $c \le b$ gebe es eine weitere Lösung von (A) außer u. Sei (A_h) ein lineares Mehrschrittverfahren auf äquidistantem Gitter, das die starke Wurzelbedingung (P*) und die Konsistenzbedingungen $\rho(1) = 0$, $\rho'(1) = \sigma(1)$ erfüllt. Außerdem gelte für die Anlaufrechnung

$$(2) \qquad |(u_h-u)(x_j)| \to 0, \quad |D_h(u_h-u)(x_k)| \to 0 \quad (h\to 0)$$

für $j = 0,\ldots,m$, $k = 0,\ldots,m-1$. Sei $r < r_0(U)$. Für genügend kleines h besitzt dann (A_h) eine in U_r verlaufende Lösung, und für jede Folge von in U_r verlaufenden Lösungen von (A_h) konvergiert

$$\max_{x\in I_h'} |(u_h-u)(x)| \to 0, \quad \max_{x\in I_h'} |(D_h u_h - D_h u)(x)| \to 0 \quad (h\to 0).$$

Beweis. Wir nehmen zunächst an, daß $f\in C(I\times\mathbb{K}^n)$ und dort beschränkt ist. Sei L_h definiert durch

$$(3) \quad L_h v_h(x_j) := \begin{cases} v_h(x_j) & , \quad j = 0,\ldots,m-1, \\ h^{-1} \sum_{k=0}^{m} a_k v_h(x_{j-m+k}), & j = m,\ldots,N. \end{cases}$$

Unter der Bedingung (P*), die (P) zur Folge hat, gilt (vgl. 2.(14))

$$(4)\quad \|v_h\| := \max_{x\in I_h'} |v_h(x)| \le \eta \max_{x\in I_h'} |L_h v_h(x)| .$$

Daher ist L_h bijektiv und besitzt eine gleichmäßig in h beschränkte Inverse. Führen wir noch die Abbildung F_h ein durch

$$(5)\quad F_h v_h(x_j) := \begin{cases} \alpha_h^{(j)} & , \quad j=0,\dots,m-1, \\ \sum_{k=0}^{m} b_k f(\cdot,v_h)(x_{j-m+k}), & j=m,\dots,N, \end{cases}$$

so sind die Gleichungen (A_h) äquivalent zu der Fixpunktgleichung

$$(6)\quad L_h^{-1} F_h u_h = u_h .$$

Da f als beschränkt vorausgesetzt ist, gibt es eine Zahl K, so daß für alle u_h die Abschätzung besteht $\|F_h u_h\| \le K$. Daher entnimmt man (6), daß die Kugel vom Radius $\|L_h^{-1}\| K$ im Raum der Gitterfunktionen versehen mit der Norm (4) von $L_h^{-1}F_h$ in sich abgebildet wird. Da $L_h^{-1}F_h$ offenbar auch stetig ist, ergibt der Brouwersche Fixpunktsatz die Existenz einer Lösung von (6).

Sei jetzt $(u_h)_\Lambda$ irgend eine Folge von Lösungen von (6) bei gegen Null gehender Schrittweitenfolge Λ. Aus (4),(6) folgt, daß die Folge $(\|u_h\|)_\Lambda$ beschränkt ist. Da (P*) vorausgesetzt ist, haben wir außerdem die Ungleichung 5.(9) zur Verfügung, die wir mit $w_h = D_h u_h$ anwenden. Mit den dortigen Bezeichnungen ist

$$(7)\quad A_h^* D_h u_h(x_{j-1}) = L_h u_h(x_j), \quad j=m,\dots,N,$$

so daß wir die Beschränktheit der Folge $(\|D_h u_h\|)_\Lambda$ erschliessen. Wie im Beweis von I-2.1.(1) erschließt man die Existenz eines $v\in C(I)$ und einer Teilfolge $\Lambda' \subset \Lambda$ von Schrittweiten mit

$$(8)\quad v(a) = \alpha, \quad \|u_h - r_h v\| \to 0 \quad (h\to 0, h\in\Lambda'),$$

wenn $r_h v$ die punktweise Restriktion von v auf das Gitter bedeutet. Wie man (5) unter Verwendung von (8) leicht entnimmt, gilt

$$(9)\quad \max_{x\in I_h} |F_h u_h(x) - \sigma(1)[r_h f(\cdot,v)](x)| \to 0 \quad (h\to 0, h\in\Lambda').$$

Wir behaupten außerdem, daß für jede Folge $(w_h)_\Lambda$ von Gitterfunktionen, so daß es eine Funktion $w\in C(I)$ gibt mit

$$\max_{x\in I_h} |w_h(x) - r_h w(x)| \to 0, \quad w_h(x_j) \to \alpha \quad (h\to 0)$$

für $j=0,\ldots,m-1$, folgt

$$(10)\quad ||L_h^{-1} w_h - r_h L_{-1} w|| \to 0 \;(h\to 0),\; L_{-1}w(x) := \alpha + \frac{1}{\rho'(1)} \int_a^x w(t)dt.$$

Man berechnet nämlich aufgrund der Faktorisierung (7) wegen $D_h r_h[L_{-1}w] \to w/\rho'(1)$

$$\max_{x\in I_h} |L_h r_h L_{-1} w(x) - r_h w(x)| \to 0 \quad (h\to 0),$$

und da außerdem $(L_h r_h L_{-1} w)(x_j) \to \alpha$ $(h\to 0)$ für $j=0,\ldots,m-1$ konvergiert, erhält man (10) aus (4), wenn man dort $v_h = L_h^{-1} w_h - r_h L_{-1} w$ setzt. Wir wenden nun (10) mit $w_h = F_h u_h$, $w = \sigma(1) f(\cdot,v)$ an, was wegen (9) und der Konvergenz $\alpha_h^{(j)} \to \alpha$ der Startwerte möglich ist. Wegen $\sigma(1) = \rho'(1)$ ergibt dann ein Grenzübergang in (6)

$$v(x) = \alpha + \int_a^x f(t,v(t))dt, \quad x\in I,$$

so daß v Lösung von (A) und daher vermöge der vorausgesetzten Eindeutigkeitsbedingung $v=u$ ist.

Von Λ ist nur ausgenutzt worden, daß es sich um eine Nullfolge von Schrittweiten handelt, so daß man die vorangehende Überlegung auch mit jeder Teilfolge von Λ anstelle von Λ durchführen kann. Ein indirekter Schluß zeigt dann sofort das Bestehen von (8) mit $\Lambda' = \Lambda$ und $v=u$. Vermöge der Konsistenz und (9) hat man auch $||L_h u_h - L_h r_h u|| \le ||F_h u_h - F_h r_h u|| + ||\tau_h(u)|| \to 0$ und eine

Anwendung von 5.(9) mit $w_h = D_h u_h - D_h r_h u$ ergibt bei Beachtung der auch mit $r_h u$ anstelle von u_h bestehenden Beziehung (7)

$$\|D_h u_h - D_h r_h u\| \to 0 \quad (h \to 0).$$

Um den Beweis für allgemeine f zu führen, nehmen wir an, daß $r < r_o(U)$ gegeben ist. Wir setzen dann f außerhalb von U_r zu einer beschränkten Funktion $\hat{f} \in C(I \times \mathbb{K}^n)$ fort. Die Lösungen mit $\hat{f}$ liegen wegen der bereits bewiesenen Konvergenz für kleine h in U_r und lösen daher (A_h). Umgekehrt sind in U_r verlaufende Lösungen von (A_h) auch solche mit $\hat{f}$. Damit ist alles bewiesen.

Satz (1) könnte ohne Schwierigkeiten auch so formuliert werden, daß er die Existenz einer Lösung von (A) mit ergibt, jedoch legen wir auf diesen Gesichtspunkt keine besondere Betonung. Bezüglich der Voraussetzung der starken Wurzelbedingung (P*) ist in [396] das folgende Beispiel der (P*) nicht erfüllenden Mittelpunktregel angewandt auf eine eindeutig lösbare Anfangswertaufgabe gegeben worden, bei dem keine Konvergenz vorliegt. Es sei für $x \geq 0$, $y \in \mathbb{R}$

$$f(x,y) := \begin{cases} 0 & , \quad x = 0, \\ 2x & , \quad y < 0, \\ 2x - 4y/x, & 0 \leq y \leq x^2, \\ -2x & , \quad y > x^2. \end{cases}$$

Die Anfangswertaufgabe $u' = f(\cdot,u)$, $u(0) = 0$, besitzt aufgrund der Monotonie von f bezüglich y bei festem x nach einem Satz aus der Theorie gewöhnlicher Differentialgleichungen die eindeutig bestimmte Lösung $u = x^2/3$. Durch vollständige Induktion zeigt man leicht, daß die Mittelpunktregel 1.2.(21) mit den Startwerten $u_o = 0$, $u_1 = -h^2$ die Lösung

$$u_{2j} = (2jh)^2, \quad u_{2j+1} = -((2j+1)h)^2, \quad j = 0,1,...,$$

besitzt, so daß keine Konvergenz $u_j - u(x_j) \to 0$ $(h \to 0)$ eintritt.

2.9. Asymptotische Entwicklungen

Im fünften Kapitel von Teil I des Buches ist die Bedeutung von asymptotischen Entwicklungen des Diskretisierungsfehlers für die Grenzwertextrapolationsverfahren ausführlich dargestellt worden. Außer für die Zwecke der Konvergenzbeschleunigung beruht auf ihnen die Methode der Halbierung der Schrittweite zur Schrittweitensteuerung und eröffnen sie den Zugang zu einem genaueren Verständnis des Verhaltens der Näherungen u_h für $h \to 0$, was gerade bei Mehrschrittverfahren von besonderem Interesse ist.

Mit dem Stetterschen Satz I-5.3.(6) ist ein abstraktes Ergebnis über die Existenz asymptotischer Entwicklungen allgemeiner Diskretisierungsverfahren bewiesen worden, der unmittelbare Anwendungen auf Einschrittverfahren gestattete. Für Mehrschrittverfahren ist die Situation wesentlich komplizierter. Der Spezialfall der Mittelpunktregel ist in I-5.3.(32) behandelt worden. In diesem Abschnitt wenden wir uns Aussagen bei allgemeinen linearen Mehrschrittverfahren mit konstanten Koeffizienten auf äquidistantem Gitter zu.

Zum Zwecke einer Vorüberlegung, welcher Art das asymptotische Verhalten in etwa sein könnte, gehen wir von der linearen Anfangswertaufgabe $u' = \lambda u$, $u(a) = \alpha$, aus. In 2.3. ist gezeigt worden, daß die Lösung eines linearen Mehrschrittverfahrens aus den Komponenten

$$(1) \quad v_h^{(k)}(x_j) = \zeta_k(h)^j, \quad j = 0,\dots,N_h, \quad k = 1,\dots,m,$$

linear kombiniert ist, wenn wir der Einfachheit halber bei dieser Vorüberlegung davon ausgehen, daß die Wurzeln $\zeta_k(h)$ des Polynoms $\rho_h(z) := \rho(z) - \lambda h \sigma(z)$ sämtlich einfach sind, was unter der Wurzelbedingung (P) für die im weiteren wesentlichen unimodularen Wurzeln sowieso zutrifft, wie aus der in 2.3. aufgezeigten stetigen Abhängigkeit der Wurzeln $\zeta_k(h)$ von h folgt.

Die Art der Konvergenz $\zeta_k(h) \to \zeta_k(0)$ $(h \to 0)$ soll jetzt etwas genauer angegeben werden. Durch Taylorentwicklung erhält man ausgehend von der Gleichung $0=\rho_h(\zeta_k(h))=\rho_h(\zeta_k(0)+[\zeta_k(h)-\zeta_k(0)])$

$$\begin{aligned}\zeta_k(h)-\zeta_k(0) &= -\rho_h(\zeta_k(0))/\rho_h'(\zeta_k(0)) + O(|\zeta_k(h)-\zeta_k(0)|^2)\\ &= \lambda h(\sigma/\rho')(\zeta_k(0)) + O(|\zeta_k(h)-\zeta_k(0)|^2+h^2).\end{aligned}$$

Hieraus entnimmt man

$$(2) \quad \zeta_k(h) = \zeta_k(1+\mu_k\lambda h) + O(h^2), \quad h\to 0, \quad k=1,\dots,m,$$

wobei ζ_k für $\zeta_k(0)$ und μ_k als Abkürzung für den sog. zu ζ_k gehörenden <u>Wachstumsparameter</u> steht,

$$(3) \quad \mu_k := \frac{\sigma(\zeta_k)}{\zeta_k\rho'(\zeta_k)}, \quad k=1,\dots,m.$$

Hierbei ist $\zeta_k \neq 0$ vorausgesetzt. Für ein konsistentes lineares Verfahren (A_h) ist $\mu_1=1$ aufgrund von 1.1.(28).

Für die in (1) angeschriebene Komponente in der Näherungslösung von $u'=\lambda u$ ergibt (2) das asymptotische Verhalten

$$(4) \quad v_h^{(k)}(x_j) = \zeta_k^j\exp(\lambda\mu_k x_j) + O(h), \quad j=1,\dots,N, \quad h\to 0.$$

In der Lösung von (A_h) tritt $v_h^{(k)}$ noch mit einem von h abhängigen Koeffizienten $c^{(k)}(h)$ multipliziert auf. Bei einem konsistenten Verfahren konvergiert $c^{(1)}(h)\to 1$, $c^{(k)}(h)\to 0$, $k = 2,\dots,m$, und die Ordnung q dieser Konvergenzen ist gleich der Konsistenzordnung der Startwerte. Demgemäß ist zu erwarten, daß in der asymptotischen Entwicklung des Diskretisierungsfehlers die parasitären Komponenten $v_h^{(k)}$, $k=2,\dots,m$, bis auf einen von h unabhängigen Faktor den Term

$$h^q\zeta_k^j\exp(\lambda\mu_k x_j)$$

als führendes Glied beitragen. Insbesondere spielen also für $x>a$ und $h\to 0$ nur die Wurzeln ζ_k mit $|\zeta_k|=1$ eine Rolle.

Das asymptotische Verhalten von $v_h^{(1)}$, d.h. der Komponente, welche die exakte Lösung $\exp(\lambda x)$ approximiert, wird durch (4) noch nicht in der erforderlichen Feinheit beschrieben. Entsprechend wie 2.3.(11) erhält man nämlich bei Beachtung der Definition der Fehlerkonstanten C_p in 1.1.

(5) $$\prod_{k=1}^{m} (\exp(\lambda h)-\zeta_k(h)) = h^{p+1}C_p\lambda^{p+1}+O(h^{p+2}),$$

so daß sich wegen $\zeta_k(h) \not\to 1$, $k=2,\ldots,m$, das Konvergenzverhalten

(6) $$\zeta_1(h) = \exp(\lambda h)(1-\lambda^{p+1}C_p h^{p+1})+O(h^{p+2}), \quad h\to 0,$$

ergibt. Demgemäß steuert $v_h^{(1)}$ bis auf einen konstanten Faktor zum Diskretisierungsfehler die beiden führenden Glieder

$$h^p C_p \lambda^{p+1}\exp(\lambda x),\ h^q \exp(\lambda x)$$

bei.

Für die Übertragung der vorstehenden Überlegungen auf den Fall einer allgemeinen Differentialgleichung $u' = f(\cdot,u)$ weisen wir darauf hin, daß bei dieser f_y die Stelle von λ einnimmt, so daß die Funktionen $\exp(\lambda\mu_k x)$ die Deutung als Lösung der Anfangswertaufgabe

(7) $$E_k' = \mu_k f_y(\cdot,u)E_k, \quad E_k(a) = 1$$

gestatten. Im Falle eines Systems, für das f_y eine $n\times n$ Matrix darstellt, ist E_k ebenfalls als $n\times n$ Matrix und in der Anfangsbedingung 1 als Einheitsmatrix zu verstehen. Das Zustandekommen des Terms $C_p\lambda^{p+1}\exp(\lambda x)$ läßt sich durch Vergleich mit dem entsprechenden Ergebnis I-5.1.(15) bei Einschrittverfahren deuten als Lösung der Anfangswertaufgabe

(8) $$e' = f_y(\cdot,u)e - C_p u^{(p+1)}/\sigma(1), \quad e(a) = 0.$$

Die vorangehenden Vorüberlegungen finden ihren Niederschlag in dem folgenden Satz.

(9) _Sei_ (A_h) _ein lineares Mehrschrittverfahren mit konstanten Koeffizienten, das mit einer Zahl_ $p \geq 1$ _den Konsistenzbedingungen_ 1.1.(31) _und der Wurzelbedingung_ (P) _genügt. Sei_ $f\in C^{p+1}(U)$,

und die Startwerte mögen die Eigenschaft

(10) $u_h(x_j) = u(x_j) + h^q\alpha^{(j)} + O(h^{q+1}), \quad j=0,\ldots,m-1,$

mit einer Zahl $q \geq 1$ und von h unabhängigen Vektoren $\alpha^{(j)}$ besitzen. Es sei $|\zeta_k| = 1$, $k=1,\ldots,s$, $|\zeta_k| < 1$, $k > s$, und die Zahlen β_{kl} seien definiert durch

(11) $\rho(z)/(z-\zeta_k) = \sum_{l=0}^{m-1} \beta_{kl} z^l, \quad k=1,\ldots,s.$

Dann besitzt die Lösung u_h von (A_h) die asymptotische Entwicklung

$$(12) \quad u_h(x) = u(x) + h^p e(x) + h^q \sum_{k=1}^{s} \zeta_k^{(x-a)/h} E_k(x)\delta_k$$

$$+ \kappa O(h^{r+1}/(x+h-a)) + O(h^{r+1}), \quad x \in I_h', \quad h \to 0,$$

mit dem Exponenten $r = \min(p,q)$, den Lösungen E_k, e der Differentialgleichungssysteme (7),(8) und den Koeffizienten

(13) $\delta_k = \frac{1}{\rho'(\zeta_k)} \sum_{l=0}^{m-1} \beta_{kl}\alpha^{(l)}, \quad k=1,\ldots,s,$

wobei $\kappa = 1$ ist bis auf den Fall $s = m$, wo $\kappa = 0$ ist.

Als Vorbereitung zum Beweis von (9) stellen wir zwei Hilfssätze bereit.

(14) Es sei $\mu < 1$ so gewählt, daß $|\zeta_k| < \mu$, $k = s+1,\ldots,m$, gilt, und die Funktionen $Q_h^{(l)}$, $l = 0,\ldots,m-1$, seien erklärt durch

(15) $Q_h^{(l)}(x_j) = \frac{1}{2\pi i} \int_{|z|=\mu} \frac{1}{\rho(z)} \sum_{k=0}^{m-l-1} a_{k+l+1} z^{j+k} dz, \quad j=0,\ldots,N.$

Dann gilt für $l = 0,\ldots,m-1$

(16) $\sum_{k=0}^{m} a_k Q_h^{(l)}(x+(k-m)h) = 0, \quad x \in I_h,$

und es besteht die Abschätzung

(17) $|Q_h^{(l)}(x_j)| = \kappa O(\mu^{(x-a)/h}) = \kappa O(\frac{h}{x+h-a}), \quad x \in I_h',$

<u>für</u> $h \to 0$ <u>mit der Zahl</u> κ <u>wie in</u> (9).

<u>Beweis</u>. Von (16) überzeugt man sich leicht mit Hilfe des Cauchyschen Integralsatzes. Zum Beweis von (17) werten wir das Integral in (15) mit dem Residuensatz aus und erhalten

$$Q_h^{(l)}(x_j) = \sum_{k=0}^{m-l-1} \sum_{t=s+1}^{d} \operatorname{Res}(\frac{z^{j+k}}{\rho(z)})_{z = z_t},$$

wobei z_t, $t = s+1,\ldots,d$, die paarweise verschiedenen Wurzeln unter den ζ_k, $k = s+1,\ldots,m$, bezeichnet. In 2.2.(12) ist gezeigt worden, daß sich das Residuum durch

$$(j+k)^{m-1}|z_t|^{j+k-m}, \quad j+k \geq m,$$

abschätzen läßt. Damit erhält man offenbar die Abschätzung von $Q_h^{(l)}(x_j)$ durch $O(\mu^j)$, und die zweite Abschätzung in (17) folgt daraus unmittelbar.

(18) <u>Es seien</u> μ,τ <u>Zahlen mit der Eigenschaft</u> $|\zeta_k| < \mu < 1 < \tau$, $k = s+1,\ldots,m$, <u>und die Funktionen</u> $R_h^{(l)}$, $l = 0,\ldots,m-1$, <u>seien für</u> $j = 0,\ldots,N$ <u>erklärt durch</u>

(19) $$R_h^{(l)}(x_j) = \frac{1}{2\pi i}\left(\int_{|z|=\tau} - \int_{|z|=\mu}\right) \frac{1}{\rho(z)} \sum_{k=0}^{m-l-1} a_{k+l+1} z^{j+k} dz.$$

<u>Ist</u> (P) <u>erfüllt, so gilt mit den in</u> (13) <u>eingeführten Zahlen</u> δ_k <u>die Beziehung</u>

(20) $$\sum_{l=0}^{m-1} \alpha^{(l)} R_h^{(l)}(x_j) = \sum_{t=1}^{s} \zeta_t^j \delta_t, \quad j = 0,\ldots,N.$$

<u>Beweis</u>. Wir werten das Integral in (19) mit dem Residuensatz aus und erhalten, da die ersten s Wurzeln ζ_k einfach sind,

$$R_h^{(l)}(x_j) = \sum_{t=1}^{s} \frac{1}{\rho'(\zeta_t)} \sum_{k=0}^{m-l-1} a_{k+l+1} \zeta_t^{j+k}.$$

Wir zeigen, daß die zweite Summe gleich $\beta_{tl}\zeta_t^j$ ist, woraus (20) folgt. Man berechnet

$$(z-\zeta_t)\sum_{l=0}^{m-1}\sum_{k=0}^{m-l-1} a_{k+l+1}\zeta_t^k z^l = \sum_{l=1}^{m}\sum_{k=0}^{m-l} a_{k+l}\zeta_t^k z^l -$$

$$-\sum_{l=0}^{m-1}\sum_{k=1}^{m-l} a_{k+l}\zeta_t^k z^l = \rho(z),$$

womit der Definition (11) der β_{tl} zufolge das Gewünschte bewiesen ist.

Beweis von Satz (9). Zur Abkürzung setzen wir $e_h = u_h - u$ und $Z_k(x_j) = \zeta_k^j E_k(x_j)$, $j = 0,\dots,N_h$, $k = 1,\dots,s$. Wir zeigen, daß die Funktion

$$w_h = e_h - h^p e - h^q \sum_{k=1}^{s} Z_k \delta_k - h^q \sum_{l=0}^{m-1} \alpha^{(l)} Q_h^{(l)}$$

für $h \to 0$ die Differenzengleichungen

$$\text{(21)}\quad L_h w_h = g_h(x),\quad x \in I_h,\quad w_h(x_j) = w_h^{(j)},\ j = 0,\dots,m-1,$$

erfüllen mit einer rechten Seite, die den Bedingungen

$$\text{(22)}\quad g_h(x_j) = h^r O(\mu^j) + O(h^{r+1}),\ j = m,\dots,N,\ w_h^{(j)} = O(h^{r+1})$$

genügt, wobei L_h der Differenzenoperator ist, der sich durch Anwendung von (A_h) auf die lineare Anfangswertaufgabe $v' = f_y(\cdot,u)v$, $v(a) = 0$, ergibt. Diese Anfangswertaufgabe genügt der Bedingung (L_o), und da (P) vorausgesetzt ist, folgt aus 2.2. (14) die Lipschitz-Stabilität von (21) im Punkte $\{0\}$, welche für $x \in I_h'$

$$\text{(23)}\quad \gamma |w_h(x)| \le O(h^{r+1}) + O(h^r)\sum_{k=m}^{N} h\mu^k = O(h^{r+1})$$

liefert. Aus (17) entnimmt man

$$h^q \sum_{l=0}^{m-1} \alpha^{(l)} Q_h^{(l)}(x) = \kappa O(h^{r+1}/(x+h-a)),\quad x \in I_h',$$

so daß zusammen mit (23) die Entwicklung (12) bewiesen ist.

Es bleibt (22) zu zeigen. Da wegen $f \in C^{p+1}(U)$ die Bedingung (L) erfüllt und (P) vorausgesetzt ist, ist (A_h) Satz 2.2.(14) zufolge Lipschitz-stabil, und gemäß 2.4.(4) konvergiert $e_h \to 0$ mit der Ordnung des Abschneidefehlers, welche wegen 1.1.(30) gleich p ist. Mit Hilfe von Taylorentwicklung berechnet man

$$L_h e_h(x) = -\tau_h(x) + \sum_{k=0}^{m} b_k [f(\cdot,u_h) - f(\cdot,u) - f_y(\cdot,u)e_h](x+(k-m)h)$$

$$(24) \qquad = -C_p h^p u^{(p+1)}(x-mh) + O(|e_h|^2) + O(h^{p+1})$$

$$= -C_p h^p u^{(p+1)}(x-mh) + O(h^{p+1}), \quad x \in I_h, \quad h \to 0.$$

Wenden wir das Mehrschrittverfahren (A_h) auf die Anfangswertaufgabe (8) an, so hat der zugehörige Abschneidefehler ebenfalls die Ordnung p, was ausgeschrieben die Form annimmt

$$(25) \quad L_h e(x) = -C_p/\Sigma(1) \sum_{k=0}^{m} b_k u^{(p+1)}(x+(k-m)h) + O(h^p)$$

$$= -C_p u^{(p+1)}(x-mh) + O(h), \quad x \in I_h, \quad h \to 0,$$

wobei $u^{(p+1)} \in C^1(I)$ und $u^{(p+1)}(x+(k-m)h) = u^{(p+1)}(x-mh) + O(h)$ ausgenutzt worden ist.

Um $L_h Z_l$, $l = 1,\dots,s$, abzuschätzen, nehmen wir zunächst $\mu_l \neq 0$ an und führen die beiden Polynome

$$(26) \quad \rho_l(z) = \rho(\zeta_l z), \quad \sigma_l(z) = \mu_l^{-1} \sigma(\zeta_l z)$$

ein. Es ist $z = 0$ eine mindestens doppelte Nullstelle der Funktion

$$\varphi_l(z) = \rho_l(e^z) - z\sigma_l(e^z),$$

denn offenbar ist $\varphi_l(0) = \rho_l(1) = \rho(\zeta_l) = 0$, und nach Definition des Wachstumsparameters μ_k berechnet man

$$\varphi_l'(0) = \zeta_l \rho'(\zeta_l) - \mu_l^{-1} \sigma(\zeta_l) = 0.$$

Das durch die Polynome ρ_l, σ_l definierte Mehrschrittverfahren besitzt gemäß Satz 1.1.(30) für $x \in I_h$ einen Abschneidefehler der Ordnung größer gleich 1, so daß für $h \to 0$ und $j = 0,\dots,N-m$

$$h^{-1}\sum_{k=0}^{m} a_k\zeta_l^k E_l(x_{j+k}) - \mu_l^{-1}\sum_{k=0}^{m} b_k\zeta_l^k\mu_l[f_y(\cdot,u)E_l](x_{j+k}) = O(h)$$

gilt. Nach Multiplikation mit ζ_l^j ergibt dies

(27) $L_h Z_l(x) = O(h), \quad x\in I_h, \quad h\to 0, \quad l=1,\dots,s.$

Diese Beziehung bleibt auch im Falle $\mu_l = 0$ richtig, da dann $E_l = 1$, d.h. gleich der Einheitsmatrix ist, und sich bei Berücksichtigung von $\sigma(\zeta_l) = 0$ ergibt

$$L_h Z_l(x_j) = \zeta_l^{j-m}\frac{1}{h}\Big[\sum_{k=0}^{m} a_k\zeta_l^k - \sum_{k=0}^{m} b_k\zeta_l^k[f_y(\cdot,u)](x_{j+k-m})\Big]$$

$$= \zeta_l^{j-m}[\tfrac{1}{h}\rho(\zeta_l)-\sigma(\zeta_l)f_y(\cdot,u)(x_{j-m})]+O(h) = O(h).$$

Schließlich erhält man mit (16),(17) die Abschätzung

(28) $L_h Q_h^{(l)}(x_j) = -\sum_{k=0}^{m} b_k[f_y(\cdot,u)Q_h^{(l)}](x_{j+k-m}) = \kappa O(\mu^j).$

Nimmt man (24),(25),(27),(28) zusammen, so erkennt man die erste der Beziehungen (22) als erfüllt. Zum Nachweis der zweiten bemerken wir, daß wegen $e(a) = 0$, $e\in C^1(I)$, gilt

(29) $e(x_j) = O(h), \quad j = 0,\dots,m-1, \quad h\to 0.$

Ebenso erhält man aus $E_k\in C^1(I)$, $E_k(a) = 1$

(30) $\sum_{k=1}^{s} Z_k(x_j)\delta_k = \sum_{k=1}^{s}\zeta_k^j\delta_k + O(h), \quad j = 0,\dots,m-1.$

Es besteht außerdem der Zusammenhang

(31) $\sum_{k=1}^{s}\zeta_k^j\delta_k + \sum_{l=0}^{m-1}\alpha^{(l)}Q_h^{(l)}(x_j) = \alpha^{(j)}, \quad j = 0,\dots,m-1,$

denn mit den in 2.2.(4) eingeführten Funktionen $P^{(l)}$ gilt wegen 2.2.(5)

$$\sum_{l=0}^{m-1}\alpha^{(l)}[R_h^{(l)}(j)+Q_h^{(l)}(x_j)] = \sum_{l=0}^{m-1}\alpha^{(l)}P^{(l)}(j) = \alpha^{(j)},$$

was vermöge (20) mit (31) gleichbedeutend ist. Faßt man (29)-(31) zusammen, so ist auch noch der verbliebene Teil von (22) nachgewiesen und der Beweis von (9) damit vollständig.

Wir ziehen jetzt einige Schlüsse aus der asymptotischen Entwicklung (12) für das Verhalten der mit einem Mehrschrittverfahren berechneten Näherungen. Zum führenden Glied des globalen Diskretisierungsfehlers $u_h - u$ tragen außer dem Abschneidefehler in Form von e die unimodularen Wurzeln von ρ durch die Terme $\zeta_k^j E_k$, $k = 1, \ldots, s$, bei, welche mit der Konsistenzordnung q der Startwerte eingehen. Im Falle $s = 1$ ist neben e nur ein Term E_1 vorhanden, wobei E_1 wegen $\mu_1 = 1$ Lösung der linearisierten vorgelegten Differentialgleichung ist, so daß das Auftreten von E_1 als Effekt einer Störung des Anfangswertproblems natürlich erscheint. Wegen der in (7) enthaltenen Wachstumsparameter μ_k trifft diese Deutung für die im Falle $s > 1$ hinzukommenden Terme nicht zu. Die damit verbundenen Komplikationen erläutern wir für die Differentialgleichung (A): $u' = \lambda u$, $u(a) = \alpha$, unter Beschränkung auf reelle Wachstumsparameter.

(i) $\mu_k < 0$: Ist Re $\lambda > 0$, so fällt E_k exponentiell und ist gegenüber der exponentiell anwachsenden Lösung u von (A) zu vernachlässigen. Ist jedoch Re $\lambda < 0$, so überwiegt der dann exponentiell anwachsende Lösungsbestandteil E_k im allgemeinen so stark in der numerischen Lösung, daß sie als Näherung für das exponentiell abfallende u unbrauchbar wird. An diesem Verhalten ändert sich prinzipiell auch nichts dadurch, daß E_k nur mit einem gegen Null konvergierenden Faktor versehen in der Lösung von (A_h) auftritt, da dieser höchstens wie eine Potenz der Schrittweite abnimmt (es sei denn, er verschwindet identisch, vgl. Beispiel am Ende von 2.3.). Im Abschnitt 1.2.2. sind die eben beschriebenen Erscheinungen für die Mittelpunktregel explizit vorgerechnet worden.

(ii) $0 \leq \mu_k < 1$: Sei zunächst $0 < \mu_k < 1$ angenommen. Für Re $\lambda > 0$ wächst E_k jetzt, anders als im Fall (i), exponentiell, aber langsamer als u, und stört daher nicht. Ist Re $\lambda < 0$, so fällt zwar E_k exponentiell ab, aber langsamer als u, so daß E_k relativ zu u exponentiell wächst und die Lösung von (A_h) unbrauchbar macht. Für $\mu_k = 0$ trifft das bisher Gesagte entsprechend zu.

(iii) $\mu_k > 1$: Jetzt ist der Fall Re $\lambda < 0$ harmlos, dagegen wächst E_k im Falle Re $\lambda > 0$ relativ zu u exponentiell an.

Aus Satz 2.9.(1) geht hervor, daß mindestens ein Wachstumsparameter negativ ist, falls ρ nur unimodulare Wurzeln besitzt, also insbesondere im Fall von stabilen Verfahren der Konsistenzordnung m+2. Ohne weitere Vorkehrungen (s. I-3.2. (7),5.3.(43)) sind diese Verfahren daher für die Anfangswertaufgaben, deren Lösungsschar exponentiell abfallende Komponenten besitzt, als numerisch unbrauchbar anzusehen.

Wir beweisen nun noch ein auf Gragg [58] zurückgehendes Resultat über die Existenz von asymptotischen Entwicklungen des Diskretisierungsfehlers mit Gliedern höherer Ordnung in der Schrittweite. Dazu treffen wir die folgende Vereinbarung. Sei s die in (9) eingeführte Zahl und p die Konsistenzordnung von (A_h). Mit ν bezeichnen wir Multiindizes $(\nu_1,\ldots,\nu_r)$ mit $r \geq 1$ Komponenten $1 \leq \nu_1 \leq \nu_2 \leq \ldots \leq \nu_r \leq s$ und mit ζ_ν das Produkt $\zeta_{\nu_1}\zeta_{\nu_2}\cdots\zeta_{\nu_r}$. Es sei dann $N_p = \{1,2,\ldots,s\}$ und für $j > p$

$$N_j = N_{j-1} \cup \{\nu = (\nu_1,\ldots,\nu_r),\ r = \left[\frac{j-1}{p}\right],\ \zeta_\nu \neq \zeta_\mu,\ \mu \in N_{j-1}\}.$$

Offenbar wird für ein j_o die Indexmenge N_j für $j \geq j_o$ konstant, wenn ζ_j, $j = 1,\ldots,s$, Einheitswurzeln einer gewissen Ordnung sind, und dies ist auch nur dann der Fall.

Der Graggsche Satz über die Existenz asymptotischer Entwicklungen lautet wie folgt.

(32) Sei (A_h) ein lineares Mehrschrittverfahren, das mit einer Zahl $p \geq 1$ den Bedingungen 1.1.(31) und (P) genügt. Für eine Zahl $r \geq p$ sei $f \in C^{r+1}(U)$, und die Startwerte mögen die Eigenschaft

$$(33)\quad u_h(x_j) = u(x_j) + \sum_{k=p}^{r} h^k \alpha_k^{(j)} + O(h^{r+1}),\quad j = 0,\ldots,m-1,$$

<u>mit von</u> h <u>unabhängigen Vektoren</u> $\alpha_k^{(j)}$ <u>besitzen. Dann gibt es eindeutig bestimmte Funktionen</u> $e_{k\nu} \in C^{r+2-k}(I)$, $\nu \in N_k$, $k = p,\dots, r$, <u>so daß die Lösung</u> u_h <u>von</u> (A_h) <u>die asymptotische Entwicklung</u>

$$(34)\quad u_h(x) = u(x) + \sum_{k=p}^{r} h^k \sum_{\nu \in N_k} \zeta_\nu^{(x-a)/h} e_{k\nu}(x) +$$

$$\kappa h^p O(\mu^{(x-a)/h}) + O(h^{r+1}),\quad x \in I_h',\quad h \to 0,$$

<u>besitzt mit den Zahlen</u> $\mu < 1$*) <u>und</u> κ <u>aus</u> (9).

Vor Beginn des eigentlichen Existenzbeweises treffen wir noch einige Vereinbarungen. Sei N_j', $j \geq p$, analog wie N_j definiert, nur daß die ζ_l jetzt sämtliche paarweise verschiedene, nichtverschwindende Wurzeln von ρ durchlaufen. Wir setzen $M_j = N_j' \setminus N_j$, $j \geq p$, und bezeichnen mit s_o die Vielfachheit der Zahl $\zeta_o = 0$ als Wurzel von ρ; $s_o = 0$ ist möglich. Schließlich bedeute wieder L_h den zu Beginn des Beweises von (9) eingeführten linearen Differenzenoperator.

<u>Beweis von (32)</u>. Wir beginnen mit dem Nachweis der Eindeutigkeit, wozu wir zeigen, daß im Falle $u_h = 0$, $u = 0$ aus (34) folgt $e_{k\nu} = 0$. Sei $x > a$ gewählt. Dann erhält man aus (34) nach Division durch h^p für $x_j \geq x$

$$(35)\quad \sum_{\nu \in N_p} \zeta_\nu^j e_{p\nu}(x_j) = O(h),\quad h \to 0.$$

Sei $x_l \geq x$ der x am nächsten gelegene Gitterpunkt. Schreibt man (35) für $j = l,\dots,l_p$ an, wobei $l_p - l + 1$ die Zahl der Elemente in N_p ist, so erhält man ein Gleichungssystem mit Koeffizientendeterminante $\det((\zeta_\nu^j))$, $\nu \in N_p$, $j = l,\dots,l_p$. Den Betrag dieser Determinante erkennt man bei Beachtung von $|\zeta_\nu| = 1$ als gleichmäßig in l positiv, so daß man $e_{p\nu}(x_j) = O(h)$, $j = l,\dots,l_p$,

*) Es sei darauf hingewiesen, daß für $x_j \geq x$ bei fest gewähltem $x > a$ der Summand $O(\mu^{(x-a)/h})$ durch $O(h^s)$ mit beliebigem $s > 0$ abgeschätzt werden kann, so daß er dort vernachlässigbar gegenüber den anderen Gliedern ist.

$\nu \in N_p$, und daraus $e_{p\nu}(x) = 0$ erhält. In entsprechender Weise erschließt man sukzessive auch $e_{k\nu} = 0$, $\nu \in N_k$, $k = p+1,\dots,r$.

Zum Beweis der Existenz von (34) machen wir den Ansatz

(36) $e_h = u_h - u - g_h$, $g_h = v_h + w_h + z_h$,

wobei v_h, w_h, z_h Gitterfunktionen sind der Gestalt

(37) $v_h = \sum_{k=p}^{r+1} h^k v_k$, $v_k(x_j) = \sum_{\nu \in N_k} \zeta_\nu^j e_{k\nu}(x_j)$

(38) $w_h = \sum_{k=p}^{r+1} h^k w_k$, $w_k(x_j) = \sum_{\nu \in M_k} \zeta_\nu^j \omega_{k\nu}(j)$

(39) $z_h = \sum_{k=p}^{r+1} h^k z_k$, $z_k(x_j) = 0$, $j \geq (k+1-p)s_0$

und j die Zahlen $0,\dots,N$ durchläuft. Es sind dabei $e_{k\nu}$ Funktionen aus $C^{r+2-k}(I)$, $\omega_{k\nu}$ Polynome der Veränderlichen j und $z_k(x_j)$, $0 \leq j < (k+1-p)m$, $k = p,\dots,r+1$, Vektoren aus $\mathbb{K}^n$. Von diesen Größen zeigen wir, daß sie so bestimmt werden können, daß für $h \to 0$

(40) $L_h e_h(x) = O(h^p \max|e_h|) + O(h^{r+1})$, $x \in I_h$,

sowie

(41) $e_h(x_j) = O(h^{r+1})$, $j = 0,\dots,m-1$,

gilt. Wie im Beweis von (9) erschließt man mit Hilfe der Lipschitz-Stabilität von L_h

(42) $e_h(x) = O(h^p \max|e_h|) + O(h^{r+1})$, $x \in I_h'$, $h \to 0$.

Für jeden Index $\nu \in M_k$ enthält das Produkt ζ_ν in (38) mindestens einen Faktor ζ_l mit $|\zeta_l| < \mu$. Da $\omega_{k\nu}$ höchstens wie ein Polynom anwächst, besteht für diese ν die Abschätzung

(43) $\zeta_\nu^j \omega_{k\nu}(j) = O(\mu^j) = O(1)$, $j = 0,\dots,N$, $h \to 0$.

Daher gilt $e_h = O(1)$ (wegen $u_h - u = O(h^p)$ genauer sogar $e_h = O(h^p)$)

und damit auch $g_h = O(h^p))$, und aus (42) erhält man durch wiederholte Anwendung das Ergebnis $e_h = O(h^{r+1})$. Wiederum mit (43) erschließt man dann nach einer Anwendung der Dreiecksungleichung auf (36) die behauptete asymptotische Entwicklung (34).

Für den Nachweis von (40) führen wir die Abkürzung $A_h^{(l)}$ ein für die l-lineare Abbildung

$$(A_h^{(l)} v_h^{(l)})(x_j) = \frac{1}{l!} \sum_{k=0}^{m} b_k f_y^{(l)}(\cdot,u)(x_{j+k-m})[v_h(x_{j+k-m})]^{(l)},$$

$$j = m,\dots,N,$$

bei Verwendung der l-ten Fréchet-Ableitung $f_y^{(l)}$ von f bezüglich der Variablen y. Unter Heranziehung der Eigenschaft, daß u_h Lösung von (A_h) ist, der Definition des Abschneidefehlers τ_h und der Entwicklung von $f(\cdot,u_h)$ mit der Taylorformel (s. I-5.3.(3)) berechnet man

$$\begin{aligned}(44)\ L_h e_h(x_j) &= \sum_{k=0}^{m} b_k\{[f(\circ,u_h)-f(\cdot,u)-f_y(\cdot,u)(u_h-u)](x_{j+k-m})\}\\ &\quad -\tau_h(x_j)-L_h g_h(x_j)\\ &= \sum_{l=2}^{r} A_h^{(l)}(e_h+g_h)^{(l)}(x_j)-\tau_h(x_j)-L_h g_h(x_j)+O(h^{r+1})\\ &= \sum_{l=2}^{r} A_h^{(l)} g_h^{(l)}(x_j)-\tau_h(x_j)-L_h g_h(x_j)+O(h^{r+1})\\ &\quad +O(h^p|e_h|),\end{aligned}$$

wobei wir von $|g_h| = O(h^p)$ Gebrauch gemacht haben, was im Anschluß an (43) bereits bemerkt wurde. Ziel des Folgenden ist es, die vorstehenden Ausdrücke geeignet aufzuspalten und nach h-Potenzen zu ordnen, so daß man erkennt, daß die noch unbestimmten Größen so festgelegt werden können, daß (40) gilt. Mit der Bedeutung von g_h aus (36) ergibt sich

$$(45)\ A_h^{(l)} g_h^{(l)} = A_h^{(l)} v_h^{(l)} + \sum_{t=1}^{l} \binom{l}{t} A_h^{(l)}[v_h^{(l-t)} w_h^{(t)}] +$$

$$+ \sum_{t=1}^{l} \sum_{q=1}^{t} \binom{l}{t}\binom{t}{q} A_h^{(l)} [v_h^{(l-t)} w_h^{(t-q)} z_h^{(q)}].$$

Wir fassen nun als erstes den folgenden Bestandteil von (44) ins Auge

$$(46)\quad -\tau_j - L_h v_j + \sum_{l=2}^{r} A_h^{(l)} v_j^{(l)} = \sum_{k=p}^{r} h^k c_k u_j^{(k+1)} -$$

$$-L_h\Big(\sum_{k=p}^{r+1} h^k \sum_{\nu\in N_p} \zeta_\nu^j e_{k\nu,j}\Big) - L_h\Big(\sum_{k=2p+1}^{r+1} h^k \sum_{\nu\in N_k\setminus N_p} \zeta_\nu^j e_{k\nu,j}\Big) +$$

$$+ \sum_{l=2}^{r} A_h^{(l)} \Big(\sum_{k=p}^{r+1} h^k \sum_{\nu\in N_k} \zeta_\nu^j e_{k\nu,j}\Big)^{(l)} + O(h^{r+1}),$$

bei dem für τ_h bereits eine Taylorentwicklung vorgenommen worden ist und v_j in der Summe in (37) definiert ist. Zur Umformung des zweiten Terms auf der rechten Seite von (46) nehmen wir an, daß die $e_{k\nu}$ Lösung der Differentialgleichung

$$(47)\quad e'_{k\nu} - \mu_\nu f_y(\cdot,u) e_{k\nu} = g_{k\nu}, \quad \nu\in N_p,$$

sind, wobei μ_ν den zu ζ_ν gehörigen Wachstumsparameter bedeutet und $g_{k\nu}$ noch passend zu bestimmende Funktionen sind. Die Anfangsbedingungen $e_{k\nu o}$ für die $e_{k\nu}$ werden erst weiter unten festgelegt. Mit derselben Überlegung, die auf (27) führte, unter Einbeziehung der asymptotischen Entwicklung des Abschneidefehlers des durch die Polynome (26) definierten Mehrschrittverfahrens, erhält man bis auf Glieder der Ordnung $O(h^{r-k+1})$ die nach h-Potenzen geordnete Darstellung

$$L_h(\zeta_\nu^j e_{k\nu,j}) = \zeta_\nu^{j-m}\Big[-\frac{1}{\mu_\nu}\sum_{l=0}^{m} b_l \zeta_\nu^l g_{k\nu,j} + \sum_{l=1}^{r-k} h^l c_l^{(\nu)} \hat{G}_{kl,j}^{(\nu)}\Big]$$

mit gewissen Funktionen $\hat{G}_{kl}^{(\nu)} \in C^{r-k-l+1}(I)$. Diese Beziehung bleibt auch im Falle $\mu_\nu = 0$ richtig, wenn man $\mu_\nu^{-1}\sigma(\zeta_\nu)$ durch $-\zeta_\nu \rho'(\zeta_\nu)$ ersetzt (im Falle $\mu_\nu \neq 0$ sind die beiden Ausdrücke nach Definition von μ_ν gleich), was ganz entsprechend wie im Beweis von (27) nachgewiesen wird. Somit ergibt sich für den zweiten Term in (46), nach dem Ordnen nach h-Potenzen,

$$(48)\quad \sum_{k=p}^{r} h^k \sum_{\nu\in N_p} \zeta_\nu^{j-m}[\zeta_\nu\rho'(\zeta_\nu)g_{k\nu,j}+G_{k,j}^{(\nu)}] + O(h^{r+1}),$$

wobei $G_k^{(\nu)}$ eine Linearkombination der Funktionen $\hat{G}_{tl}^{(\nu)}$, $t=p$, $\ldots,k-1$, $l=1,\ldots,k-t$, ist. Daher liegt $G_k^{(\nu)}$ in $C^{r-k+1}(I)$ und hängt nur von $g_{t\nu}$, also auch nur von $e_{t\nu}$, mit Index $t<k$ ab.

Im dritten Term von (46) erhält man durch Taylorentwicklung

$$L_h[\zeta_\nu^j e_{k\nu,j}] = \zeta_\nu^{j-m}[\tfrac{1}{h}\rho(\zeta_\nu)e_{k\nu,j} + \sum_{l=0}^{r-k} h^l \hat{G}_{kl,j}^{(\nu)}]$$

bis auf Glieder der Ordnung $O(h^{r-k+1})$, so daß man für den dritten Term insgesamt

$$(49)\quad \sum_{k=2p+1}^{r+1} h^{k-1} \sum_{\nu\in N_k\setminus N_p} \zeta_\nu^{j-m}[\rho(\zeta_\nu)e_{k\nu,j}+G_{k-1,j}^{(\nu)}] + O(h^{r+1})$$

bekommt mit entsprechend wie weiter oben gebildeten Funktionen $G_k^{(\nu)}\in C^{r-k+1}(I)$, wobei hier ν in $N_k\setminus N_p$ läuft.

Schließlich ordnen wir noch den letzten Term in (46) nach Potenzen von h und erhalten für ihn

$$(50)\quad -\sum_{k=2p}^{r} h^k \sum_{\nu\in N_{k+1}} \zeta_\nu^{j-m} F_{k,j}^{(\nu)} + O(h^{r+1}),$$

wobei $F_k^{(\nu)}$ eine Linearkombination von Funktionen ist, die sich durch Anwendung von $A^{(l)}$, $l=2,\ldots,[k/p]$, auf l-tupel von Funktionen $e_{t\nu}$, $t=p,\ldots,k-p$, und Ableitungen dieser ergeben, letztere zurückgehend auf Taylorentwicklungen um den Punkt x_j. Damit hängt $F_k^{(\nu)}$ nur von den $e_{t\nu}$ mit Indizes $t<k$ ab und stellt eine Funktion aus $C^{r-k+1}(I)$ dar.

Mit (48)-(50) kann man nun in (46) eingehen und erkennt, daß die rechte Seite von (46) von der Ordnung $O(h^{r+1})$ ist, falls für $k=p,\ldots,r$ die folgenden Beziehungen erfüllt sind

$$(51)\quad \begin{aligned} &\zeta_\nu\rho'(\zeta_\nu)g_{k\nu} + G_k^{(\nu)} + F_k^{(\nu)} = c_k u^{(k+1)}\delta_{\nu 1}, \quad \nu\in N_p \\ &\rho(\zeta_\nu)e_{k+1,\nu} + G_k^{(\nu)} + F_k^{(\nu)} = 0, \quad \nu\in N_{k+1}\setminus N_p, \end{aligned}$$

wobei $\delta_{\nu 1}$ das Kroneckersymbol bezeichnet. Aus (51) können die $g_{k\nu}$ und $e_{k+1,\nu}$ sukzessive bestimmt werden, denn aufgrund der Bedingung (P) ist $\zeta_\nu \rho'(\zeta_\nu) \neq 0$, $\nu \in N_p$, ebenso gilt $\rho(\zeta_\nu) \neq 0$, $\nu \notin N_p$, und im k-ten Schritt sind die anderen in (51) auftauchenden Größen bereits bestimmt. Die erforderlichen Differenzierbarkeitsstufen $g_{k\nu} \in C^{r+1-k}(I)$, $e_{k\nu} \in C^{r+2-k}(I)$ werden bei diesem Vorgehen ebenfalls gewährleistet.

Wir bearbeiten als nächstes den in (44) im Summanden $L_h g_h$ enthaltenen Term $L_h w_h$ und den w_h enthaltenden zweiten Term in (45). (In dem Fall, daß ρ nur unimodulare Wurzeln besitzt, könnte diese Untersuchung wegen $w_h = z_h = 0$ entfallen.) Es bezeichne $\rho_h^{(\nu)}$ den Differenzenoperator

$$(52)\quad \rho_h^{(\nu)} v_h(x_j) = \sum_{k=0}^{m} c_k^{(\nu)} v_{j-m+k}, \quad j = m, \ldots, N,$$

wobei $c_k^{(\nu)}$ die Koeffizienten des Polynoms ρ_ν aus (26) sind. Bis auf Glieder der Ordnung $O(h^{r+1})$ berechnet man unter Verwendung einer Taylorentwicklung von $f_y(\cdot,u)(x_{j-m+l})$ um den Punkt $x = a$, also nach Potenzen von $(j-m+l)h$,

$$(53)\quad L_h(\zeta_\nu^j \omega_{k\nu}(j)) = \zeta_\nu^{j-m}\left[\frac{1}{h}\rho_h^{(\nu)} \omega_{k\nu}(j) - \sum_{t=0}^{r} h^t \hat{\Omega}_{kt}^{(\nu)}(j)\right],$$

wobei $\hat{\Omega}_{kt}^{(\nu)}$ ein von f, σ, ζ_ν abhängiges Polynom in j ist von einem nicht von h abhängigen Grade. Das nicht angeschriebene Restglied ist dabei von der Ordnung $O(\zeta_\nu^j (jh)^{r+1})$, also wegen $|\zeta_\nu| < 1$ auch von der Ordnung $O(h^{r+1})$. Weiter berechnen wir für $A_h^{(l)}[v_h^{(l-t)} w_h^{(t)}]$, $t = 1, \ldots, l$,

$$(54)\quad A_h^{(l)}\Big(\sum_{k=p}^{r+1} h^k \sum_{\nu \in N_k} \zeta_\nu^j e_{k\nu,j}\Big)^{(l-t)}\Big(\sum_{k=p}^{r+1} h^k \sum_{\nu \in M_k} \zeta_\nu^j w_{k\nu}(j)\Big)^{(t)}$$

$$= \sum_{k=2p}^{r} h^k \sum_{\nu \in M_{k+1}} \zeta_\nu^{j-m} \Omega_{kl}^{(\nu)}(j) + O(h^{r+1}),$$

wobei die Koeffizientenfunktionen $A_h^{(l)}[(e_{k\nu,j})^{(l-t)}(\omega_{k\nu}(j))^{(t)}]$ in eine Taylorreihe bezüglich des Punktes $x = a$ entwickelt und zu gewissen Polynomen $\Omega_{kl}^{(\nu)}$ zusammengefaßt worden sind. Insgesamt erhält man aus (53),(54) für die durch w_h bestimmten Glieder in (44)

$$\sum_{k=p-1}^{r} h^k \sum_{\nu \in M_{k+1}} \zeta_\nu^{j-m}[\rho_h^{(\nu)} \omega_{k+1,\nu}(j) - \Omega_k^{(\nu)}(j)] + O(h^{r+1})$$

mit Polynomen $\Omega_k^{(\nu)}$, die nur von $\omega_{t\nu}$ mit $t \leq k$ abhängen, und deren Grad von h unabhängig ist. Damit wird dieser Ausdruck von der Ordnung $O(h^{r+1})$, wenn man $\omega_{k+1,\nu}$ für $k = p-1,\ldots,r$, als Lösung der Differenzengleichung

$$(55) \quad \rho_h^{(\nu)} \omega_{k+1,\nu}(j) = \Omega_k^{(\nu)}(j), \quad j = m,\ldots,N, \quad \nu \in M_{k+1},$$

wählt. Hilfssatz (62) zeigt, daß (55) in der Tat eine Polynomlösung zuläßt, da $\Omega_k^{(\nu)}$ ein Polynom ist, wie man sukzessive erschließt. Für $\nu \in M_p$ ist $z = 1$ eine Wurzel von ρ_ν der Vielfachheit s_ν, wobei s_ν die Vielfachheit von ζ_ν als Wurzel von ρ ist. Daher ist $\omega_{k+1,\nu}$, $\nu \in M_p$, durch (55) nur bis auf ein Polynom vom Grad $s_\nu - 1$ bestimmt, über das noch weiter unten verfügt wird.

Es bleiben die von z_h abhängigen Terme in (44) zu betrachten. Man erhält für den letzten Term in (45) bei Berücksichtigung von (39) einen Ausdruck der Gestalt

$$(56) \quad \sum_{k=2p}^{r} h^k \hat{Z}_k(x_j) + O(h^{r+1}), \quad j = m,\ldots,N,$$

wobei sich die Gitterfunktionen $\hat{Z}_k$ durch Taylorentwicklung von $A_h^{(l)}[v_h^{(l-t)} w_h^{(t-q)} z_h^{(q)}]$ um den Punkt $x = a$ und Sammeln nach Potenzen von h ergeben und nur von z_t, $t = p,\ldots,k-p$, abhängen. Insbesondere ist $\hat{Z}_k(x_j) = 0$, $j \geq (k+1-p)s_o + m$. Entsprechend entwickelt man bei der Berechnung von $L_h z_h$ die Ableitung $f_y(\cdot,u)$ um den Punkt $x = a$ und sammelt nach h-Potenzen. Zusammengefaßt mit (56) erhält man

$$(57) \quad \sum_{k=p-1}^{r} h^k [\rho_h z_{k+1}(x_j) - Z_k(x_j)] + O(h^{r+1}), \quad j = m,\ldots,N,$$

mit Gitterfunktionen Z_k, die nur von z_t, $t \leq k$, abhängen und für x_j, $j \geq (k+1-p)s_o+m$, verschwinden. Dabei ist ρ_h der Differenzenoperator

(58) $$\rho_h v_h(x_j) = \sum_{k=s_o}^{m} a_k v_{j+k-m}, \quad j = m,\dots,N.$$

Wir bestimmen die z_k sukzessive aus den Gleichungen

(59) $$\rho_h z_k(x_j) = Z_{k-1}(x_j), \quad j = m,\dots,N, \quad k = p,\dots,r+1.$$

Wegen $a_{s_o} \neq 0$ überlegt man sich leicht, daß (59) eine Lösung mit $z_k(x_j) = 0$, $j \geq (k+1-p)s_o$ besitzt. Dabei bleiben die Werte $z_k(x_j)$, $j = 0,\dots,s_o-1$, noch frei verfügbar, denn jede Gitterfunktion, die für x_j, $j \geq s_o$, verschwindet, löst die zu (59) gehörige homogene Gleichung. Insgesamt ist damit (40) nachgewiesen.

Es bleibt (41) nachzuweisen. Dazu schreiben wir die Formel für $e_h(x_j)$ gemäß der Definitionen (36)-(39) an, wobei wir die Funktionen $e_{k\nu}$ gleich um den Punkt $x = a$ entwicklen und nach h-Potenzen ordnen. Es ergibt sich unter Verwendung von (33)

$$e_h(x_j) = \sum_{k=p}^{r} h^k \Big[\alpha_k^{(j)} - \sum_{\nu \in N_k} \zeta_\nu^j \{ e_{k\nu o} + \sum_{l=1}^{r-k} h^l c_{kl}^{(\nu)} \} - \\ - \sum_{\nu \in M_k} \zeta_\nu^j \omega_{k\nu}(j) - z_k(x_j) \Big] + O(h^{r+1}), \; j = 0,\dots,m-1.$$

Wir haben im Verlauf des bisherigen Beweises bemerkt, daß die Polynome $\omega_{k\nu}$, $\nu \in M_p$, bisher nur bis auf ein Polynom $\omega_{k\nu o}$ vom Grade $s_\nu-1$, z_k bis auf eine Gitterfunktion z_{ko} mit $z_{ko}(x_j) = 0$, $j \geq s_o$, und die Funktionen $e_{k\nu}$, $\nu \in N_p$, bis auf den Anfangswert $e_{k\nu o}$ bestimmt sind. Diese Freiheiten heben wir in der vorstehenden Formel dadurch hervor, daß wir $\omega_{k\nu}$ durch $\omega_{k\nu}+\omega_{k\nu o}$, $\nu \in M_p$, sowie z_k durch z_k+z_{ko} ersetzen. Es ist daher (41) erfüllt, wenn die Gleichungen

(60) $$\sum_{k=p}^{r} h^k \Big[\sum_{\nu \in N_p} \zeta_\nu^j e_{k\nu o} + \sum_{\nu \in M_p} \zeta_\nu^j \omega_{k\nu o}(j) + z_{ko}(x_j) \Big]$$

$$= \sum_{k=p}^{r} h^k d_{kj}, \quad j = 0,\ldots,m-1,$$

bestehen mit gewissen Vektoren $d_{kj} \in \mathbb{K}^n$, die sich aus den $\alpha_k^{(j)}$, $c_{kl}^{(\nu)}$, $\omega_{k\nu}$, z_k berechnen. In (60) müssen die Koeffizienten von h^k, $k = p,\ldots,r$, auf beiden Seiten gleich sein, was auf r-p+1 lineare Gleichungssysteme von je m Gleichungen für die $e_{k\nu o}$, $\nu \in N_p$, die Koeffizienten von $\omega_{k\nu o}$ und die ersten s_o Werte von z_{ko}, also insgesamt m Unbekannte, führt. Diese Gleichungssysteme sind sukzessive geschachtelt mit den Gleichungen (47), (51),(55),(59) zu lösen, wobei nach Lösung der letzteren für einen gewissen Index k die Größen d_{kj}, $j = 0,\ldots,m-1$, aus (60) bekannt sind. Die Koeffizientenmatrix der aus (60) folgenden Gleichungssysteme ist nicht singulär, denn sie läßt sich sofort auf eine erweiterte Form der Vandermondeschen Matrix zurückführen, die nicht singulär ist. Damit ist Satz (32) bewiesen.

Zum vorstehenden Beweis bemerken wir noch, daß die Bestandteile w_h und z_h in (36) im Endergebnis (34) genommen für $x \geq x_o > a$ nicht mehr sichtbar sind. Sie wurden bei der Durchführung des Beweises im letzten Teil benötigt, um die Bedingungen (41) zu erfüllen. Es ist auch durchaus nicht evident, daß in (34) für $x \geq x_o > a$ keine Terme auftreten, die zu Wurzeln ζ_l mit $|\zeta_l| < 1$ gehören, denn die zugehörigen Lösungskomponenten werden an jedem Gitterpunkt durch den auftretenden Abschneidefehler und die Fehlerfortpflanzung angeregt. Wenn wir die Darstellungsformel 2.2.(8) betrachten, so ist zu erwarten, daß etwa im einfachsten Fall $f_y = 0$ in $u_h(x_j)$ Bestandteile der Form

$$(61) \quad \sum_{k=m}^{j} \zeta_l^{j+m-k-1} \tau_h(x_k)$$

auftreten, die auch für $|\zeta_l| < 1$ nicht von der Ordnung $O(h^{r+1})$ sind. Jedoch löst sich dieser scheinbare Widerspruch mit der Beobachtung, daß eine partielle Summation (61) umzuformen gestattet in

$$\frac{1}{\zeta_1-1}\left[\zeta_1^j\tau_m-\zeta_1^{m-1}\tau_j\right] + \sum_{k=m}^{j-1}\zeta_1^{j+m-k-1}(\tau_{k+1}-\tau_k),$$

wobei $\tau_{k+1}-\tau_k$ von der Ordnung $O(h^{p+1})$ ist. Die Summe kann analog noch weiter umsummiert werden, so daß sich schließlich das in (34) behauptete asymptotische Verhalten auch dieses Terms ergibt.

Eine Folgerung aus (32) ist, daß für ein Mehrschrittverfahren (A_h), das $\zeta_1 = 1$ als einzige unimodulare Wurzel besitzt, für u_h die asymptotische Entwicklung

$$u_h(x) = u(x) + \sum_{k=p}^{r} h^k e_{k1}(x) + \kappa h^p O(\mu^{(x-a)/h}) + O(h^{r+1})$$

besitzt, so daß in jedem Punkt $x > a$ eine Grenzwertextrapolation (s. I-5.) möglich ist. Wenn die ζ_ν, $\nu \in N_p$, Einheitswurzeln sind, so daß mit einer Zahl $d \in N$ gilt $\zeta_\nu^d = 1$, $\nu \in N_p$, dann besitzt $u_h(x)$ auf jedem Teilgitter von I_h der Maschenweite dh eine asymptotische Entwicklung, bei der die Koeffizienten von h^k nur von x abhängige Funktionen sind. Damit ist ebenfalls eine Grenzwertextrapolation für eine solche Folge $\{I_h'\}$ von Gittern möglich, bei denen x ein gemeinsamer Gitterpunkt aller I_h' ist mit einem Index der Gestalt $j = j(h) = k(h)d+d_o(x)$. Für die Mittelpunktregel beispielsweise ist $d = 2$, so daß je eine asymptotische Entwicklung in Gitterpunkten mit geraden und mit ungeraden Indizes auftritt. Dieser Sachverhalt ist von uns bereits in I-5.3.(32) bewiesen worden, dort sogar mit dem weiterreichenden Ergebnis, daß die beiden asymptotischen Entwicklungen nach Potenzen von h^2 voranschreiten, eine für die numerische Effektivität des Verfahrens bedeutende Eigenschaft. Von Stetter [14,4.5.4] sind allgemeine Bedingungen für die Existenz solcher Entwicklungen nach h^2 angegeben worden, auf die wir hier nicht eingehen.

Zum Abschluß dieses Abschnitts beweisen wir noch einen im Beweis von (32) benötigten Hilfssatz.

(62) <u>Es sei</u> $\lambda = 1$ <u>eine Wurzel der Vielfachheit</u> $\nu \geq 0$ <u>des Polynoms</u> ρ, <u>und es sei</u> Ω <u>ein Polynom der Veränderlichen</u> j. <u>Dann</u>

<u>gibt es ein Polynom</u> ω, <u>so daß für jedes Polynom</u> ω_ν <u>vom Grade</u> $\nu-1$*) <u>gilt</u>

(63) $$\sum_{k=0}^{m} a_k(\omega+\omega_\nu)(j-m+k) = \Omega(j), \quad j=m,\dots,N.$$

<u>Beweis</u>. Man entnimmt 2.3.(6), daß jedes ω_ν vom Grade $\nu-1$ den homogenen Differenzengleichungen $L\omega_\nu = 0$ genügt, wenn L den durch die Koeffizienten a_k definierten Differenzenoperator aus (63) bezeichnet. Es genügt daher, die Existenz von einem ω zu zeigen, das (63) mit $\omega_\nu = 0$ erfüllt. Ist r der Grad von Ω und bedeutet D^k den k-fach iterierten vorwärts genommenen Differenzenquotienten, so ist dies wegen $D^{r+1}\Omega = 0$ gleichbedeutend damit, daß die Differenzengleichungen

(64) $$D^{r+1}(L\omega) = 0, \quad D^k(L\omega)(a) = D^k\Omega(a), \qquad k=0,\dots,r,$$

eine Polynomlösung besitzen. Nun ist $\lambda = 1$ eine genau $(k+\nu)$-fache Wurzel des charakteristischen Polynoms von D^kL, so daß $\omega_k(j) := j^{k+\nu}$ den Gleichungen

(65) $$D^kL\omega_k(j) \neq 0, \quad D^{k+1}L\omega_k(j) = 0, \quad j \in \mathbb{N}, \quad k=0,\dots,r,$$

genügt, ersteres unter Ausnutzung von $D^{k+\nu}\omega_k = (k+\nu)!$. Somit läßt sich (64) mit einer passenden Linearkombination der ω_k, $k=0,\dots,r$, erfüllen, denn wegen (65) führt (64) auf ein gestaffeltes Gleichungssystem mit nichtverschwindenden Diagonalelementen.

2.10. <u>Einige Eigenschaften der Wachstumsparameter</u>

In diesem Abschnitt beweisen wir einige auf Dahlquist [183] zurückgehende Eigenschaften der in 2.9.(3) eingeführten Wachstumsparameter, die wir in 2.9. bereits verwendet haben.

---

*) Unter einem Polynom vom Grade -1 verstehen wir das Nullpolynom

(1) Sei (A_h) ein lineares Mehrschrittverfahren optimaler Konsistenzordnung, so daß ρ nur einfache unimodulare Wurzeln z_k, $k=1,\dots,m$, besitzt und $\rho(1)=0$ ist. Dann sind alle Wachstumsparameter μ_k, $k=1,\dots,m$, reell und es gilt:

(i) $\sum_{k=2}^{m} \mu_k < 0$

(ii) $\mu_2 \leq -1/3$ bzw. $\mu_2 \leq -1$ für explizites (A_h), falls $z_2 = -1$ ist.

Beweis. Wir verwenden die Bezeichnungen aus dem Beweis von 2.7.(1). Nach 2.7.(3) ist

$$\rho(z) = (1+z)^m P(\zeta), \quad \sigma(z) = (1+z)^m \Sigma(\zeta),$$

und man berechnet wegen $\zeta = (z-1)/(z+1)$

$$\rho'(z) = m(1+z)^{m-1} P(\zeta) + 2(1+z)^{m-2} P'(\zeta).$$

Für die Wachstumsparameter ergibt dies bei Verwendung der Abkürzung $\tilde{\zeta}_k = (z_k-1)/(z_k+1)$

(2) $$\mu_k = \frac{2\Sigma(\tilde{\zeta}_k)}{(1-\tilde{\zeta}_k^2)P'(\tilde{\zeta}_k)} \text{ für } z_k \neq -1, \quad \mu_k = \frac{2e_m}{d_{m-1}} \text{ für } z_k = -1,$$

wobei man im Falle $z_k = -1$ zu beachten hat, daß P vom genauen Grade m-1 ist, Σ bei optimaler Ordnung den Koeffizienten e_m bei ζ^m besitzt und $\zeta \to \infty$ für $z \to -1$ geht.

Da alle Wurzeln von P auf der imaginären Achse liegen, ist P entweder gerade oder ungerade und entsprechend das optimale Σ (s.2.7.(7)). Die Paritäten von P' und Σ stimmen daher überein, und da $\tilde{\zeta}_k$ rein imaginär ist, folgt aus (2), daß alle μ_k reell sind.

Für $z_2 = -1$ muß m gerade sein, da die Wurzeln von ρ einfach, unimodular sowie konjugiert komplex sind und $z_1 = 1$ ist. Dann folgt aus 2.7.(7) und (2)

(3) $$\mu_2 = 2(c_2 d_{m-1} + c_4 d_{m-3} + \dots + c_m d_1)/d_{m-1}.$$

Wegen $d_k \geq 0$, $c_{2j} < 0$, $c_2 = -1/6$ folgt hieraus $\mu_2 \leq -1/3$. Aus dem Beweis von 1.1.(36) ergibt sich, daß bei gegebenem ρ das optimale σ im impliziten Fall und das optimale σ^* im expliziten Fall über die Beziehung

$$\sigma(z) = \sigma^*(z) + w_m(z-1)^m$$

zusammenhängen. Daraus entnimmt man

$$\Sigma(\zeta) = \Sigma^*(\zeta) + w_m\zeta^m, \quad \Sigma^*(1) = 0,$$

und es ergibt sich

$$w_m = \Sigma(1) = \sum_{k=0}^{m} e_m = \sum_{k=1}^{m-1} \left(\sum_{l=0}^{m+1-k} c_{2l} \right) d_k$$

$$\geq (c_0+c_2)d_{m-1} = (\tfrac{1}{2}+c_2)d_{m-1},$$

wobei die aus 2.7.(6) folgende Beziehung $c_0+c_2+\ldots+c_m \geq 0$ verwendet worden ist. Damit berechnet man für den Wachstumsparameter μ_2^* im expliziten Fall bei Beachtung von (3)

$$\mu_2^* = \mu_2 - 2w_m/d_{m-1} \leq 2c_2 - (1+2c_2) = -1.$$

Es bleibt (i) zu zeigen. Nach Definition der Wachstumsparameter ist $\mu_k = z_k'(0)/z_k(0)$, $k = 1,\ldots,m$, wobei $z_k(h)$ die Wurzeln des Polynoms $\rho - h\sigma$ bezeichnet. Demnach gilt

$$a_0 - hb_0 = (-1)^m(a_m-hb_m)z_1(h) \ldots z_m(h),$$

woraus man durch logarithmische Differentiation die Beziehung erhält

$$(4) \quad \sum_{k=1}^{m} \mu_k = b_m/a_m - b_0/a_0 = (b_m+b_0)/a_m,$$

wobei für das zweite Gleichheitszeichen $a_0 = -a_m$ verwendet worden ist, was eine Folge von $z_1 \ldots z_m = (-1)^{m+1}$ ist. Aufgrund des Zusammenhanges 2.7.(3) gilt $a_m = P(1)$, $b_m = \Sigma(1)$, $b_0 = \Sigma(-1)$. Bei Verwendung des Σ, das die optimale Konsistenzordnung liefert (vgl. 2.7.(5)), geht daher (4) in

(5) $$\sum_{k=1}^{m} \mu_k = 2(e_o+e_2+\ldots+e_l)/P(1)$$

über, wobei $l = m$ bzw. $l = m-1$ für gerades bzw. ungerades m ist. Setzt man e_{2j} aus 2.7.(7) ein, ordnet nach den Koeffizienten d_{2j+1} und beachtet $c_o = 1/2$, $c_{2j} < 0$, $j = 1,2,\ldots$, $d_{2j+1} \geq 0$, $d_1 > 0$, $P(1) = d_1+d_3+\ldots$, so erkennt man , daß die rechte Seite von (5) kleiner als 1 ist. Wegen $\mu_1 = 1$ ist damit auch noch (i) bewiesen.

Für das Verfahren 1.2.(44) von Milne-Simpson mit $m = 2$ ist $\rho = z^2-1$, $\sigma = (z^2+4z+1)/3$, so daß $\mu_2 = -1/3$ wird und somit den betragsmäßig kleinstmöglichen Wert annimmt.

3. Stabilitätsbereiche von Mehrschrittverfahren

Die asymptotischen Eigenschaften von Mehrschrittverfahren, die im vorangehenden Kapitel behandelt worden sind, beschreiben das Verhalten der Verfahren bei der für die jeweilige Rechnung gewählten Schrittweite h nur unzureichend, da die Konvergenz $h \to 0$ numerisch unerreichbar ist und auch als klein empfundene Schrittweiten noch viel zu groß sein können, als daß die asymptotische Theorie zutrifft. Das Studium der Stabilität stellt einen Schritt auf dem Weg dar, das Verhalten der Verfahren für Schrittweiten $h > 0$ zu beschreiben, indem wenigstens das qualitative Wachstum der numerischen Lösung erfaßt wird. Auch dies ist wiederum nur vereinfachend möglich durch Beschränkung auf die Betrachtung lokaler Linearisierungen.

Die im ersten Abschnitt behandelte starke Stabilität trifft am besten das Stabilitätsverhalten, das man von einem brauchbaren Verfahren erwartet. In vereinfachender Weise gelangt man zur relativen Stabilität, die in mannigfacher Art durch algebraische Bedingungen charakterisiert wird. Der nächste Abschnitt behandelt Charakterisierungen und Beziehungen untereinander der zahlreichen Begriffe absoluter Stabilität wie A-stabil, $A(\alpha)$-stabil, A_0-stabil, steif stabil. Ein elementarer Beweis des Dahlquistschen Satzes über lineare A-stabile Verfahren wird gegeben und die Existenz $A(\alpha)$- sowie steif stabiler Verfahren beliebiger Konsistenzordnung wird gezeigt. Im Anschluß an diese vorwiegend theoretischen Untersuchungen folgt ein mehr praktische Gesichtspunkte berücksichtigender Abschnitt über die Integration steifer Systeme, für die Stabilitätseigenschaften der zur Verwendung geeigneten Verfahren von besonderer Bedeutung sind.

3.1. Starke und relative Stabilität

Für Einschrittverfahren ist der Begriff der starken Stabilität bereits in I-3.1. eingeführt worden. Er soll hier der Arbeit [108] von Stetter folgend auf Mehrschrittverfahren erweitert werden.

Auf die Eigenschaft der starken Stabilität eines Mehrschrittverfahrens wird man geführt durch die Forderung, daß das Verfahren bei der gewählten Schrittweite auf jeden Fall Näherungen liefern soll, welche dasselbe qualitative Wachstumsverhalten wie die Lösung der vorgelegten Anfangswertaufgabe besitzen. Die Konvergenz der Näherungen reicht zur Sicherung dieses Verhaltens nicht aus, da Konvergenz ein asymptotisches Verhalten für $h \to 0$ ausdrückt, welches über die Näherungen zu einer festen Schrittweite keine Aussagen macht.

Für das allgemeine nichtlineare Anfangswertproblem (A) liegen hierüber noch keine Untersuchungen genügender Allgemeinheit vor (s. aber [14,185,187,189,190,320,332,341,406]). Man beschränkt sich im allgemeinen darauf, das Stabilitätsverhalten bei Systemen

(1) $u'(x) = Qu(x), \quad x \in I,$

von Differentialgleichungen mit konstanten Koeffizienten zu untersuchen. Der Zusammenhang dieses Spezialfalles mit dem allgemeinen Problem ergibt sich abgesehen davon, daß diese Systeme eine Teilklasse aller (A) sind, dadurch, daß bei der Linearisierung einer Differentialgleichung an einem Punkt ein solches System auftritt, welches also die lokale Störempfindlichkeit des vorgelegten (A) beschreibt. Werden also nur lineare Systeme (1) betrachtet, so beschränkt man sich daher auf die Forderung, daß das Wachstumsverhalten lokaler Störungen der Differentialgleichung von dem Mehrschrittverfahren qualitativ richtig wiedergegeben wird. In Anbetracht der Fehlerfortpflanzung der gewissermaßen eine lokale Störung darstellenden Abschneidefehler (s. I-1.3.) erscheint dieses Vorgehen sinnvoll. Doch weiß man bereits aus der Stabilitätstheorie von Differentialgleichungen, bei der von näherungsweiser Lösung noch gar keine Rede ist, daß von der lokalen auf die globale Stabilität nicht ohne weiteres geschlossen werden darf.

Wir kommen nun zur Formulierung der Bedingung der starken

Stabilität. Wir nehmen an, daß Q diagonalisierbar ist. Seien dann $q_1,...,q_n$ die Eigenwerte von Q, und die Numerierung sei so vorgenommen, daß Re $q_1 \geq$ Re q_l, $l = 2,...,n$, gilt. Es ist dann $\exp q_1(x-a)$ die am stärksten anwachsende Komponente in den Lösungen von (1). Die Komponenten der Lösungen eines auf (1) angewandten linearen Mehrschrittverfahrens erhält man der in I-S.97 dargestellten Überlegung zufolge bereits durch Anwendung auf die n skalaren Differentialgleichungen

(2) $u'(x) = q_l \cdot u(x), \quad x \in I, \quad l = 1,...,n,$

d.h. aus den Differenzengleichungen

(3) $\sum_{k=0}^{m} (a_k - h\, q_l\, b_k) u_{j+k} = 0, \quad j = 0,...,N-m.$

Es seien $\zeta_k = \zeta_k(hq_l)$, $l = 1,...,m$, die Wurzeln des zu (3) gehörigen charakteristischen Polynoms. Wenn wir auch hier von mehrfachen Wurzeln absehen, so gibt (s. 2.3.)

(4) $|\zeta_k(hq_l)|^j, \quad j = 0,...,N, \quad k = 1,...,m,$

das Wachstum der Komponenten der Lösung von (3) an. Dabei besitzt ein konsistentes Verfahren eine Wurzel, die wir ζ_1 nennen wollen, mit der Eigenschaft $\zeta_1(hq_l) \to 1$ $(h \to 0)$ (s. 2.3.(10)). Wie wir in 2.3. dargelegt haben, dient diese Wurzel zur Annäherung der Lösung u von (2), während die anderen Wurzeln ζ_k, $k = 2,...,m$, parasitär sind. Die Bedingung der starken Stabilität besteht nun darin, daß die Lösungen aus (4) für $k = 1, ...,m$, und $l = 1,...,n$ nicht stärker wachsen als die am stärksten wachsende Lösung $\exp q_1(x-a)$ von (1) oder wenigstens nicht stärker als die Lösung aus (4) mit $k = l = 1$, welche $\exp q_1(x-a)$ approximiert. Es ist also zugelassen, daß $|\zeta_1(hq_1)|^j$ stärker wächst als $|\exp q_1(x_j-a)| = |\exp(hq_1)|^j$, was nicht als mangelnde Stabilität von (A_h), sondern als zu geringe Genauigkeit in der Annäherung angesehen wird.

Die vorstehenden Betrachtungen kann man in gleicher Weise auch für die größere <u>Klasse D</u> von m-schrittigen Verfahren auf äquidistantem Gitter durchführen, welche dadurch gekennzeichnet ist, daß es in einer Umgebung von $z = 0$ analytische Funktionen g_k, $k = 0,\ldots,m$, gibt, so daß die Gleichungen des Mehrschrittverfahrens bei Anwendung mit der Schrittweite h auf (1) die Gestalt

$$\sum_{k=0}^{m} g_k(hQ)u_{j+k} = 0, \quad j = 0,\ldots,N-m,$$

besitzen (vgl. I-S.97). Dabei wird für die Wurzeln $\zeta_k(\lambda)$, $k = 1,\ldots,m$, des charakteristischen Polynoms

$$(5) \qquad \sum_{k=0}^{m} g_k(\lambda)z^k$$

im Punkte $\lambda = 0$ das Erfülltsein der Wurzelbedingung (P) und außerdem $g_m(0) \neq 0$ vorausgesetzt.

Aus der Voraussetzung der Analytizität der g_k in einer Umgebung des Nullpunktes folgt, daß sich Verfahren der Klasse D auf Aufgaben der Gestalt (1) anwenden lassen, wenn nur h klein genug ist. Für genügend kleine h ist nämlich die Wurzel $\zeta_1(hq_1)$ eindeutig bestimmt durch die Forderung der Analytizität von $\zeta_1(z)$ für kleine z und die Bedingung $\zeta_1(z) \to 1$ $(z \to 0)$. Das vorangehend entworfene Stabilitätskonzept verliert jedoch seine Begründung, wenn hq_1 auch solche Werte annehmen kann, in denen ζ_1 singulär ist. Dies kann durch Singularitäten in den Koeffizienten g_k, durch Nullstellen von g_m oder an Stellen mehrfacher Wurzeln auftreten. Insofern besitzt das oben dargestellte Stabilitätskonzept auch noch einen semilokalen Charakter, jedoch überwindet es die rein asymptotische Stabilität für $h \to 0$.

Um zu einer korrekten Definition zu kommen, führen wir zu jedem Verfahren der Klasse D noch die Menge $G_D \subset \mathbb{C}$ ein, welche definiert ist als die Vereinigung aller bezüglich des Nullpunktes sternförmigen, offenen Mengen, in denen ζ_1 als eindeutige analytische Funktion existiert. Dabei heißt $G \subset \mathbb{C}$ sternförmig bezüglich des Nullpunktes, wenn mit $z \in G$ auch $tz \in G$ für $0 \leq t \leq 1$ ist.

(6) Ein konsistentes Mehrschrittverfahren der Klasse D heißt bei der Schrittweite h stark stabil für die Aufgabe (1), wenn gilt $hq_l \in G_D$, $l=1,\dots,n$, und

$$(7) \quad |\zeta_k(hq_l)| \le \max\,(e^{\mathrm{Re}\,hq_l}, |\zeta_1(hq_l)|),\ k=1,\dots,m,\ l=1,\dots,n.$$

Sind mehrere q_l vorhanden mit $\mathrm{Re}\,q_l = \mathrm{Re}\,q_l$, so soll (7) für wenigstens eine Wahl von q_l erfüllt sein. Man beachte, daß die starke Stabilität des Mehrschrittverfahrens sowohl von der Aufgabe (1) als auch von der verwendeten Schrittweite abhängt. Die Definition (5) ist eine permanente Erweiterung der in I-3.1.(21) gegebenen für Einschrittverfahren.

Ein Verfahren mit guten Stabilitätseigenschaften erfüllt (7) für möglichst große Bereiche von h und q_l, $l=1,\dots,n$. Dabei kommt es offensichtlich nur auf die Produkte hq_l an. Dies gibt Anlaß zur Einführung der Bereiche der starken Stabilität (vgl. I-S.90) durch

$$(8) \quad H(\lambda_1) = \{z \in G_D \,|\, \mathrm{Re}\,z \le \mathrm{Re}\,\lambda_1, |\zeta_k(z)| \le \max\,(e^{\mathrm{Re}\,\lambda_1}, |\zeta_1(\lambda_1)|),\ k=1,\dots,m\},\quad \lambda_1 \in G_D.$$

Ist eine Aufgabe (1) vorgelegt und h gewählt, so ist das Verfahren stark stabil, wenn gilt $hq_l \in H(hq_1)$, $l=1,\dots,n$.

Der Definition (6) zufolge sind Einschrittverfahren der Klasse D angewandt auf skalare Differentialgleichungen stets stark stabil. Für Mehrschrittverfahren hat man in diesem Fall starke Stabilität für alle solche hq_1, für die $\zeta_l(hq_1) \in H(hq_1)$, $l=2,\dots,n$, gilt. Aber bereits bei Anwendung auf Systeme von Differentialgleichungen ist die starke Stabilität selbst für Einschrittverfahren nicht automatisch gegeben. Die starke Stabilität wird gefährdet, falls die q_l große negative Realteile oder große Imaginärteile besitzen (vgl. die Fig.9+10).

Wie wir bereits erwähnt haben, hängt die starke Stabilität eines Verfahrens auch von der Anfangswertaufgabe ab, auf die es angewandt wird. Im allgemeinen verbessern sich die Stabilitätseigenschaften bei Verkleinerung der Schrittweite, so daß es vernünftig erscheint, nach den Verfahren zu suchen, die zu gegebenem $n \geq 1$ für jedes System (1) bei genügend kleinem h stark stabil sind. Solche Mehrschrittverfahren werden als

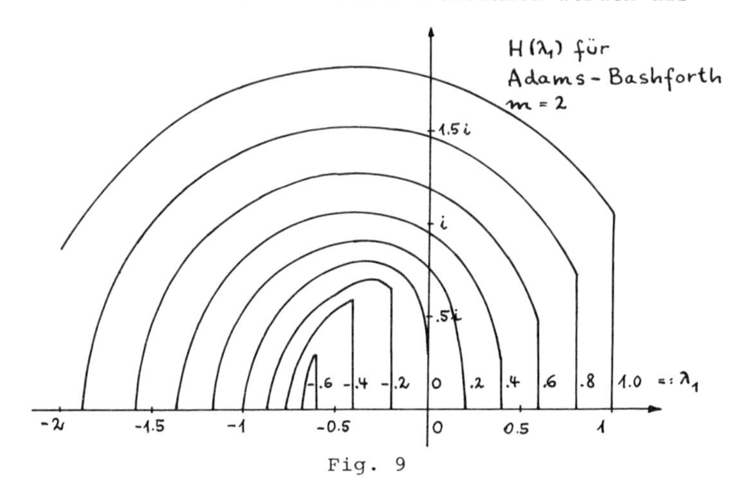

Fig. 9

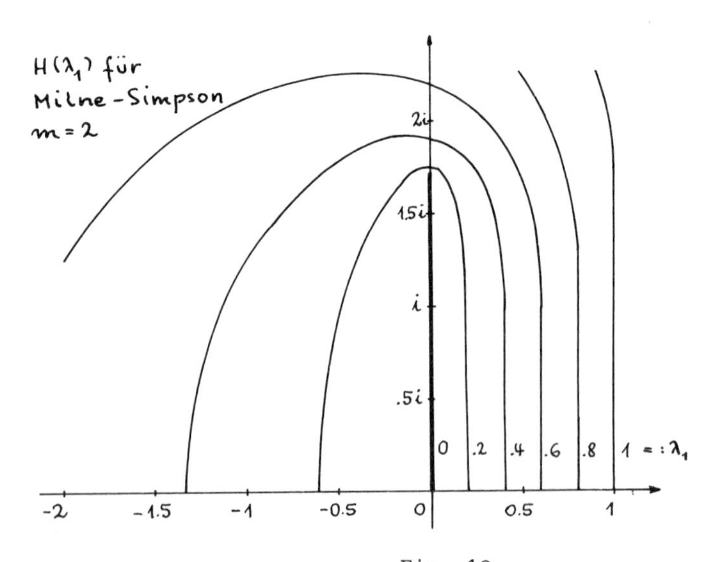

Fig. 10

asymptotisch stark stabil bezeichnet.

Für Verfahren der Teilklasse D_1 von D läßt sich ein einfaches notwendiges Kriterium für asymptotische starke Stabilität beweisen. Dabei gehören zur Klasse D_1 genau diejenigen Verfahren aus D, für welche wenigstens ein zu den unimodularen Wurzeln von (5) für $\lambda = 0$ gehöriger Wachstumsparameter (s. 2.9. (3)) von 1 verschieden ist. Dies trifft beispielsweise für lineare Mehrschrittverfahren optimaler Konsistenzordnung zu (s. 2.9.(1)).

(9) Ein konsistentes Mehrschrittverfahren der Klasse D_1 ist genau dann asymptotisch stark stabil, wenn für die Wurzeln von (5) für $\lambda = 0$ gilt

(10) $|\zeta_k(0)| < 1, \quad k = 2,\ldots,m.$

Beweis. Da die Wurzeln eines Polynoms stetig von den Koeffizienten und die Koeffizienten des charakteristischen Polynoms (5) wiederum stetig von λ für $\lambda \to 0$ abhängen, gibt es aufgrund der Voraussetzung für jede Aufgabe (1) ein $h_0 > 0$ mit der Eigenschaft $|\zeta_k(hq_l)| < |\zeta_1(hq_1)|$, $k = 2,\ldots,m$, $l = 1,\ldots,n$, so daß (7) erfüllt ist.

Zum Beweis der Umkehrung bemerken wir, daß sich eine Wurzel ζ_k von (5) mit $|\zeta_k(0)| = 1$ wie

$$\begin{aligned}(11)\quad \zeta_k(hq_l) &= \zeta_k(0)(1+h\mu_k q_l) + O(h^2)\\ &= \zeta_k(0)\exp(h\mu_k q_l) + O(h^2), \quad h \to 0,\end{aligned}$$

verhält, wobei μ_k den zu $\zeta_k(0)$ gehörigen Wachstumsparameter bezeichnet. Die Konsistenz hat $\zeta_1(0) = 1$ und $\mu_1 = 1$ zur Folge. Für das Bestehen von (7) muß daher notwendigerweise

(12) $\operatorname{Re}\mu_k q_1 \le \operatorname{Re} q_1$

für jedes $k > 1$ mit $|\zeta_k(0)| = 1$ und alle $q_1 \in \mathbb{C}$ gelten. Dies führt man auf einen Widerspruch, indem man $q_1 = -1$ für $\operatorname{Re}\mu_k < 1$, $q_1 = 1$ für $\operatorname{Re}\mu_k > 1$ und $q_1 = -i \operatorname{sgn} \operatorname{Im}\mu_k$ für $\operatorname{Re}\mu_k = 1$, $\operatorname{Im}\mu_k \neq 0$ nimmt.

Ein gegenüber dem Stetterschen sehr vereinfachtes Stabilitätsprinzip ist das der <u>relativen</u> <u>Stabilität</u> (s.[127,263], s. auch [178,286,289,354] für verwandte Bedingungen).

(13) <u>Ein Verfahren der Klasse</u> D <u>heißt relativ stabil im Punkte</u> $\lambda \in \mathbb{C}$, <u>wenn</u> $\lambda \in G_D$ <u>ist und für die Wurzeln von</u> (5) <u>gilt</u>

(14) $|\zeta_k(\lambda)| < |\zeta_1(\lambda)|, \quad k = 2,\dots,m.$

Den <u>Bereich</u> <u>der</u> <u>relativen</u> <u>Stabilität</u> bilden die $\lambda \in G_D$, für die (14) erfüllt ist.

Offenbar geht das Konzept der relativen Stabilität im wesentlichen aus dem der starken Stabilität, angewandt auf skalare Gleichungen, hervor.

Wir wollen ein Verfahren der Klasse D <u>asymptotisch</u> <u>relativ</u> <u>stabil</u> <u>in</u> <u>der</u> <u>Richtung</u> $\varphi \in [0,2\pi)$ nennen, wenn es ein $\lambda_0 > 0$ gibt, so daß es für alle $\lambda \neq 0$ mit $|\lambda| < \lambda_0$, $\arg(\lambda) = \varphi$ relativ stabil ist. Wir sagen, es ist <u>asymptotisch</u> <u>relativ</u> <u>stabil</u> <u>um</u> <u>die</u> <u>Richtung</u> $\varphi \in [0,2\pi)$, wenn es positive λ_0, δ gibt, so daß relative Stabilität für alle $\lambda \neq 0$ mit $|\lambda| < \lambda_0, |\arg(\lambda) - \varphi| < \delta$ herrscht.

(15) <u>Die Wachstumsparameter</u> μ_k <u>zu den unimodularen Wurzeln von</u> ρ <u>eines in der Richtung</u> φ <u>asymptotisch relativ stabilen konsistenten Verfahrens der Klasse</u> D <u>erfüllen</u>

(16) $\mathrm{Re}[\mu_k e^{i\varphi}] \leq \cos\varphi$.

<u>Beweis</u>. Aus (12) erhält man (16) als notwendige Bedingung, wenn man $q_1 = \exp(i\varphi)$ nimmt.

(17) <u>Ein konsistentes Mehrschrittverfahren der Klasse</u> D_1 <u>ist dann und nur dann asymptotisch relativ stabil um die Richtung</u> φ, <u>wenn für die Wachstumsparameter</u> μ_k, <u>die zu den von</u> $\zeta_1(0) = 1$ <u>verschiedenen unimodularen Wurzeln von</u> ρ <u>gehören, gilt</u>

(18) $\mathrm{Re}[\mu_k e^{i\varphi}] < \cos\varphi$.

<u>Für ein konsistentes Verfahren der Klasse</u> D <u>ist</u> (18) <u>hin-</u>

reichend.

Beweis. Daß (18) hinreichend ist, erschließt man sofort mit (11), wenn man dort h durch $|\lambda|$ und q_1 durch $\lambda/|\lambda|$ ersetzt. Zum Beweis der Umkehrung bemerken wir, daß sich wie im Beweis von (9) die Bedingung (12) für alle $q_1 = e^{i\psi}$, $|\varphi-\psi| < \delta$, als notwendig erweist, aus der dann (18) folgt.

Sind die Wachstumsparameter μ_k sämtlich reell, so zeigt (18), daß ein Verfahren der Klasse D_1 genau dann um eine Richtung in der offenen Halbebene $\text{Re}\, z > 0$ bzw. $\text{Re}\, z < 0$ asymptotisch relativ stabil ist, wenn $\mu_k < 1$ bzw. $\mu_k > 1$ ist. Gibt es genügend viele Richtungen relativer Stabilität, so muß die Bedingung (10) erfüllt sein, was man sogar für die gesamte Klasse D erschließen kann.

(19) Ein konsistentes Mehrschrittverfahren der Klasse D ist genau dann asymptotisch relativ stabil bezüglich einer Menge von Richtungen, die ein abgeschlossenes Intervall der Länge π bilden, wenn (10) erfüllt ist. In diesem Fall ist es in einer Nullumgebung relativ stabil.

Beweis. Wenn es außer $\zeta_1(0) = 1$ keine weiteren unimodularen Wurzeln von (5) gibt, so ist (18) erfüllt. Der hinreichende Teil von (17) ist auch für die Klasse D richtig, so daß in der Tat alle λ in einer Nullumgebung zum Bereich der relativen Stabilität gehören.

Für Verfahren der Klasse D_1 folgt die Umkehrung aus (17). Sind nämlich φ_0 und $\varphi_0+\pi$ relativ stabile Richtungen, so ergibt (18) sofort einen Widerspruch. Es wird noch gezeigt, daß unter den Voraussetzungen des Satzes jedes Verfahren der Klasse D zu D_1 gehört. In einer Nullumgebung sind die unimodularen Wurzeln von (5) analytisch, so daß es Zahlen $c_{kl} \in \mathbb{C}$ gibt, mit denen die Abschätzung besteht

$$\zeta_k(\lambda) = \zeta_k(0) \sum_{l=0}^{r} c_{kl}\lambda^l + O(|\lambda|^{r+1}), \quad \lambda \to 0.$$

Sei ζ_k eine von $\zeta_1(0) = 1$ verschiedene unimodulare Wurzel mit $\mu_k = 1$, und sei r die kleinste Zahl, für die $c_{1r} \neq c_{kr}$ ist. Es ist r wohldefiniert, da der Fall $c_{kl} = c_{1l}$, $l = 0,1,\ldots$, nicht vorkommen kann, da dann $|\zeta_1(\lambda)| = |\zeta_k(\lambda)|$ für kleine λ wäre. Wegen $c_{ko} = 1$, $c_{k1} = 1$ ist außerdem $r \geq 2$. Die Bedingung $|\zeta_k(\lambda)| < |\zeta_1(\lambda)|$ für $\lambda \to 0$ ergibt

$$\operatorname{Re} c_{kr} e^{ir\varphi} \leq \operatorname{Re} c_{1r} e^{ir\varphi}, \quad \varphi \in [\varphi_o, \varphi_o + \pi].$$

Nimmt man nacheinander φ so, daß $\exp(ir\varphi)$ die Werte ± 1, $\pm i$ durchläuft, so erhält man den Widerspruch $c_{kr} = c_{1r}$.

Am Beispiel der von dem Parameter $a \in \mathbb{R}$ abhängigen Schar

$$(20)\quad u_{j+2} - (1+a)u_{j+1} + au_j = \frac{h}{12}[(5+a)f_{j+2} + 8(1-a)f_{j+1} - (1+5a)f_j]$$

von linearen Mehrschrittverfahren wollen wir für reelle Werte von λ die auf der reellen Geraden gelegenen Bereiche der relativen Stabilität bestimmen (s.[127,S.74]). Das Polynom (5) ist gegeben durch

$$(21)\quad P_\lambda(z) = [1 - \frac{\lambda}{12}(5+a)]z^2 - [(1+a) + \frac{2\lambda}{3}(1-a)]z$$
$$+ [a + \frac{\lambda}{12}(1+5a)] = 0.$$

Die Wurzeln von $\rho(z) = P_o(z)$ lassen sich leicht zu $\zeta_1(0) = 1$, $\zeta_2(0) = a$ bestimmen. Die Wurzelbedingung ist also genau dann erfüllt, wenn $a \in [-1,1)$ ist, was wir im weiteren annehmen. Die Konsistenzordnung beträgt $p = 3$ mindestens, und es wird $p = 4$ im Falle $a = -1$, wobei man gerade die Simpsonformel erhält.

Die Bemerkungen im Anschluß an (14) oder Satz (19) zeigen sofort, daß (20) für $a \neq -1$ ein offenes Intervall um den Nullpunkt in seinem relativen Stabilitätsbereich besitzt. Für $a = -1$ ist $\zeta_2(0) = -1$ eine weitere unimodulare Wurzel von (5). Den zugehörigen Wachstumsparameter berechnet man zu $\mu_2 = -1/3$. Damit liegt für die Simpsonregel ein Intervall $(0, \lambda_o)$ im Bereich der relativen Stabilität. Aus (15) folgt, daß es kein Intervall der Form $(-\lambda_o, 0)$ mit $\lambda_o > 0$ im Bereich der relativen Stabilität gibt.

Der gesamte auf $\mathbb{R}$ gelegene Bereich relativer Stabilität des Verfahrens (20) ist durch das Intervall

(22) $(3(a+1)/2(a-1), 12/(5+a))$

gegeben. Um dies einzusehen, bemerken wir als erstes, daß die Wurzeln von (5) für alle $\lambda \in \mathbb{R}$ reell und ungleich sind, denn die Diskriminante von (5) ist durch

$$12(1-a)^2 + 12(1-a^2)\lambda + (7-2a+7a^2)\lambda^2$$

gegeben und wie man sich leicht überzeugt, ist sie für alle $a \in [-1,1)$ und $\lambda \in \mathbb{R}$ positiv. Damit ist der Fall $\zeta_1 = \zeta_2$ ausgeschlossen. Die einzige Singularität von ζ_1 tritt daher an der Nullstelle $\lambda = 12/(5+a)$ des Koeffizienten g_2 auf. Daher ist $(-\infty, 12/(5+a))$ in der Punktmenge G_D enthalten. Das Intervall relativer Stabilität erhält man nun aus der Bedingung $\zeta_1(\lambda) = -\zeta_2(\lambda)$, die auf das Verschwinden des linearen Gliedes in (21), d.h. auf $\lambda_0 = 3(a+1)/2(a-1)$ führt. Man erkennt übrigens $\lambda_0 \to -\infty$ $(a \to 1-)$, jedoch wird für $a = 1$ die Wurzelbedingung (P) verletzt. (Da die Funktion $1/\zeta_1$ in einer Umgebung von $z = 12/(5+a)$ analytisch ist, wäre es für das Verfahren (20) möglich, ζ_1 auf der gesamten reellen Achse in natürlicher Weise zu erklären, wobei dann das Intervall $(3(a+1)/2(a-1), \infty)$ zum Bereich der relativen Stabilität gehören würde.)

3.2. Absolute Stabilität

Eine überaus wichtige weitere Stabilitätseigenschaft von Mehrschrittverfahren ist die absolute Stabilität, deren Bedeutung wir bereits in I-S.99 ff. dargelegt haben. Absolute Stabilität bedeutet im wesentlichen, daß die gesamte Halbebene $\mathrm{Re}\, z < 0$ zum Bereich $H(0)$ der starken Stabilität (8) gehört. Dies bedeutet, daß von solchen Verfahren die abklingenden Komponenten in der Lösung von (1) relativ zur konstanten Lösung $u \equiv 1$ stabil integriert werden.

Wir beschränken uns in diesem Abschnitt auf lineare Mehrschrittverfahren, deren charakteristische Polynome ρ, σ <u>relativ prim</u> sind. Der Koeffizient a_m von ρ wird positiv vorausgesetzt. In Verallgemeinerung der ursprünglich von Dahlquist

[184] auf die gesamte Halbebene $H_- := \{z \mid \mathrm{Re}\, z < 0\}$ bezogenen absoluten Stabilität geben wir die folgende, auf [340] zurückgehende Definition, in der $\hat{\mathbb{C}}$ für die mit der üblichen Topologie versehene, um den Punkt $z = \infty$ erweiterte komplexe Ebene steht.

(1) Sei G eine Teilmenge von $\hat{\mathbb{C}}$. Ein lineares Mehrschrittverfahren heißt A_G-stabil, wenn für alle $q \in G$ das Polynom

(2) $\chi(z,q) := \rho(z) - q\sigma(z)$

nur Wurzeln ζ_k mit $|\zeta_k| < 1$ besitzt.

Beim Arbeiten mit der Definition (1) ist zu beachten, daß auch $z = \infty$ als Wurzel eines Polynoms, hier von $\chi(\cdot,q)$, zugelassen ist. Wenn $\infty \in G$ ist, so sind für $q = \infty$ unter den Wurzeln von $\chi(\cdot,q)$ die von σ zu verstehen.

Die von Dahlquist eingeführte sog. A-Stabilität erhält man mit der Setzung $G = H_-$. Mit dem Sektor

$$G_\alpha = \{z \mid |\arg(-z)| < \alpha, \quad z \neq 0\},$$

wobei $\alpha \in (0,\pi/2)$ ist, kommt man zu der zuerst von Widlund [415] definierten $A(\alpha)$-Stabilität. Ein Verfahren heißt $A(0)$-stabil, wenn es für ein $\alpha > 0$ $A(\alpha)$-stabil ist. Nimmt man $G = (-\infty,0)$, so gelangt man zu der A_0-Stabilität von Cryer [180].

Der erste Teil dieses Abschnitts beschäftigt sich mit Aussagen über die allgemeine Struktur von A_G-stabilen Verfahren. Für einige spezielle Verfahren werden dann Bereiche der absoluten Stabilität angegeben. Insbesondere wird auch gezeigt, wie sich die von Gear [223] studierten steif-stabilen Verfahren in die A_G-stabilen einordnen lassen.

Wir beginnen mit einigen einfachen Charakterisierungen der A_G-Stabilität, die in Spezialfällen auf [180,185,415] zurückgehen. Mit den charakteristischen Polynomen ρ,σ eines linearen Mehrschrittverfahrens verbinden wir die Polynome

$$(3)\quad \begin{aligned} r(z) &:= \sum_{k=0}^{m} A_k z^k := \left(\frac{z-1}{2}\right)^m \rho\left(\frac{z+1}{z-1}\right), \\ s(z) &:= \sum_{k=0}^{m} B_k z^k := \left(\frac{z-1}{2}\right)^m \sigma\left(\frac{z+1}{z-1}\right), \end{aligned}$$

welchen die Transformation

$$(4)\quad z = \frac{\zeta+1}{\zeta-1}, \quad \zeta = \frac{z+1}{z-1}$$

zugrundeliegt, bei der die offene Einheitskreisscheibe D der komplexen ζ-Ebene auf die Halbebene $H_- = \{z \mid \operatorname{Re} z < 0\}$ der z-Ebene abgebildet wird. Zur Abkürzung setzen wir

$$(5)\quad t(z,q) := r(z) - qs(z).$$

Mit ∂G bezeichnen wir den Rand einer Punktmenge G, mit $\bar{G}$ ihren Abschluß, beides bezüglich der erweiterten komplexen Ebene $\hat{\mathbb{C}}$.

(6) _Die folgenden Bedingungen sind paarweise äquivalent:_

(i) _Das Verfahren ist_ A_G_-stabil._

(ii) _Für jedes_ $h\lambda \in G$ _ist_ $a_m - h\lambda b_m \neq 0$, _und jede Lösung_ u_h _der Differenzengleichungen_

$$(7)\quad \sum_{k=0}^{m} (a_k - h\lambda b_k) u_h(x_{j+k}) = 0, \quad j = 0,1,\ldots,$$

erfüllt $u_h(x_j) \to 0 \ (j \to \infty)$.

(iii) _Für jedes_ $q \in G$ _liegen die Wurzeln von_ $t(\cdot,q)$ _in_ H_-.

Beweis. Die Äquivalenz von (i) mit (ii) folgt aus der in 2.3. (6) angegebenen expliziten Gestalt eines Fundamentalsystems von Lösungen von (7). Aus den Abbildungseigenschaften der Transformation (4) ergibt sich auch sofort die Äquivalenz von (i) mit (iii).

(8) _Jede der folgenden beiden Bedingungen ist hinreichend und im Falle eines_ G _mit_ $\infty \in \bar{G}$ _auch notwendig für die_ A_G_-Stabilität:_

(i) r/s <u>ist analytisch in</u> $H_+ \equiv \{z \mid \text{Re } z > 0\}$, $r(z)/s(z) \notin G$ <u>für</u> $z \in H_+$ <u>und</u> $r(z)/s(z) \notin \partial G \cap G$ <u>für</u> $z \in \partial H_+$.

(ii) ρ/σ <u>ist analytisch in</u> $\mathbb{C} \setminus \bar{D}$, $\rho(z)/\sigma(z) \notin G$ <u>für</u> $z \in \mathbb{C} \setminus \bar{D}$ <u>und</u> $\rho(z)/\sigma(z) \notin \partial G \cap G$ <u>für</u> $z \in \partial D$.

<u>Beweis</u>. Wir führen den Beweis nur für (i), für (ii) läuft er analog. Für den hinlänglichen Teil nehmen wir an, daß $q \in G$ und $z \in \hat{\mathbb{C}}$ eine Wurzel von $t(q,z) = 0$ ist. Es kann nicht $z \in H_+$ und $s(z) = 0$ sein, da r/s in H_+ analytisch und r,s relativ prim sind. Auch der Fall $z \in H_+$ und $s(z) \neq 0$ ist nicht möglich wegen $r(z)/s(z) \notin G$. Bleibt noch der Fall $z \in \partial H_+$ auszuschließen, um (6)(iii) als erfüllt zu erkennen. Sei $z_j \in H_+$ mit $z_j \to z$ $(j \to \infty)$. Es ist dann $r(z_j)/s(z_j) \notin G$, so daß man im Grenzübergang $r(z)/s(z) \in \overline{\mathbb{C} \setminus G}$ erschließt. Da $r(z)/s(z)$ nicht in $\partial G \cap G$ liegen kann, ist es Element von $\hat{\mathbb{C}} \setminus G$, und dies ist ein Widerspruch zu $q \in G$.

Zum Beweis der Umkehrung nehmen wir $s(z) = 0$ für ein $z \in H_+$ an. Da $r(z) \neq 0$ ist, besitzt r/s einen Pol bei z und nimmt somit in einer Umgebung von z jeden Wert in einer Umgebung des Punktes ∞ an. Damit gibt es wegen $\infty \in \bar{G}$ Punkte $q \in G$, für die $t(\cdot,q) = 0$ eine Lösung in H_+ besitzt. Dies widerspricht (6)(iii). Auch schließt (6)(iii) die Möglichkeit $z \in H_+$, oder $z \in \partial H_+$ mit $s(z) \neq 0$, während $r(z)/s(z)$ in G liegt, aus. Der Fall $s(z) = 0$, $z \in \partial H_+$, ergibt $r(z)/s(z) = \infty$, aber $\infty \in G$ bedeutet, daß die Wurzeln von s in H_- liegen. Bleibt noch der Punkt $z = \infty$ aus ∂H_+ zu untersuchen. In diesem Fall würde $q := r(\infty)/s(\infty) \in G$ bedeuten, daß $z = \infty$ eine Wurzel von $t(\cdot,q)$ wäre, was gemäß (6)(iii) ausgeschlossen ist. Damit ist alles bewiesen.

Bei den Bedingungen in (8) sei darauf hingewiesen, daß in dem wichtigen Spezialfall eines offenen G, z.B. $G = H_-$, die Bedingung $r(z)/s(z) \notin \partial G \cap G$ stets erfüllt ist.

(9) <u>Ein</u> A_G<u>-stabiles Verfahren mit</u> $\infty \in \bar{G}$ <u>ist implizit</u>.

<u>Beweis</u>. Im Fall $b_m = 0$ ist $z = 1$ eine Wurzel von s, so daß r/s in H_+ nicht analytisch und somit die Bedingung (8)(i) verletzt ist.

Für Verfahren allgemeinerer Bauart als der von uns betrachteten ist ein (9) entsprechendes Ergebnis in der Arbeit [333] erzielt worden.

Bevor wir zu weiteren Aussagen über die algebraischen Eigenschaften von A_G-stabilen Verfahren kommen, führen wir einige Sprechweisen ein. Ein Verfahren heißt asymptotisch absolut stabil in der Richtung $\varphi \in [0,2\pi)$, wenn ein $q_0 > 0$ existiert, so daß es für alle $q \neq 0$, $|q| < q_0$, $\arg(q) = \varphi$, absolut stabil ist. Entsprechend nennen wir ein Verfahren unbeschränkt absolut stabil in der Richtung φ, wenn ein $q_0 > 0$ existiert, so daß es für alle $q \neq \infty$, $|q| > q_0$, $\arg(q) = \varphi$, absolut stabil ist. Analog wie bei der relativen Stabilität ist die absolute Stabilität um eine Richtung φ erklärt.

Wir erinnern an die Definition des Wachstumsparameters μ_k zu einer einfachen unimodularen Wurzel ζ_k von ρ durch

$$(10) \quad \mu_k := \frac{\sigma(\zeta_k)}{\zeta_k \rho'(\zeta_k)} .$$

Entsprechend führen wir auch zu den unimodularen einfachen Wurzeln z_k von σ den Wachstumsparameter ν_k ein durch

$$(11) \quad \nu_k := \frac{\rho(z_k)}{z_k \sigma'(z_k)} .$$

(12) Das Verfahren sei A_G-stabil. Ist $\infty \in \bar{G}$, so besitzt σ nur in $\bar{D}$ gelegene Wurzeln, und die Wurzeln in ∂D sind höchstens doppelt.

Beweis. Bedingung (8)(ii) zeigt, daß σ keine Wurzeln außerhalb $\bar{D}$ besitzen kann. Sei $z_0 \in \partial D$ eine Wurzel der Vielfachheit $l \geq 3$. Sei $S \subset \mathbb{C} \setminus \bar{D}$ ein Sektorteil mit Spitze in z_0 und Öffnungswinkel größer $2\pi/l$. Da ρ/σ einen Pol l-ter Ordnung bei z_0 besitzt, wird S bekanntlich auf eine punktierte Umgebung von ∞ abgebildet. Daher kann (8)(ii) nicht erfüllt sein.

(13) Ist ein Verfahren in zwei Richtungen φ_1 und $\varphi_2 \neq \varphi_1$ unbeschränkt absolut stabil, so besitzt σ höchstens einfache unimodulare Wurzeln.

Beweis. Unter der Annahme der Existenz einer mehrfachen unimodularen Wurzel von σ besitzt ρ/σ einen Pol der Ordnung $l \geq 2$, und wie im Beweis von (12) kommt man unter Verwendung eines S mit Öffnungswinkel π zu einem Widerspruch.

Von Cryer ist das lineare Mehrschrittverfahren mit den Polynomen

$$(14) \quad \rho(z) = z(z-1), \quad \sigma(z) = \frac{1}{4}(z+1)^2$$

angegeben worden als Beispiel dafür, daß σ durchaus eine doppelte unimodulare Wurzel besitzen kann, obwohl dieses Verfahren A_0-stabil ist, so daß also $\infty \in \bar{G}$ gilt. Man berechnet in der Tat für dieses Verfahren $r = (z+1)/2$, $s = z^2/4$ und erhält für die Wurzeln von $t(z,q)$ die Zahlen $z_{1,2} = q^{-1}(1 \pm \sqrt{1+2q})$, die für $q \in (-\infty, 0)$ negativen Realteil haben. Das Verfahren (14) ist übrigens außerdem konsistent und erfüllt die Wurzelbedingung (P), so daß es auch konvergent ist.

Aus (13) folgt, daß das Polynom σ bei A-stabilen und $A(\alpha)$-stabilen Verfahren höchstens einfache unimodulare Wurzeln besitzt. Die Trapezregel mit den Polynomen

$$(15) \quad \rho(z) = z-1, \quad \sigma(z) = \frac{1}{2}(z+1)$$

ist ein Beispiel für ein A-stabiles Verfahren (s. I-3.4.(7)) mit einfacher Wurzel $z = -1$.

(16) Ist ein Verfahren unbeschränkt absolut stabil in einer Richtung φ, so gilt für den Wachstumsparameter zu jeder unimodularen einfachen Wurzel von σ

$$(17) \quad \mathrm{Re}[\nu_k e^{-i\varphi}] \leq 0.$$

Beweis. Sei $z_k \in \partial D$ eine einfache Wurzel von σ. Dann gilt für die entsprechende Wurzel von $\chi(\cdot, q)$

$$(18) \quad z_k(q) = z_k(1+q^{-1}\nu_k) + O(q^{-2}), \quad q \to \infty.$$

Die Bedingung $|z_k(q)| \leq 1$ für $q \to \infty$, $\arg q = \varphi$, hat dann offensichtlich (17) zur Folge.

(19) Ist ein Verfahren unbeschränkt absolut stabil in drei

Richtungen $\varphi_1,\varphi_2,\varphi_3$, die $\varphi_2-\varphi_1\in(0,\pi]$, $\varphi_3-\varphi_1\in(\pi,\pi+\varphi_2-\varphi_1)$ erfüllen, so liegen die Wurzeln von σ in D.

Beweis. Aus (13) folgt, daß σ höchstens einfache unimodulare Wurzeln besitzt. Da $\nu_k \neq 0$ ist, kann die Ungleichung (17) für die drei Winkel nicht gleichzeitig bestehen.

(20) Ein Verfahren ist unbeschränkt absolut stabil um eine Richtung φ dann und nur dann, wenn die Wurzeln von σ in $\bar{D}$ liegen und die unimodularen Wurzeln einfach sind mit zugehörigen Wachstumsparametern ν_k, welche der Bedingung genügen

(21) $\mathrm{Re}[\nu_k e^{-i\varphi}] < 0.$

Beweis. Notwendigkeit: Aus (13) folgt, daß die in ∂D gelegenen Wurzeln einfach sind. Außerdem muß (18) gelten für alle genügend großen $|q|$ mit $|\arg q-\varphi| < \delta$. Dies hat (21) zur Folge.

Hinlänglichkeit: Aufgrund der Stetigkeit der Wurzeln eines Polynoms in Abhängigkeit von den Koeffizienten gibt es eine Umgebung U von $z=\infty$, so daß für $q\in U$ die Wurzeln von $\chi(\cdot,q)$, die aus den in D gelegenen Wurzeln von σ hervorgehen, weiterhin in D liegen. Für die Wurzeln $z_k\in\partial D$ von σ gilt (18), und die Bedingung (21) hat zur Folge, daß es ein $\delta>0$ gibt, so daß für alle genügend großen $|q|$ mit $|\arg q-\varphi|<\delta$ gilt $|z_k(q)|<1$.

Eine Folgerung aus (16) ist, daß für A_0-stabile Verfahren, für die $\varphi=\pi$ gewählt werden kann,

(22) $\mathrm{Re}\ \nu_k \geq 0$

gilt. A(0)-stabile Verfahren, also insbesondere auch $A(\alpha)$-stabile Verfahren, erfüllen (20) zufolge

(23) $\mathrm{Re}\ \nu_k > 0.$

Für die Trapezregel ist beispielsweise $z_1=-1$ und $\nu_1=2$. Eine weitere Folgerung aus (20) lautet wie folgt.

(24) Es existiert dann und nur dann ein $q_0 \in \mathbb{R}$, so daß ein Verfahren für alle $q \in \mathbb{C}$ mit $\operatorname{Re} q \leq q_0$ absolut stabil ist, wenn die Wurzeln von σ in $\bar{D}$ liegen und die unimodularen Wurzeln einfach sind mit zugehörigem Wachstumsparameter $\nu_k > 0$.

Beweis. Die Notwendigkeit folgt aus (20), da die Ungleichung (21) für alle $\varphi \in (\pi/2, 3\pi/2)$ erfüllt sein muß, was nur im Falle $\operatorname{Im} \nu_k = 0$, $\operatorname{Re} \nu_k > 0$ möglich ist.

Zum Beweis der Umkehrung bemerken wir, daß die in D gelegenen Wurzeln von σ für große $|q|$ auch nur zu in D gelegenen Wurzeln von $\chi(\cdot,q)$ Anlaß geben. Das Verhalten der unimodularen Wurzeln von σ für große $|q|$ wird durch (18) beschrieben. Wir zeigen die Existenz eines $q_0 > 0$, so daß $|z_k(q)| < 1$ ist für alle q der Gestalt $q = R^{-1}/(e^{i\varphi}-1)$ mit $0 < R < q_0^{-1}$, $\varphi \in (0, 2\pi)$, was gleichbedeutend ist mit allen q, die $2 \operatorname{Re} q < -q_0$ besitzen. Setzen wir q in (18) ein, so ergibt sich

$$|z_k(q)|^2 = 1 + 2\nu_k R(\cos\varphi - 1) + O(R^2(1-\cos\varphi)),$$

woraus man in der Tat $|z_k(q)| < 1$ für genügend kleines R entnimmt.

Die Sätze (12),(13),(16),(19),(24) gelten entsprechend, wenn man ∞ durch 0, σ durch ρ, $e^{-i\varphi}$ durch $e^{i\varphi}$ und ν_k durch μ_k ersetzt. Die Beweise bleiben inhaltlich dieselben. Für konvergente Verfahren weiß man jedoch bereits vorher, daß ρ nur einfache unimodulare Wurzeln besitzt. Wir schreiben daher hier nur noch einmal die Analoga zu (16),(20),(24) an.

(25) Ist ein Verfahren, das die Wurzelbedingung (P) erfüllt, asymptotisch absolut stabil in einer Richtung φ, so gilt für die Wachstumsparameter μ_k der unimodularen Wurzeln von ρ

(26) $\operatorname{Re}[\mu_k e^{i\varphi}] \leq 0$.

Es ist asymptotisch absolut stabil um eine Richtung φ genau dann, wenn gilt

(27) $\operatorname{Re}[\mu_k e^{i\varphi}] < 0$.

Es existiert ein $R > 0$, so daß das Innere des Kreises $z = R(e^{i\varphi}-1)$, $\varphi \in [0,2\pi)$, zum Bereich der absoluten Stabilität gehört genau dann, wenn $\mu_k > 0$ ist.

Eine unmittelbare Folgerung aus (25) für ein konsistentes Verfahren, bei dem $\mu_1 = 1$ ist, lautet:

(28) Ein konsistentes Verfahren der Klasse (D) kann in keiner Richtung $\varphi \in (-\pi/2,\pi/2)$ asymptotisch stabil sein.

Mit Hilfe der Eigenschaften der unimodularen Wurzeln von ρ und σ lassen sich die A_0-stabilen Verfahren charakterisieren, die A(O)-stabil sind (s.[273]). Trivialerweise ist jedes A(O)-stabile Verfahren auch A_0-stabil, aber wie wir anhand des Verfahrens (14) gezeigt haben, ist die Klasse der A_0-stabilen Verfahren echt größer.

(29) Ein konsistentes Verfahren, das die Wurzelbedingung (P) erfüllt, ist dann und nur dann A(O)-stabil, wenn gilt:

(i) Das Verfahren ist A_0-stabil.

(ii) Die unimodularen Wurzeln von σ sind einfach.

(iii) Ist μ_k der Wachstumsparameter zu einer unimodularen Wurzel von ρ, so gilt $\mathrm{Re}\,\mu_k > 0$.

(iv) Ist ν_k der Wachstumsparameter zu einer unimodularen Wurzel von σ, so gilt $\mathrm{Re}\,\nu_k > 0$.

Beweis. Die Notwendigkeit der Bedingungen ist eine unmittelbare Folgerung aus (13),(21),(27). Zum Beweis der Umkehrung bemerken wir, daß vermöge (i),(ii),(iv) aus (12),(20) folgt, daß das Verfahren um die Richtung $\varphi = -\pi$ unbeschränkt absolut stabil ist. Daher gibt es positive Zahlen q_∞, δ_∞, so daß jedes q mit $|q| \geq q_\infty$, $|\arg q+\pi| < \delta_\infty$ zum Bereich der absoluten Stabilität gehört. Entsprechend ergibt sich aus (iii) mit (25), daß positive q_0, δ_0 existieren, so daß das Verfahren für jedes q mit $|q| \leq q_0$, $|\arg q+\pi| < \delta_0$ absolut stabil ist. Die A_0-Stabilität zeigt ferner, daß die Wurzeln von $\chi(\cdot,q)$ für jedes q aus dem kompakten Intervall $[-q_\infty,-q_0]$ in D liegen, und aufgrund der stetigen Abhängigkeit der Wurzeln von q gehört daher eine ganze Umgebung U von $[-q_\infty,-q_0]$ zum Bereich der absoluten Stabilität. Es gibt ein $\delta > 0$ mit der Eigenschaft

$$\{q \mid q_0 \leq |q| \leq q_\infty, \quad |\arg q+\pi| < \delta\} \subset U.$$

Das Verfahren ist daher $A(\alpha)$-stabil mit $\alpha = \min(\delta_0, \delta_\infty, \delta)$.

In [273] sind zwei Beispiele A_0-, aber nicht $A(0)$-stabiler konsistenter Verfahren, die der Wurzelbedingung (P) genügen, angegeben worden, welche nur eine der Bedingungen (29) verletzen. So ist das Verfahren mit

$$\rho(z) := (z-1)(z^2+1), \qquad \sigma(z) = 2z^3 + z - 1$$

A_0-stabil. Man berechnet nämlich $r(z) = (z^2+1)/2$, $s(z) = (z^3+4z^2+z+2)/4$, und durch Anwendung des Routhschen Schemas erkennt man sofort (6)(iii) für $q \in (-\infty,0)$ als erfüllt. Das Routhsche Schema ergibt auch, daß die Wurzeln von σ in D liegen, so daß man (29)(iv) hat. Für den Wachstumsparameter μ_2 zur Wurzel $\zeta_2 = i$ von ρ berechnet man jedoch $\mu_2 = -i/2$, so daß (29)(iii) verletzt ist. Die Polynome

$$\rho(z) = z^3 - \frac{4}{3}z^2 + z - \frac{2}{3}, \qquad \sigma(z) = \frac{2}{3}z(z^2+1)$$

liefern ein Beispiel für ein konsistentes Verfahren, für das (29)(i)-(iii), aber nicht (29)(iv) erfüllt ist. In der Tat ergibt wieder eine Anwendung des Routhschen Schemas die absolute Stabilität des Verfahrens für $q \in (-\infty,0)$, aber der Wachstumsparameter ν_1 zur Wurzel $z_1 = i$ von σ ist gleich

$$\nu_1 = \frac{\rho(z_1)}{z_1\sigma'(z_1)} = \frac{2/3}{-4i/3} = \frac{i}{2},$$

so daß $\operatorname{Re} \nu_1 = 0$ ist.

An dieser Stelle wollen wir näher auf den Begriff der steifen Stabilität eingehen, der in [223] eingeführt worden und später in [273] präzis definiert worden ist. Es seien D, θ, a positive Zahlen, mit denen $R_1 := \{q \in \mathbb{C} \mid \operatorname{Re} q < -D\}$, $R_2 := \{q \in \mathbb{C} \mid \operatorname{Re} q \leq -a, \ |\operatorname{Im} q| < \theta\}$, $R_3 := \{q \in \mathbb{C} \mid |\operatorname{Re} q| < a, \ |\operatorname{Im} q| < \theta\}$ definiert wird (s. Fig.11).

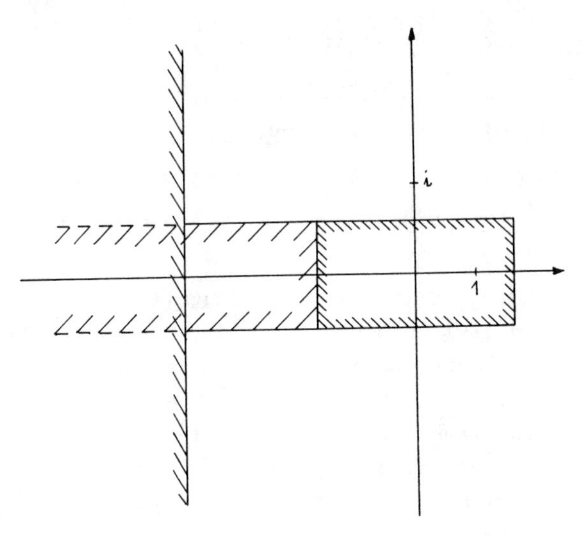

Fig. 11

(30) <u>Ein lineares Mehrschrittverfahren heißt steif stabil, wenn es positive Zahlen</u> D, Θ, a <u>gibt, so daß</u> $R_1 \cup R_2$ <u>zum Bereich der absoluten und</u> R_3 <u>zum Bereich der relativen Stabilität gehört</u>.

Die steif stabilen Verfahren sind mit folgender Überlegung eingeführt worden. Sei λ ein Eigenwert der Matrix Q im System 1.(1). Wenn Re $h\lambda < -D$, so klingt die entsprechende Komponente im System 1.(1) relativ schnell ab, und man begnügt sich damit, sie absolut stabil zu integrieren. Liegt $h\lambda$ in R_3, also in der Nähe des Ursprungs, so soll die wesentliche Wurzel ζ_1 das Stabilitätsverhalten des Verfahrens bestimmen und für eine hinreichende Genauigkeit bei der Integration sorgen. Besitzt das System hohe Frequenzen bei schwacher Dämpfung oder anwachsende Lösungsbestandteile, so muß h so klein gewählt werden, daß $h\lambda$ im Stabilitätsbereich $R_1 \cup R_2 \cup R_3$ liegt. Dabei stellt R_2 noch ein Übergangsgebiet dar, das schon große Schrittweiten zu verwenden gestattet zur Integration von gedämpften und nicht zu hochfrequenten Lösungskomponenten.

(31) <u>Ein konsistentes Verfahren, das die Wurzelbedingung</u> (P)

erfüllt, ist genau dann steif stabil, wenn gilt:

(i) Das Verfahren ist A_o-stabil.

(ii) Außer $\zeta_1(0)=1$ besitzt ρ nur Wurzeln in D.

(iii) Die unimodularen Wurzeln von σ sind einfach.

(iv) Der Wachstumsparameter ν_k zu jeder unimodularen Wurzel von σ ist positiv.

Beweis. Notwendigkeit: Aus 1.(19) folgt (ii). Aus (13) ergibt sich (iii), und (iv) entnimmt man (24). Es bleibt (i) nachzuweisen. Da ρ und σ nur Wurzeln in $\bar{D}$ besitzen, liegen die Wurzeln von r und s nicht in H_+, und die Koeffizienten von r bzw. s sind von einem Vorzeichen. Der Teil $\rho'(1)=\sigma(1)$ der Konsistenzbedingung ist mit $A_{m-1}=2B_m$ gleichbedeutend. Daher können wir $A_k\geq 0$, $B_k\geq 0$ annehmen. Das Polynom $t(\cdot,q)$ kann für $q\in(-a,0)$ keine positive Wurzel besitzen, da diese auch Wurzel von r und s sein müßte. Auch $z=0$ kann keine Wurzel sein, denn das bedeutet $A_o-qB_o=0$, woraus $A_o=B_o=0$ folgte, so daß r,s und damit auch ρ,σ einen gemeinsamen Linearfaktor besäßen. Es bleibt zu zeigen, daß $t(\cdot,q)$ keine nichtreelle Wurzel mit $\mathrm{Re}\ z\geq 0$ besitzt. Wir nehmen das Gegenteil an und bezeichnen mit z diejenige dieser Wurzeln, die bei der Transformation $\zeta=(z+1)/(z-1)$ den größten Betrag erhält. Dann ist ζ die betragsgrößte Wurzel von $\chi(\cdot,q)$ überhaupt. Außerdem ist auch $\bar{\zeta}$ eine Wurzel von $\chi(\cdot,q)$, und es ist $\zeta\neq\bar{\zeta}$. Damit ist ein Widerspruch zur relativen Stabilität erbracht.

Hinlänglichkeit: Satz (29) zeigt, daß das Verfahren A(0)-stabil ist. Aus Satz 1.(19) folgt, daß es in einer Nullumgebung U relativ stabil ist. Daher lassen sich positive Zahlen a,Θ finden, so daß die Punktmenge $R_3=\{q\in\mathbb{C}\mid|\mathrm{Re}\ q|<a,$ $|\mathrm{Im}\ q|<\Theta\}$ in U und $R_2=\{q\in\mathbb{C}\mid\mathrm{Re}\ q\leq -a,\ |\mathrm{Im}\ q|<\Theta\}$ im Bereich der absoluten Stabilität liegt. Es bleibt zu zeigen, daß ein $D>0$ existiert, so daß das Verfahren für alle q mit $\mathrm{Re}\ q<-D$ absolut stabil ist. Dies ist die Aussage von (24).

Die Sätze (29) und (31) zeigen, daß steif stabile Verfahren A(0)-stabil sind. Das Umgekehrte trifft nicht zu (s.[273]), denn

$$\rho(z) = z^3 - \frac{1}{2}z^2 - \frac{1}{2}, \quad \sigma(z) = \frac{3}{2}z^3 - z^2 + \frac{3}{2}z$$

beschreibt ein konsistentes A(O)-stabiles Verfahren, das die Wurzelbedingung (P) erfüllt, aber nicht steif stabil ist. Dies liegt an dem Umstand, daß die Wachstumsparameter von σ zu den Wurzeln $(1 \pm i\sqrt{8})/3$ zwar positiven Realteil besitzen, jedoch nicht reell sind.

Ein Kriterium für $A(\alpha)$-Stabilität wird in Satz (51) gegeben.

Das folgende, auf Stetter [106] zurückgehende Beispiel wirft ein Schlaglicht auf die Bedeutung von relativer und absoluter Stabilität. Das Verfahren

$$u_{j+2} - u_j = \frac{h}{2}(f_{j+1} + 3f_j), \quad j = 0, 1, \ldots, N_h - 2,$$

besitzt die beiden Wachstumsparameter $\mu_1 = 1, \mu_2 = 1/2$. Aus 1. (15),(17) folgt, daß ein Intervall $(0, q_0)$, $q_0 > 0$, aber kein Intervall $(-q_0, 0)$ zum Bereich der relativen Stabilität gehört. Aus (25) entnimmt man, daß ein Intervall $(-q_0, 0)$, aber kein Intervall $(0, q_0)$ im Bereich der absoluten Stabilität existiert. Nach der absoluten Stabilität beurteilt, wäre das Verfahren allenfalls für Aufgaben mit $f_y < 0$ geeignet, wenn wir uns bei dieser Diskussion auf skalare Gleichungen beschränken. Dabei würde die numerische Lösung aber wegen $\mu_2 = 1/2$ schwächer abklingen als die exakte. Läßt man sich von der Bedingung relativer Stabilität leiten, so kann man das Verfahren auch für Aufgaben mit $f_y > 0$ verwenden. Es ist zwar in diesem Fall eine parasitäre, anwachsende Komponente in der numerischen Lösung vorhanden, aber sie wächst schwächer als die exakte Lösung.

Wir kommen jetzt zu Aussagen über die Ordnung gewisser absolut stabiler Verfahren, insbesondere zu dem grundlegenden Ergebnis von Dahlquist [185], daß die Konsistenzordnung A-stabiler Verfahren nicht größer als zwei sein kann.

Auf Ideen aus [180,415] geht das folgende Resultat zurück.

(32) <u>Die Koeffizienten der Polynome</u> r,s <u>eines</u> A_0<u>-stabilen Verfahrens erfüllen</u> $A_j \geq 0$, $B_j \geq 0$, $j = 0,\dots,m$, <u>und</u> $B_m > 0$.

<u>Beweis</u>. Für alle $q \in (-\infty, 0)$ besitzt $t(\cdot,q)$ nur in H_- gelegene Wurzeln, so daß die Koeffizienten von $t(\cdot,q)$ wegen der Normierung $a_m > 0$ nichtnegativ sind. Nutzt man dies für kleine $|q|$ aus, so erkennt man $A_j \geq 0$, mit Hilfe großer $|q|$ erschließt man $B_j \geq 0$. Es ist $2^m A_m = \rho(1) = 0$, so daß $2^m B_m = \sigma(1) \neq 0$ gilt, da ρ und σ teilerfremd sind.

(33) <u>Ein lineares Mehrschrittverfahren besitzt dann und nur dann die genaue Konsistenzordnung</u> $p \geq 1$ <u>(für jede Aufgabe</u> (A) <u>mit</u> $f \in C^p(U)$), <u>wenn die Koeffizienten der Polynome</u> r,s <u>mit einer Zahl</u> $c \neq 0$ <u>den Bedingungen genügen</u>

$$(34)\quad A_k - c2^{-m+p+1}\delta_{k,m-p-1} = 2\sum_{j\geq 0} B_{k+1+2j}/(1+2j)$$

<u>für</u> $m-p-1 \leq k \leq m$, <u>wobei</u> $A_k = 0$ <u>für</u> $k < 0$ <u>und</u> $B_k = 0$ <u>für</u> $k < 0$, $k > m$ <u>zu nehmen ist</u>.

<u>Beweis</u>. Aus 1.1.(30)(ii) folgt nach Ersetzen von e^z durch ζ, daß ein Verfahren dann und nur dann die genaue Konsistenzordnung p besitzt, wenn mit einer Zahl $c \neq 0$ gilt

$$(35)\quad \rho(\zeta) - \sigma(\zeta)\log\zeta = c(\zeta-1)^{p+1} + O((\zeta-1)^{p+2}),\quad \zeta \to 1.$$

Mit Hilfe der Transformation (4) geht dies über in

$$(36)\quad r(z) - s(z)\log\frac{z+1}{z-1} = c\left(\frac{2}{z}\right)^{p+1-m} + O(z^{m-p-2})\quad (z \to \infty).$$

Unter Verwendung der Potenzreihenentwicklung von $\log(z+1)/(z-1)$ für große z, die durch

$$\log\frac{z+1}{z-1} = 2[z^{-1} + \tfrac{1}{3}z^{-3} + \tfrac{1}{5}z^{-5} + \dots],\quad |z| > 1,$$

gegeben ist, ergibt sich die Behauptung aus (36) durch Koeffizientenvergleich.

<u>Bemerkung</u>. Es ist c die Fehlerkonstante des Verfahrens (s. 1.1.(34)).

(37) <u>Für ein</u> A_0<u>-stabiles Verfahren mit</u> $m \geq 3$ <u>der Konsistenz-</u>

<u>ordnung</u> $p \geq 3$ <u>gilt</u> $B_j > 0$, $j = 2,\ldots,m$, <u>sowie</u> $A_j > 0$ <u>für</u> $j = 2,\ldots,m-1$ <u>und</u> $\max(0,m-p) \leq j \leq m-1$.

<u>Beweis</u>. Die Wurzeln von $t(\cdot,q)$ liegen für $q \in (-\infty,0)$ in H_-, so daß die Hurwitz-Determinante (s.[4,S.170])

$$\Delta_2 := \begin{vmatrix} A_{m-1}-qB_{m-1} & A_{m-3}-qB_{m-3} \\ A_m-qB_m & A_{m-2}-qB_{m-2} \end{vmatrix}$$

positiv sein muß. Wir behaupten $B_{m-1} > 0$. Im anderen Falle wäre $B_{m-1} = 0$, so daß (34) $A_m = 0$, $A_{m-1} = 2B_m$, $A_{m-2} = 2B_{m-1} = 0$, $A_{m-3} = 2B_{m-2}+2B_m/3$ ergibt, und man $\Delta_2 = qB_m(2B_m/3-qB_{m-3})$ berechnet. Für $q \to -\infty$ ergibt dies einen Widerspruch zu $\Delta_2 > 0$.

Aus (12) folgt, daß s keine Wurzeln in H_+ besitzt und $z = 0$ eine höchstens doppelte Wurzel ist. Wir stellen s als Produkt $s = B_m z^l s_1(z)s_2(z)$ dar, wobei s_1 die nichtreellen und s_2 die negativen Wurzeln von s enthält. Es ist $l \leq 2$, die Koeffizienten von s_2 und die Koeffizienten vor den geraden Potenzen von s sind positiv. Da $B_{m-1} > 0$ ist, muß s_2 mindestens von erstem Grade sein. Dann sind alle Koeffizienten von s_1s_2 positiv, und man erhält $B_j > 0$, $j = 2,\ldots,m$. Die Behauptung $A_j > 0$, $\max(0,m-p) \leq j \leq m-1$ ist dann eine unmittelbare Folgerung aus (34). Dann sind mindestens A_{m-1} und A_{m-2} positiv, so daß genauso wie bei s auch für r folgt $A_j > 0$, $j = 2,\ldots,m$.

<u>Bemerkung</u>. In (37) kann man $A_1 > 0$ behaupten, falls das Verfahren die Wurzelbedingung (P) erfüllt. Wird in (37) A(0)-Stabilität vorausgesetzt, so gilt sogar $A_1 > 0$, $B_1 > 0$. Für ein A(0)-stabiles Verfahren sind nämlich die unimodularen Wurzeln von ρ und σ höchstens einfach (s.(20) und die Bemerkung vor (25)), so daß man im Beweis von (37) $l \leq 1$ weiß.

(38) <u>Die Trapezformel ist das einzige</u> A_0<u>-stabile Verfahren der Konsistenzordnung</u> $p \geq m+1$ <u>mit Koeffizient</u> $a_m = 1$.

<u>Beweis</u>. Wenn $p > m+1$ ist, so ergibt (34) angewandt für $k = -1$ oder $k = -2$ bei Beachtung von (32) den Widerspruch $B_m = 0$. Ist $p = m+1$, so folgt aus (34) mit $k = -1$, daß $0 = B_0 = B_2 = \ldots$ gilt. Für $m \geq 3$ liefert (37) einen Widerspruch, $m = 2$ ist wegen $B_2 = 0$

nicht möglich, so daß nur noch $m = 1$ übrig bleibt. Aus (34) ergeben sich dann bei Beachtung der Festlegung $a_m = 1$ die Beziehungen $B_o = 0$, $A_o = 2B_1$, $A_1 = 0$, $c = -1/12$, die auf die Polynome (15) führen. Bekanntermaßen ist die Trapezformel A_o-stabil mit Konsistenzordnung $p = 2$.

(39) <u>Jedes konsistente</u> A-<u>stabile Verfahren besitzt eine Konsistenzordnung</u> $p \leq 2$ <u>mit der normierten Fehlerkonstanten</u> $C_2^* := C_2/\sigma(1) \leq -1/12$. <u>Die Trapezformel ist das einzige</u> A-<u>stabile Verfahren mit</u> $p = 2$, $C_2^* = -1/12$ <u>und</u> $a_m = 1$.

<u>Beweis</u>. Der ursprüngliche Beweis von Dahlquist [185] verwendet einen Satz von Riesz-Herglotz. Ein weiterer Beweis, der Eigenschaften von Kettenbrüchen ausnutzt, ist in [272] zu finden. Eine elegante Beweisidee von C. Pommerenke, basierend auf dem Lemma von Julia und Carathéodory ist in [346] ausgeführt worden. Wir geben hier einen weiteren, völlig elementaren Beweis.

Wir betrachten die in $\hat{\mathbb{C}} \setminus \bar{D}$ definierte und dort analytische Funktion

$$g(z) := \frac{\sigma(z)}{\rho(z)} - \frac{1}{2}\,\frac{z+1}{z-1} .$$

Die Funktion σ/ρ verhält sich in einer Umgebung von $z = 1$ wie $1/(z-1)$, da aufgrund der Konsistenz $\rho(1) = 0$, $\rho'(1) = \sigma(1)$ ist, und wegen der Teilerfremdheit von ρ,σ gilt $\sigma(1) \neq 0$. Daher ist g in einer Umgebung von $z = 1$ analytisch erklärbar. Da H_- im Bereich der absoluten Stabilität liegt, folgt $\mathrm{Re}[\sigma/\rho] \geq 0$ in $|z| > 1$. Ferner ist $\mathrm{Re}(z+1)/(z-1) = 0$ für $|z| = 1$, $z \neq 1$. Daher existiert für jedes $\varepsilon > 0$ ein R_ε mit $1 < R_\varepsilon < 1+\varepsilon$ und der Eigenschaft

$$\mathrm{Re}\, g(z) \geq -\varepsilon, \quad |z| = R_\varepsilon .$$

Mit Hilfe des Maximumprinzips für den Realteil analytischer Funktionen erschließt man damit

(40) $\mathrm{Re}\, g(z) \geq 0, \quad |z| > 1.$

Wir nehmen jetzt $p \geq 2$ an. Aus (35) ergibt sich dann für $z \to 1$

$$\frac{\rho(z)}{\sigma(z)} = z - 1 - \frac{1}{2}(z-1)^2 + (\frac{1}{3} + c')(z-1)^3 + O((z-1)^4)$$

mit $c' = C_2^*$ für $p = 2$ und $c' = 0$ für $p > 2$. Durch eine leichte Rechnung gelangt man dann zu der Beziehung

$$g(z) = -(c' + \frac{1}{12})(z-1) + O((z-1)^2), \quad z \to 1,$$

woraus mit (40) die Bedingung $c'+1/12 \leq 0$ folgt, was den ersten Teil der Behauptung ergibt. Die Trapezformel (15) ist bereits als A-stabil erkannt, und die zugehörige normierte Fehlerkonstante ist gleich $-1/12$, wie wir im Beweis von (38) ausgerechnet haben. Für jedes Verfahren mit diesen Eigenschaften muß $g = 0$ sein, da sonst $z = 1$ eine mehrfache Wurzel von g ist und $\operatorname{Re} g(z) \geq 0$ nicht für alle $|z| > 1$ in einer Umgebung von $z = 1$ gelten kann. Aus $g = 0$ folgt (15) wegen der Teilerfremdheit von ρ, σ und der Normierung $a_m = 1$.

Weitere minimale Eigenschaften der Trapezformel, wie beispielsweise die kleinste L^p-Operatornorm des Abschneidefehlers, sind in [196] zu finden.

In der Arbeit [345] sind m-schrittige, A-stabile Verfahren der Konsistenzordnung $p = 2$ vom Typ 1.2.(50) einer rückwärts genommenen Differentiationsformel aufgestellt worden, welche unter allen Verfahren mit diesen Eigenschaften die kleinste (normierte) Fehlerkonstante besitzen. Aufgrund von (39) ist klar, daß $p = 2$ die größte überhaupt erreichbare Konsistenzordnung ist und daß die Verfahren eine größere Fehlerkonstante als die Trapezformel besitzen. Ihr charakteristisches Polynom besitzt aber außer $z = 1$ keine weitere unimodulare Wurzel wie etwa das der Trapezformel, und ihr Stabilitätsverhalten für $\operatorname{Re} q \to -\infty$ ist ebenfalls wesentlich günstiger. Gegenüber den rückwärts genommenen Differentiationsformeln (s. nach (42)), die bis zu einer Konsistenzordnung $p = 6$ zur Verfügung stehen, haben sie den großen Nachteil der Begrenzung $p = 2$ (was sie für die meisten Anwendungen ausscheiden läßt), aber sie sind immerhin A-stabil und ihre Fehlerkonstante fällt beträchtlich kleiner aus.

Zum Abschluß dieses Paragraphen untersuchen wir die Gestalt des Bereichs der absoluten Stabilität, das wir im folgenden mit G_A bezeichnen. Insbesondere geben wir für einige Verfahren Punktmengen an, die in G_A liegen. Mit $(\rho/\sigma)(\partial D)$ bezeichnen wir das Bild von ∂D unter der Abbildung ρ/σ.

(41) $\hat{\mathbb{C}}\setminus(\rho/\sigma)(\partial D)$ ist offen und besteht aus endlich vielen zusammenhängenden Komponenten. Jede dieser Komponenten liegt entweder in G_A oder ist punktfremd mit G_A, und es gilt $G_A \subset \hat{\mathbb{C}} \setminus (\rho/\sigma)(\partial D)$.

Beweis. Der erste Teil des Satzes ist ein bekanntes funktionentheoretischen Resultat. Nach Definition von G_A liegt kein Punkt von $(\rho/\sigma)(\partial D)$ in G_A. Da die Wurzeln eines Polynoms stetig von den Koeffizienten abhängen, ist G_A auch offen. Wir müssen noch zeigen, daß G_A auch relativ abgeschlossen bezüglich $\hat{\mathbb{C}}\setminus(\rho/\sigma)(\partial D)$ ist. Sei also $q\in\hat{\mathbb{C}}\setminus(\rho/\sigma)(\partial D)$ und $z_j\in\hat{\mathbb{C}}\setminus\partial D$, $j\in\mathbb{N}$, so daß $q_j := (\rho/\sigma)(z_j)$ in G_A liegt und $q_j \to q$ $(j \to \infty)$ konvergiert. Das Polynom $\chi(\cdot,q)$ kann nur Wurzeln z mit $|z| \neq 1$ besitzen. Aber $\chi(\cdot,q_j)$ besitzt nur Wurzeln in D, so daß aufgrund der stetigen Abhängigkeit der Wurzeln dasselbe für $\chi(\cdot,q)$ zutrifft, so daß q in G_A liegt.

Eine Folgerung aus (41) sind Verallgemeinerungen von Ergebnissen aus [340]. Wir bezeichnen dabei eine zusammenhängende Komponente G von G_A als maximal, wenn $\infty\in\bar{G}$ gilt.

(42) Besitzt σ nur in $\bar{D}$ gelegene und unter diesen höchstens zwei einfache unimodulare Wurzeln, wobei im Falle von zwei solchen Wurzeln die zugehörigen Wachstumsparameter voneinander verschieden seien, so existiert eine maximale Komponente von G_A. Eine maximale Komponente mit $\infty\in G_A$ existiert genau dann, wenn σ vom Grade m ist und die Wurzeln von σ in D liegen.

Beweis. Aufgrund der Voraussetzung über die Wachstumsparameter läßt sich im Falle von einer oder zwei unimodularen Wurzeln eine Richtung φ finden, so daß (21) erfüllt ist. Wenn keine unimodulare Wurzel existiert, ist (21) für jedes φ erfüllt. Damit folgt aus (20) der hinreichende Teil der Behauptung. Liegt umgekehrt ∞ in G_A, so folgt aus (19), daß die

Wurzeln von σ in D liegen, und (9) zeigt, daß σ vom Grade m ist. Damit ist alles bewiesen.

Satz (41) stellt eine Möglichkeit bereit, für ein gegebenes Verfahren den Bereich der absoluten Stabilität dadurch zu bestimmen, daß man den Graphen von $(\rho/\sigma)(z)$ für $z\in\partial D$ aufzeichnet und die sich ergebenden Zusammenhangskomponenten nach ihrer Zugehörigkeit zu G_A klassifiziert, indem man für einen Punkt q aus der Komponente die Beträge sämtlicher Wurzeln von $\chi(\cdot,q)$ bestimmt.

Für die rückwärts genommenen Differentiationsformeln ist dies in [223] durchgeführt worden. Das Ergebnis ist in der Abb.12 dargestellt. Die Abb.13 zeigt noch einmal detaillierter die Konturen von G_A im Falle $m=6$. Sie enthält auch den größten Sektor, für den das Verfahren $A(\alpha)$-stabil ist sowie das kleinste D, für das die Halbebene $\mathrm{Re}\, z < -D$ zu G_A gehört. Für $m=3$, $\ldots,6$ sind die Verfahren nicht A-stabil, aber ihr Bereich der absoluten Stabilität macht einen großen Teil von H_- aus. Für $m>6$ erfüllen diese Verfahren nicht die Wurzelbedingung (P) (s. 2.4.(27)).

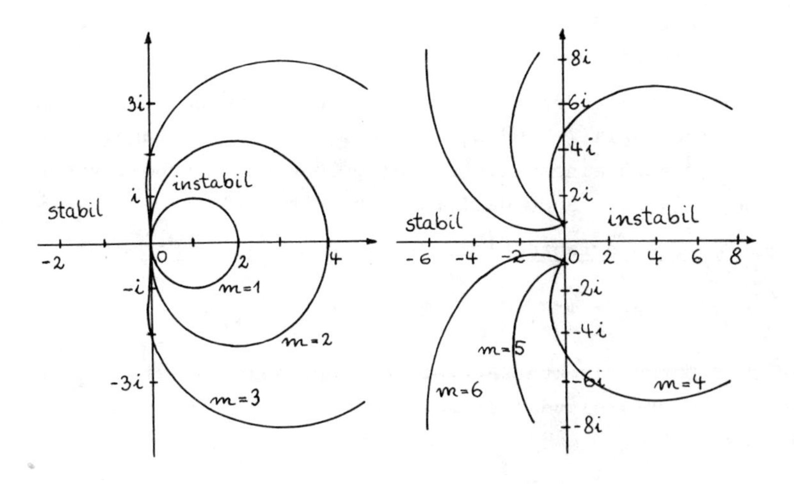

Fig. 12

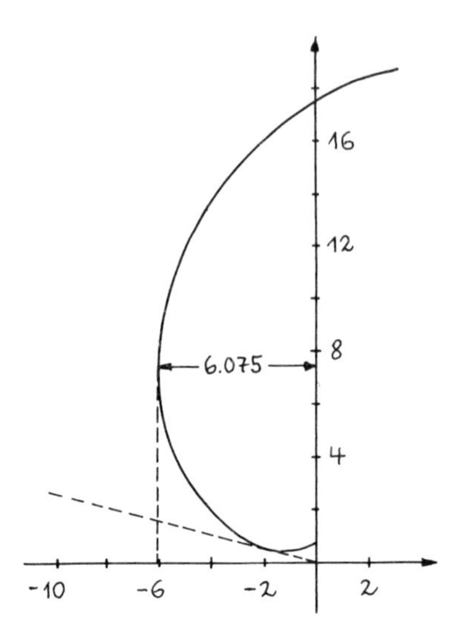

Fig. 13

Eine leicht auswertbare analytische Beschreibung des Bereichs G_A wird in den meisten Fällen nicht möglich sein. Man ist daher im allgemeinen damit zufrieden, geometrisch einfache Mengen anzugeben, die in G_A enthalten sind. Wir führen dies an einigen Beispielen vor.

Wir beginnen mit den Verfahren vom Adams-Typ und bestimmen die im Intervall $(-\infty,0]$ gelegenen Teile von G_A. Dabei folgen wir einer anscheinend bisher wenig beachteten Arbeit von Weissinger [413] (s. auch Hall [246] und Kap.4.4.).

(43) <u>Für das Verfahren</u> 1.2.(9) <u>von Adams-Bashforth gilt</u>

$$(-\infty,0]\cap G_A = (-q_m,0), \qquad q_m := 2\left[\sum_{k=0}^{m-1} 2^k \gamma_k\right]^{-1}.$$

<u>Beweis</u>. Durch direktes Ausrechnen überzeugt man sich leicht von der Gültigkeit des Satzes für $m=1$. Wir nehmen nun $m \geq 2$ an. Es gilt

(44) $\chi(-1,q) = 2(-1)^m - 2q_m^{-1}(-1)^{m-1}q,$

woraus man

$$\chi(-1,-q_m) = 0, \quad \operatorname{sgn} \chi(-1,q) = (-1)^{m-1}, \quad q < -q_m,$$

entnimmt. Da sich $\chi(\zeta,q)$ für $\zeta \to \infty$ wie ζ^m verhält, besitzt $\chi(\cdot,q)$ für $q < -q_m$ noch eine Wurzel in $(-\infty,-1)$, so daß $(-\infty,-q_m]$ nicht in G_A enthalten ist.

Für das Polynom $t(\cdot,q)$ ergibt eine leichte Rechnung

$$(45) \quad t(z,q) = \left(\frac{z+1}{2}\right)^{m-1} g(z,q)$$

mit der Funktion

$$g(z,q) := 1 - q\frac{z-1}{2} \sum_{k=0}^{m-1} \gamma_k \left(\frac{2}{z+1}\right)^k.$$

Spaltet man den ersten Summanden ab und setzt abkürzend $a := -q/q_m$, so erhält man nach einer kurzen Umformung

$$\frac{2}{q_m} g(z,q) = 1 + a(z-1) + \sum_{k=1}^{m-1} 2^k \gamma_k \left[1 + a\frac{z-1}{z+1}\left(\frac{1}{z+1}\right)^{k-1}\right].$$

Sei $q \in (-q_m,0)$ oder gleichbedeutend $0 < a < 1$. Bei Beachtung von (41) sieht man, daß es zu zeigen genügt, daß $\chi(\cdot,q)$ keine Wurzel in ∂D besitzt, da dann $(-q_m,0)$ einer Zusammenhangskomponente von $\mathbb{C}\setminus(\rho/\sigma)(\partial D)$ angehört, die überdies (25),(27) zufolge absolut stabil ist. Da offenbar $\chi(\pm 1,q) \neq 0$ ist, genügt es, $2 \operatorname{Re} g(iy,q)/q_m \neq 0, y \in \mathbb{R}, y \neq 0$, zu zeigen. Dies ist aber der Fall wegen $\gamma_k > 0$ und

$$\operatorname{Re}\left[1 + a\frac{iy-1}{iy+1}\left(\frac{1}{iy+1}\right)^{k-1}\right] > 0, \quad y \neq 0.$$

(46) <u>Für das Verfahren</u> 1.2.(33) <u>von Adams-Moulton gilt</u> $(-\infty,0] \cap G_A = (-\infty,0)$ <u>für</u> $m = 0,1$, <u>und für</u> $m \geq 2$

$$(-\infty,0] \cap G_A = (-q_m^*,0), \quad q_m^* := -2\left[\sum_{k=0}^{m} 2^k \nu_k\right]^{-1}.$$

<u>Beweis</u>. Für $m = 0$ bzw. $m = 1$ liegt die rückwärts genommene Eulerformel bzw. die Trapezformel vor, die wir in I-3.2. bereits als absolut stabil erkannt haben. Wir nehmen daher $m \geq 2$ an und berechnen

$$\chi(-1,q) = 2(-1)^m(1+q/q_m^*).$$

Daher ist $\chi(-1,-q_m^*)=0$ und $\operatorname{sgn}\chi(-1,q) = (-1)^{m-1}$ für $q < -q_m^*$. Für $\zeta \to \infty$ gilt

$$(47)\quad \chi(\zeta,q) \sim \zeta^m(1-q\sum_{k=0}^{m}\nu_k).$$

Nun ist $\nu_m < 0$, $m \geq 1$, und mit der erzeugenden Funktion der ν_k (s. nach 1.3.(32)) erhält man

$$\sum_{k=0}^{m}\nu_k z^k > \sum_{k=0}^{\infty}\nu_k z^k = -\frac{z}{\log(1-z)} > 0, \quad 0 < z < 1.$$

Hieraus entnimmt man $\Sigma_0^m\nu_k > 0$ und (47) ergibt für $q < -q_m^*$ ein Verhalten $\operatorname{sgn}\chi(\zeta,q) = (-1)^m$ für $\zeta \to -\infty$, so daß $\chi(\cdot,q)$ eine Wurzel im Intervall $(-\infty,-1)$ besitzen muß. Damit ist $(-\infty,q_m^*]$ nicht in G_A enthalten.

Wie im Beweis von (43) kommt man zu einer Darstellung der Gestalt (45), wobei g jetzt durch

$$\frac{2}{q_m^*}g(z,q) = az + \sum_{k=2}^{m}2^k\nu_k[-1+a(\frac{1}{z+1})^{k-1}]$$

gegeben ist. Mit derselben Schlußweise wie in (43) beweist man damit $(-q_m^*,0)\subset G_A$.

Einige Zahlenbeispiele für q_m und q_m^* sind in Tab.7,24 enthalten. Wie man erkennt, ist stets $q_m^* > q_m$. Eine quantitative Abschätzung ist im folgenden Satz enthalten.

(48) <u>Es bestehen die folgenden Abschätzungen</u>

$$6/(1+5\cdot2^{m-1}) < q_m < 3(m-2)/(5\cdot2^{m-2}), \quad m \geq 6,$$

$$3(m-2)/(2^{m-1}-1) < q_m^* < 3(m-1)^2/(2^{m-1}-1), \quad m \geq 5,$$

<u>und es ist</u> $q_m^* > 5q_m/2$, $m \geq 1$.

<u>Beweis</u>. Indem man s im Intervall [0,1] durch 0 nach unten bzw. 1 nach oben abschätzt, erhält man aus der Darstellung 1.2.(5) für γ_m

$$\frac{(m-1)!}{m!}\int_0^1 s(s+1)ds \le \gamma_m \le \frac{1}{2}\int_0^1 s(s+1)ds,$$

wenn $m \ge 2$ ist. Entsprechendes gilt für ν_m, so daß man zu den Abschätzungen

$$(49)\quad \frac{5}{6m} \le \gamma_m \le \frac{5}{12}, \quad \frac{1}{6m(m-1)} \le |\nu_m| \le \frac{1}{6m}, \quad m \ge 2,$$

kommt, wobei das Gleichheitszeichen für $m \ge 3$ nicht angenommen wird. Durch vollständige Induktion beweist man die Ungleichungen

$$(50)\quad 4\,\frac{2^{m-1}-1}{m-1} < \sum_{k=2}^{m} \frac{2^k}{k} < 4\,\frac{2^{m-1}-1}{m-2}, \quad m \ge 5.$$

Man erhält aus der Definition von q_m unter Ausnutzung von (49)

$$\frac{2}{q_m} = 2 + \sum_{k=2}^{m-1} 2^k\gamma_k < 2 + \frac{5}{12}\sum_{k=2}^{m-1} 2^k = \frac{1}{3}(1+5\cdot 2^{m-2}),$$

woraus die erste der behaupteten Ungleichungen folgt. Entsprechend gelangt man unter Verwendung von (49),(50) zu den anderen Ungleichungen. Die Abschätzung $q_k^* > 5q_k/2$ ist für $k \ge 5$ eine Folge aus ihnen, für $k = 1,\dots,5$ verifiziert man sie aus den Zahlenwerten.

In den Arbeiten [313,336,340] sind hinreichende Bedingungen dafür angegeben worden, daß gewisse geometrisch einfach zu beschreibende Punktmengen in G_A liegen. Wir führen diese Ideen in einer verschärften Form am Beispiel der $A(\alpha)$-Stabilität vor.

(51) Sei $\alpha \in (0,\pi/2)$. Ein Verfahren ist dann und nur dann $A(\alpha)$-stabil, wenn die folgenden Bedingungen erfüllt sind.

(i) Die Wurzeln von σ liegen in $\bar{D}$ und die in ∂D sind einfach.

(ii) Ist ν_k ein Wachstumsparameter zu einer unimodularen Wurzel von σ, so gilt $\operatorname{Re}\nu_k > 0$.

(iii) Für alle $z \in \partial D$ mit $\sigma(z) \neq 0$ gilt $|\operatorname{Im}(\rho/\sigma)(z)| + \tan(\alpha)\operatorname{Re}(\rho/\sigma)(z) \ge 0$.

Beweis. Die Notwendigkeit von (i),(ii) folgt aus (12),(20),

die von (iii) aus (8). Umgekehrt ergibt (iii) zusammen mit (41), daß der Sektor $|\arg(-z)| < \alpha$, $z \neq 0$, entweder ganz oder mit keinem Punkt zu G_A gehört. Die zweite Alternative ist ausgeschlossen, da (20) zufolge $\varphi = \pi$ eine Richtung absoluter Stabilität ist.

Wir formen die Bedingung (51)(iii) noch etwas um. Da ρ,σ reelle Koeffizienten besitzen, geht sie zunächst in

$$(52)\quad |\mathrm{Im}\ \rho(e^{i\varphi})\sigma(e^{-i\varphi})| + \tan(\alpha)\ \mathrm{Re}\ \rho(e^{i\varphi})\sigma(e^{-i\varphi}) \geq 0$$

für alle $\varphi \in [0,\pi]$ über. Multipliziert man die Polynome aus, so findet man Zahlen $\gamma_k, \delta_k \in \mathbb{R}$ mit

$$(53)\quad \rho(e^{i\varphi})\sigma(e^{-i\varphi}) = \sum_{k=0}^{m} \gamma_k \cos k\varphi + i \sum_{k=1}^{m} \delta_k \sin k\varphi.$$

Führt man noch die Tschebyscheff-Polynome $T_k(x) = \cos k\varphi$, $U_k(x) = \sin k\varphi/\sin\varphi$, $x = \cos\varphi$, ein und setzt

$$(54)\quad I_m(x) := \sum_{k=1}^{m} \delta_k U_k(x), \quad R_m(x) := \sum_{k=0}^{m} \gamma_k T_k(x),$$

so ist (52) gleichbedeutend mit

$$(55)\quad \sqrt{1-x^2}\,|I_m(x)| + \tan(\alpha) R_m(x) \geq 0, \quad x \in [-1,1].$$

In [336] ist (55) zur Bestimmung des größten Winkels α_{max} verwendet worden, für den die rückwärts genommenen Differentiationsformeln 1.2.(52) noch $A(\alpha)$-stabil sind, durch Bestimmung des Wertes

$$(56)\quad \min\{-\sqrt{1-x^2}\,|I_m(x)|/R_m(x) \mid x \in [-1,1],\ R_m(x) \leq 0\},$$

der gerade gleich $\tan(\alpha_{max})$ ist. Für die Formeln 1.2.(52) ist trivialerweise (51)(i),(ii) erfüllt. Führt man die elementaren Rechnungen (53),(54) durch, so erhält man beispielsweise

$$I_3(x) = -6(x-1)^2(4x-1), \quad R_3(x) = 12(4x^2-9x+8).$$

Die mit Hilfe von (56) von uns erhaltenen Ergebnisse sind als

α_{max} in der folgenden Tabelle aufgeführt. Die dritte Zeile dieser Tabelle enthält die kleinste Zahl D, so daß die Verfahren für Re $q < -D$ absolut stabil sind. Für $m = 6$ wird die

m	3	4	5	6
α_{max}	88°02'	73°21'	51°50'	17°50'
D	0.083	0.667	2.327	6.075

geometrische Bedeutung unserer Rechnung in Fig.13 veranschaulicht.

Das Beispiel der rückwärts genommenen impliziten Differentiationsformel der Ordnung $m = 5$ angewandt auf die Differentialgleichung

$$u' = u^2 - f^2 + f', \quad u(x_0) = f(x_0)$$

mit $f(x) = (x-21/2)+i(40\cos[(x-5)/40)]$ gibt eine Bestätigung dafür, daß die lineare Stabilitätstheorie unter Umständen auch sinnvoll auf den nichtlinearen Fall angewandt werden kann. Es zeigt sich an den numerischen Ergebnissen, daß das Verfahren die Differentialgleichung stabil integriert, wenn der mit h multiplizierte Koeffizient $2u_h(x_j)$ von u der im Punkt x_j mit der berechneten Näherungslösung $u_h(x_j)$ linearisierten Differentialgleichung

$$u' = 2u_h(x_j)u - u_h(x_j)^2 - f(x_j)^2 + f'(x_j)$$

im Stabilitätsgebiet G_A des Verfahrens (s. Fig.12) liegt. Um dieses graphisch zu verdeutlichen, wird zu der Schrittweite h die Näherungslösung u_h im Intervall $[x_0,10]$ berechnet, wobei x_0 so gewählt wird, daß $\mathrm{Re}(hf(x_0))=-2$ gilt. Durch die mit h multiplizierten Koeffizienten, $2hu_h(x_j)$, der linearisierten Differentialgleichung wird eine verbindende Kurve in der komplexen Ebene gezeichnet, solange $|u_h(x_j)-u(x_j)| < 10^{-2}$ erfüllt ist. Bei stabiler Integration im Intervall $[x_0,10]$ bleiben die absoluten Fehler bei der größten vorkommenden Schrittweite in der Größenordnung 10^{-4} und die Kurve läuft von Realteil

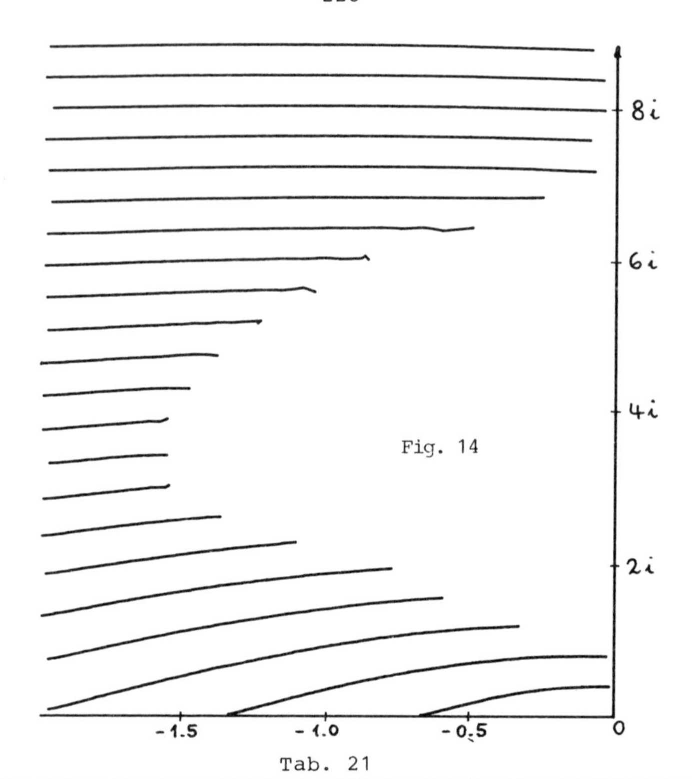

Fig. 14

Tab. 21

x	h=0.1	h = 0.05	h=0.025	h = 0.01
-10.0	0.19E-3	0.28E-3	0.65E-3	0.20E-3
-9.5	0.21E-3	0.28E-3	0.19E-2	0.20E-3
-9.0	0.19E-3	0.24E-3	0.69E-2	0.19E-3
-8.5	0.18E-3	0.17E-3	0.30E-1	0.19E-3
-8.0	0.18E-3	0.94E-4	0.15	0.18E-3
-7.5	0.17E-3	0.24E-3	0.60E+1	0.17E-3
-7.0	0.17E-3	0.57E-3	0.92E+1	0.17E-3
-6.5	0.16E-3	0.12E-2	0.92E+1	0.16E-3
-6.0	0.16E-3	0.21E-2	0.92E+1	0.16E-3
-5.5	0.15E-3	0.40E-2	0.92E+1	0.15E-3
-5.0	0.14E-3	0.80E-2	0.92E+1	0.14E-3
-4.5	0.14E-3	0.17E-1	0.92E+1	0.14E-3
-4.0	0.13E-3	0.38E-1	0.92E+1	0.13E-3
-3.5	0.12E-3	0.90E-1	0.92E+1	0.12E-3
-3.0	0.12E-3	0.34E+1	0.93E+1	0.12E-3
-2.0	0.10E-3	0.46E+1	0.93E+1	0.10E-3
0.0	0.74E-4	0.46E+1	0.93E+1	0.74E-4
5.0	0.19E-6	0.46E+1	0.93E+1	0.19E-6
10.0	0.79E-4	0.45E+1	0.93E+1	0.79E-4

-2 bis zur imaginären Achse. Für die Schrittweiten $h = 0.05 \cdot k$, $k = 1,\dots,22$ sind diese Kurven in Figur 14 aufgezeichnet. Dort kann man an den abbrechenden Kurvenzügen ziemlich gut die Berandung des Stabilitätsgebietes G_A des verwendeten Verfahrens (s. Figur 12) erkennen. Das Anwachsen der absoluten Fehler auf über 10^{-2}, die Größe des Abbruchkriteriums, erfolgt sehr schnell, wenn $2hu_h(x_j)$ die Berandung von G_A überschreitet. In der vorstehenden Tabelle 21 sind einige Werte des absoluten Fehlers für verschiedene Schrittweiten wiedergegeben, die der zuvor beschriebenen Rechnung entstammen.

Wir schließen jetzt noch einmal an das Dahlquistsche Ergebnis (39) an und fragen nach der Existenz von A_G-stabilen Verfahren hoher Konsistenzordnung mit möglichst großen Stabilitätsgebieten $G \subset H_-$. Wir beginnen mit einem Resultat aus [273], das im wesentlichen auf der Arbeit [180] von Cryer aufbaut.

(57) Das durch $\sigma(\zeta) := (\zeta + d_1)^m$ eindeutig bestimmte lineare Mehrschrittverfahren der Konsistenzordnung m ist für $-1 < d_1 \le -1+2/(1+2^m)$ steif stabil und A(0)-stabil.

Beweis. Für spätere Zwecke gestalten wir die Argumentation gleich etwas allgemeiner. Es seien z_j, $j = 1,\dots,m$, negative Zahlen. Für $d \ge 1$ erklären wir das Polynom s_d durch

$$(58)\quad s_d(z) := \prod_{j=1}^{m} (z - dz_j).$$

Durch die Formeln (34) ist dann ein Polynom r_d bestimmt, so daß das zugehörige Mehrschrittverfahren die Konsistenzordnung m besitzt. Einsetzen der Koeffizienten aus (34) ergibt die Darstellung

$$(59)\quad r_d(dz) = \frac{2d^{m-1}}{z}(s_1(z) - s_1(0)) + \tilde{r}_d(dz)$$

mit der Abschätzung

$$(60)\quad |\tilde{r}_d(dz)| \le 2\sum_{k=0}^{m-1} |z|^k \sum_{j>0} \frac{B_{k+1+2j}}{1+2j} d^{m-1-2j} \le d^{m-1}\,\frac{2s_1(1)}{3d^2} \sum_{k=0}^{m-1} |z|^k.$$

Somit erhält man mit der Abkürzung $\tilde{q} := -qd$

$$
\begin{aligned}
t(dz,q) &:= r_d(dz)-qs_d(dz) =: d^{m-1}(T_0(z)+T_1(z)) \\
(61)\quad T_0(z) &:= [(2+\tilde{q}z)s_1(z)-2s_1(0)]/z \\
|T_1(z)| &\le 2|s_1(1)|md^{-2}\max(1,|z|^{m-1})/3.
\end{aligned}
$$

Wir zeigen nun, daß das durch σ bestimmte Verfahren A_0-stabil ist. Sei zu diesem Zwecke jetzt $s(z) := (z+1)^m$. Man rechnet leicht nach, daß das mit (3) transformierte σ bis auf einen für unsere Überlegungen unwesentlichen Faktor gleich s_d ist mit $d=(1-d_1)/(1+d_1)$. Der angegebene Bereich von d_1 ist gleichbedeutend mit $d \ge 2^m$. Wir zeigen, daß $t(\cdot,q)$ für $q\in(-\infty,0)$ keine Wurzel auf der imaginären Achse besitzt. Da die imaginäre Achse das Bild von ∂D unter der Abbildung (4) ist, folgt damit aus (41), daß $(-\infty,0)$ in einer Zusammenhangskomponente von $\hat{\mathbb{C}}\setminus(\rho/\sigma)(\partial D)$ enthalten ist, und diese Komponente liegt in G_A, da gemäß (42) $\infty\in G_A$ ist.

Für den Nachweis von $t(iy,\tilde{q}) \neq 0$, $\tilde{q}\in(0,\infty)$, $y\in\mathbb{R}$, zeigen wir für jedes $\tilde{q}$ das Bestehen von $|T_0(iy)| > |T_1(iy)|$, $y\in[0,\infty)$. Zu diesem Zweck verwenden wir die Abschätzung

$$
(62)\quad s_1(z) = 1 + mz + z^2\tilde{s}_1(z), \quad |\tilde{s}_1(z)| \le \binom{m}{2}(|z|+1)^{m-2},
$$

die leicht aus dem Binomischen Lehrsatz folgt, und

$$
(63)\quad |1+iy|^m-1 \ge \max(\tfrac{m}{2}y^2, |y|^m), \quad y\in\mathbb{R}, \quad m\ge 2.
$$

Unter Ausnutzung von $|2+i\tilde{q}y| \ge 2$ ergibt sich daher

$$
(64)\quad |T_0(iy)| \ge 2(|iy+1|^m-1)/y \ge 2y^{m-1}, \quad y\ge 1.
$$

Die äußere Ungleichung ist auch für $m=1$ richtig. Auf dieselbe Weise gelangt man mit Hilfe von (63) zu

$$
(65)\quad |T_0(iy)| \ge my \ge 1/2, \quad y\in[1/2m,1].
$$

Für $y\in[0,1/2m]$ berechnet man unter Verwendung von (62) sowie der Ungleichung $(1+1/2m)^{m-2}<e^{1/2}<2$ die Abschätzung $y|\tilde{s}_1(iy)|\le m/2$

und

(66) $$|T_o(iy)| = |2m + 2iy\tilde{s}_1(iy) + \tilde{q}(1+imy-y^2\tilde{s}_1(iy))|$$
$$\geq 2m - m + \tilde{q}(1-1/4) \geq m, \quad y\in[0,1/2m].$$

Auf der anderen Seite folgt aus (61) wegen $m2^{-m} \leq 1/2$ die Abschätzung

(67) $$|T_1(iy)| \leq \tfrac{1}{3}\max(1,|y|^{m-1}), \quad y\in\mathbb{R},$$

mit der man das gewünschte Resultat $|T_o(iy)| > |T_1(iy)|$ erhält. Damit ist die A_o-Stabilität bewiesen.

Aus den Abschätzungen geht auch hervor, daß das Polynom r_d keine Wurzeln auf der imaginären Achse besitzt, da sonst $|T_o(iy)| \to |T_1(iy)|$ $(\tilde{q}\to 0)$ für ein $y\in\mathbb{R}$ gelten müßte. Damit besitzt das zugehörige ρ_d außer $\zeta = 1$ keine weiteren unimodularen Wurzeln. Die Behauptung des Satzes folgt dann aus (29),(31). Der Kürze halber wollen wir die in (57) angegebene Klasse von m-Schrittverfahren der Konsistenzordnung m als <u>Cryersche Verfahren</u> bezeichnen.

(68) <u>Für jedes</u> m <u>und jedes</u> $D > 0$ <u>gibt es ein steif stabiles Cryersches Verfahren, so daß</u> $\{z|\operatorname{Re} z < -D\}$ <u>zum Bereich der absoluten Stabilität gehört</u>.

<u>Beweis</u>. Mit derselben Argumentation wie im Beweis von (57) erkennt man, daß es genügt, $\operatorname{Re} r_d(iy)/s_d(iy) \geq -D$, $y\in\mathbb{R}$, zu zeigen. Mit den Bezeichnungen aus (61) hat man

(69) $$\frac{r_d(z)}{s_d(z)} = \frac{T_1(z)+2[s_1(z)-s_1(0)]/z}{ds_1(z)}$$

mit $s_1(z) = (z+1)^m$. Offenbar existiert eine Zahl M, so daß gilt

(70) $$\left|2\,\frac{(1+iy)^m-1}{(1+iy)^m iy}\right| \leq M, \quad y\in\mathbb{R}.$$

Wählt man dann $d = \max(2^m,(M+1/3)/D)$, so erhält man aus (69) mit Hilfe von (63),(67),(70)

$$\left| \frac{r_d(iy)}{s_d(iy)} \right| \leq \frac{1}{d}\left(\frac{1}{3} + M\right) \leq D, \quad y \in \mathbb{R},$$

woraus die Behauptung folgt, wenn man $d_1 = -1+2/(1+d)$ nimmt.

Die folgende Figur enthält die Gebiete absoluter Stabilität für die Cryerschen Verfahren mit $d_1 = -1+2/(1+2^{m+1})$, $m = 1,\ldots,7$, die in [273] berechnet worden sind. Die Gebiete liegen symmetrisch zur reellen Achse, so daß wir nur ihre obere Hälfte gezeichnet haben.

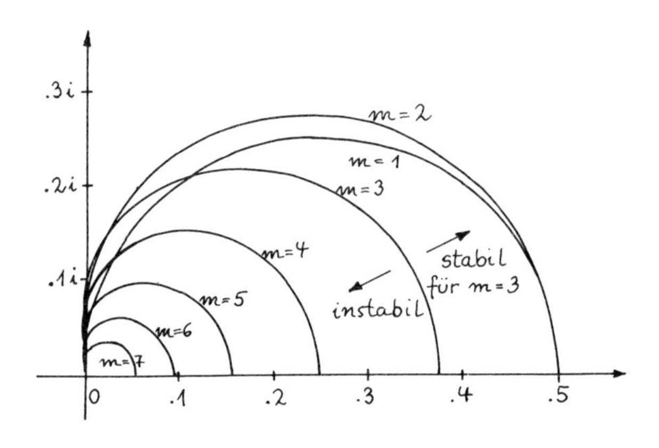

Fig. 15

Von Cryer ist gezeigt worden, daß seine Verfahren mit wachsendem m nur dann A_0-stabil sind, wenn $d_1 \to -1$ bzw. $d := (1-d_1)/(1+d_1) \to -\infty$ geht. Die größten Werte von m, für die zu gegebenem d noch A_0-Stabilität vorliegt, sind von ihm für einige d numerisch bestimmt worden zu $m(0.5) = 4$, $m(1) = 6$, $m(5) = 15$, $m(10) = 23$, $m(20) = 36$.

Ebenfalls in [273] ist die folgende Tabelle der kleinsten Werte von D bzw. größten Werte von α angegeben worden, so daß für $\operatorname{Re} z \leq -D$ absolute Stabilität bzw. $A(\alpha)$-Stabilität vorliegt.

$d_1 = -1+2/(1+2^{m+1})$			$m=5,\ d_1 = -1+2/(1+2^{m+k})$		
m	D	α	k	D	α
1	A-stabil	A-stabil	1	4.03E-3	83.58858608
2	A-stabil	A-stabil	2	2.01E-3	83.59386044
3	1.17E-3	88.8	3	1.01E-3	83.59517887
4	3.31E-3	86.3	4	5.03E-4	83.59550847
5	4.03E-3	83.6	5	2.52E-4	83.59559087
6	3.60E-3	81.0	6	1.26E-4	83.59561147
7	2.75E-3	78.5	7	6.29E-5	83.59561662
8	1.90E-3	76.3	8	3.15E-5	83.59561791
9	1.24E-3	74.2	9	1.57E-5	83.59561823
10	7.74E-4	72.3	10	7.87E-6	83.59561831

In [272] sind die Cryerschen Verfahren mit $d_1 = -1+2/(1+2^{m+1})$, $m = 1,\dots,6$, verwendet worden, um das steife System

$$
(71)\quad
\begin{aligned}
u_1' &= -0.013u_2 - 1000u_1u_2 - 2500u_1u_3\\
u_2' &= -0.013u_2 - 1000u_1u_2\\
u_3' &= -2500u_1u_3
\end{aligned}
$$

mit den Anfangsbedingungen $u_1(0) = 0$, $u_2(0) = 1$, $u_3(0) = 1$ im Intervall $[0,48]$ zu integrieren. Die Eigenwerte der Funktionalmatrix längs der exakten Lösung sind $\lambda_1(x) = 0$, $\lambda_2(x) \in [-0.01,0]$, $\lambda_3(x) \in [-4200,-3499]$ für $x \in [0,48]$. Als Schrittweite wurde $h = 1$ gewählt. Es ergeben sich die folgenden numerischen Ergebnisse.

m	1	2	3	4	5	6
$-d_1$	0.6	0.78	0.88	0.94	0.97	0.98
$\max\lvert e_{rel}(x_j)\rvert$	9E-3	7E-3	4.3	267	7E4	2E5
$(49-m)^{m-1}\lvert d_1\rvert^{m-1}$	10E-11	3.5E-4	6.7	5467	1E6	8E7

Die für $m \geq 3$ trotz guter Stabilitätseigenschaften auftretenden großen maximalen relativen Fehler e_{rel} lassen sich wie folgt erklären. Einerseits läßt sich zeigen, daß die Fehlerkonstanten der Cryerschen Verfahren mit m stark anwachsen.

Für den betragsgrößten Eigenwert ist $q = h\lambda_3(x) \sim -4000$, so daß die Wurzeln der charakteristischen Gleichung $\chi(z,q) = 0$ fast gleich denen von $\sigma(z) = 0$ sind. Von σ ist $-d_1$ eine m-fache Wurzel, so daß sich die numerische Lösung von 1.(3) ungefähr wie

$$u_j \sim c_1(-d_1)^j + c_2 j(-d_1)^j + \ldots + c_m j^{m-1}(-d_1)^j$$

verhalten wird mit gewissen durch die Startwerte bestimmten c_k (s.2.3.). Wenn auch $j^{m-1}(-d_1)^j \to 0$ $(j \to \infty)$ geht, so nimmt dieser Ausdruck für endliche j doch sehr große Werte an, wie dies aus der letzten Zeile der voranstehenden Tabelle hervorgeht, wo sie für $j = 49-m$ aufgeführt sind.

Mit der Existenz A(0)-stabiler Verfahren beliebig hoher Konsistenzordnung hat sich eine von Cryer [180] geäußerte Vermutung nicht bewahrheitet, daß solche Verfahren mit einer $p = 20$ übersteigenden Ordnung nicht existieren würden. Es ist nun überraschend, daß es sogar für jedes m und $\alpha \in [0,\pi/2)$ m-schrittige $A(\alpha)$-stabile Verfahren der Ordnung m gibt (s.[234]). Für $m = 3,4$ ist dies zuerst in [415] behauptet worden, wo auch entsprechende Koeffizienten angegeben worden sind.

(72) Ist $\alpha \in [0,\pi/2)$ beliebig gegeben, so ist das durch $\sigma(\zeta) = (\zeta+d_1)^{m-1}(\zeta+c_1)$ eindeutig bestimmte lineare Mehrschrittverfahren der Konsistenzordnung m $A(\alpha)$-stabil, falls nur d_1 genügend nahe bei $-1+$ und c_1 genügend nahe bei $1-$ liegt.

Beweis. Wie im Beweis von (57) führen wir die Transformation (3) durch und erhalten dabei bis auf einen hier unwesentlichen Faktor das Polynom $s_d(z)$ mit $s_1(z) := (z+1)^{m-1}(z+c)$, wobei $d = (1-d_1)/(1+d_1)$ und $c = (1-c_1)/(1+c_1)d$ ist. Es wird nachgewiesen, daß zu gegebenem $\alpha \in [0,\pi/2)$ für alle $q \in \mathbb{C}$ mit $|\arg(-q)| < \alpha$ das Polynom $t(\cdot,q)$ keine rein imaginäre Wurzel besitzt. Satz (42) zeigt dann die $A(\alpha)$-Stabilität (vgl. die analoge Argumentation im Beweis von (57)), wenn man beachtet, daß die Punktmenge ∂D unter der Abbildung (4) auf die imaginäre Achse abgebildet wird.

Wir verwenden die Darstellung (61) und zeigen bei geeigneter Wahl von c,d, daß $|T_0(iy)| > |T_1(iy)|$, $y \in \mathbb{R}$, gilt. Entsprechend zu (62) verwenden wir jetzt die Darstellung

$$(73)\quad s_1(z) = c + (1+(m-1)c)z + z^2\tilde{s}_1(z)$$

und die Abschätzung

$$(74)\quad |1+iy|^{m-1}|y|-1 \geq \frac{1}{2}|y|^m, \quad |y| \geq 2, \quad m \geq 1,$$

wobei sich $\tilde{s}_1$ gleichmäßig in c wie in (62) abschätzen läßt. Unter Ausnutzung von (74) und $|2+i\tilde{q}y| \geq 2\cos\alpha$ ergibt sich gleichmäßig für $c\in(0,\cos\alpha]$, was wir im weiteren annehmen,

$$(75)\quad |T_0(iy)| \geq (|2+i\tilde{q}y||iy+1|^{m-1}|y|-2c)/|y| \geq \cos\alpha\,|y|^{m-1}, \quad |y| \geq 2.$$

Wir wählen nun weiter $y_0 > 0$ derart, daß die Abschätzung besteht

$$(76)\quad |iy\tilde{s}_1(iy)| \leq (\cos\alpha)/8, \quad |y| \leq y_0.$$

Dies ist z.B. sicher der Fall für $y_0 = (\cos\alpha)/(8m^2)$. Unter Verwendung von (61),(73),(76) erhält man gleichmäßig für $c\in(0,1]$ und $|\arg\tilde{q}| \leq \alpha$ die Ungleichung

$$(77)\quad |T_0(iy)| \geq \cos\alpha, \quad |y| \leq y_0.$$

Diese Abschätzung gewinnt man aus der Darstellung $T_0(iy) = 2(1+(m-1)c)+iy\tilde{s}_1(iy)+\tilde{q}[c+(1+(m-1)c)iy+(iy)^2\tilde{s}_1(iy)]$ durch geometrische Überlegungen. Der dritte Summand stellt komplexe Zahlen aus einer Menge dar, welche einen Kegel um die negative reelle Achse nicht enthält. Um dies einzusehen, bemerkt man zunächst, daß die Zahlen

$$w := c+(1+(m-1)c)iy+(iy)^2\tilde{s}_1(iy), \quad |y| \leq y_0$$

sicher in dem Winkelraum $|\arg(w)| \leq \pi/2+\gamma$ liegen, wobei noch die Ungleichung $\tan\gamma \leq 2\max\{|iy\tilde{s}_1(iy)| \,|\, |y| \leq y_0\}$ erfüllt ist. Die gewünschte Abschätzung erhält man dann aus der Beziehung

$$|T_0(iy)| \geq |2(1+(m-1)c) + \tilde{q}w| - |iy\tilde{s}_1(iy)| \geq 2(1+(m-1)c)\sin(\pi/2-\alpha-\gamma) - |iy\tilde{s}_1(iy)|$$

mit Hilfe der Ungleichungen $2(1+(m-1)c) \geq 2$ und

$$\sin(\pi/2-\alpha-\gamma) = \cos(\alpha+\gamma) = \cos\alpha\cos\gamma - \sin\alpha\sin\gamma$$

$$\geq \cos\gamma(\cos\alpha - \tan\gamma) \geq 3/4(\cos\alpha - \tan\gamma) \geq (9\cos\alpha)/16.$$

Sei schließlich q_0 so gewählt, daß gilt $q_0 y_0^2 \geq 4+4\cos\alpha$. Für $|\tilde{q}| \geq q_0$ ergibt sich dann aus der ersten Ungleichung in (75)

(78) $|T_0(iy)| \geq (|\tilde{q}y^2|-4-2\cos\alpha)/|y| \geq \cos\alpha,\ y_0 \leq |y| \leq 2.$

Die äußere Abschätzung (78) erhält man auch für $|\tilde{q}| \leq q_0$ und $|y| \leq 2$, wenn man c so wählt, daß

(79) $c \leq \cos\alpha\,[5^{(m-1)/2}q_0+2m3^{m-2}]^{-1}$

gilt, was man aus der Darstellung

$$T_0(z) = (2+\tilde{q}z)(z+1)^{m-1} + c[\tilde{q}(z+1)^{m-1} + 2((z+1)^{m-1}-1)/z]$$

sofort abliest, wenn man $|2+\tilde{q}iy| \geq 2\cos\alpha$, $|iy+1| \leq \sqrt{5}$ und $|[(iy+1)^{m-1}-1]/iy| \leq m(1+|y|)^{m-2}$ beachtet. Auf der anderen Seite ergibt sich aus (61) für

(80) $d > (2^{m+2}m/3\cos\alpha)^{1/2}$

sofort $|T_1(iy)| < |T_0(iy)|$, $y \in \mathbb{R}$, wenn man (75),(77),(78) berücksichtigt, womit der Satz bewiesen ist.

3.3. Bemerkungen zur Integration steifer Systeme

Die Schwierigkeiten bei der Integration steifer Systeme sind bereits in I-3. beschrieben worden. Die Besonderheit, welche Verfahren für steife Systeme besitzen müssen, besteht darin, daß die relativ stark abklingenden (d.h. die sog. steifen) Komponenten in der Lösung des Systems auch vom numerischen Verfahren, unabhängig von der Größe der gewählten Schrittweite, stabil, d.h. ebenfalls abklingend, integriert werden müssen. Wie zu Beginn des Abschnitts 3.1. ausgeführt worden ist, beschränkt man sich beim heutigen Stand der Entwicklung darauf, diese Verfahrenseigenschaft bei Systemen der Form 1.(1)

mit konstanten Koeffizienten zu prüfen, bei denen sie darauf hinausläuft, daß für alle Eigenwerte λ_l der Koeffizientenmatrix mit $\operatorname{Re}\lambda_l < \operatorname{Re}\lambda_1$ und alle Schrittweiten h gilt $h\lambda_l \in H_A$, dem Bereich der absoluten Stabilität des gewählten Verfahrens.

Je nachdem wie die in Frage stehenden λ_l in der negativen komplexen Halbebene H_- verteilt sind, benötigt man Verfahren mit verschiedenen Stabilitätsgebieten H_A. Sind beispielsweise alle q_l reell, so genügen bereits A_0-stabile Verfahren. A-stabile Verfahren werden jeder Verteilung der λ_l gerecht. Jedoch ist hier bei linearen Mehrschrittverfahren aufgrund des Dahlquistschen Satzes 2.(39) die Konsistenzordnung auf $p \leq 2$ eingeschränkt. Will man A-stabile Verfahren höherer Konsistenzordnung haben, so muß man auf nichtlineare Verfahren oder solche, die auch höhere Ableitungen verwenden, ausweichen. Eine andere Möglichkeit ist, die Forderung der A-Stabilität aufzugeben und Verfahren zu verwenden, bei denen ein möglichst großer Teil von H_- zum Stabilitätsgebiet gehört.

Das lineare, A-stabile Mehrschrittverfahren der Konsistenzordnung $p = 2$ mit der kleinsten Fehlerkonstanten ist die Trapezformel. Dieses Verfahren ist nicht stark absolut stabil (s.I-3.2.(4)) und für Komponenten mit $\operatorname{Re} h\lambda_l \ll -1$ treten Oszillationen auf, die aber mit Glättungstechniken gemindert werden können (s.I-S.104,5.1.). Aufbauend auf gemeinsame Ideen mit Dahlquist ist von Lindberg [311] ein die Trapezregel als Kern verwendendes Verfahren für steife Systeme entwickelt worden (s.5.1.).

Ebenfalls lineare A-stabile Verfahren werden durch die Formel I-3.4.(7) von Liniger und Willoughby beschrieben. Sie besitzen im allgemeinen nur die Konsistenzordnung $p = 1$, jedoch kann der freie Parameter verwendet werden, um die Formel exponentiell anzupassen (s.I-3.4.(6)). Weitere solche Verfahren der Konsistenzordnung $p = 2$ mit einer größeren Zahl freier Parameter sind in [318,319] zu finden.

Die Formeln I-1.2.8. mit Index (m,m) bzw. (m,m-1) sind ein Beispiel linearer A-stabiler Verfahren höherer Konsistenzordnung, die höhere Ableitungen verwenden (s.I-3.2.(3)). (Aufgrund eines Resultats von Ehle [199] sind auch die Formeln mit Index (m,m-2) A-stabil.) Die Verfahren I-3.4.(20) von Liniger und Willoughby stellen exponentiell angepaßte A-stabile Verfahren der Konsistenzordnung $p = 2$ unter Verwendung zweiter Ableitungen dar. Ein entsprechendes Verfahren mit $p = 4$ ist in [269] angegeben worden.

Zu den nichtlinearen A-stabilen Verfahren gehören die impliziten Runge-Kutta-Formeln, welche auf eine Padé-Approximation mit Index (k,k), (k+1,k), (k+2,k) führen (s.I-3.2.(2),(3)). Hierzu gehören die Formeln vom Gauß-Typ und die von Axelsson [22], Chipman [38] und Ehle [46] angegebenen Verfahren. Ebenfalls A-stabil ist das Verfahren I-3.3. von Lawson. Auch Mehrschrittverfahren mit von h abhängigen Koeffizienten (s. [300,302,307]) können A-stabil sein (s.5.3.). Weitere A-stabile Verfahren, die auf noch anderen Ideen beruhen, sind in [144,270,271,370,409,417] zu finden.

Eins der geläufigsten Verfahren für steife Systeme ist das auf den rückwärts genommenen Differentiationsformeln beruhende Verfahren von Gear (s.1.6.2.), das steif stabil ist. Es wird in der von uns beschriebenen Form mit variabler Ordnung und veränderlicher Schrittweite verwendet. Noch vielversprechender scheint es zu sein (s.[227,228]), die rückwärts genommenen Differentiationsformeln mit variabler Schrittweite (s.1.6.3.) zu verwenden, insbesondere für Systeme mit großen n, bei denen der Aufwand für die Berechnung der Koeffizienten des Verfahrens nicht so sehr ins Gewicht fällt. In jüngster Zeit ist von Byrne und Hindmarsh [164] ein neues Programmpaket mit Namen EPISODE entwickelt worden, das auf diesen Methoden aufbaut. Varianten dieses und des Gearschen Verfahrens, in denen eine eventuell vorliegende Bandstruktur der Funktionalmatrix berücksichtigt werden kann, liegen unter den Namen GEARB, EPISODEB vor (s.[165]). Eine weitere Klasse von Verfahren mit ähnlich guten Stabilitätseigenschaften, die aber Ableitungen zweiter Ordnung verwenden, ist von Enright [204,205] (s.5.2.) hergeleitet und implementiert worden. Diese Verfahren besitzen eine Konsistenzordnung bis zu $p = 9$. Zusammenfassende Berichte über Verfahren für steife Systeme sind [23,125,128, 327].

Die Integration eines steifen Systems mit einem passenden Verfahren kann sich auf zweierlei Weisen gestalten je nachdem, ob man an dem Verlauf auch der steifen Komponenten interessiert ist oder nicht. Im ersten Fall muß man die Integration mit einer genügend kleinen Schrittweite beginnen, die solange beibehalten wird, bis die steifen Komponenten abgeklungen sind. Die richtig bemessene Schrittweite wird durch eine Schrittweitenkontrolle aufgrund der numerisch ermittelten lokalen Abschneidefehler bereitgestellt, wie wir sie bei den einzelnen Verfahren beschrieben haben. Ist man dagegen nur an dem Langzeitverhalten der Lösung interessiert, kann man gleich mit größeren Schrittweiten beginnen, da die steifen Komponenten durch ein absolut stabiles Verfahren abklingend integriert werden. Besonders günstig sind hierfür stark absolut stabile Verfahren (s.I-3.2.(4)) oder wenigstens sog. L-stabile Verfahren, welche dadurch charakterisiert sind, daß die Wurzeln $\zeta_k(q)$ von 1.(5) die Eigenschaft

$$(1) \quad \limsup_{\mathrm{Re}\, q \to -\infty} |\zeta_k(q)| < 1, \quad k = 1,\ldots,m,$$

besitzen. Bei L-stabilen Verfahren ist die Dämpfung der steifen Komponenten besonders stark. Die Verfahren von Gear und Enright sind L-stabil. Stark absolut stabil sind Verfahren, die auf Padé-Approximationen von e^z mit Index $(k+1,k)$ oder $(k+2,k)$ führen (s.I-3.2.(9)).

Wir geben hier ein Beispiel für die Art und Weise, wie sich die Integration eines steifen Systems gestalten kann, das wir [349] entnommen haben. Das System lautet

$$(2) \quad \begin{aligned} u_1' &= -0.04u_1 + 10^4 u_2 u_3 \\ u_2' &= 0.04u_1 - 10^4 u_2 u_3 - 3\cdot 10^7 u_2^2 \\ u_3' &= 3\cdot 10^7 u_2^2 \end{aligned}$$

im Intervall [0,100] mit den Startwerten $u_1(0) = 1$, $u_2(0) = u_3(0) = 0$. Die zugehörige Funktionalmatrix besitzt einen Eigenwert 0 und längs der Lösung zwei negative Eigenwerte, deren Quotient zwischen 10^4 und 10^5 liegt. Als Verfahren werden die Formeln I-3.4.(2) mit $\mu = 0.45$ verwendet, d.h.

(3) $$u_{j+1} = u_j + h(0.45f_j+0.55f_{j+1}), \quad j = 0,1,\ldots .$$

Das Verfahren ist absolut stabil und besitzt die Konsistenzordnung $p = 1$ (s.I-3.4.(7)). Es ist auch L-stabil mit $\zeta_1(q) \to -9/11$ (Re $q \to -\infty$). Die impliziten Gleichungen (3) für u_{j+1} wurden mit Hilfe eines modifizierten Newtonschen Verfahrens gelöst (vgl.I-S.122). Um die Zahl der dabei erforderlichen Iterationen klein zu halten, wurde ein in [349] nicht spezifizierter genauer Prädiktor verwendet, welcher gleichzeitig eine Schätzung des lokalen Abschneidefehlers gestattete (vgl. 1.5.2.), mit dem die Schrittweite in Form von Halbierung oder Verdoppelung nach Maßgabe einer vorgegebenen Genauigkeit τ gesteuert wurde. Startschrittweite war $h_0 = 10^{-4}$. Die Funktionalmatrix wurde nur neu berechnet, wenn die Schrittweite geändert wurde. Die folgende Tabelle enthält einige Daten über

Genauigkeit τ	10^{-3}			10^{-4}		
Integrations-intervall	[0,1]	[0,10]	[0,100]	[0,1]	[0,10]	[0,100]
Zahl der Halbierungen	1	1	2	3	3	3
Zahl der Verdoppelungen	12	15	20	12	15	18
Zahl der erfolgr.Schritte	41	55	65	111	160	214
Zahl der f-Auswertungen	106	141	186	197	304	421
Zahl der f_y-Auswertungen	14	17	23	16	19	22

die Rechnung. Figur 17 zeigt das Anwachsen der Schrittweite mit fortschreitender Rechnung und Figur 16 den Verlauf der negativen Kehrwerte der beiden von Null verschiedenen Eigenwerte λ_1 und λ_2 der Funktionalmatrix von (3) längs der Lösung.

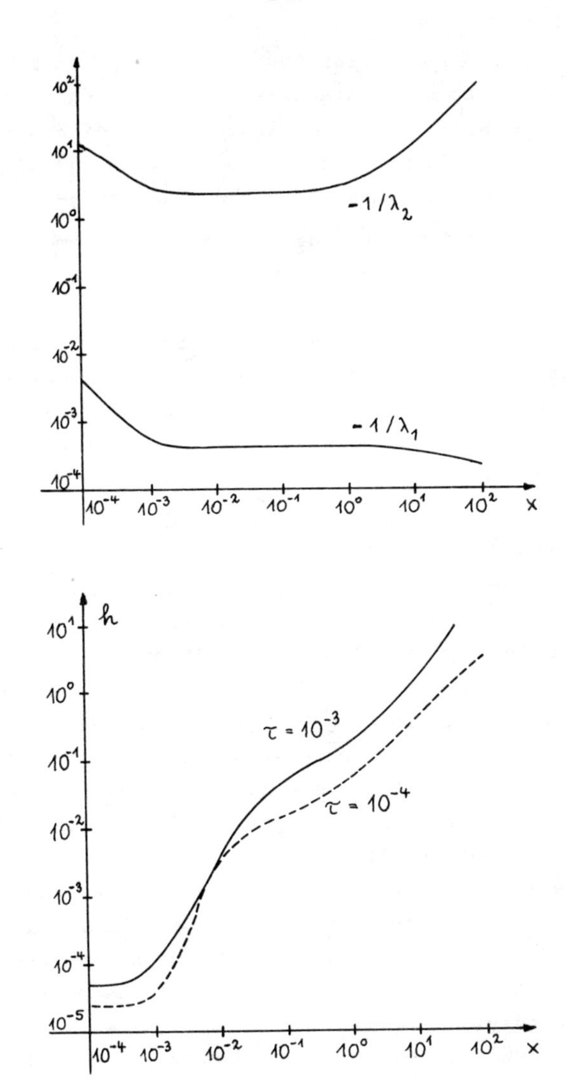

Fig. 16

Fig. 17

Ein beträchtlicher Teil der Rechenzeit eines Verfahrens muß dafür aufgewendet werden, die Funktion f sowie die Funktionalmatrix f_y auszuwerten und die Newtonartigen linearen Gleichungssysteme zur Bestimmung der jeweiligen Näherung u_j aus den impliziten Formeln zu lösen. Methoden zur Lösung der impliziten Formeln bei steifen Systemen, bei denen im allgemeinen die übliche Iterationstechnik 1.1.(12) nicht verwendbar ist, sind in I-S.122 und 5.2. dargestellt. Bei Systemen mit großem n ist es erforderlich, die meist vorliegende schwache Besetzung der Funktionalmatrix zu berücksichtigen (s.[356]).

Bei so vielen für die Integration steifer Systeme geeigneten Verfahren wird sich der Anwender fragen, welches er für seine speziellen Aufgaben auswählen sollte. Zur Beantwortung dieser Frage sind Vergleichstests recht nützlich, die für nichtsteife Systeme bereits in größerem Umfange (s.[206,62,63,264,259,293, 295,405] vorliegen und für fünf der weiter oben genannten Verfahren für steife Systeme jetzt auch in [141,207,208] vorgenommen worden sind.

Verglichen wurden in der Arbeit [208], die im wesentlichen auf der vorerwähnten [141] aufbaut, die Verfahren von Gear (Programmname DIFSUB), von Enright (Programmname SDBASIC), von Lawson (Programmname GENRK), das 2-stufige implizite Runge-Kutta-Verfahren vom Gauß-Typ der Konsistenzordnung $p = 4$ (Programmname IMPRK) und die auf der Trapezformel aufbauende Methode von Dahlquist-Lindberg (Programmname TRAPEX). Die Verfahren wurden an fünf verschiedenen Typen steifer Systeme, bestehend aus insgesamt 25 verschiedenen Anfangswertaufgaben mit $n \leq 10$, getestet. Die fünf Typen sind lineare sowie nichtlineare Systeme mit reellen bzw. mit nichtreellen Eigenwerten und Systeme mit nichtlinearer Kopplung. Um die Verfahren vergleichen zu können, wurden sie in einigen ihrer Teile vereinheitlicht, was im wesentlichen die Lösung auftretender linearer Gleichungssysteme und die Schrittweitensteuerung betraf. Die Gleichungssysteme wurden in der weniger effektiven Form von Invertierung der Koeffizientenmatrix und anschließender Vektormultiplikation gelöst. Die Schrittweite wurde nach Maßgabe des lokalen Abschneidefehlers per Einheitsschritt gesteuert, der sich (per Def.) vom lokalen Abschneidefehler per Schritt um einen Faktor h unterscheidet. (Von einigen Autoren ist bemerkt worden, daß eine Schrittweitensteuerung nach dem lokalen Abschneidefehler effektiver erscheint.) Als Toleranz,

Tab. 22

Methode	τ	Zeit	OVHD	f-Aufrufe	f_y-Aufrufe	f_y^{-1}-Aufrufe	Schritt-zahl	lok.max. Fehler	% > τ	% > 5τ
DIFSUB	E-2	1.408	1.000	3421	335	335	1247	16.4	.017	0.001
	E-4	3.054	2.474	7832	451	451	2995	1.2	.004	0.0
	E-6	6.692	5.801	16809	608	608	6517	1.6	.008	0.0
	Summe	11.154	9.275	28062	1394	1394	10759	16.4	.008	0.000
SDBASIC	E-2	1.820	1.351	2219	1661	583	396	2.4	.015	0.0
	E-4	3.453	2.801	5415	4497	751	838	1.6	.010	0.0
	E-6	6.798	5.739	11842	10101	1069	1752	2.5	.009	0.0
	Summe	12.071	9.891	19476	16259	2403	2986	2.5	.010	0.000
TRAPEX	E-2	1.496	1.010	5191	557	557	325	2.6	.077	0.0
	E-4	2.796	2.162	11650	689	689	689	8.6	.067	0.001
	E-6	8.294	7.053	41212	1165	1165	2116	2.8	.054	0.0
	Summe	12.586	10.225	58053	2411	2411	3130	8.6	.059	0.000
IMPRK	E-2	10.361	9.378	8170	1794	1794	276	24.4	.028	0.007
	E-4	5.568	4.981	12536	538	538	638	62.6	.111	0.043
	E-6	13.057	11.966	49522	524	524	2298	33.1	.110	0.041
	Summe	28.986	26.325	70228	2856	2856	3212	62.6	.103	0.038
GENRK	E-2	2.443	1.954	2153	163	489	183	56.3	.159	0.055
	E-4	5.394	4.390	7117	376	1128	567	37.4	.340	0.058
	E-6	17.808	14.483	27209	1316	3948	2109	31.2	.410	0.084
	Summe	25.645	20.827	36479	1855	5565	2859	56.3	.380	0.077

nach welcher die Steuerung am Punkte x vorgenommen wird, wird in [208] die Größe $6\,\tau/(x-x_0)$ genommen, wobei τ die vorgegebene Genauigkeit ist. Dieses Vorgehen entspricht einer Beobachtung von Lindberg zur optimalen Schrittwahl bei steifen Systemen.

Die [208] entnommene Tab.22 enthält eine Zusammenfassung der Ergebnisse des Tests auf 20 Systeme. Fünf Systeme wurden nicht mit berücksichtigt, da sie ganz spezielle Eigenschaften aufweisen, die im Gesamteindruck nur irreführend wirken würden. Die Zeitspalte enthält dimensionslose Maßzahlen, was für einen Vergleich untereinander ausreicht. Die Spalte "OVHD" gibt den Anteil an dieser Zeit, den der sog. Overhead ausmacht, worunter man die Differenz von Gesamtzeit und Zeit für die Funktions- und Funktionalmatrixberechnungen sowie die Invertierung der Matrizen versteht. Die Spalte "lok. max. Fehler" enthält das größte Vielfache von τ, das der wahre Fehler pro Einheitsschritt aufweist. In der Spalte "$\% > \tau$" ist die relative Häufigkeit angegeben, mit der der wahre Fehler pro Einheitsschritt die Genauigkeit τ überschreitet, in der nächsten Spalte das entsprechende für 5τ.

Ein globales Ergebnis des Vergleichs ist, daß das implizite Runge-Kutta-Verfahren und das Verfahren von Lawson gegenüber den anderen dreien an Zuverlässigkeit und Kosten deutlich abfallen. Jedes der anderen Verfahren ist für allgemeine Zwecke verwendbar, wenngleich auch jedes seine schwachen Punkte hat. Das Gearsche Verfahren ist ungünstig für Probleme mit nahezu rein imaginären Eigenwerten, was sich aus den mangelhaften Stabilitätseigenschaften der rückwärts genommenen Differentiationsformeln höherer Ordnung in der Nähe der imaginären Achse erklärt. Die Trapezformel zeigt Schwierigkeiten bei Systemen, die eine starke Kopplung von den glatten zu den steifen Komponenten aufweisen und bei höheren Genauigkeiten, letzteres wegen der trotz Extrapolation nur $p = 4$ betragenden Konsistenzordnung. Enright's Verfahren arbeitet schlechter bei stark nichtlinearen Problemen, bei denen der Aufwand in den Iterationen beträchtlich wird.

Ein weiterer Vergleichstest von Verfahren für steife Systeme speziell für Anfangswertaufgaben aus dem Anwendungsbereich der Chemie ist in [207] veröffentlicht worden. Dieser Test berücksichtigte neben den vorangehend aufgeführten fünf Verfahren aus [208] auch eine neuere Version GEAR 3 des Gearschen Verfahrens und das von Byrne und Hindmarsh implementierte Programmpaket EPISODE. Im Gegensatz zu [208] wurden die Programme in ihrer ursprünglichen Fassung miteinander verglichen, eine Normierung der Schrittweitensteuerung wurde nicht vorgenommen. Wir geben in Tab.23 einen Auszug der Testergebnisse aus [207] an, der eine Zusammenfassung über sämtliche Testprobleme darstellt. Gegenüber Tab.22 sind drei Spalten ersetzt worden durch die Spalten "Endfehler" (Fehler im Endpunkt in Vielfachen von τ), "gl.max.Fehler" (globaler maximaler Fehler in Vielfachen von τ) und "% lok.Fehler" (Bruchteil der Überschreitungen der lokalen Fehlertoleranz durch den wahren lokalen Fehler). Bei diesem Test wird davon ausgegangen, daß die Verfahren aus einer vorgegebenen globalen Fehlertoleranz τ ihre erforderliche lokale Fehlertoleranz automatisch bestimmen.

Ein Resultat der Testergebnisse für chemische Probleme ist, daß das auf der Trapezregel aufbauende Verfahren schlechter als in dem Test [208] abschneidet. Für allgemeine Zwecke bewähren sich vor allem die auf den rückwärts genommenen Differentiationsformeln aufbauenden Verfahren DIFSUB, GEAR 3 und EPISODE sowie das Verfahren SDBASIC von Enright. Die Vorteile des Enrightschen Verfahrens zeigen sich an den Testbeispielen nicht so deutlich, da solche mit Eigenwerten in der Nähe der imaginären Achse nur in geringer Anzahl enthalten sind, und gerade bei diesen sind die Stabilitätseigenschaften der rückwärts genommenen Differentiationsformeln ungünstiger.

Abschließend erwähnen wir ein auf Lindberg [311] zurückgehendes instruktives Beispiel über die möglichen Schwierigkeiten bei der Integration steifer Systeme. Es werden im Intervall [0,10] die beiden steifen Systeme

Tab. 23

Methode	τ	Zeit	f-Aufrufe	f_y-Aufrufe	f_y^{-1}-Aufrufe	Schritt-zahl	lok.max. Fehler	End-fehler	gl.max. Fehler	% lok. Fehler
DIFSUB	E-2	.423	2793	242	242	887	2.3	1.65	35.57	0.028
	E-4	.724	4678	289	289	1576	2.2	5.68	7.9	0.001
	E-6	1.070	7729	332	332	2716	5.2	14.95	15.93	0.007
	Summe	2.218	15200	863	863	5179	5.2	14.95	35.57	0.009
GEAR 3	E-2	.301	1569	187	187	949	10.5	1.67	127.37	0.160
	E-4	.535	2686	252	252	1754	2.3	12.65	12.86	0.018
	E-6	.985	4650	347	347	3326	2.0	16.03	19.87	0.008
	Summe	1.821	8905	786	786	6029	10.5	16.03	127.37	0.035
EPISODE	E-2	.351	1408	294	294	755	8.9	1.61	283.12	0.277
	E-4	.719	2764	468	468	1596	7.0	5.53	29.27	0.046
	E-6	1.517	5203	638	638	3091	4.3	20.85	40.76	0.035
	Summe	2.587	9375	1400	1400	5442	8.9	20.85	283.1	0.071
TRAPEX	E-2	.932	9680	736	736	409	15.1	5.82	10.04	0.083
	E-4	1.735	19572	896	896	666	3.0	1.30	1.74	0.059
	E-6	1.352	13770	736	736	483	1.0	0.03	0.98	0.0
	Summe	4.019	43022	2368	2368	1558	15.1	5.82	10.04	0.047
GENRK	E-2	.550	2926	217	651	205	72.6	3.84	28.69	0.375
	E-4	1.355	8264	448	1344	604	115.6	115.08	115.08	0.340
	E-6	.760	4087	270	810	287	34.6	66.21	88.83	0.655
	Summe	2.665	15277	935	2805	1096	115.6	115.08	115.08	0.428
SDBASIC	E-2	1.288	5063	3474	1078	796	2.2	1.12	7.9	0.006
	E-4	1.622	8290	6356	1157	980	1.7	3.89	3.91	0.004
	E-6	2.942	15658	12417	1824	1583	1.2	7.95	10.78	0.003
	Summe	5.852	29011	22247	4059	3359	2.2	7.95	10.78	0.004

$$
\text{(I)}\quad
\begin{aligned}
u_1' &= 10^4 u_1 u_3 + 10^4 u_2 u_4, && u_1(0) = 1\\
u_2' &= -10^4 u_1 u_4 + 10^4 u_2 u_3, && u_2(0) = 1\\
u_3' &= 1 - u_3, && u_3(0) = -1\\
u_4' &= -u_4 - 0.5u_3 + 0.5, && u_4(0) = 0
\end{aligned}
$$

und

$$
\text{(II)}\quad
\begin{aligned}
u_1' &= -10^4 u_1 u_3 + 10^4 u_2 u_6, && u_1(0) = 1\\
u_2' &= -10^4 u_1 u_6 - 10^4 u_2 u_3, && u_2(0) = 1\\
u_3' &= -u_3 - u_4 - 1, && u_3(0) = 1\\
u_4' &= -2u_4, && u_4(0) = B\\
u_5' &= 1 - u_5, && u_5(0) = -1\\
u_6' &= -u_6 - 0.5u_5 + 0.5, && u_6(0) = 0
\end{aligned}
$$

betrachtet. Die letzten zwei bzw. vier Gleichungen lassen sich einfach geschlossen lösen in der Form

$$
\begin{aligned}
&u_3 = 1 - 2e^{-x}, \quad u_4 = xe^{-x}\\
&u_3 = 1+Be^{-2x}-Be^{-x}, \; u_4 = Be^{-2x}, \; u_5 = 1-2e^{-x}, \; u_6 = xe^{-x}.
\end{aligned}
$$

Setzt man diese Lösungen in die ersten beiden Gleichungen ein, so ergibt sich ein lineares System $u' = A^{I,II}(x)u$ mit $u(0) = (1,1)$ und

$$
A^{I} = 10^4 \begin{bmatrix} 1-2e^{-x} & xe^{-x} \\ -xe^{-x} & 1-2e^{-x} \end{bmatrix}
$$

$$
A^{II} = -10^4 \begin{bmatrix} 1+Be^{-2x}-Be^{-x} & -xe^{-x} \\ xe^{-x} & 1+Be^{-2x}-Be^{-x} \end{bmatrix}.
$$

Die Eigenwerte dieser Matrizen sind durch $\lambda^{I}_{1,2}(x) = 10^4[1-2e^{-x} \pm ixe^{-x}]$, $\lambda^{II}_{1,2}(x) = -10^4[1+Be^{-2x}-Be^{-x} \pm ixe^{-x}]$ gegeben. λ^{I}_{1} und λ^{II}_{2} für $B = 5$ zeigen den in Fig.18 ersichtlichen Verlauf, der die Eigentümlichkeit aufweist, daß die Eigenwerte bei gleichbleibend großem Betrag vom Bereich negativer in den positiver Realteile überwechseln. Die folgende Tabelle gibt einen Ver-

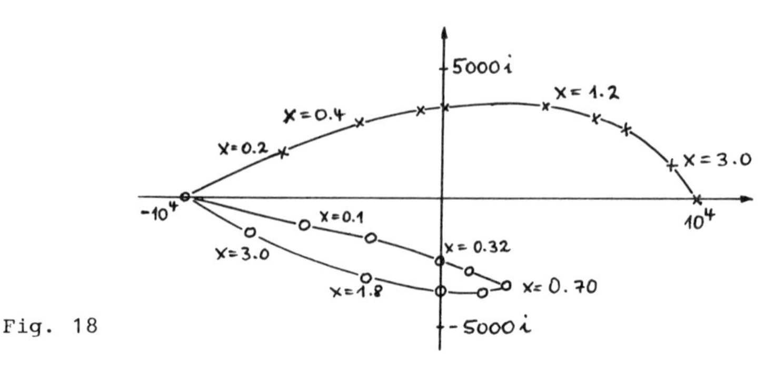

Fig. 18

gleich der euklidischen Normen der wahren und numerischen Lösung, welche mit dem Gearschen Verfahren berechnet worden ist.

x	$\|u^I(x)\|_2$	h(x)	$\|u_h^I(x)\|_2$	$\|u^{II}(x)\|_2$	h(x)	$\|u_h^{II}(x)\|_2$
0	1.4	1.3E-9	1.4	1.4	1.3E-9	1.4
0.1	7.5E- 393	1.4E-2	5 E-10	1.5E- 336	1.2E-2	2 E-10
0.3	6.5E- 949	4.5E-2	3 E- 9	4.1E- 574	2.5E-2	1 E- 9
0.7	4.1E-1333	5.2E-2	1 E-10	4.3E- 289	3.6E-2	3 E-12
1.0	3.7E-1148	5 E-2	2 E- 9	3.6E- 5	5 E-2	6 E-11
1.2	8.6E- 859	8 E-2	3 E-11	3.9E 90	7 E-2	1 E- 9
1.4	2.0E- 464	8 E-2	1 E- 9	6.9E 82	7 E-2	7 E-10
1.6	4.2E 16	8 E-2	1 E-10	1.8E- 33	7 E-2	1 E-10
4.0	1.3E 8845	2 E-1	8 E-12	4.5E- 6909	1.2E-1	8 E-11
10.0	1.3E34744	2 E-1	2 E-13	1.2E-32572	1.4E-1	4 E-21

Andere Verfahren für steife Systeme zeigen dasselbe Verhalten. Es läßt sich auf naheliegende Weise qualitativ erklären, was wir am Beispiel der rückwärts genommenen Eulerformel angewandt auf die skalare Gleichung $u' = qu$ vorführen. Die Näherungen lauten in diesem Fall (s.I-3.1.(10))

$$u_j = \frac{1}{(1-hq)^j} u_o, \quad j = 0,1,\ldots,$$

und fallen für große $|hq|$ stark ab, auch wenn $\operatorname{Re} q > 0$ ist, so daß die wahre Lösung anwächst. Die Schrittweite wird etwa mit der Methode von Milne (s.1.5.(14)) gesteuert, indem man die vorwärts genommene Eulerformel als Prädiktor verwendet, was die Schätzung

$$[(1+hq) - \frac{1}{1-hq}]\frac{1}{(1-hq)^{j-1}} u_o$$

für den lokalen Abschneidefehler ergibt. Man erkennt, daß für große $|hq|$ der Fehler auf diese Weise weiterhin als klein erkannt wird, und die Schrittweite demgemäß relativ groß gehalten wird. Dadurch ergeben sich völlig unbrauchbare numerische Ergebnisse, wie sie aus dem Beispiel der vorstehenden Tabelle mit aller Deutlichkeit hervorgehen.

4. Prädiktor-Korrektor-Verfahren

Explizite lineare Mehrschrittverfahren sind aus Gründen unzureichender Stabilität meist für die numerische Integration nicht geeignet. Daher verwendet man in der Praxis überwiegend implizite Verfahren, die in jedem Schritt mit einer geeigneten Prädiktor-Korrektor-Technik (kurz: PC-Technik) näherungsweise gelöst werden, es sei denn spezielle Gründe, wie Steifheit des vorgelegten Systems, sprechen für die Verwendung anderer Methoden.

Im ersten Abschnitt werden die beiden grundlegenden PC-Techniken $P(EC)^{l}E$ und $P(EC)^{l}$ dargestellt. Ihre zu erwartende Wirkungsweise kann man anhand einfacher Beispiele im zweiten Abschnitt erkennen. Die Konvergenz der beiden Typen von PC-Verfahren wird in zwei getrennten Abschnitten behandelt, da sich die $P(EC)^{l}E$-Verfahren in die Klasse (A_h) einpassen lassen, die $P(EC)^{l}$-Verfahren aber nicht.

In getrennten Abschnitten werden demgemäß auch die Bereiche G_A der absoluten Stabilität für beide Verfahrenstypen untersucht. Für die PC-Verfahren vom Adams-Typ lassen sich die in $(-\infty,0]$ gelegenen Teile von G_A analytisch charakterisieren. Spezielle $P(EC)^{l}E$-Verfahren, die gegenüber den $P(EC)^{l}$-Verfahren eine größere praktische Bedeutung besitzen, sind im fünften Abschnitt zu finden.

4.1. Definition der $P(EC)^{l}E$- und der $P(EC)^{l}$-Verfahren

Bei Verwendung eines impliziten Mehrschrittverfahrens ist in jedem Schritt das im allgemeinen nichtlineare Gleichungssystem

$$(1)\quad u_{j+m}+\sum_{k=0}^{m-1} a_k u_{j+k} = hb_m f(x_{j+m},u_{j+m})+h\sum_{k=0}^{m-1} b_k f_{j+k}$$

für die gesuchte Näherung u_{j+m} zu lösen. (Im gesamten Kapitel nehmen wir die Koeffizienten vor u_{j+m} auf 1 normiert an.) Zur Lösung von (1) wird man in den meisten Fällen zu dem Iterationsverfahren 1.1.(12) greifen, das unter der Bedingung

(2) $q := hL_0|b_m|/|a_m| < 1$

eine konvergente Folge von Näherungen gegen die in diesem Fall eindeutige Lösung von (1) liefert, wobei wir der Einfachheit halber in diesem Abschnitt f als global Lipschitz-stetig voraussetzen.

Bei der Durchführung des Iterationsverfahrens stellt sich die Frage nach der Berechnung einer geeigneten Startnäherung und der Zahl der vorzunehmenden Iterationen. Eine Startnäherung erhält man durch Verwendung eines expliziten, sog. Prädiktorverfahrens

(3) $$u_{j+m} + \sum_{k=0}^{m-1} a_k^* u_{j+k} = h \sum_{k=0}^{m-1} b_k^* f_{j+k},$$

das eine zu dem dann als Korrektor bezeichneten Verfahren (1) passende Konsistenzordnung (etwa dieselbe oder die um eins verminderte) besitzen muß, worauf wir in den späteren Abschnitten noch genauer eingehen.

Bei der Iteration kann so vorgegangen werden, daß man den Korrektor solange iteriert, bis man, im Rahmen eines Abbruchkriteriums, meint, die genaue Lösung von (1) gefunden zu haben. In diesem Fall spricht man davon, daß "bis zur Konvergenz" iteriert wird. Ersichtlich kommt es bei diesem Vorgehen auf die Konsistenzordnung des Prädiktors für die erreichte Endgenauigkeit nicht an, die Genauigkeit der Prädiktornäherung macht sich nur in der Zahl der benötigten Iterationen bis zur Konvergenz bemerkbar und vielleicht in dem Eintreten der Konvergenz überhaupt, die bei nur lokaler Lipschitzstetigkeit von f im allgemeinen auch nur lokaler Natur ist.

Eine andere Möglichkeit der Durchführung der Iteration besteht in der Vorgabe einer festen Anzahl von Korrektionen. Auch hierbei gibt es noch zwei unterschiedliche Vorgehensweisen im letzten Schritt. Nach Anwendung des Korrektors kann man mit der erhaltenen Näherung noch einmal den zugehörigen Wert von f berechnen. Dieser f-Wert wird dann bei der Anwendung des Prädiktors für den nächsten Gitterpunkt verwendet.

Für diese Art der Durchführung hat sich nach [259] die Schreibweise $P(EC)^l E$ eingebürgert. Hier steht P bzw. C für eine Anwendung des Prädiktors bzw. Korrektors und E für eine f-Auswertung. Der Bestandteil $(EC)^l$ bedeutet daher die Ausführung von l Iterationen mit dem Korrektor. Eine zweite Art der Durchführung eines Prädiktor-Korrektor-Verfahrens besteht im $P(EC)^l$-Modus. Die weiter oben beschriebene f-Auswertung nach dem letzten Iterationsschritt entfällt in diesem Fall. Auf die Vor- und Nachteile der beiden Vorgehensweisen sowie den Einfluß des Zusammenspiels von Prädiktor, Korrektor und Iterationszahl l auf die resultierende Konsistenzordnung und Stabilität gehen wir später ein. In der Praxis nimmt man meist $l = 2$, manchmal auch $l = 1$, und man führt auch noch gewisse Modifikationen der ursprünglichen Verfahren durch.

Wir schreiben die beiden Typen von PC-Verfahren noch in Formeln an.

<u>$P(EC)^l E$:</u>

$$u_{j+m}^{(o)} + \sum_{k=0}^{m-1} a_k^* u_{j+k}^{(l)} = h \sum_{k=0}^{m-1} b_k^* f_{j+k}^{(l)}$$

$$\left.\begin{aligned} f_{j+m}^{(r-1)} &= f(x_{j+m}, u_{j+m}^{(r-1)}) \\ u_{j+m}^{(r)} + \sum_{k=0}^{m-1} a_k u_{j+k}^{(l)} &= h b_m f_{j+m}^{(r-1)} + h \sum_{k=0}^{m-1} b_k f_{j+k}^{(l)} \end{aligned}\right\} r = 1, \ldots, l.$$

$$f_{j+m}^{(l)} = f(x_{j+m}, u_{j+m}^{(l)})$$

<u>$P(EC)^l$:</u>

$$u_{j+m}^{(o)} + \sum_{k=0}^{m-1} a_k^* u_{j+k}^{(l)} = h \sum_{k=0}^{m-1} b_k^* f_{j+k}^{(l-1)}$$

$$\left.\begin{aligned} f_{j+m}^{(r-1)} &= f(x_{j+m}, u_{j+m}^{(r-1)}) \\ u_{j+m}^{(r)} + \sum_{k=0}^{m-1} a_k u_{j+k}^{(l)} &= h b_m f_{j+m}^{(r-1)} + h \sum_{k=0}^{m-1} b_k f_{j+k}^{(l-1)} \end{aligned}\right\} r = 0, \ldots, l.$$

4.2. Beispiele

Am einfachen Beispiel der skalaren Anfangswertaufgabe $u' = \lambda u$, $u(0) = 1$, mit der Trapezformel

$$(1) \quad u_{j+1} = u_j + \frac{h}{2}(f_j + f_{j+1}), \quad j = 0,\dots,N-1,$$

als Korrektor studieren wir die sich ergebenden Näherungen bei Verwendung zweier verschiedener Prädiktoren.

Als ersten Prädiktor nehmen wir die vorwärts genommene Eulerformel

$$(2) \quad u_{j+1} = u_j + hf_j, \quad j = 0,\dots,N-1,$$

die gegenüber (1) die um 1 niedrigere Konsistenzordnung $p = 1$ besitzt. Wir behandeln zunächst den $P(EC)^l E$-Modus. Für unsere Anfangswertaufgabe ist $f_j = \lambda u_j$, und aus (2) ergibt sich mit der Abkürzung $q := h\lambda$

$$(3) \quad u_{j+1}^{(0)} = (1+q)u_j^{(l)}.$$

Geht man hiermit in (1) ein, so erhält man sukzessive

$$(4) \quad \begin{aligned} u_{j+1}^{(1)} &= (1+q+q^2/2)u_j^{(l)} \\ u_{j+1}^{(2)} &= (1+q+q^2/2+q^3/4)u_j^{(l)} \\ u_{j+1}^{(r)} &= \frac{1+q/2-2(q/2)^{r+2}}{1-q/2}u_j^{(l)}, \quad r = 0,\dots,l, \quad l \geq 0. \end{aligned}$$

Die Lösung von (A) ist $u = \exp(\lambda x)$, so daß sich für die Abschneidefehler $\tau_{j+1}^{(l)} = h^{-1}[u(x_{j+1}) - u_{j+1}^{(l)}]$ der l-fach korrigierten Näherung

$$(5) \quad \begin{aligned} \tau_{j+1}^{(0)} &= \frac{h\lambda^2}{2}e^{\lambda x_j} + O(h^2), & \tau_{j+1}^{(1)} &= \frac{h^2\lambda^3}{6}e^{\lambda x_j} + O(h^3), \\ \tau_{j+1}^{(2)} &= -\frac{h^2\lambda^3}{12}e^{\lambda x_j} + O(h^3), & \tau_{j+1}^{(l)} &= -\frac{h^2\lambda^3}{12}e^{\lambda x_j} + O(h^3), \quad l \geq 3, \end{aligned}$$

ergibt. Demnach erhöht sich die Konsistenzordnung mit der ersten Korrektur um 1 auf $p = 2$, also auf die des Korrektors, weitere Korrektoranwendungen wären unter dem Gesichtspunkt der größten erreichbaren Konsistenzordnung unnötig. Die zweite Korrektoranwendung ändert noch das führende Glied im Abschneidefehler, das von da ab dann unverändert bleibt.

Anders als die Konsistenzordnung ändern sich jedoch fortlaufend die Bereiche der absoluten Stabilität (s.3.2.) mit wachsendem l, die nach Definition durch

$$(6)\quad G_A^{(l)} = \{q \in \mathbb{C} \mid |\zeta_1^{(l)}(q)| < 1\}$$

gegeben sind, wobei $\zeta_1^{(l)}(q)$ die Wurzel des zu (4) für $r = 1$ gehörigen charakteristischen Polynoms

$$(7)\quad \chi_{PECE}^{(l)}(z,q) := z - \frac{1+q/2-2(q/2)^{l+2}}{1-q/2}, \quad l \geq 0,$$

bedeutet. Das entsprechende Polynom des Korrektors, d.h. der Trapezformel, ist durch $\chi(z,q) = z-(1+q/2)/(1-q/2)$, $q \neq 2$, gegeben. Vermöge (7) erkennt man

$$(8)\quad \zeta_1^{(l)}(q) \to \zeta_1(q) \quad (l \to \infty) \iff |q/2| = |h\lambda/2| < 1.$$

Dies bedeutet, daß genau die Teile der absoluten Stabilitätsgebiete der l-fach korrigierenden Verfahren gegen die des Korrektors (im Sinne von (8)) konvergieren, für welche die Konvergenzbedingung 1.(2) für die Konvergenz der Korrektoriteration erfüllt ist. Die Trapezregel ist A-stabil, so daß die gesamte komplexe linke Halbebene H_- zu G_A gehört. Daraus darf man also nicht schließen, daß die $G_A^{(l)}$ aus (6) gegen H_- konvergieren. Dies trifft auch in der Tat nicht zu, denn man berechnet mit Hilfe des expliziten Ausdrucks für $\zeta_1(q)$ aus (7) sofort

$$(9)\quad G_A^{(l)} \cap R = (-2,0), \quad l \geq 0.$$

Für das PC-Verfahren im $P(EC)^l$-Modus gestaltet sich die Berechnung der Näherungen komplizierter. Die Differenzengleichungen lauten in diesem Fall

$$(10)\quad \begin{aligned} u_{j+1}^{(o)} &= u_j^{(l)} + q u_j^{(l-1)} \\ u_{j+1}^{(r)} &= u_j^{(l)} + \tfrac{q}{2}\left(u_j^{(l-1)} + u_j^{(r-1)}\right), \quad r = 1,\ldots,l. \end{aligned}$$

Unter Verwendung der ersten dieser Gleichungen erhält man aus der zweiten durch sukzessives Einsetzen

$$(11)\quad u_{j+1}^{(r)} = g_1^{(r)}(q)\,u_j^{(l)} + g_2^{(r)}(q)\,u_j^{(l-1)}, \quad r = 0,\ldots,l,$$

mit den Funktionen

$$g_1^{(r)}(q) := \frac{1-(q/2)^{r+1}}{1-q/2}, \quad g_2^{(r)}(q) := \frac{q/2+(q/2)^{r+1}-2(q/2)^{r+2}}{1-q/2}.$$

Wir schreiben (11) für $r = l-1$ und $r = l$ sowie mit j ersetzt durch $j+1$ für $r = l$ an

$$\begin{aligned} u_{j+1}^{(l-1)} &= g_1^{(l-1)}(q)\,u_j^{(l)} + g_2^{(l-1)}(q)\,u_j^{(l-1)} \\ u_{j+1}^{(l)} &= g_1^{(l)}(q)\,u_j^{(l)} + g_2^{(l)}(q)\,u_j^{(l-1)} \\ u_{j+2}^{(l)} &= g_1^{(l)}(q)\,u_{j+1}^{(l)} + g_2^{(l)}(q)\,u_{j+1}^{(l-1)}. \end{aligned}$$

Aus diesen Gleichungen kann man $u_j^{(l-1)}$ und $u_{j+1}^{(l-1)}$ eliminieren, und man erhält für $u_j^{(l)}$ die zweischrittigen Differenzenformeln

$$(12)\quad \begin{aligned} u_{j+2}^{(l)} &= \left(g_1^{(l)} + g_2^{(l-1)}\right) u_{j+1}^{(l)} + \left(g_1^{(l-1)} g_2^{(l)} - g_1^{(l)} g_2^{(l-1)}\right) u_j^{(l)} \\ &= \frac{1+q/2+(q/2)^{l}-3(q/2)^{l+1}}{1-q/2}\, u_{j+1}^{(l)} - (q/2)^{l} u_j^{(l)}, \quad l \geq 0. \end{aligned}$$

(Inwiefern jede Lösung von (12) auch zu einer Lösung von (10) gehört, kann man 4.7. entnehmen.) Im Falle $l = 1$ geht (12) speziell in die Differenzengleichungen

$$(13)\quad u_{j+2}^{(1)} - (3q/2+1)\,u_{j+1}^{(1)} + q/2\,u_j^{(1)} = 0, \quad j = 0,\ldots,N-2,$$

über. Die allgemeine Lösung von (13) ist (s.2.3.)

$$(14)\quad u_j^{(1)} = c_1 \zeta_1^j + c_2 \zeta_2^j, \quad j = 0,\ldots,N,$$

wobei ζ_1, ζ_2 die (für reelle q voneinander verschiedenen) Wurzeln des zu (13) gehörigen charakteristischen Polynoms

$$(15)\quad \chi_{PEC}^{(1)}(z,q) = z^2 - (3q/2+1)z + q/2$$

sind, also

$$(16)\quad \zeta_{1,2} = \zeta_{1,2}(q) = \frac{3q/2+1}{2} \pm \frac{1}{2}\sqrt{9(q/2)^2+q+1}\ .$$

Durch Reihenentwicklung erhält man für kleine q, d.h. also für kleine $h\lambda$

$$(17)\quad \begin{aligned} \zeta_1(q) &= 1 + q + q^2/2 + O(q^3) = e^q + O(q^3) \\ \zeta_2(q) &= q/2 - 2(q/2)^2 + O(q^3), \end{aligned}$$

so daß sich $\zeta_1^j = \exp(x_j) + O((\lambda h)^2)$, $\zeta_2^j = O((\lambda h)^j)$ ergibt. Die Koeffizienten c_1 und c_2 aus (14) bestimmen sich aus den Gleichungen

$$(18)\quad \begin{aligned} c_1 + c_2 &= u_o \\ c_1\zeta_1 + c_2\zeta_2 &= u_1 = (1+q+q^2/2)u_o, \end{aligned}$$

wobei u_1 durch den ersten PEC-Schritt aus u_o berechnet worden ist. Mit (18) verifiziert man ohne Schwierigkeiten das Bestehen von $c_1 = 1+O(h^2)$, $c_2 = O(h^2)$, so daß man insgesamt für das Verhalten von $u_j^{(1)}$ aus (14)

$$(19)\quad u_j^{(1)} = u(x_j) + O(h^2), \quad j = 0,\dots,N,$$

erhält. Dies bedeutet, daß bereits das (einmal korrigierende) PEC-Verfahren ebenso wie das PECE-Verfahren eine Näherung der größten überhaupt erreichbaren Ordnung $p = 2$ liefert.

Das Stabilitätsverhalten des $P(EC)^l$-Verfahrens wird durch die Wurzeln $\zeta_k^{(l)}(q)$, $k = 1,2$, des zu (12) gehörigen charakteristischen Polynoms

$$(20)\quad \chi_{PEC}^{(l)}(z,q) = z^2 - \frac{1+q/2+(q/2)^l-3(q/2)^{l+1}}{1-q/2}\, z + (q/2)^l$$

beschrieben, mit denen das Gebiet der absoluten Stabilität

durch

$$(21)\quad G_A^{(l)} = \{q \in \mathbb{C} \mid |\zeta_1(q)| < 1,\ |\zeta_2(q)| < 1\}$$

definiert ist. Wir bestimmen den auf der reellen Achse gelegenen Teil von $G_A^{(l)}$. Offenbar ist $\zeta_1(0) = 1$ und $|\zeta_k(q)| < 1$, $k = 1,2$, für kleine negative q, so daß mindestens ein an den Nullpunkt grenzendes Stück der negativen Achse zu $G_A^{(l)}$ gehört und $q = 0$ nicht. Man überzeugt sich leicht, daß nichtreelle unimodulare Wurzeln nicht auftreten. Die Bestimmung der q, für die $\zeta_1(q)$ oder $\zeta_2(q)$ reell unimodular sind, führt mit einer elementaren Rechnung auf die Bestimmungsgleichung

$$1-q/2+(q/2)^l-(q/2)^{l+1} = \pm[1+q/2+(q/2)^l-3(q/2)^{l+1}],$$

wobei beide Vorzeichen zu betrachten sind, aber $q = 2$ ausgeschlossen ist. Ist l gerade, so erhält man außer $q = 0$ noch $q = -2$ als Lösung, bei ungeradem l noch die (außer $q = 2$ einzige) Wurzel q_l von

$$(22)\quad 2(q/2)^{l+1} - (q/2)^l - 1 = 0,$$

welche im Intervall $(-2,-1]$ liegt. Es ist $q_l = -1$ für $l = 1$. Offenbar ist q_l monoton abnehmend mit wachsendem l mit $q_l \to -2$ $(l = 2s \to \infty)$. Damit hat man das Ergebnis

$$(23)\quad G_A^{(l)} \cap \mathbb{R} = \begin{cases} (-2,0), & l \text{ gerade}, \quad l \geq 0, \\ (q_l,0), & l \text{ ungerade}, \ q_1 = -1,\ -2 < q_{l+2} < q_l. \end{cases}$$

Im Vergleich zum $P(EC)^l E$-Verfahren ist für gerades l der auf $\mathbb{R}$ gelegene Teil derselbe geblieben, für ungerades l ist er etwas kleiner geworden. An der Gestalt von (20) erkennt man außerdem ganz ähnlich wie in (8)

$$(24)\quad \zeta_1^{(l)}(q) \to \zeta_1(q),\quad \zeta_2^{(l)}(q) \to 0 \ (l \to \infty) \iff |q/2| < 1,$$

so daß der im Bereich $|q| < 2$ gelegene Teil von $G_A^{(l)}$ gegen den entsprechenden der Trapezformel konvergiert.

Wir untersuchen noch die Resultate, die man mit einer Prädiktorformel der Konsistenzordnung $p = 2$ erhält, für die wir die

Mittelpunktregel

(25) $u_{j+2} = u_j + 2hf_{j+1}, \quad j = 0,\dots,N-2,$

verwenden. Wir betrachten nur das $P(EC)^l E$-Verfahren. Rechnet man mit der exakten Lösung als Startwert, d.h. mit $u_0 = 1$, $u_1 = \exp(\lambda h)$, so ergibt sich aus 1.2.(30) oder durch eine direkte Rechnung

(26) $$u_2^{(o)} = u(x_2) - \frac{\lambda^3 h^3}{6} e^{\lambda x_2} + O(h^4).$$

Die einmal korrigierte Näherung wird aus der Gleichung

(27) $$\begin{aligned} u_{j+2}^{(1)} &= u_{j+1}^{(l)} + \frac{h}{2}(\lambda u_{j+1}^{(l)} + \lambda u_{j+2}^{(o)}) \\ &= \frac{h\lambda}{2} u_j^{(l)} + (1 + \frac{h\lambda}{2} + h^2\lambda^2) u_{j+1}^{(l)} \end{aligned}$$

berechnet. Eine Taylorentwicklung zeigt für diese Näherung die Beziehung

(28) $$u_2^{(1)} = u(x_2) + \frac{\lambda^3 h^3}{12} e^{\lambda x_2} + O(h^4).$$

Allgemein erhält man durch vollständige Induktion die Formel

(29) $$u_{j+2}^{(r)} = (\frac{q}{2})^r u_j^{(l)} + \frac{1+q/2+2(q/2)^{r+1}-4(q/2)^{r+2}}{1-q/2} u_{j+1}^{(l)},$$

$r = 2,3,\dots,l$, für die r-fach korrigierte Näherung $u_{j+2}^{(r)}$, und es gilt

(30) $$u_2^{(r)} = u(x_2) + \frac{\lambda^3 h^3}{12} e^{\lambda x_2} + O(h^4).$$

An (26),(28),(30) erkennt man, daß die überhaupt erreichbare größte Ordnung der Näherungen $u_2^{(r)}$ bereits für $r = 0$ erzielt wird. Die erste Korrektur verändert nur noch eine Faktor vor dem führenden Fehlerglied, das von da ab für alle weiteren Näherungen gleichbleibt. Durch die verschiedenen Faktoren bei $u_2^{(o)}$ und $u_2^{(1)}$ ist die Möglichkeit gegeben, das führende Fehlerglied von (28) bis auf Größen höherer Ordnung durch

(31) $$\frac{\lambda^3 h^3}{12} e^{\lambda x_2} = -\frac{1}{3}(u_2^{(o)} - u_2^{(1)}) + O(h^4)$$

zu bestimmen (s.1.5.). Gleichzeitig ist dadurch eine Konvergenzverbesserung möglich, indem man die Linearkombination bildet

$$(32)\quad u_2^{(M)} := u_2^{(o)} - \frac{2}{3}(u_2^{(o)} - u_2^{(1)}) = u(x_2) + O(h^4).$$

Dies ist genau die in 1.5.(14) angegebene Formel, da in unserem Fall die Fehlerkonstanten $C_2 = 1/6$, $\tilde{C}_2 = -1/12$ sind.

Das Polynom $\chi_{PECE}^{(l)}(\cdot,q)$, welches das Stabilitätsverhalten des l-fach korrigierenden Verfahrens beschreibt, ist gemäß (29) mit $r = l$ durch

$$(32)\quad \chi_{PECE}^{(l)}(z,q) = z^2 - \frac{1+q/2+2(q/2)^{l+1}-4(q/2)^{l+2}}{1-q/2} z - \left(\frac{q}{2}\right)^l, \quad l \geq 2,$$

gegeben. Für $l = 1$ ergibt sich $\chi_{PECE}^{(l)}$ aus (27) zu

$$(33)\quad \chi_{PECE}^{(1)}(z,q) = z^2 - (1+q/2+q^2)z - q/2.$$

Wie oben läßt sich das zugehörige absolute Stabilitätsgebiet bestimmen. Man berechnet leicht

$$(34)\quad G_A^{(1)} \cap \mathbb{R} = (-1,0),$$

und allgemein erhält man $G_A^{(l)} \cap \mathbb{R} = (q_l, 0)$ mit $-2 < q_l < 0$, $q_l \to -2$ $(l \to \infty)$. Bemerkenswert bei diesem Beispiel ist, daß der Prädiktor ein leeres absolutes Stabilitätsgebiet besitzt, wogegen es bei allen korrigierenden Verfahren nichtleer ist.

Abschließend studieren wir noch das Stabilitätsverhalten des modifizierten Verfahrens (32) in seiner aktiven Form, d.h. bei Verwendung von $u_j^{(M)}$ anstelle von $u_j^{(1)}$ in der fortlaufenden Rechnung. Mit Hilfe von (25),(27) und (32) ergibt sich dann

$$\begin{aligned}(35)\quad u_{j+2}^{(M)} &= \frac{1}{3}u_{j+2}^{(o)} + \frac{2}{3}u_{j+2}^{(1)} \\ &= \frac{1}{3}(1+h\lambda)u_j^{(M)} + \frac{2}{3}(1+3h\lambda/2+h^2\lambda^2)u_{j+1}^{(M)}.\end{aligned}$$

Das zugehörige charakteristische Polynom ist

$$(36)\quad \chi^{(M)}(z,q) = z^2 - \frac{2}{3}(1+3q/2+q^2)z - \frac{1}{3}(1+q),$$

und für den auf der reellen Achse gelegenen Teil des absoluten Stabilitätsgebiets ergibt wie oben eine Diskussion der Wurzeln von $\chi^{(M)}$ in Abhängigkeit von q

(37) $G_A^{(M)} \cap \mathbb{R} = (-2,0)$.

4.3. Konvergenz der $P(EC)^l E$-Verfahren

Prädiktor-Korrektor-Verfahren vom $P(EC)^l E$-Typ passen sich in die allgemeine Klasse (A_h) von Mehrschrittverfahren aus 1.1. ein, so daß für das Studium ihrer Konvergenz die Ergebnisse aus 2.4. herangezogen werden können.

Aus der formelmäßigen Darstellung der $P(EC)^l E$-Verfahren im ersten Abschnitt entnehmen wir die zugehörige Verfahrensfunktion f_h, die rekursiv definiert ist durch

$$f_h(x,y_0,\ldots,y_m) = b_m f(x,y_m^{(l-1)}) + \sum_{k=0}^{m-1} b_k f(x+(k-m)h,y_k)$$

(1)
$$y_m^{(r)} = hb_m f(x,y_m^{(r-1)}) + h\sum_{k=0}^{m-1} b_k f(x+(k-m)h,y_k) - \sum_{k=0}^{m-1} a_k y_k, \quad r=l-1,\ldots,1$$

$$y_m^{(o)} = h\sum_{k=0}^{m-1} b_k^* f(x+(k-m)h,y_k) - \sum_{k=0}^{m-1} a_k^* y_k$$

für $x \in I_h$ und $y_k \in \mathbb{K}$, $k=0,\ldots,m$. Die Funktion f_h ist ersichtlich von y_m unabhängig, wie es für ein explizites Verfahren sein muß.

Wir beginnen damit, die Konsistenzordnung des Verfahrens (1) zu bestimmen. Es sei p die Ordnung des Verfahrensteils des Korrektors und p* die des Prädiktors. Mit $\hat{\tau}_h$ bzw. $\hat{\tau}_h^*$ bezeichnen wir das führende Glied im Abschneidefehler des Korrektors bzw. Prädiktors.

(2) Unter der Bedingung (L_0) ist die Konsistenzordnung p_l des Verfahrensteils des $P(EC)^l E$-Verfahrens durch

(3) $p_l = \min(p,p^*+l)$

gegeben. Das führende Glied $\hat{\tau}_h^{(l)}$ des Abschneidefehlers des $P(EC)^l E$-Verfahrens in I_h ist

$$(4)\quad \hat{\tau}_h^{(l)} = \begin{cases} \hat{\tau}_h & , \; p \le p^*, \\ \hat{\tau}_h + (hb_m f_y(\cdot,u))^l \hat{\tau}_h^*, & p = p^*+l, \\ (hb_m f_y(\cdot,u))^l \hat{\tau}_h^* & , \; p > p^*+l, \end{cases}$$

wobei bei den letzten beiden Zeilen von (4) $f \in C^1(U)$ vorausgesetzt ist.

Beweis. Nach Definition des Abschneidefehlers τ_h^* erhält man $u-u_h^{(o)} = h\tau_h^*$. Geht man mit u anstelle von $u_h^{(l)}$ in die Gleichung für die r-fach korrigierte Näherung ein, so erhält man

$$(5)\quad u-u_h^{(r)} = h\tau_h + hb_m[f(\cdot,u)-f(\cdot,u_h^{(r-1)})], \quad r = 1,\dots,l-1.$$

Unter Ausnutzung der Bedingung (L_o) erkennt man an dieser Gleichung, daß die Ordnung von $u-u_h^{(r)}$ gleich p^*+1+r ist, solange $p^*+r \le p$ bleibt. Für $r = l-1$ wird sie also gleich $\min(p+1, p^*+l)$. Für die letzte Korrektur hat man die Beziehung

$$(6)\quad \tau_h^{(l)} = \tau_h + b_m[f(\cdot,u)-f(\cdot,u_h^{(l-1)})],$$

die mit dem vorher Gesagten zu (3) führt. Außerdem folgt aus diesen Überlegungen auch die erste Zeile von (4). Zum Beweis der zweiten und dritten kommt man durch Taylorentwicklung in (5), die

$$u-u_h^{(r)} = h\tau_h + hb_m f_y(\cdot,u)[u-u_h^{(r-1)}] + ho(u-u_h^{(r-1)})$$

ergibt. Daher ist $h(hb_m f_y)^r \hat{\tau}_h^*$ das führende Glied in $u-u_h^{(r)}$, solange $p^*+r \le p$ bleibt. Nach einer entsprechenden Entwicklung in (6) kommt man dann zur Behauptung.

Satz (2) bestätigt die Vermutung, daß jede erneute Anwendung des Korrektors eine Erhöhung der laufenden Konsistenzordnung um 1 bringt, solange noch nicht die Konsistenzordnung des Korrektors erreicht ist.

Für die Konsistenz alleine ergeben analoge Überlegungen wie

im vorstehenden Beweis die Aussage

(7) Unter der Bedingung (L_0) ist das $P(EC)^l E$-Verfahren konsistent, falls der Korrektor es ist und $\rho^*(1) = 0$ gilt.

(8) Genügt f der Lipschitzbedingung (L_0), so erfüllt die Verfahrensfunktion f_h die Bedingung (L) aus 2.1.

Beweis. Durch vollständige Induktion zeigt man leicht, daß ein $H > 0$ und eine Umgebung U des Graphen von u so gewählt werden können, daß für (x_k, y_k), $(x_k, \tilde{y}_k) \in U$, $k = 0, \ldots, m$, die Abschätzungen

$$(9) \qquad |y_m^{(r)} - \tilde{y}_m^{(r)}| \le L_r \sum_{k=0}^{m-1} |y_k - \tilde{y}_k|, \quad r = 0, \ldots, l,$$

bestehen, wobei wir der Kürze halber $y_m^{(l)}$ für f_h geschrieben haben. Für $r = l$ ist (9) gerade die Behauptung.

Die Aussage (8) erlaubt bei Vorliegen von (L_0), Satz 2.2.(14) anzuwenden, der das Ergebnis liefert:

(10) Genügt f der Bedingung (L_0), so ist das $P(EC)^l E$-Verfahren dann und nur dann im Punkte $\{r_h u\}$ Lipschitz-stabil, wenn das charakteristische Polynom ρ des Korrektors die Wurzelbedingung (P) erfüllt.

Damit hat man sämtliche Konvergenzaussagen aus Abschnitt 2.4. zur Verfügung. Wir führen hier nur das Resultat an, das Satz 2.4.(4) ergibt.

(11) Die Funktion f genüge der Lipschitzbedingung (L_0), und ρ erfülle die Wurzelbedingung (P). Es sei $\rho^*(1) = 0$, und der Korrektor sei konsistent mit (A). Dann gilt für die Lösung $u_h^{(l)}$ des $P(EC)^l E$-Verfahrens

$$(12) \qquad \max_{x \in I_h'} |u_h^{(l)}(x) - u(x)| \to 0 \quad (h \to 0).$$

Ist p^* bzw. p die Konsistenzordnung des Verfahrensteils des Prädiktors bzw. des Korrektors und q die der Startwerte, so erfolgt die Konvergenz (12) mit der Ordnung $\min(q, p, p^*+l)$.

Als Korollar erhält man zu diesem Satz die folgende Aussage

über die Konvergenz der Zwischennäherungen $u_h^{(r)}$, $r=0,\dots,l-1$.

(13) Unter den Voraussetzungen von (11) gilt für die r-fach korrigierten Näherungen des $P(EC)^l E$-Verfahrens

$$\text{(14)}\quad \max_{x\in I_h'} |u_h^{(r)}(x)-u(x)| = O(h^{p^{(r)}}),\quad h\to 0,\quad r=0,\dots,l-1,$$

mit der Ordnung

$$\text{(15)}\quad p^{(r)} := \min(q,p,q^*+r+1),\quad r=0,\dots,l-1.$$

Beweis. Aus der Prädiktorgleichung folgt wie im Beweis von (2)

$$u-u_h^{(o)} = h\tau_h^* - \sum_{k=0}^{m-1}[a_k^*(u-u_h^{(l)})-hb_k^*(f_h(\cdot,u)-f_h(\cdot,u_h^{(l)}))].$$

Wenden wir (L_o) an und beachten, daß Satz (11) zufolge bereits $u-u_h^{(l)}$ von der Ordnung $p^{(l-1)}$ bekannt ist, so ergibt sich $u-u_h^{(o)}$ von der Ordnung $p^{(o)}$. Auf die entsprechende Weise erschließt man dann sukzessive aus den Korrektorgleichungen die Behauptung (14).

4.4. Absolute Stabilität der $P(EC)^l E$-Verfahren

Die Bereiche der absoluten Stabilität (s.3.2.) werden durch das charakteristische Polynom $\chi^{(l)}(z,h\lambda)$ der linearen Differenzengleichungen beschrieben, die sich bei Anwendung des $P(EC)^l E$-Verfahrens auf die Differentialgleichung $u'=\lambda u$ ergeben. Zur Bestimmung dieses Polynoms schreiben wir die PC-Gleichungen in der kurzen Form

$$u_{j+m}^{(o)}-u_{j+m}^{(l)} = -[\rho^*(E)-q\sigma^*(E)]u_j^{(l)}$$

$$u_{j+m}^{(r)}-u_{j+m}^{(l)} = -[\rho(E)-q\sigma(E)]u_j^{(l)} + qb_m[u_{j+m}^{(r-1)}-u_{j+m}^{(l)}],$$

für $r=0,\dots,l$, wobei E den vorwärts genommenen Verschiebungsoperator und $q=h\lambda$ bedeutet. Durch sukzessives Einsetzen leitet man hieraus die Differenzengleichungen

$$\sum_{k=0}^{l-1} (qb_m)^k (\rho(E)-q\sigma(E))u_j^{(l)} + (qb_m)^l (\rho^*(E)-q\sigma^*(E))u_j^{(l)} = 0$$

her. Damit haben wir das folgende Ergebnis erhalten.

(1) Das Stabilitätspolynom $\chi^{(l)}$ des $P(EC)^l E$-Verfahrens ist gegeben durch

$$\chi^{(l)}(z,q) = \sum_{k=0}^{l-1} (qb_m)^k (\rho(z)-q\sigma(z)) + (qb_m)^l (\rho^*(z)-q\sigma^*(z)).$$

Wir untersuchen im weiteren, einer Arbeit von Hall [246] folgend, das Stabilitätsverhalten der PC-Verfahren vom Adams-Typ, und zwar in zwei verschiedenen Kombinationen. Als Korrektor wird jeweils das m-schrittige Adams-Moulton-Verfahren 1.2.(31) genommen, das wir der Deutlichkeit halber mit C_m kennzeichnen. Als Prädiktor verwenden wir einmal das m-schrittige Adams-Bashforth-Verfahren 1.2.(6), gekennzeichnet mit P_m, so daß sich das insgesamt m-schrittige Verfahren $P_m(EC_m)^l E$ ergibt. Der zweite Prädiktor, den wir betrachten, ist das (m+1)-schrittige Adams-Bashforth-Verfahren P_{m+1}, so daß man das insgesamt (m+1)-schrittige Verfahren $P_{m+1}(EC_m)^l E$ erhält (hierbei ist der Korrektor formal auch als (m+1)-schrittiges Verfahren zu schreiben, um in die allgemeine Klasse der $P(EC)^l E$-Verfahren eingepaßt zu werden).

(2) Das Stabilitätspolynom $\chi_m^{(l)}$ des $P_m(EC_m)^l E$-Verfahrens ist gegeben durch

$$(3) \quad \chi_m^{(l)}(z,q) = \frac{1-(qb_m)^{l+1}}{1-qb_m} [\rho_m(z)-q\sigma_m(z)+\Phi_m^{(l)}(q)(z-1)^m],$$

und das des $P_{m+1}(EC_m)^l E$-Verfahrens durch

$$(4) \quad \chi_{m+1}^{(l)}(z,q) = \frac{1-(qb_m)^{l+1}}{1-qb_m} [z\rho_m(z)-qz\sigma_m(z)+\Phi_m^{(l)}(q)(z-1)^{m+1}],$$

wobei ρ_m, σ_m die charakteristischen Polynome 1.2.(12), 1.2.(36) des m-schrittigen Adams-Moulton-Verfahrens sind, b_m der Koeffizient von σ_m vor z^m ist und

(5) $$\Phi_m^{(l)}(q) := \frac{(qb_m)^{l+1}(1-qb_m)}{1-(qb_m)^{l+1}} .$$

<u>Beweis</u>. Eine leichte Umformung ergibt für das Polynom $\chi^{(l)}$ aus (1) die Darstellung

(6) $$\chi^{(l)}(z,q) = \frac{1-(qb_m)^{l+1}}{1-qb_m} (\rho-q\sigma)(z)-(qb_m)^l[\rho-q\sigma-(\rho^*-q\sigma^*)](z).$$

Für das $P_m(EC_m)^l E$-Verfahren ist $\rho=\rho_m$, $\rho^*=\rho_m$. Für die Berechnung von $\sigma_m-\sigma_m^*$ greifen wir auf den Beweis von 1.1.(36) zurück. Mit den dortigen Bezeichnungen erhalten wir

(7) $$\sigma_m(z) = \sum_{k=0}^{m} w_k(z-1)^k, \qquad \sigma_m^*(z) = \sum_{k=0}^{m-1} w_k(z-1)^k,$$

so daß $\sigma_m-\sigma_m^* = w_m(z-1)^m$ wird. Der Koeffizient w_m vor $(z-1)^m$ in σ_m ist aber gerade gleich b_m, so daß sich nach Eingehen in (6) die Formel (3) ergibt. Beim $P_{m+1}(EC_m)^l E$-Verfahren ist $\rho=z\rho_m$, $\sigma=z\sigma_m$. Für die Berechnung von σ^*, das gleich σ_{m+1}^* ist, verwenden wir den Zusammenhang $\rho_{m+1}=\rho_m(1+(z-1))$, so daß sich vermöge der Definition 1.1.(37) des zu ρ_{m+1} gehörigen w mit den Koeffizienten aus (7)

$$\begin{aligned}\sigma_{m+1}^*(z) &= w_o + \sum_{k=1}^{m}(w_k+w_{k-1})(z-1)^k \\ &= \sigma_m + (z-1)[\sigma_m-w_m(z-1)^m] = z\sigma_m-b_m(z-1)^{m+1}\end{aligned}$$

ergibt. Geht man hiermit wiederum in (6) ein, so erhält man (4).

Die Bestimmung des in $(-\infty,0]$ gelegenen absoluten Stabilitätsgebietes gestaltet sich unterschiedlich für gerade und ungerade l. Wir beginnen mit dem einfacher zu behandelnden Fall eines geraden l.

(8) <u>Sei</u> l <u>gerade, und sei</u> $t=0$ <u>bzw.</u> $t=1$ <u>für das</u> $P_m(EC_m)^l E$-<u>bzw. das</u> $P_{m+1}(EC_m)^l E$-<u>Verfahren. Dann liegt</u> $q\in(-\infty,0]$ <u>genau dann im absoluten Stabilitätsgebiet, wenn gilt</u>

$$(9)\quad |q|\sum_{k=2}^{m} 2^k|\nu_k| - 2^{m+t}\Phi_m^{(1)}(q) < 2, \quad q<0.$$

Beweis. Wir verfahren wie im Beweis von 3.2.(46). Offenbar ist $\chi_{m+t}^{(1)}(1,q) \neq 0$, $q<0$. Ferner berechnen wir

$$\chi_{m+t}^{(1)}(-1,q) = \frac{1-(qb_m)^{l+1}}{1-qb_m}(-1)^{m+t}[2 - \frac{2|q|}{q_m^*} + 2^{m+t}\Phi_m^{(1)}(q)]$$

mit dem q_m^* aus 3.2.(46). Ist q so, daß in (9) die Gleichheit steht, so ist also $z=-1$ eine Wurzel von $\chi_{m+t}^{(1)}$, so daß q nicht zu $G_A^{(1)}$ gehört. Ist die linke Seite von (9) größer als 2, so ist sgn $\chi_{m+t}^{(1)}(-1,q) = -(-1)^{m+t}$, während sgn $\chi_{m+t}^{(1)}(z,q) = (-1)^{m+t}$ für $z\to-\infty$ gilt, so daß eine Wurzel von $\chi_{m+t}^{(1)}$ in $(-\infty,-1)$ liegt. Daher ist $G_A^{(1)}\cap(-\infty,1]$ in dem in (9) angegebenen q-Bereich enthalten.

Für $q<0$ ist $\Phi_m^{(1)}$ negativ und monoton fallend mit abnehmendem q. Daher wird durch (9) ein q-Intervall beschrieben, für das $q=0$ ein Randpunkt ist. Nach Durchführung der Transformation 3.2.(4) genügt es daher zu zeigen (vgl. den Beweis von 3.2.(43)), daß für die q aus (9)

$$(10)\quad (\frac{iy+1}{2})^{m-1+t}g(iy,q) + \Phi_m^{(1)}(q) \neq 0, \quad y\in\mathbb{R},$$

gilt mit der Funktion g aus dem Beweis von 3.2.(46). Dies ist bei Verwendung der Abkürzung $a := -q/q_m^*$ gleichbedeutend mit

$$a(iy)+\sum_{k=2}^{m} 2^k\nu_k\left[-1+a(\frac{1}{iy+1})^{k-1} - 2^{m-1+t}\Phi_m^{(1)}(q)(\frac{1}{iy+1})^{m-1+t}\right] \neq 0$$

für $y\in\mathbb{R}$, was wegen $1/|iy+1|\le 1$ unter der Voraussetzung (9) erfüllt ist.

Aus (8) lassen sich einige interessante Folgerungen ziehen. Wegen $\Phi_m^{(1)}(q)<0$, $q<0$, ist das durch (9) beschriebene Stabilitätsintervall stets kleiner als das des Adams-Moulton-Verfahrens (s.3.2.(46)), also des bis zur Konvergenz iterierten Verfahrens. Außerdem besitzt bei gleichem m das $P_m(EC)^lE$-Verfahren ein größeres in $(-\infty,0]$ gelegenes absolutes Stabilitätsgebiet als das $P_{m+1}(EC_m)^lE$-Verfahren, was wiederum aus

(9) durch Vergleich der Intervalle mit $t=0$ bzw. $t=1$ hervorgeht.

(11) Sei l ungerade und t wie in (8). Dann gilt $(-\infty,-1/b_m]\cap G_A^{(l)}=\emptyset$. Sei $\tilde{q}_{m,t}$ definiert durch

$$(12)\quad \tilde{q}_{m,t} := \inf\{s\in(-1/b_m,0) \mid \text{für } q\in(s,0) \text{ ist (9) erfüllt}\}.$$

Dann liegt $q\in(\tilde{q}_{m,t},0)$ im absoluten Stabilitätsgebiet $G_A^{(l)}$, wenn die beiden Bedingungen

$$(13)\quad |q\nu_m| - 2^t\Phi_m^{(l)}(q) \geq 0$$

$$(14)\quad (m-1+t)(|q\nu_m|-2^t\Phi_m^{(l)}(q))^2 \geq t|q\nu_m|(|q\nu_m|+(t-1)2^t\Phi_m^{(l)}(q))$$

erfüllt sind. Ferner ist in diesem Fall sogar $(-\infty,\tilde{q}_{m,t}]\cap G_A^{(l)} = \emptyset$.

Beweis. Zur Abkürzung setzen wir $r(z,q) := z^t(\rho_m(z)-q\sigma_m(z))+\Phi_m^{(l)}(q)(z-1)^{m+t}$. Es ist $r(1,q) = -q\sigma_m(1) = -q > 0$ für $q < -1/b_m$. Für das führende Glied von r berechnen wir

$$(1-qb_m+\Phi_m^{(l)}(q))z^{m+t} = \frac{1-qb_m}{1-(qb_m)^{l+1}}\, z^{m+t},$$

so daß $r(z,q) \to -\infty$ $(z\to\infty)$ für $q < -1/b_m$ gilt. Daher besitzt $r(\cdot,q)$ für $q < -1/b_m$ stets eine Wurzel in $(1,\infty)$, so daß q nicht in $G_A^{(l)}$ liegt. Damit ist $(-\infty,-1/b_m]\cap G_A^{(l)} = \emptyset$ gezeigt.

Die letzte Aussage ergibt sich wie im Beweis von (8). Zum Nachweis der restlichen Aussagen bemerken wir zunächst, daß $\tilde{q}_{m,t}$ durch (12) wohldefiniert ist, da (9) für kleine negative q erfüllt ist. Weiter ist $\Phi_m^{(l)}(q) > 0$ für $q\in(-1/b_m,0)$, und es ist $\Phi_m^{(l)}$ für fallendes q monoton wachsend mit $\Phi_m^{(l)}(q) \to +\infty$ $(q \to -1/b_m+)$. Auch (13) ist für kleine negative q erfüllt, und wenn (13) für ein $q = q_0\in(\tilde{q}_{m,t},0)$ besteht, dann auch für alle $q\in[q_0,0)$. Dasselbe trifft auch für (14) zu. Daher legen (13), (14) ein den Nullpunkt als rechtes Ende enthaltendes Intervall fest, das echt in $(-1/b_m,0)$ enthalten ist.

Wie im Beweis von (8) ist für alle $q\in(\tilde{q}_{m,t},0)$, die (13),(14) genügen, das Bestehen von (10) zu zeigen. Nach Fortlassen des

Faktors $2[(iy+1)/2]^{m-1+t}/q_m^*$ ist (10) gleichbedeutend mit

$$(15)\quad |q|iy + 2 - |q|\sum_{k=2}^{m-1} 2^k|\nu_k|\left(\frac{1}{iy+1}\right)^{k-1} + 2^m[2^t\Phi_m^{(1)}(q)\left(\frac{1}{iy+1}\right)^t - |q\nu_m|]\left(\frac{1}{iy+1}\right)^{m-1} \neq 0, \quad y\in\mathbb{R}.$$

Das Betragsquadrat des letzten Summanden gestattet die Abschätzung durch

$$(16)\quad \frac{2^{2m}}{(1+y^2)^{m-1+t}}\{|q\nu_m|^2(1+y^2)^t - 2|q\nu_m|2^t\Phi_m^{(1)}\mathrm{Re}(iy+1)^t + [2^t\Phi_m^{(1)}]^2\}.$$

Eine elementare Überlegung zeigt, daß der Ausdruck (16) unter der Bedingung (14) für $y=0$ seinen größten Wert annimmt. Verwendet man noch $1/|iy+1| \le 1$ im vorletzten Summanden von (15) und beachtet (13), so ergibt sich für den Betrag der letzten beiden Summanden in (15) die Abschätzung durch

$$|q|\sum_{k=2}^{m-1} 2^k|\nu_k| + 2^m(|q\nu_m| - 2^t\Phi_m^{(1)}) = |q|\sum_{k=2}^{m} 2^k|\nu_k| - 2^{m+t}\Phi_m^{(1)},$$

und die Bedingung (9) sichert, daß (15) erfüllt ist. Damit ist alles bewiesen.

Wenn die Bedingungen (13),(14) an der Stelle $q=\tilde{q}_{m,t}$ erfüllt sind, so folgt aus Satz (11), daß

$$(17)\quad G_A^{(1)} \cap (-\infty,0) = (\tilde{q}_{m,t},0)$$

gilt. In diesem Fall wird das in $(-\infty,0)$ gelegene absolute Stabilitätsgebiet wieder durch (9) beschrieben. Nur ist in diesem Fall eines ungeraden l die Funktion $\Phi_m^{(1)}$ für die in Frage kommenden q positiv, so daß sich ein größeres Intervall ergibt als bei dem bis zur Konvergenz iterierten Korrektor, und auch das $P_{m+1}(EC_m)^1E$-Verfahren besitzt unter dieser Annahme bei gleichem m ein größeres Intervall als das $P_m(EC_m)^1E$-Verfahren. Wir zeigen anschließend im Falle $l=1$, daß dies in der Tat für genügend große m zutrifft.

(18) <u>Sei</u> t <u>wie in</u> (8), <u>und sei</u> K_m <u>definiert durch</u>

$$(19)\quad K_m := \frac{1}{2(m-1+t)}[2m-2+t(t+1)-t\sqrt{(t+1)^2+4m-4}]$$

(d.h. $K_m = 1$ im Falle $t = 0$). Ist die Bedingung

$$(20)\quad K_m|\nu_m|\left[\sum_{k=2}^{m} 2^k|\nu_k|-2^m K_m|\nu_m|\right] \geq 2b_m(2^t b_m+K_m|\nu_m|)$$

erfüllt, so liegt $q\in(-\infty,0]$ dann und nur dann im absoluten Stabilitätsgebiet des P_mEC_mE- bzw. des $P_{m+1}EC_mE$-Verfahrens, wenn gilt $q\in(\tilde{q}_{m,t},0)$, d.h. wenn q größer ist als die betragskleinste negative Wurzel s von

$$(21)\quad |s|\sum_{k=2}^{m} 2^k|\nu_k|-2^{m+t}\frac{(sb_m)^2}{1+sb_m} = 2.$$

Beweis. Wir bestimmen das betragsmäßig kleinste negative $q =: q_0$, so daß (14) verletzt ist, und zeigen, daß für $q = q_0$ die Bedingung (9) verletzt ist. Damit ist $q_0 \leq \tilde{q}_{m,t}$, und da (13) nach Konstruktion von q_0 erfüllt ist, ergibt dann Satz (11) das Bestehen von (17), was die Behauptung ist, wobei noch bemerkt sei, daß die linken Seiten von (9) und (21) im Falle $l = 1$ übereinstimmen.

Das gesuchte q_0, das wegen $\Phi_m^{(1)}(q) \to +\infty$ $(q \to -1/b_m+)$ existiert, genügt gewiß der Gleichung

$$(21)\quad K_m|\nu_m||q_0| = 2^t\Phi_m^{(1)}(q_0)$$

mit einer Zahl K_m in $0 < K_m \leq 1$. Geht man mit (21) in (14) ein, so erhält man eine quadratische Gleichung in K_m, deren betragskleinste Wurzel durch (19) gegeben ist. Aus (21) berechnen wir

$$(22)\quad q_0 = -\frac{K_m|\nu_m|}{b_m(2^t b_m+K_m|\nu_m|)},$$

und setzt man (21),(22) in die linke Seite von (9) ein, so erkennt man (20) gerade als Negation von (9), was zu zeigen war.

(23) Für das P_mEC_mE-Verfahren ist (17) genau dann erfüllt,

wenn $m=1$, $m=2$ oder $m>11$ gilt, wobei $\tilde{q}_{j,0}=-1/b_j$, $j=1,2$, ist. Für das $P_{m+1}EC_mE$-Verfahren gilt das Entsprechende für $m=1$ oder $m>13$, wobei $\tilde{q}_{1,1}=-1/b_1$ ist.

Beweis. Wir beginnen mit dem hinreichenden Teil und zeigen dafür, daß (20) für $m>11$ bzw. $m>13$ erfüllt ist. Wir behaupten, daß

$$(24)\quad K_m|\nu_m|\sum_{k=2}^{m-1}2^k|\nu_k| \geq 2^{t+1}b_m b_{m-1}$$

eine hinreichende Bedingung für (20) ist. Dies ergibt sich daraus, daß wegen $0<K_m\leq 1$ die linke Seite von (20) die von (24) nach oben abschätzt, und in der rechten Seite von (20) die Ungleichung

$$2^t b_m+K_m|\nu_m| = 2^t(b_{m-1}-|\nu_m|)+K_m|\nu_m| \geq 2^t b_{m-1}$$

verwendet werden kann, bei deren Herleitung die aus der Darstellung $b_m=\Sigma_0^m\nu_k$ folgende Beziehung $b_m-b_{m-1}=\nu_m$ benutzt worden ist.

Tab. 24

m	b_m	ν_m	$-\Sigma_0^m 2^k\nu_k$	K_m	
				t = 1	t = 2
0	1	1	-1	-	-
1	.5	-.5	0	0	0
2	.4167	-.8333E-1	.3333E0	.2929	.1315
3	.3750	-.4167E-1	.6667E0	.4227	.2192
4	.3486	-.2639E-1	.1089E1	.5000	.2835
5	.3299	-.1875E-1	.1689E1	.5528	.3333
6	.3156	-.1427E-1	.2602E1	.5918	.3736
7	.3042	-.1137E-1	.4057E1	.6220	.4069
8	.2949	-.9357E-2	.6452E1	.6465	.4353
9	.2870	-.7893E-2	.1049E2	.6667	.4597
10	.2802	-.6786E-2	.1744E2	.6838	.4811
11	.2743	-.5924E-2	.2958E2	.6985	.5000
12	.2690	-.5237E-2	.5102E2	.7113	.5169
13	.2644	-.4678E-2	.8934E2	.7227	.5322
14	.2601	-.4215E-2	.1584E3	.7327	.5460
15	.2563	-.3827E-2	.2838E3	.7418	.5586
16	.2528	-.3497E-2	.5130E3	.7500	.5702
17	.2496	-.3215E-2	.9343E3	.7575	.5809
18	.2466	-.2969E-2	.1713E4	.7643	.5908
19	.2439	-.2755E-2	.3157E4	.7706	.6000
20	.2413	-.2567E-2	.5849E4	.7764	.6086

Die rechte Seite von (24) ist monoton fallend mit wachsendem m. Wir zeigen, daß die linke Seite für $m > 11$ monoton wachsend ist. Wenn dann (24) für ein $m = m_o > 1$ erfüllt ist, dann auch für alle $m \geq m_o$. Mit Hilfe der in Tab. 24 angegebenen Zahlenwerte überzeugt man sich, daß (24) im Falle $t = 0$ für $m = 12$ und im Falle $t = 1$ für $m = 14$ in der Tat gilt.

Da die K_m offenbar mit m monoton wachsen, genügt es, für $m > 11$

$$(25) \quad \frac{|\nu_{m+1}| \sum_{k=2}^{m} 2^k |\nu_k|}{|\nu_m| \sum_{k=2}^{m-1} 2^k |\nu_k|} = \frac{|\nu_{m+1}|}{|\nu_m|}\left[1 + \frac{2^m}{\sum_{k=2}^{m-1} 2^k |\nu_k|/|\nu_m|}\right] \geq 1$$

zu zeigen. Indem man den letzten Faktor im Integranden der Definition 1.2.(32) der ν_k abschätzt, erhält man

$$(26) \quad |\nu_k| \leq \frac{k+1}{k-1}|\nu_{k+1}|, \quad k = 2,3,\ldots .$$

Damit ergibt sich

$$\frac{|\nu_k|}{|\nu_m|} \leq \frac{|\nu_k|}{|\nu_{k+1}|}\,\frac{|\nu_{k+1}|}{|\nu_{k+2}|} \cdots \frac{|\nu_{m-1}|}{|\nu_m|} \leq \frac{m(m-1)}{k(k-1)}, \quad k = 2,\ldots,m,$$

und man erhält für den Nenner in (25) die Abschätzung

$$\sum_{k=2}^{m-1} 2^k |\nu_k|/|\nu_m| \leq 2m(m-1) \sum_{k=2}^{m-1} 2^{k-1}/k(k-1)$$

$$\leq 2m(m-1) \int_1^{m-1} 2^x/x^2 dx.$$

Den Integranden ersetzen wir durch seine Potenzreihe und integrieren gliedweise. Damit gelangen wir zu

$$\int_1^{m-1} \frac{2^x}{x^2} dx \leq 1 + (\log 2)(\log(m-1)) + \sum_{k=2}^{\infty} \frac{(\log 2)^j}{j!}\,\frac{(m-1)^{j-1}}{j-1}$$

$$\leq 1 + (\log 2)(\log(m-1)) + 3\cdot 2^{m-1}/[(\log 2)(m-1)^2].$$

Zusammenfassend erhält man somit für $m > 11$

$$2^{-m}\sum_{k=2}^{m-1} 2^k \frac{|\nu_k|}{|\nu_m|} \le 2^{1-m} m(m-1)[1+(\log 2)(\log(m-1))] +$$

$$3m/[(\log 2)(m-1)] \le 5,$$

wobei sich die Schranke 5 durch Einsetzen von $m = 12$ in den vorangehenden Ausdruck ergibt, der für das kleinste der zugelassenen m sein Maximum annimmt. Aus (26) folgt ferner $|\nu_{m+1}|/|\nu_m| \ge 11/13$ für $m > 11$, so daß man insgesamt für die linke Seite von (25) die untere Schranke $(11/13)(1+1/5) = 66/65 > 1$ erhält. Der Beweis des hinreichenden Teils ist damit erbracht.

Sei jetzt $m \le 11$ bzw. $m \le 13$. Eine elementare Rechnung zeigt, daß die in q quadratische Gleichung (9) genau dann eine in $(-1/b_m, 0)$ gelegene Wurzel besitzt, wenn

$$(27) \quad \left(\sum_{k=2}^{m} 2^k |\nu_k|/b_m - 2\right)^2 > 2^{m+3+t}$$

gilt. Anhand der Zahlenwerte aus Tab.24 überzeugt man sich davon, daß (27) für $t = 0$, $m \le 11$ bzw. $t = 1$, $m \le 13$ verletzt ist. Daher gilt $\tilde{q}_m = -1/b_m$ für diese m. Es ist

$$r(z,q) := \frac{1}{(qb_m)^2}\chi_m^{(1)}(z,q) = \frac{1+qb_m}{(qb_m)^2}[\rho_m(z) - q\sigma_m(z)]z^t + (z-1)^{m+t}.$$

Für $q = -1/b_m$ ist $z = -1$ eine $(m+t)$-fache Wurzel von r. Wir zeigen, daß $r(\cdot,q)$ für in der Nähe von $-1/b_m$ in $(-1/b_m, 0)$ gelegene q mindestens eine Wurzel vom Betrage größer 1 besitzt, woraus folgt, daß $(-1/b_m, 0)$ nicht ganz zu $G_A^{(1)}$ gehört. Wir setzen $q = q(\varepsilon) = -1/b_m + \varepsilon$ für kleine positive ε. Es ist bekannt, daß sich für $\varepsilon \to 0$ die Wurzeln $z(\varepsilon)$ von $r(\cdot, q(\varepsilon))$ wie $z(\varepsilon) = 1+z_1(\varepsilon)$ mit $z_1(\varepsilon) = O(\varepsilon^{1/(m+t)})$ verhalten. Setzt man dies in $r(z(\varepsilon), q(\varepsilon)) = 0$ ein, so erhält man

$$[z_1(\varepsilon)]^{m+t} = -\varepsilon + O(\varepsilon^{1+1/(m+t)}), \quad \varepsilon \to 0.$$

Für $m+t > 2$ gibt es daher mindestens eine Wurzel $z(\varepsilon) = 1+z_1(\varepsilon)$, die für genügend kleine ε nicht in D liegt.

Tab. 25

m	$\frac{P_m}{P_m EC_m}$	C_m	$P_{m+1}EC_m$	$P_m EC_m E$	$\frac{P_{m+1}EC_m E}{P_m(EC_m)^2}$	$P_{m+1}(EC_m)^2$	$P_m(EC_m)^2E$	$\frac{P_{m+1}(EC_m)^2E}{P_m(EC_m)^3}$	$P_{m+1}(EC_m)^3$
1	1.0E 0	∞	5.0E-1	2.0E 0	2.0E 0	1.5E 0	2.0E 0	1.5E 0	1.1E 0
2	5.5E-1	6.0E 0	2.9E-1	2.4E 0	1.7E 0	1.2E 0	1.6E 0	1.3E 0	1.0E 0
3	3.0E-1	3.0E 0	1.6E-1	1.8E 0	1.3E 0	8.8E-1	1.3E 0	1.1E 0	8.7E-1
4	1.6E-1	1.8E 0	8.5E-2	1.4E 0	9.5E-1	6.5E-1	1.0E 0	8.5E-1	7.2E-1
5	8.8E-2	1.2E 0	4.6E-2	1.0E 0	7.0E-1	4.8E-1	7.8E-1	6.8E-1	5.7E-1
6	4.7E-2	7.7E-1	2.4E-2	7.9E-1	5.2E-1	3.6E-1	5.9E-1	5.2E-1	4.5E-1
7	2.4E-2	4.9E-1	1.3E-2	5.8E-1	3.9E-1	2.6E-1	4.2E-1	3.8E-1	3.4E-1
8	1.3E-2	3.1E-1	6.5E-3	4.4E-1	2.9E-1	1.9E-1	2.8E-1	2.7E-1	2.5E-1
9	6.6E-3	1.9E-1	3.3E-3	3.5E-1	2.2E-1	1.4E-1	1.8E-1	1.8E-1	1.7E-1
10	3.4E-3	1.1E-1	1.7E-3	2.6E-1	1.7E-1	1.1E-1	1.1E-1	1.1E-1	1.1E-1
11	1.7E-3	6.8E-2	8.8E-4	2.1E-1	1.3E-1	7.8E-2	6.7E-2	6.7E-2	6.6E-2
12	8.9E-4	3.9E-2	4.5E-4	6.2E-2	1.0E-1	5.9E-2	3.9E-2	3.9E-2	3.9E-2
13	4.5E-4	2.2E-2	2.3E-4	2.7E-2	8.0E-2	4.9E-2	2.2E-2	2.2E-2	2.2E-2
14	2.3E-4	1.2E-2	1.2E-4	1.4E-2	1.6E-2	3.9E-2	1.3E-2	1.3E-2	1.3E-2
15	1.2E-4	7.0E-3	5.9E-5	7.5E-3	8.0E-3	1.0E-2	7.0E-3	7.0E-3	7.0E-3
16	5.9E-5	3.9E-3	3.0E-5	4.0E-3	4.2E-3	4.6E-3	3.9E-3	3.9E-3	3.9E-3
17	3.0E-5	2.1E-3	1.5E-5	2.2E-3	2.2E-3	2.3E-3	2.1E-3	2.1E-3	2.1E-3
18	1.5E-5	1.2E-3	7.7E-6	1.2E-3	1.2E-3	1.2E-3	1.2E-3	1.2E-3	1.2E-3
19	7.7E-6	6.3E-4	3.9E-6	6.4E-4	6.4E-4	6.5E-4	6.3E-4	6.3E-4	6.3E-4
20	3.9E-6	3.4E-4	2.0E-6	3.4E-4	3.4E-4	3.5E-4	3.4E-4	3.4E-4	3.4E-4

Im Falle $m=1$, $t=0$, ist in 4.2.(9) bereits $G_A^{(1)} \cap (-\infty,0] = (-2,0)$ gezeigt worden, und dies paßt gerade mit $-1/b_1 = -2$ zusammen. Im Falle $m=2$, $t=0$ berechnet man für das charakteristische Polynom

$$\chi_m^{(1)}(z,q) = z^2 - \frac{18\hat{q}^2+13\hat{q}+5}{5} z + \frac{6\hat{q}^2+\hat{q}}{5}, \quad \hat{q} := qb_2, \quad b_2 = \frac{5}{12},$$

und eine elementare Diskussion der Wurzeln von $\chi_m^{(1)}$ in Abhängigkeit von $\hat{q}$ zeigt, daß $-1 < \hat{q} < 0$ den in $(-\infty,0]$ gelegenen absoluten Stabilitätsbereich beschreibt. Schließlich bestimmt man im Falle $m=1$, $t=1$ das Stabilitätspolynom zu

$$\chi_{m+1}^{(1)}(z,q) = z^2 - (1+2\hat{q}+3\hat{q}^2)z + \hat{q}^2, \quad \hat{q} := qb_1, \quad b_1 = \frac{1}{2},$$

und auch hier ergibt eine Diskussion des Wurzelverhaltens $-1 < \hat{q} < 0$ für den in $(-\infty,0]$ gelegenen absoluten Stabilitätsbereich. Damit ist alles bewiesen.

Einige Zahlenwerte für die Stabilitätsgrenzen kann man der Tab.25 entnehmen. Vergleicht man die Verfahren, die zwei Funktionsauswertungen verwenden, bezüglich ihrer in $(-\infty,0]$ gelegenen absoluten Stabilitätsintervalle miteinander, so erhält man die folgende Tabelle, wobei wir die erst in 4.7.(23) behandelten $P(EC)^2$-Verfahren gleich mit einbezogen haben. Dabei kennzeichnet ein + das Verfahren mit dem größten, ein - das mit dem kleinsten Intervall.

m	P_mEC_mE	$P_m(EC_m)^2$ $P_{m+1}EC_mE$	$P_{m+1}(EC_m)^2$
≤ 11	+		-
12		+	-
13	-	+	
≥ 14	-		+

Tab. 26

Bei der Frage, welchen Typ von PC-Verfahren man in der Praxis im Regelfall verwenden sollte, spricht vieles für die P_mEC_mE-

Verfahren. Die vorangehende Tabelle zeigt, daß sie bis $m = 11$ gegenüber den ebenfalls zwei Funktionsauswertungen benutzenden Verfahren das größte in $(-\infty, 0]$ gelegene absolute Stabilitätsgebiet besitzen, ab $m = 6$ ist es sogar größer als das des bis zur Konvergenz iterierten Verfahrens. Sehr viel besser sind die Stabilitätseigenschaften gegenüber den eine Funktionsauswertung verwendenden Verfahren, auch wenn man sie auf der Basis gleich vieler Funktionsauswertungen pro Einheitsintervall vergleicht. So ist für $m \geq 7$ das absolute Stabilitätsintervall des P_mEC_mE-Verfahrens mehr als zehnmal so groß wie das des P_mEC_m-Verfahrens und dieses Verhältnis verschiebt sich noch weiter zugunsten des P_mEC_mE-Verfahrens mit wachsendem m (vgl. auch mit dem am Schluß von 4.7. Gesagten). Die P_mEC_mE-Verfahren gestatten außerdem in einfacher Weise eine Schätzung des lokalen Abschneidefehlers mit der Methode von Milne (s. 1.5.(14)).

Unter dem Gesichtspunkt der erreichbaren Genauigkeit pro Funktionsauswertung sind, solange Stabilitätsfragen keine Rolle spielen, die nur eine Funktionsauswertung verwendenden Verfahren den anderen überlegen (s.[259]). Von Hull und Creemer ist in numerischen Experimenten auch festgestellt worden, daß man bei wachsenden Genauigkeitsanforderungen eine größere Effektivität im numerischen Aufwand bei gleichzeitig wachsendem m erreicht. Bei Verfahren mit zwei Funktionsauswertungen ist der optimale Wert von m weniger empfindlich gegenüber Änderungen der Genauigkeitsanforderungen als bei denen mit einer Funktionsauswertung.

Ein typisches Verhalten des Fehlers aufgetragen über dem in Einheiten von $\log_{10} r/h$ gemessenen numerischen Aufwand zeigen die beiden folgenden Figuren aus [259]. Sie wurden an der Testgleichung

$$u'(x) = -u(x) + 10\sin 3x, \quad x \in [0,40], \quad u(0) = -3,$$

gewonnen. Die exakte Lösung ist $u = \sin 3x - 3\cos 3x$. Zur Lösung wurden für $m = 4$ und $m = 5$ die Verfahren vom Typ $P_{m+1}EC_m$,

$P_{m+1}EC_mE$, $P_{m+1}(EC_m)^3E$ verwendet, welche in den Figuren mit der Zahl $r = 1,2$ bzw. 4 ihrer pro Schritt verwendenden Funktionsauswertungen gekennzeichnet werden. Ordinate ist der dekadische Logarithmus des Fehlers im Punkte $x = 40$.

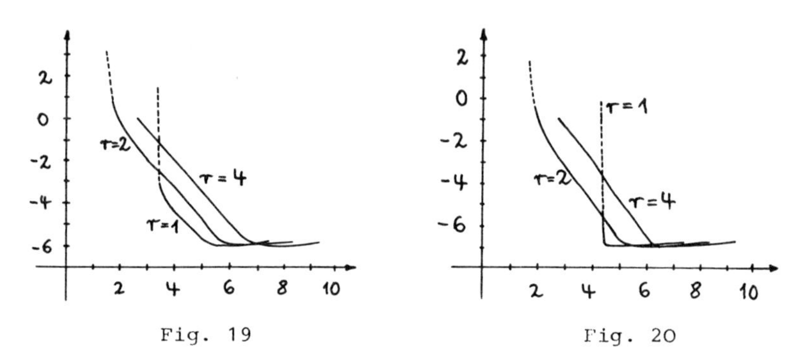

Fig. 19 Fig. 20

Die Bedeutung der Größe des absoluten Stabilitätsintervalls für die numerische Durchführung der Verfahren erkennt man recht gut an dem folgenden, in Tab.27 enthaltenen Zahlenbeispiel. Es wird das System

$$\begin{aligned} u_1' &= -15u_1 \qquad\quad +14u_3, & u_1(0) &= 2 \\ u_2' &= \quad 4u_1 - 19u_2 - 4u_3, & u_2(0) &= 0 \\ u_3' &= \qquad\qquad\qquad - u_3, & u_3(0) &= 1 \end{aligned}$$

mit dem $P_{m+1}(EC_m)^lE$-Verfahren, $m = 2$, $l = 1,2$ und 3, $h = 0.095$, gelöst. Die exakte Lösung des Systems ist $u_1 = \exp(-15x) + \exp(-x)$, $u_2 = \exp(-15x) - \exp(-19x)$, $u_3 = \exp(-x)$. Die dritte Komponente wird in allen drei Fällen stabil integriert. Die sich am steifsten verhaltende Komponente u_2 wird nur für $l = 3$ stabil integriert, wo das absolute Stabilitätsintervall am größten ist. Daß u_1 für $l = 1$ fast noch stabil, für $l = 2$ aber instabil integriert wird, erklärt sich aus dem größeren Stabilitätsintervall für $l = 1$ gegenüber $l = 2$. Im Laufe der Rechnung machen sich bei u_1 für $l = 1$ verstärkt die Rundungsfehler bemerkbar.

Tab. 27

x_j	$u_1(x_j)$	l = 1	l = 2	l = 3	$u_2(x_j)$	l = 1	l = 2	l = 3	$u_3(x_j)$	l=1,2,3
.285	7.6E-1	6.9E-1	6.8E- 1	6.9E-1	9.5E- 3	2.8E-3	8.5E- 4	1.4E-3	7.5E 1	6.8E-1
.380	6.9E-1	6.2E-1	6.3E- 1	6.2E-1	2.6E- 3	-2.8E-3	1.5E- 3	8.3E-4	6.8E 1	6.2E-1
.475	6.2E-1	5.6E-1	5.5E- 1	5.7E-1	6.8E- 4	1.6E-3	6.2E- 3	1.2E-3	6.2E 1	5.7E-1
.570	5.7E-1	5.2E-1	5.4E- 1	5.1E-1	1.7E- 4	5.3E-3	-3.0E- 2	-1.8E-3	5.7E 1	5.1E-1
.	.	.	.	.	.	.	.	.	.	.
.	.	.	.	.	.	.	.	.	.	.
.	.	.	.	.	.	.	.	.	.	.
5.035	6.5E-3	3.1E-1	-5.7E 8	5.9E-3	1.6E-33	7.1E 2	2.1E 18	4.1E-3	6.5E-3	5.9E-3
5.130	5.9E-3	-2.2E-1	9.5E 8	5.4E-3	3.8E-34	5.2E 2	-5.4E 18	-1.3E-4	5.9E-3	5.4E-3
5.225	5.4E-3	-3.9E-1	-1.6E 9	4.9E-3	9.2E-35	-7.9E 2	1.4E 19	-4.2E-3	5.4E-3	4.9E-3
5.320	4.9E-3	2.0E-1	2.6E 9	4.4E-3	2.2E-35	-1.4E 3	-3.7E 19	9.0E-4	4.9E-3	4.4E-3
5.415	4.4E-3	5.0E-1	-4.3E 9	4.0E-3	5.3E-36	2.9E 2	9.5E 19	4.2E-3	4.4E-3	4.0E-3
.	.	.	.	.	.	.	.	.	.	.
.	.	.	.	.	.	.	.	.	.	.
.	.	.	.	.	.	.	.	.	.	.
9.500	7.5E-5	-1.6E 0	1.3E 19	6.8E-5	1.3E-62	-8.1E 7	-7.8E 37	-6.6E-3	7.5E-5	6.8E-5
9.595	6.8E-5	-1.9E 1	-2.2E 19	6.2E-5	3.1E-63	2.8E 7	2.0E 38	-3.5E-3	6.8E-5	6.2E-5
9.690	6.2E-5	-1.3E 0	3.7E 19	5.6E-5	7.5E-64	1.5E 8	-5.3E 38	7.4E-3	6.2E-5	5.6E-5
9.785	5.6E-5	2.2E 1	-6.1E 19	5.1E-5	1.8E-64	6.4E 7	1.4E 39	2.2E-3	5.6E-5	5.1E-5
9.880	5.1E-5	5.3E 0	1.0E 20	4.7E-5	4.3E-65	-2.1E 8	-3.6E 39	-8.0E-3	5.1E-5	4.7E-5

4.5. Spezielle $P(EC)^l E$-Verfahren

Die Standard-PC-Verfahren ergeben sich aus dem Adams-Bashforth-Verfahren als Prädiktor und dem Adams-Moulton-Verfahren als Korrektor in den in Abschnitt 4.4. beschriebenen Kombinationen als $P_m(EC_m)^l E$- bzw. $P_{m+1}(EC_m)^l E$-Verfahren, wobei im allgemeinen $l = 1$ genommen wird. Die in $\mathbb{R}$ gelegenen absoluten Stabilitätsintervalle dieser Verfahren sind Tab.25 zu entnehmen. Die Möglichkeiten, den Abschneidefehler zu schätzen und Konvergenzverbesserungen vorzunehmen, sind in Abschnitt 1.5.2 dargestellt.

Nicht eingegangen wird auf die Klasse der PC-Verfahren, die Nichtgitterpunkte verwenden. Eine schöne Darstellung dieser Verfahren findet man in [14, Kap.5.3.]. Originalliteratur zu diesem Themenkreis ist [155,156,158,211,212,213,221,231,287, 321].

Die folgenden Figuren 21-30 zeigen die in [289] berechneten (komplexen) Gebiete der absoluten Stabilität der $P_{m+1}EC_mE$-Verfahren für $m = 4,5,...,8$ und im Vergleich dazu die absoluten Stabilitätsgebiete des Adams-Moulton-Korrektors C_m allein. Die eingezeichneten Kurven ergeben sich aus den q-Lösungen

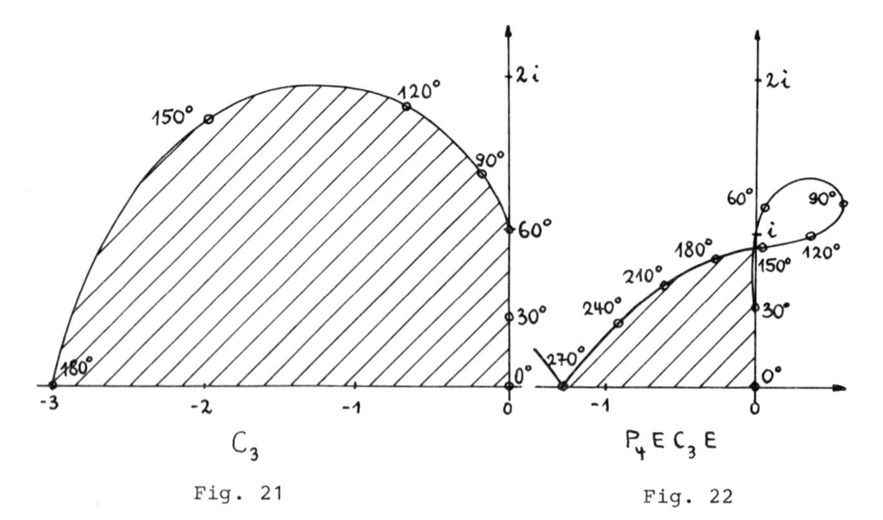

Fig. 21

Fig. 22

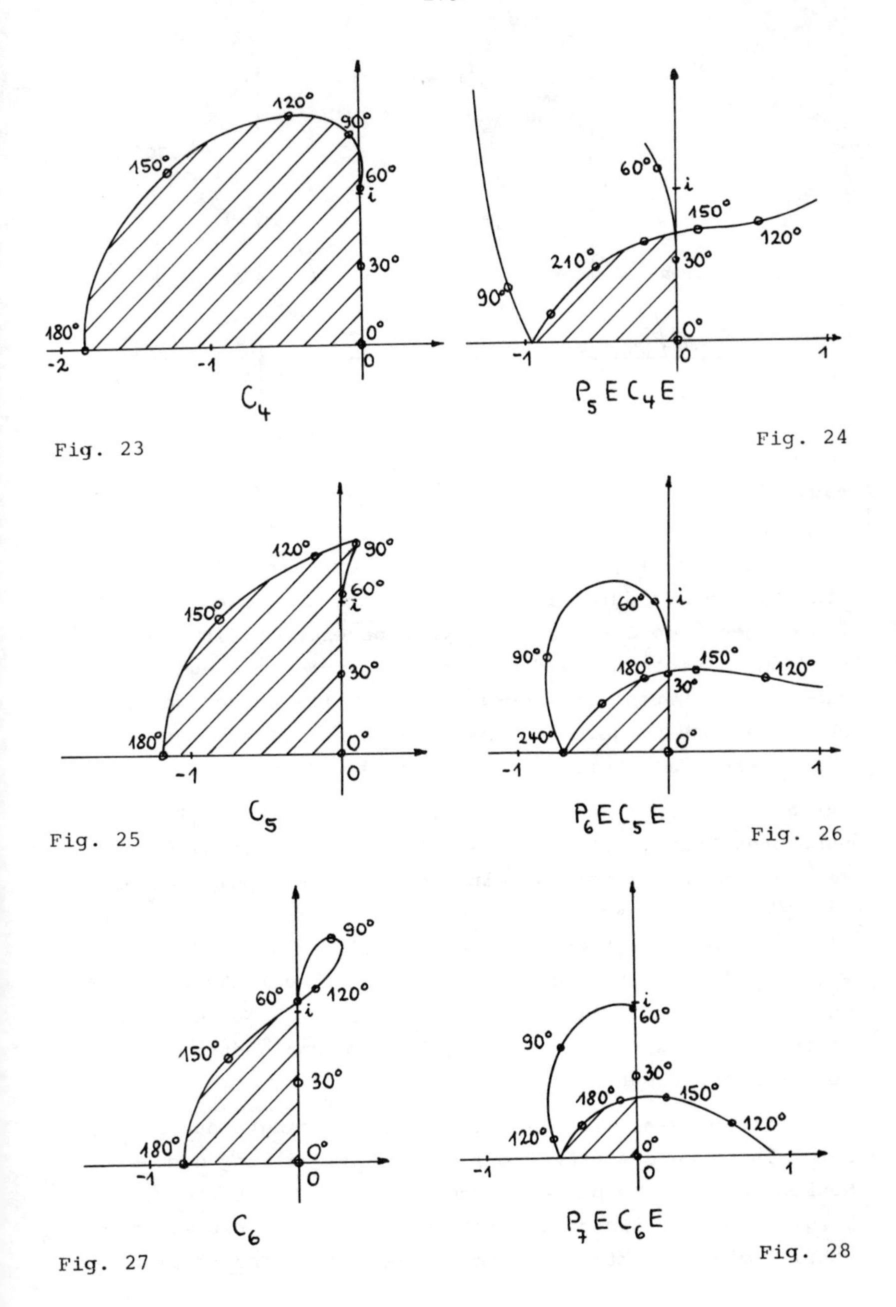

Fig. 23

Fig. 24

Fig. 25

Fig. 26

Fig. 27

Fig. 28

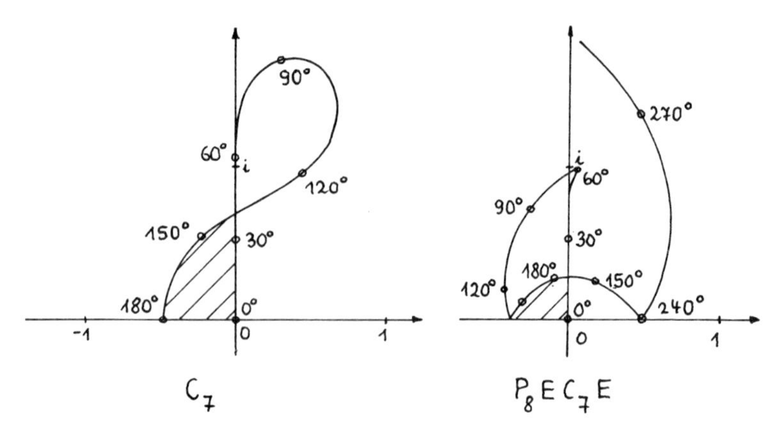

Fig. 29 Fig. 30

der Gleichung $\chi(z,q) = 0$, wenn z die Peripherie $|z| = 1$ des Einheitskreises durchläuft, wobei χ das zum jeweiligen Verfahren gehörige Stabilitätspolynom bezeichnet. In den Figuren sind für einige Punkte die Winkel der z-Werte eingetragen, zu denen sie gehören. Die schraffierten Teile zeigen das in der oberen Halbebene gelegene absolute Stabilitätsgebiet, das in der unteren Halbebene liegt symmetrisch dazu.

Zur anschaulichen Beschreibung des in $\mathbb{R}$ gelegenen Teils des absoluten Stabilitätsgebietes ist es auch möglich, den Verlauf des Betrages der Wurzeln des Stabilitätspolynoms über der q-Achse aufzutragen. Die beiden folgenden, der Arbeit [149] entnommenen Figuren 31 und 32 führen dies für die $P_{m+1}(EC_m)^l E$-Verfahren mit $m = 3$ und $l = 1,2$ vor. In diesen Figuren werden zusätzlich die Kurven positiver Wurzeln durch einen kleinen Kreis und die negativer Wurzeln durch ein kleines Dreieck gekennzeichnet.

Die Bestrebungen verschiedener Verfasser gingen nun dahin, durch Änderung des Prädiktors unter Beibehaltung des Adams-Moulton-Korrektors die absoluten Stabilitätsgebiete G_A zu vergrößern. Für den dreischrittigen Korrektor mit einem vierschrittigen Prädiktor ist dies zuerst von <u>Crane-Klopfenstein</u>

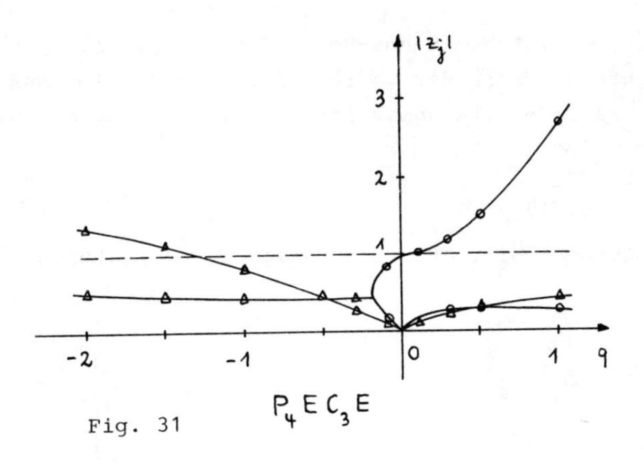

Fig. 31

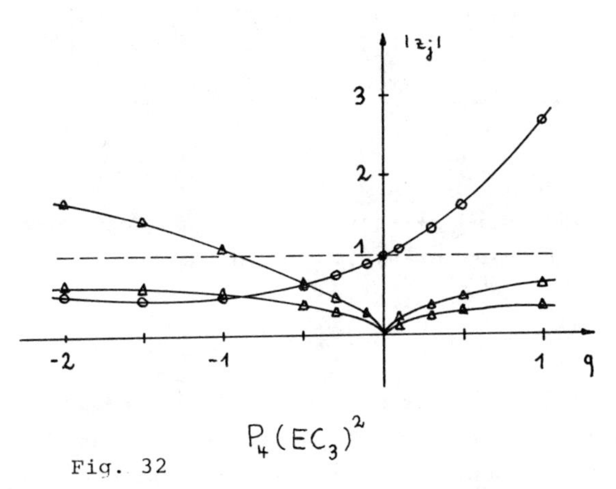

Fig. 32

[177] vorgenommen worden, die in systematischer Weise unter Verwendung eines Optimierungsverfahrens die Koeffizienten des Prädiktors so bestimmt haben, daß $G_A \cap \mathbb{R}$ möglichst groß wird. Die Koeffizienten des Prädiktors sind

$$
(1)\quad
\begin{array}{ll}
a_0^* = 0.697353 & b_0^* = -0.714320 \\
a_1^* = -2.017204 & b_1^* = 1.818609 \\
a_2^* = 1.867503 & b_2^* = -2.031690 \\
a_3^* = -1.547652 & b_3^* = 2.002247 \\
a_4^* = 1.000000 & b_4^* = 0
\end{array}
$$

Der Korrektor ist das Adams-Moulton-Verfahren mit $m = 3$. Die Konsistenzordnung beider Verfahren ist $p = 4$. Eine Schätzung des Abschneidefehlers gemäß Formel 1.5.(14) ist gegeben durch

$$(2) \quad \tau_j \sim \frac{u_j^{(o)} - u_j^{(1)}}{16.21966} .$$

Das absolute Stabilitätsgebiet zeigt die nachstehende Figur 33.

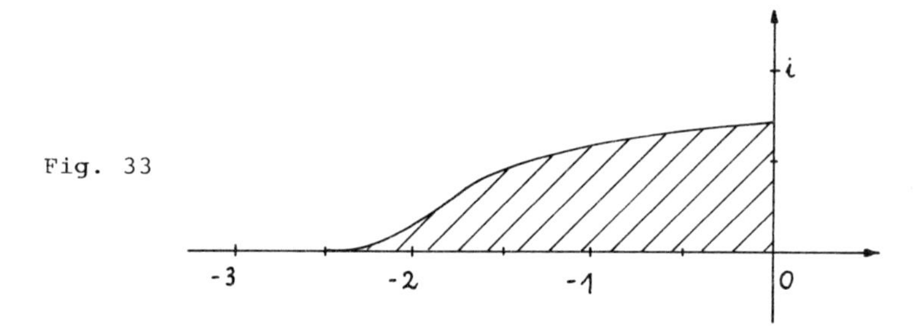

Fig. 33

Von Krogh [289] sind m+1-schrittige Prädiktoren der Konsistenzordnung $p = m+1$, $p = 4,5,\ldots,8$, der Form

$$(3) \quad u_{j+p} + a^*_{p-1} u_{j+p-1} + a^*_{p-2} u_{j+p-2} = h \sum_{k=0}^{p-1} b^*_k f_{j+p-k}$$

angegeben worden für das m-schrittige Adams-Moulton-Verfahren als Korrektor. Werden a^*_{p-1}, a^*_{p-2} so gewählt, daß $\rho^*(1) = 1 + a^*_{p-1} + a^*_{p-2} = 1$ ist, so lassen sich die b^*_k so bestimmen, daß die Konsistenzordnung von (3) gleich m+1 wird (s.1.1.(40)). Die linke Seite von (3) besitzt also einen freien Parameter, der in numerischen Experimenten so bestimmt worden ist, daß G_A möglichst groß wird. Im Falle $p = 4$ sind zwei mögliche Sätze von Koeffizienten Angegeben worden (vgl. hierzu auch (1)). Die folgende Tabelle enthält die Koeffizienten der Kroghschen Prädiktoren und ihre Fehlerkonstante. Die anschließenden Figuren 34-39 zeigen die absoluten Stabilitätsgebiete der mit ihnen gebildeten PECE-Verfahren.

p	4	4	5	6	7	8
M	2	7	31	12	10	512
a_m^*	1	1	1	1	1	1
Ma_{p-1}^*	-1	-4	1	11	21	1879
Ma_{p-2}^*	-1	-3	-32	-23	-31	-2391
N	48	42	7440	17280	604800	61931520
Nb_0^*	119	103	22321	62249	2578907	310317801
Nb_1^*	-99	-89	-21774	-62255	-2454408	-255531569
Nb_2^*	69	61	24216	101430	5615199	826928397
Nb_3^*	-17	-15	-12034	-76490	-5719936	-1069801221
Nb_4^*			2391	30545	3444849	864632539
Nb_5^*				-5079	-1149048	-434138067
Nb_6^*					164117	124292463
Nb_7^*						-15553463
C_p	$\frac{161}{480}$	$\frac{85}{252}$	$\frac{13861}{44640}$	$\frac{5977}{20736}$	$\frac{21691}{80640}$	$\frac{466667081}{1857945600}$
Figur	34	36	38	39	35	37

Für die Adams-Moulton-Verfahren der Konsistenzordnung $p = 5$ und $p = 6$ bestimmt Schoen [365] ebenfalls p-schrittige Prädiktoren derselben Konsistenzordnung, mit denen aber das absolute Stabilitätsgebiet G_A des PECE-Verfahrens größer als mit den Kroghschen Prädiktoren ist. Die Koeffizienten geben wir

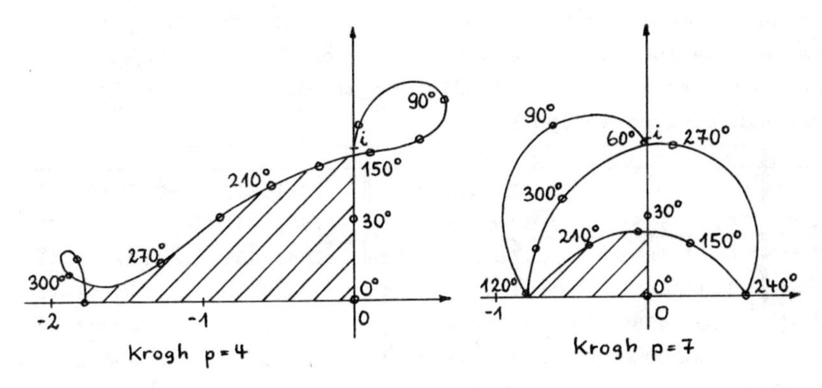

Fig. 34

Fig. 35

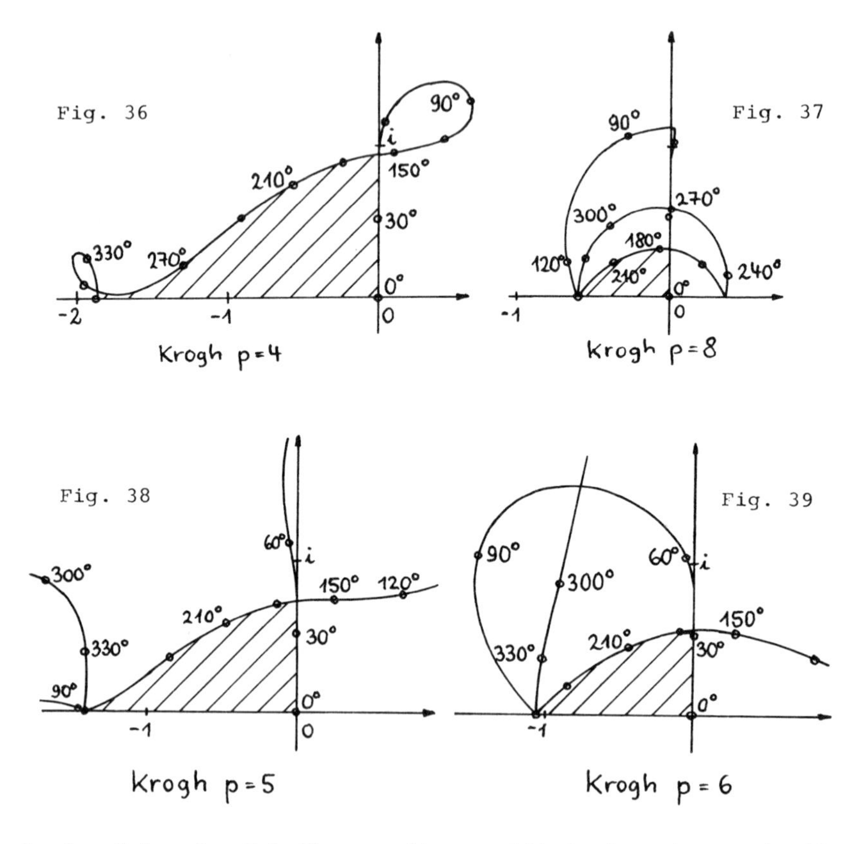

in der folgenden Tabelle an, die anschließenden Figuren 40-41 zeigen die zugehörigen G_A, wobei die der Kroghschen Verfahren und des Adams-Bashforth-Prädiktors allein zu Vergleichszwecken mit eingetragen worden sind.

p	5	6		5	6
a_0^*	0	-0.00126884	b_0^*	0.32137111	-0.29749495
a_1^*	0.14799999	-0.00005296	b_1^*	-1.66187410	1.80481406
a_2^*	0.13318934	0.67100875	b_2^*	2.98844518	-4.77344249
a_3^*	-1.29864818	-0.54664912	b_3^*	-3.05980708	5.40345116
a_4^*	0.01745885	-2.05094161	b_4^*	3.00013440	-3.60284254
a_5^*	1.00000000	0.92790378	b_5^*	0	3.60328436
a_6^*	-	1.00000000	b_6^*	-	0

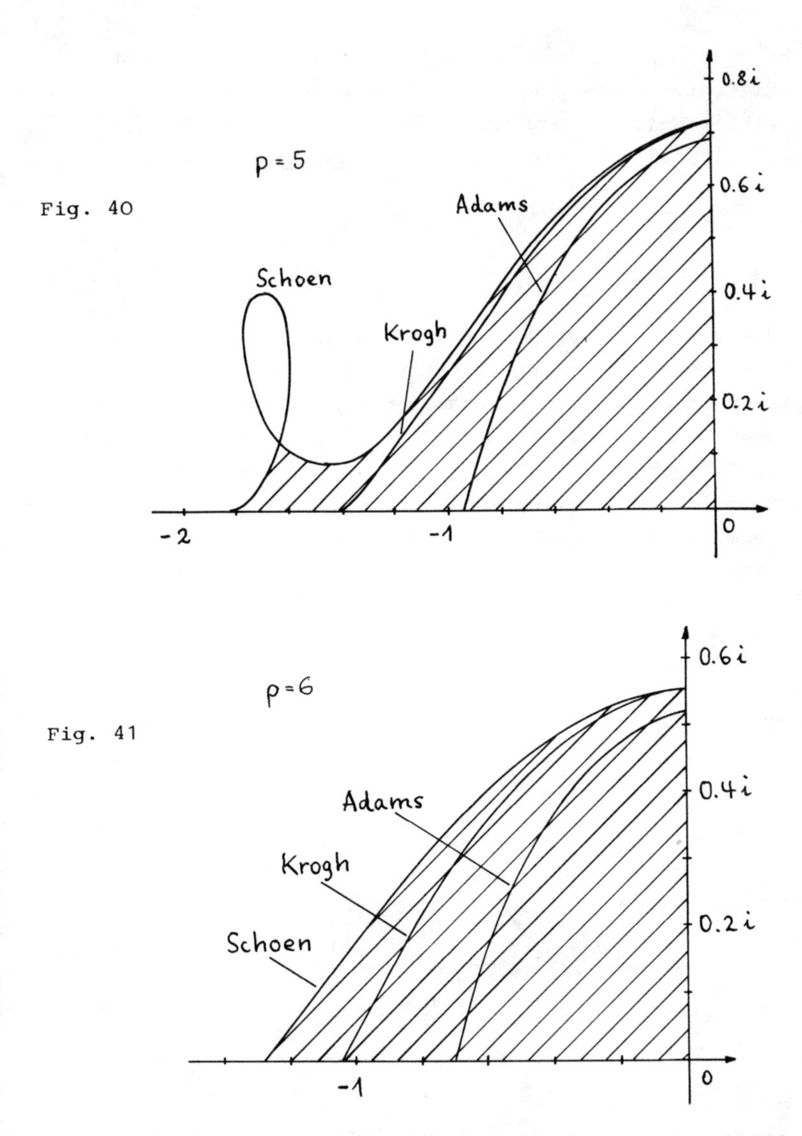

Fig. 40

Fig. 41

Eine ziemlich große Verbreitung hat ein von Hamming [248] angegebenes PC-Paar gefunden, das nicht das Adams-Moulton-Verfahren als Korrektor verwendet. Vielmehr ist Hamming so vorgegangen, daß er den Prädiktor des weiter unten angegebenen

Milne-PC-Paars als fest gegeben angesehen hat und dazu die Koeffizienten eines dreischrittigen Korrektors mit $b_0 = 0$ in plausibler Weise so bestimmt, daß das absolute Stabilitätsintervall möglichst groß wird. Das Hamming-Paar lautet

$$(4) \quad P: \; u_{j+4} - u_j = \frac{4h}{3}(2f_{j+3} - f_{j+2} + 2f_{j+1}),$$

$$(5) \quad C: \; u_{j+4} - \frac{9}{8}u_{j+3} + \frac{1}{8}u_{j+1} = \frac{3h}{8}(f_{j+4} + 2f_{j+3} - f_{j+2}).$$

Der vierschrittige Prädiktor besitzt die Konsistenzordnung $p = 4$, die Fehlerkonstante ist $C_4 = 28/90$. Der Korrektor ist dreischrittig, besitzt ebenfalls die Konsistenzordnung $p = 4$, und seine Fehlerkonstante ist $C_4 = -9/360$. Das reelle absolute Stabilitätsgebiet des PC-Paars (4),(5) in verschiedenen Kombinationen ist vor allem in [172] studiert worden. Die untenstehende Figur 42 zeigt etwa die Wurzelbeträge des charakteristischen Polynoms des Korrektors (5) über der q-Achse.

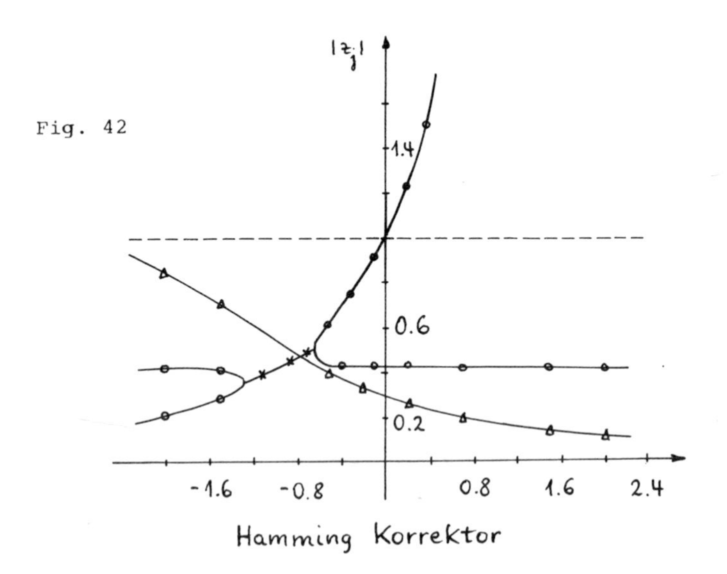

Kurven positiver, negativer bzw. nichtreeller Wurzeln sind durch Kreise, Dreiecke bzw. Kreuze gekennzeichnet. Die folgende Tabelle enthält für einige Kombinationen den Wert von q_0, so daß $(q_0,0)\in G_A$, aber $q_0 \notin G_A$ ist. Dabei bedeutet die

$P(EC)^\infty$	PEC	PMECM	PECE	$P(EC)^2E$
-2.6	-0.2	-0.85	-0.5	-0.9

Schreibweise PMECM eine Durchführung von (4),(5) mit Modifikationen (vgl. auch 4.2.(35)), die in der Berechnung zweier zusätzlicher Näherungen besteht, welche eine höhere Konsistenzordnung besitzen. Das PMECM-Verfahren lautet

$$(6)\quad \begin{aligned} u_{j+4}^{(o)} &= u_j^{(M)} + \frac{4h}{3}(2f_{j+3}^{(M)} - f_{j+2}^{(M)} + 2f_{j+1}^{(M)}) \\ u_{j+4}^{(N)} &= u_{j+4}^{(o)} - \frac{112}{121}(u_{j+3}^{(o)} - u_{j+3}^{(1)}) \\ u_{j+4}^{(1)} &= \frac{9}{8}u_{j+3}^{(M)} - \frac{1}{8}u_{j+1}^{(M)} + \frac{3h}{8}(f_{j+4}^{(N)} + 2f_{j+3}^{(M)} - f_{j+2}^{(M)}) \\ u_{j+4}^{(M)} &= u_{j+4}^{(1)} + \frac{9}{121}(u_{j+4}^{(o)} - u_{j+4}^{(1)}). \end{aligned}$$

Die folgende Figur 43 aus [172] zeigt das Verhalten des Dis-

Fig. 43

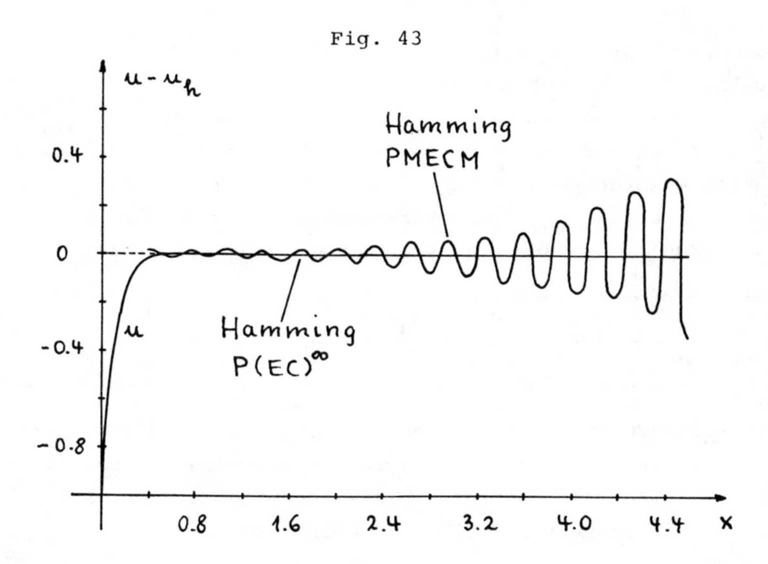

kretisierungsfehlers bei der Anwendung des PMECM-Verfahrens (6) auf die Anfangswertaufgabe $u' = -100u+100$, $u(0) = 0$, mit der Schrittweite $h = 0.01$, so daß $q = h\lambda = -1$ außerhalb des Stabilitätsintervalls liegt.

In [149] sind auch zwei modifizierte Formen des Adams-Bashforth-Moulton PC-Paars untersucht worden. Bei dem einen handelt es sich um das $P_4M(EC_3M)^2$-Verfahren

$$
(7)\quad
\begin{aligned}
u_{j+4}^{(o)} &= u_{j+3}^{(M)} + \frac{h}{24}(55f_{j+3}^{(Q)} - 59f_{j+2}^{(Q)} + 37f_{j+1}^{(Q)} - 9f_{j}^{(Q)}) \\
u_{j+4}^{(N)} &= u_{j+4}^{(o)} - \frac{251}{270}(u_{j+3}^{(o)} - u_{j+3}^{(2)}) \\
u_{j+4}^{(1)} &= u_{j+3}^{(M)} + \frac{h}{24}(9f_{j+4}^{(N)} + 19f_{j+3}^{(Q)} - 5f_{j+2}^{(Q)} + f_{j+1}^{(Q)}) \\
u_{j+4}^{(Q)} &= u_{j+4}^{(1)} + \frac{19}{270}(u_{j+4}^{(o)} - u_{j+4}^{(1)}) \\
u_{j+4}^{(2)} &= u_{j+3}^{(M)} + \frac{h}{24}(9f_{j+4}^{(Q)} + 19f_{j+3}^{(Q)} - 5f_{j+2}^{(Q)} + f_{j+1}^{(Q)}) \\
&= u_{j+4}^{(1)} + \frac{3h}{8}(f_{j+4}^{(Q)} - f_{j+4}^{(N)}) \\
u_{j+4}^{(M)} &= u_{j+4}^{(2)} + \frac{19}{270}(u_{j+4}^{(o)} - u_{j+4}^{(2)}) .
\end{aligned}
$$

Das andere ist das $P_4(EC_3M)^2$-Verfahren, das aus (7) durch Fortlassen der ersten Modifikation entsteht, also der zweiten Formelzeile von (7), und entsprechender Änderung von $f_{j+4}^{(N)}$ in $f_{j+4}^{(o)}$ in den anderen Formeln. Beide Verfahren besitzen eine Konsistenzordnung $p = 5$. Die folgende Tabelle enthält im Falle $m = 3$ für einige $P_{m+1}C_m$-Kombinationen wieder die Grenze q_0 des an den Nullpunkt anschließenden Stabilitätsintervalls.

$P_4(EC_3)^\infty$	P_4EC_3	P_4EC_3E	$P_4(EC_3)^2$	$P_4M(EC_3M)^2$	$P_4(EC_3M)^2$
-3.00	-0.16	-1.22	-0.85	-0.66	-0.95

Das Milne-PC-Paar, das aus dem Prädiktor (4) und dem Korrektor (9) besteht, hat aufgrund seiner mangelhaften Stabilitätseigenschaften wohl nur noch historische Bedeutung. Das reelle Stabilitätsintervall der PECE-Kombination ist (-0.8,-0.3), das des PECM-Verfahrens (-0.42,-0.2) (s.[172]). Der Korrektor allein ist für alle q nicht absolut stabil. Fig.44 (vgl.S.286 unten) zeigt das Verhalten der Beträge der Wurzeln des charakteristischen Polynoms des Milne-PECM-Verfahrens in Abhängigkeit von reellem q.

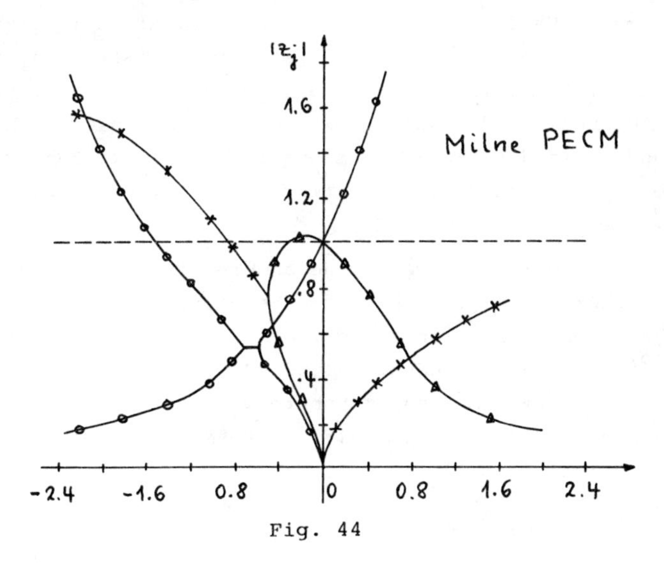

Fig. 44

Größere Bedeutung hat das bemerkenswerte Stettersche PC-Verfahren mit Milne-Korrektor

(8) P: $u_{j+2}+4u_{j+1}-5u_j = h[4f_{j+1}+2f_j]$, $j=0,1,\ldots,N-2$,

(9) C: $u_{j+2}-u_j = \frac{h}{3}[f_{j+2}+4f_{j+1}+f_j]$, $j=0,1,\ldots,N-2$.

Man rechnet ohne Schwierigkeiten nach, daß die den Korrektor bildende Simpsonformel für keine reelle Zahl absolut stabil ist. Für das aus (8),(9) gebildete PECE-Verfahren ist dagegen

$$G_A \cap \mathbb{R} = (-1,0),$$

wie man anhand einer elementaren Diskussion der Wurzeln des zugehörigen Stabilitätspolynoms

$$(10)\quad \chi^{(1)}(z,q) = z^2 - \frac{4q^2}{3}z - (1 + 2q + \frac{2q^2}{3})$$

leicht bestätigt. Das Polynom in (10) bestimmt sich aus 4.4.(1). Der Prädiktor allein verletzt aber sogar die Wurzelbedingung (P), stellt also für sich genommen nicht einmal ein konvergentes Verfahren dar. Die PECE-Kombination (8),(9) ist jedoch numerisch brauchbar, und sie wird in [364] als ein Verfahren für mittlere Genauigkeitsansprüche genannt. Der Prädiktor besitzt die Konsistenzordnung $p = 3$, die des Korrektors und damit des PECE-Verfahrens ist $p = 4$. Die Fehlerkonstante des Prädiktors bzw. Korrektors ist $C_3 = 1/6$ bzw. $C_4 = -1/90$.

Abschließend weisen wir auf eine andere, ebenfalls auf Stetter [383] zurückgehende Idee hin, die Bereiche der absoluten Stabilität von PC-Verfahren zu vergrößern. Es bezeichne wie immer $u_j^{(o)}$ die Prädiktornäherung und $u_j^{(r)}$, $r = 1,\ldots,l$, die r-fach korrigierte Näherung im Punkte x_j. Mit Hilfe dieser Näherungen wird dann eine modifizierte Näherung $u_j^{(L)}$ ausgerechnet durch

$$(11)\quad u_j^{(L)} := \sum_{r=0}^{l} c_r u_j^{(r)},$$

wobei c_r, $r = 0,\ldots,l$, gegebene reelle Zahlen sind mit der Eigenschaft

$$(12)\quad \sum_{r=0}^{l} c_r = 1.$$

Der Vorgang (11) der Mittelbildung wird in der Angabe des Verfahrens durch Einfügung des Buchstaben L gekennzeichnet.

(13) <u>Sind</u> $\chi^{(r)}$, $r = 0,\ldots,l$, <u>die Stabilitätspolynome des</u> $P(EC)^rE$<u>-Verfahrens, so ist das Stabilitätspolynom</u> $\chi^{(L)}$ <u>des</u> $P(EC)^lLE$<u>-Verfahrens gegeben durch</u>

$$(14)\quad \chi^{(l)}(z,q) = \sum_{r=0}^{l} c_r \chi^{(r)}(z,q).$$

<u>Beweis</u>. Bei Anwendung des $P(EC)^rE$-Verfahrens auf die Diffe-

rentialgleichung $u' = \lambda u$ erhält man nach Definition der $\chi^{(r)}$ die Differenzengleichung

$$(15)\quad (\chi^{(r)}(E,q)u_h^{(r)})(x_j) = 0, \quad j = 0,\ldots,N-m,$$

wobei E den vorwärts genommenen Verschiebungsoperator bedeutet. Aus der Darstellung 4.4.(1) von $\chi^{(r)}$ erkennt man bei Beachtung der Normierung $a_m = a_m^* = 1$, daß die höchste vorkommende Potenz z^m in $\chi^{(r)}$ den Faktor 1 besitzt, so daß (15) auch mit

$$u_{j+m}^{(r)} = [\chi^{(r)}(E,q)-E^m]u_j^{(r)}$$

gleichbedeutend ist, wobei $\chi^{(r)}(z,q)-z^m$ vom Grade kleiner m ist. Beim $P(EC)^l LE$-Verfahren berechnet man $u_{j+m}^{(r)}$ aus $u_{j+k}^{(L)}$, $k = 0,\ldots,m-1$, so daß in diesem Fall

$$u_{j+m}^{(r)} = [\chi^{(r)}(E,q)-E^m]u_j^{(L)}, \quad r = 0,\ldots,l,$$

gilt. Multipliziert man mit c_r und summiert über r, so ergibt sich wegen (12) die Behauptung.

Als Beispiel betrachten wir das PC-Paar 4.2.(2),4.2.(1) mit $l = 2$. Die charakteristischen Polynome $\chi^{(r)}$ sind in 4.2.(7) angegeben. Wir bilden die Linearkombination (14) mit $c_o = 0$, so daß sich wegen $c_1 = 1-c_2$ nach einer kurzen Rechnung

$$(16)\quad \chi^{(L)}(z,q) = z - (1+q+q^2/2+c_2q^3/4)$$

ergibt. Läßt man nur den Bereich $c_2 \geq 0$ (oder noch einschränkender nur konvexe Linearkombinationen $0 \leq c_2 \leq 1$) zu, so erkennt man an dem Verlauf der Wurzel $z_1 = z_1(q,c_2)$ von $\chi^{(L)}$ in Abhängigkeit von q, daß man den größten absoluten Stabilitätsbereich durch Bestimmung des größten c_2 bekommt, für den eine negative Lösung q von $z_1(q,c_2) = 1$ existiert, was auf

$$(17)\quad c_2 = 1/4, \quad c_1 = 3/4$$

führt. In diesem Fall ist mit der negativen Wurzel $\tilde{q}$ von $q^3/16+q^2/2+q+2 = 0$, die etwas kleiner als -6 ist,

(18) $G_A \cap \mathbb{R} = (\tilde{q},-4) \cup (-4,0)$.

Für alle $c_2 > 1/4$ besteht dann $G_A \cap \mathbb{R}$ aus einem zusammenhängenden Intervall $(q_0,0)$ mit $q_0 = q_0(c_2) > \tilde{q}$, wobei $q_0(c_2) \to \tilde{q}-0$ $(c_2 \to 1/4+0)$ konvergiert. Die nachstehende Figur 45 zeigt die in der oberen Halbebene gelegenen Teile von G_A für eine Reihe von c_2-Werten. Die Vergrößerung von G_A gegenüber dem PECE- und dem $P(EC)^2E$-Verfahren sind beträchtlich.

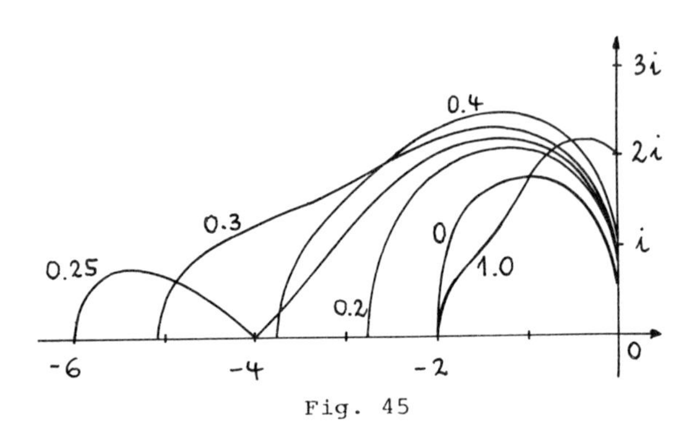

Fig. 45

4.6. Konvergenz der $P(EC)^l$-Verfahren

Die Prädiktor-Korrektor-Verfahren vom Typ $P(EC)^l$ passen sich nicht in die allgemeine Klasse (A_h) von Mehrschrittverfahren aus Abschnitt 1.1. ein, da zu ihrer Durchführung die Kenntnis der Näherung u_h in den vorangehenden Punkten nicht ausreicht, denn es wird aufgrund der entfallenden letzten f-Auswertung außer der letzten korrigierten Näherung $u_h^{(l)}$ auch noch $u_h^{(l-1)}$ benötigt. Die angemessene mathematische Behandlung der $P(EC)^l$-Verfahren geschieht wohl am besten im Rahmen der sog. Mehrstufen-Mehrschritt-Verfahren, was in [14,Chap.5] durchgeführt worden ist.

Wir wollen hier die Entwicklung dieser allgemeineren Theorie vermeiden und folgen daher einer im Kern auf Lambert [300] zurückgehenden Idee, ein Verfahren vom Typ (A_h) zu suchen, dem die $u_h^{(l-1)}$ genügen, was im Gegensatz zu den $u_h^{(l)}$ durchaus als möglich erscheint.

Um zu dem Verfahren vom Typ (A_h) zu kommen, schreiben wir noch einmal die $P(EC)^l$-Gleichungen aus 4.1. an in der Form

$$(1)\quad u^{(o)}_{j+t+m} + \sum_{k=0}^{m-1} a^*_k u^{(l)}_{j+t+k} = h \sum_{k=0}^{m-1} b^*_k f^{(l-1)}_{j+t+k} ,$$

$$(2)\quad u^{(r)}_{j+t+m} + \sum_{k=0}^{m-1} a_k u^{(l)}_{j+t+k} = hb_m f^{(r-1)}_{j+t+m} + h \sum_{k=0}^{m-1} b_k f^{(l-1)}_{j+t+k} ,$$

mit dem Indexbereich $0 \leq j+t \leq N-m$, $r = 1,\ldots,l$. Wir multiplizieren (1) mit a_t und summieren über $t = 0,\ldots,m$, und subtrahieren davon die mit a^*_t und über $t = 0,\ldots,m-1$ summierten Gleichungen (2), in denen $r = l$ gesetzt ist. Es ergibt sich nach einer kurzen Rechnung, in der u.a. $j+m$ durch j ersetzt wird,

$$(3)\quad \sum_{k=0}^{m} a_k u^{(o)}_{j+k} = h \sum_{t=0}^{m} \sum_{k=0}^{m-1} (a_t b^*_k - a^*_k b_t) f^{(l-1)}_{j+t+k-m}$$

für $j = m,\ldots,N-m$. Weiter ergibt sich durch Subtraktion der für $r = l$ angeschriebenen Gleichungen (2) von (2)

$$u^{(r)}_{j+t+m} - u^{(l)}_{j+t+m} = hb_m [f^{(r-1)}_{j+t+m} - f^{(l-1)}_{j+t+m}].$$

Eliminiert man mit Hilfe dieser Beziehung in (2) die Größen $u^{(l)}_{j+t+k}$, $k = 0,\ldots,m-1$, so erhält man (nach Ersetzen von $j+m$ durch j)

$$(4)\quad \sum_{k=0}^{m} a_k u^{(r)}_{j+k} = hb_m \sum_{k=0}^{m} a_k f^{(r-1)}_{j+k} + h \sum_{k=0}^{m-1} (b_k - b_m a_k) f^{(l-1)}_{j+k}$$

für $j = m,\ldots,N-m$, $r = 1,\ldots,l$. Damit haben wir das folgende Ergebnis.

(5) Jede Lösung von (1),(2) ist auch eine von (3),(4).

Die Gleichungen (3),(4) beschreiben ein 2m-schrittiges Mehrschrittverfahren vom Typ (A_h) für die Gitterfunktion $u_h := (u_h^{(o)},\ldots,u_h^{(l)})$, die sich aus den $l+1$ Gitterfunktionen $u_h^{(r)}$ zusammensetzt und daher Werte in $K^{n(l+1)}$ besitzt. In der Tat lassen sich die Gleichungen (3),(4) in der Form

$$(6)\quad \frac{1}{h}\sum_{k=m}^{2m} a_{k-m} u_h(x+(k-2m)h) = f_h(x,u_h(x-2mh),\dots,u_h(x)),\ x \in I_h,$$

schreiben, wobei $f_h = (f_h^{(o)},\dots,f_h^{(l)})$ gegeben ist durch die Vorschrift

$$(7)\quad f_h^{(o)}(x,y_o,\dots,y_{2m}) = \sum_{t=O}^{m}\sum_{k=O}^{m-1}(a_t b_k^* - a_k^* b_t) f(x-2mh, y_{t+k}^{(l-1)}),$$

$$(8)\quad f_h^{(r)}(x,y_o,\dots,y_{2m}) = b_m \sum_{k=O}^{m} a_k f(x-mh, y_{k+m}^{(r-1)}) -$$

$$\sum_{k=O}^{m-1}(b_k - b_m a_k) f(x-mh, y_{k+m}^{(l-1)}),\quad r=1,\dots,l,$$

für $y_j = (y_j^{(o)},\dots,y_j^{(l)}) \in \mathbb{K}^{n(l+1)}$, $j=0,\dots,2m$. Das charakteristische Polynom $\tilde{\rho}$ des Verfahrens (6), das wir mit $(\tilde{A}_h)$ bezeichnen, ist durch

$$(9)\quad \tilde{\rho}(z) = z^m \rho(z)$$

gegeben, wobei ρ das charakteristische Polynom des Korrektors ist. $(\tilde{A}_h)$ kann als Mehrschrittverfahren vom Typ (A_h) für die näherungsweise Lösung der Anfangswertaufgabe $(\tilde{A})$ angesehen werden, die aus dem $(l+1)$-fach wiederholten System (A) besteht. Damit sind Konsistenz, asymptotische Stabilität und Konvergenz für $(\tilde{A}_h)$ erklärt.

In die Formulierung des nächsten Satzes geht die spezielle Anfangswertaufgabe $u' = u$, $u(a) = 1$ ein, welche benötigt wird, damit die Konsistenzordnung des Prädiktors und des Korrektors durch die algebraischen Bedingungen 1.1.(31) charakterisiert werden kann. Mit C_{p^*} bzw. C_p bezeichnen wir die Fehlerkonstante des Prädiktors bzw. Korrektors, mit τ_h den Abschneidefehler des Korrektors.

(10) Das Verfahren $(\tilde{A}_h)$ ist konsistent mit $(\tilde{A})$, wenn $\rho(1) = 0$, $\rho'(1) = \sigma(1)$ und $\rho^*(1) = 0$ ist. Für die r-te Komponente $\tau_h^{(r)}$ des Abschneidefehlers von (6) gilt $\tau_h^{(r)}(x) = \tau_h(x)$, $x \in I_h$, $r = 1,\dots,m$. Besitzt der Verfahrensteil des Prädiktors bzw.

<u>Korrektors für die Anfangswertaufgabe</u> (A): $u' = u,\ u(a) = 1$ <u>die Konsistenzordnung</u> p^* <u>bzw.</u> p (vgl.1.1.(30)), <u>so hat man für</u> (A) <u>die Ordnung</u> $p^{(o)}$ <u>von</u> $\tau_h^{(o)}(x),\ x \in I_h$,

$$(11)\quad p^{(o)} = \min(p^*+1, p),$$

<u>und die Fehlerkonstante</u> $C^{(o)}$ <u>von</u> $\tau_h^{(o)}$ <u>ist gegeben durch</u>

$$(12)\quad C^{(o)} = \begin{cases} C_p & ,\ p^* \geq p \\ C_p + \sigma(1)C_{p^*} & ,\ p^* = p-1 \\ \sigma(1)C_{p^*} & ,\ p^* \leq p-2. \end{cases}$$

<u>Beweis</u>. Ersetzen von $u_{j+k}^{(r)}$, $u_{j+k}^{(r-1)}$, $u_{j+k}^{(l-1)}$ in (4) durch $u(x_{j+k})$ ergibt $\tau_h^{(r)} = \tau_h$, $r = 1,\ldots,l$. Zur Bestimmung der Komponente $\tau_h^{(o)}$ erkennt man an (3), daß $\tau_h^{(o)}$ gleich dem Abschneidefehler eines linearen Mehrschrittverfahrens mit den charakteristischen Polynomen

$$(13)\quad \tilde{\rho}(z) := z^m\rho(z), \qquad \tilde{\sigma}(z) := z^m\sigma(z) + \rho(z)\sigma^*(z) - \rho^*(z)\sigma(z)$$

ist. Die Konsistenzbedingung $\tilde{\rho}(1) = 0$, $\tilde{\rho}'(1) = \tilde{\sigma}(1)$ für den durch (13) definierten Verfahrensteil erkennt man sofort als erfüllt. Die Konsistenz der Startwerte $u_j \to \alpha$ $(h \to 0)$, $j = 0,\ldots,m-1$, des PC-Verfahrens führt, wie eine leichte Überlegung zeigt, aufgrund der Konsistenz des Korrektors und der Eigenschaft $\tau_h^* = O(1)$ auch auf $u_j \to \alpha$ $(h \to 0)$, $j = m,\ldots,2m-1$. Damit ist die Konsistenz von $(\tilde{A}_h)$ bewiesen.

Zur Berechnung der Ordnung von $\tau_h^{(o)}$ und der zugehörigen Fehlerkonstanten verwenden wir 1.1.(41). Demgemäß ist

$$(14)\quad \rho(\zeta)/\log\zeta - \sigma(\zeta) = C_p(\zeta-1)^p + O((\zeta-1)^{p+1}), \quad \zeta \to 1,$$

und Entsprechendes gilt für C_{p^*}. Damit erhält man für $\zeta \to 1$ bis auf Größen der Ordnung $O((\zeta-1)^{\min(p,p^*)+1})$

$$(\rho\sigma^* - \rho^*\sigma)(\zeta)/\log\zeta = C_p\sigma^*(1)(\zeta-1)^p - C_{p^*}\sigma(1)(\zeta-1)^{p^*}.$$

Verwendet man hierin noch $\log\zeta = \zeta-1+O((\zeta-1)^2)$ für $\zeta \to 1$, so ergibt sich insgesamt bis auf Größen der oben angegebenen

Ordnung

(15) $\tilde{\rho}(\zeta)/\log\zeta - \tilde{\sigma}(\zeta) = C_p(\zeta-1)^p + C_{p*}\sigma(1)(\zeta-1)^{p^*+1}$.

Hieraus liest man sofort die noch zu beweisenden Behauptungen (11),(12) ab.

Wir sind nun in der Lage, den angestrebten Konvergenzsatz zu beweisen.

(16) Die Bedingung (L_o) sei erfüllt, und das charakteristische Polynom ρ des Korrektors genüge der Wurzelbedingung (P). Ist $\rho(1)=0$, $\rho'(1)=\sigma(1)$, $\rho^*(1)=0$, so gilt für die Lösungen $u_h^{(r)}$ des $P(EC)^l$-Verfahrens

(17) $\max\limits_{x\in I_h'} |u_h^{(r)}(x) - u(x)| \to 0 \quad (h\to 0), \quad r=0,\ldots,l.$

Besitzt der Verfahrensteil des Prädiktors bzw. des Korrektors für die Anfangswertaufgabe $u'=u$, $u(a)=1$ die Konsistenzordnung p^* bzw. p (vgl.1.1.(30)), so erfolgt unter der Voraussetzung $f\in C^{p^{(l)}}(U)$ die Konvergenz in (17) mit der Ordnung

(18) $p^{(r)} := \min(q,p^*+r+1,p), \; r=0,\ldots,l-1, \; p^{(l)} := p^{(l-1)}$,

wobei q die Konsistenzordnung der Startwerte des $P(EC)^l$-Verfahrens bezeichnet.

Beweis. Wir zeigen zuerst, daß aus der Kenntnis eines Konvergenzverhaltens

(19) $\max\limits_{x\in I_h'} |u_h^{(r)}(x) - u_h(x)| = O(h^{p^{(o)}}), \quad h\to 0, \quad r=0,\ldots,l,$

die Behauptung über die Konvergenzordnung folgt. Subtrahiert man nämlich zwei aufeinanderfolgende Gleichungen von (4) und wendet die Lipschitzbedingung (L_o) an, so erhält man für $r=2,\ldots,l$ und $j=m,\ldots,N$

(20) $|u_j^{(r)} - u_j^{(r-1)}| = O(h \max\limits_{x\in I_h'} |u_h^{(r-1)}(x) - u_h^{(r-2)}(x)|)$.

Da wegen (19) $u_h^{(1)}-u_h^{(o)}$ von der Ordnung $p^{(o)}$ ist, erschließt man durch sukzessive Anwendung von (20)

$$(21)\quad u_h^{(l)} - u_h^{(l-1)} = O(h^{p^{(l)}}), \quad h \to 0.$$

Die für $r = l$ angeschriebenen Gleichungen (2) stellen dann ein Mehrschrittverfahren für $u_h^{(l)}$ dar, wenn man die rechte Seite, also $u_h^{(l-1)}$, als gegeben annimmt. Unter Ausnutzung von (21) und (L_o) berechnet man $p^{(l)}$ für die Konsistenzordnung dieses Verfahrens. Da ρ die Wurzelbedingung (P) erfüllt, ist dieses Verfahren konvergent, was die behauptete Konvergenzordnung $p^{(l)}$ für $u_h^{(l)}$ ergibt. Dann folgt aus (21) auch die für $u_h^{(l-1)}$. Subtrahieren wir nun von (2) mit $t = 0$ die den Abschneidefehler des Korrektors definierende Identität und wenden (L_o) an, so erhält man für $r = 2,\dots,l-2$

$$(22)\quad |u_j^{(r)} - u(x_j)| \leq K \max_{I_h'}(|u_h^{(l)} - u| + h|u_h^{(r-1)} - u| + h|u_h^{(l-1)} - u|) + O(h^{p^{(l)}+1}).$$

Aus dieser Beziehung erschließt man sukzessive für $r = 1,\dots, l-2$ die behauptete Konvergenzordnung für $u_h^{(r)}$.

Für den Beweis von (19) genügt es wegen (5) zu zeigen, daß das Verfahren $(\tilde{A}_h)$ diese Eigenschaft besitzt, und dies wiederum folgt aus dem allgemeinen Konvergenzsatz 2.4.(4), wenn $p^{(o)}$ als Konsistenzordnung von $(\tilde{A}_h)$ und die Bedingung (L) für die Verfahrensfunktion f_h aus (7),(8) nachgewiesen wird. Das letztere ist eine sofortige Folgerung aus (L_o). In (10) ist gezeigt worden, daß der Verfahrensteil von $(\tilde{A}_h)$ die Konsistenzordnung $p^{(o)}$ besitzt. Mit einer ähnlichen Überlegung, die zu (22) geführt hat, zeigt man, daß auch die Startwerte $u_j^{(r)} - u(x_j)$, $j = m,\dots,2m-1$, die Konsistenzordnung $p^{(o)}$ besitzen.

Liegt nur Konsistenz des Korrektors und die Bedingung $\rho^*(1)=0$ vor, so überlegt man auf die entsprechende Weise die Konsistenz von $(\tilde{A}_h)$. Damit ist alles bewiesen.

4.7. Absolute Stabilität der $P(EC)^l$-Verfahren

Die in 3.2. gegebene Definition der Bereiche der absoluten Stabilität läßt sich nicht unmittelbar auf die $P(EC)^l$-Verfahren anwenden, da sie nicht zu der Klasse (A_h) von Mehrschrittverfahren gehören. Wir adaptieren die Definition hier in geeigneter Weise, indem wir absolute Stabilität dadurch charakterisieren, daß sämtliche beim $P(EC)^l$-Verfahren berechneten Näherungen $u_h^{(r)}$, $r=0,\ldots,l$, betragsabnehmend integriert werden, wenn das Verfahren auf die lineare skalare Differentialgleichung $u' = \lambda u$ angewandt wird. Die sich dabei ergebenden Differenzengleichungen sind

$$(1) \quad u_{j+m}^{(o)} - u_{j+m}^{(l)} + \rho^*(E)u_j^{(l)} = q\sigma^*(E)u_j^{(l-1)}$$

$$(2) \quad u_{j+m}^{(r)} - u_{j+m}^{(l)} + \rho(E)u_j^{(l)} = qb_m(u_{j+m}^{(r-1)} - u_{j+m}^{(l-1)}) + q\sigma(E)u_j^{(l-1)}$$

für $r=1,\ldots,l$, wobei q als Abkürzung für $h\lambda$ und E für den vorwärts genommenen Verschiebungsoperator steht.

(3) Eine Zahl $q\in\mathbb{C}$ gehört zum Bereich G_A der absoluten Stabilität eines $P(EC)^l$-Verfahrens, wenn jede Lösung $u_j^{(r)}$, $r=0,\ldots,l$, $j=0,1,\ldots$, von (2),(3) die Eigenschaft $u_j^{(r)} \to 0$ $(j\to\infty)$ besitzt.

Auch für Verfahren vom $P(EC)^l$-Typ ist G_A durch ein Stabilitätspolynom $\chi^{(l)}(\cdot,q)$ bestimmt, d.h. durch

$$(4) \quad G_A = \{q\in\mathbb{C} \mid \chi^{(l)}(z,q) = 0 \Rightarrow |z| < 1\},$$

was wir jetzt beweisen.

(5) Das absolute Stabilitätsgebiet eines $P(EC)^l$-Verfahrens ist durch (4) gegeben mit dem Stabilitätspolynom

$$(6) \quad \chi^{(l)}(z,q) := \sum_{k=0}^{l-1} (qb_m)^k z^m(\rho(z) - q\sigma(z)) + q(qb_m)^{l-1}(\rho^*\sigma - \rho\sigma^*)(z).$$

Beweis. Für $r=l$ ist Gleichung (2) gleichbedeutend mit

$$(7) \quad \rho(E)u_j^{(l)} = q\sigma(E)u_j^{(l-1)}, \quad j=0,1,\ldots,$$

bei deren Berücksichtigung sich (2) für $r < l$ entsprechend vereinfacht. Durch sukzessive Subtraktion der Gleichungen (2) für aufeinanderfolgende r ergibt sich

$$(8) \quad u_{j+m}^{(r)} - u_{j+m}^{(r-1)} = qb_m(u_{j+m}^{(r-1)} - u_{j+m}^{(r-2)}),$$

woraus man wiederum das Bestehen von

$$(9) \quad u_{j+m}^{(l)} - u_{j+m}^{(l-1)} = (qb_m)^{l-1}(u_{j+m}^{(1)} - u_{j+m}^{(o)})$$

folgert. Subtraktion der Gleichung (1) von (2) ergibt bei Berücksichtigung von (7)

$$u_{j+m}^{(r)}-u_{j+m}^{(o)} = \rho^*(E)u_j^{(l)}-q\sigma^*(E)u_j^{(l-1)}+qb_m(u_{j+m}^{(r-1)}-u_{j+m}^{(l-1)}).$$

Wir setzen hierin $r = 1$ und substituieren die auftretende Differenz $u_{j+m}^{(o)}-u_{j+m}^{(l-1)}$ mit Hilfe der Gleichungen (1), so daß sich ergibt

$$u_{j+m}^{(1)}-u_{j+m}^{(o)} = (1-qb_m)(\rho^*(E)u_j^{(l)}-q\sigma^*(E)u_j^{(l-1)})+qb_m(u_{j+m}^{(l)}-u_{j+m}^{(l-1)}).$$

Geht man hiermit in (9) ein, so erhält man bei geeigneter Zusammenfassung im Falle $qb_m \neq 1$

$$(10) \quad \frac{1-(qb_m)^l}{1-qb_m}(u_{j+m}^{(l)} - u_{j+m}^{(l-1)} = (qb_m)^{l-1}(\rho^*(E)u_j^{(l)} - q\sigma^*(E)u_j^{(l-1)}), \quad j = 0,1,\ldots .$$

Diese Gleichungen bleiben aus Stetigkeitsgründen auch im Falle $qb_m = 1$ bestehen. Wendet man auf beide Seiten von (10) den Operator $q\sigma(E)$ an und beachtet (7), so erhält man für $u_j^{(l)}$ die linearen Differenzengleichungen

$$(11) \quad \frac{1-(qb_m)^l}{1-qb_m}(\rho-q\sigma)(E)u_{j+m}^{(l)} = (qb_m)^{l-1}q(\rho\sigma^*-\rho^*\sigma)(E)u_j^{(l)}.$$

Durch Anwendung von $\rho(E)$ auf (10) erhält man für $u_j^{(l-1)}$ dieselben Differenzengleichungen wie für $u_j^{(l)}$. Wenn man noch $(\rho-q\sigma)(E)u_{j+m}^{(l)} = E^m(\rho-q\sigma)(E)u_j^{(l)}$ beachtet, erkennt man, daß (6) das charakteristische Polynom der Differenzengleichungen

(11) ist.

Ist nun $q \in \mathbb{C}$ eine Zahl, für die $u_j^{(r)} \to 0$ $(j \to \infty)$, $r = l, l-1$, gilt, so folgt aus den Gleichungen (1),(2), daß dies auch für $r = 0, \dots, l-2$ der Fall ist. Da die Lösungen von (11) genau dann für $j \to \infty$ verschwinden, wenn $\chi^{(l)}$ nur Wurzeln z mit $|z| < 1$ besitzt, ist gezeigt, daß die rechte Seite von (4) eine Teilmenge von G_A ist.

Es bleibt zu zeigen, daß jede Wurzel z_k von $\chi^{(l)}$ mit $|z_k| \geq 1$ zu einer Lösung von (1),(2) Anlaß gibt, die für $j \to \infty$ nicht verschwindet. Um dies nachzuweisen, machen wir den Ansatz

$$(12) \quad u_j^{(l-1)} = c^{(l-1)} z_k^j, \quad u_j^{(l)} = c^{(l)} z_k^j, \quad j = 0, 1, \dots,$$

in den Gleichungen (7),(10). Es ergeben sich die homogenen linearen Gleichungen

$$(13) \quad \begin{aligned} &\rho(z_k) c^{(l)} = q\sigma(z_k) c^{(l-1)} \\ &\frac{1-(qb_m)^l}{1-qb_m} z_k^m (c^{(l)} - c^{(l-1)}) = (qb_m)^{l-1} (\rho^*(z_k) c^{(l)} - q\sigma^*(z_k) c^{(l-1)}) \end{aligned}$$

für $c^{(l-1)}, c^{(l)}$, die eine nichttriviale Lösung besitzen, da die Koeffizientendeterminante wegen $\chi^{(l)}(z_k, q) = 0$ verschwindet. Damit haben die Lösungen (12) die Eigenschaft $|u_j^{(l-1)}| + |u_j^{(l)}| \not\to 0$ $(j \to \infty)$. Es bleiben noch zugehörige $u_j^{(r)}$, $r = 0, \dots, l-2$, zu bestimmen, so daß die Gleichungen (1),(2) erfüllt sind. Die gesuchten $u_j^{(r)}$ gewinnen wir aus (1) und den ersten $l-2$ Gleichungen (2). Es bleibt zu zeigen, daß mit dieser Wahl Gleichung (2) auch für $r = l-1$ erfüllt ist. Wenn wir die Größe $u_{j+m}^{(l-1)}$, die sich durch Lösung von (2) für $r = l-1$ ergibt, der Deutlichkeit halber mit u_{j+m} bezeichnen, so erhält man durch sukzessive Verwendung der Bestimmungsgleichungen für $u_{j+m}^{(r)}$, $r = l-2, \dots, 0$

$$\begin{aligned} u_{j+m} - u_{j+m}^{(l)} &= qb_m (u_{j+m}^{(l-2)} - u_{j+m}^{(l-1)}) \\ &= qb_m (u_{j+m}^{(l-2)} - u_{j+m}^{(l)}) + qb_m (u_{j+m}^{(l)} - u_{j+m}^{(l-1)}) \end{aligned}$$

$$\vdots$$

$$= (qb_m)^{l-1}(u_{j+m}^{(o)}-u_{j+m}^{(l)})+$$

$$qb_m(1+qb_m+\ldots+(qb_m)^{l-2})(u_{j+m}^{(l)}-u_{j+m}^{(l-1)})$$

$$= \left[-\frac{(qb_m)^{l}-1}{qb_m-1}+qb_m\frac{(qb_m)^{l}-1}{qb_m-1}\right](u_{j+m}^{(l)}-u_{j+m}^{(l-1)})$$

$$= u_{j+m}^{(l-1)}-u_{j+m}^{(l)},$$

wobei in der vorletzten Gleichung (10) verwendet worden ist. Damit ist $u_{j+m}=u_{j+m}^{(l-1)}$ bewiesen, und der Beweis ist fertig.

Im Beweis von (5) ist auch das folgende Korrollar enthalten.

(14) Eine Zahl $q\in\mathbb{C}$ liegt genau dann in G_A, wenn jede Lösung von (1),(2) die Eigenschaft $u_j^{(l-1)}\to 0$, $u_j^{(l)}\to 0$ $(j\to\infty)$ besitzt.

In einem wichtigen Spezialfall kann man G_A bereits mit $u_h^{(l-1)}$ allein definieren.

(15) Prädiktor und Korrektor mögen die Konsistenzbedingungen

$$\rho(1) = 0,\quad \rho'(1) = \sigma(1),\quad \rho^*(1) = 0,\quad (\rho^*)'(1) = \sigma^*(1)$$

erfüllen, ρ genüge der Wurzelbedingung (P) und $z_1=1$ sei die einzige unimodulare Wurzel von ρ. Dann liegt $q\in\mathbb{C}$ genau dann in G_A, wenn $q\neq 0$ ist und jede Lösung von (1),(2) die Eigenschaft $u_j^{(l-1)}\to 0$ $(j\to\infty)$ besitzt.

Beweis. Verfolgt man den Beweis von (5), so sieht man, daß es für jede Wurzel z_k von $\chi^{(l)}(\cdot,q)$ mit $|z_k|\geq 1$ zu zeigen genügt, daß Lösungen $u_j^{(l-1)},u_j^{(l)}$ von (7),(10) existieren mit $|u_j^{(l-1)}|\not\to 0$ $(j\to\infty)$. Dies liefert im Falle $\rho(z_k)\neq 0$ bereits der Beweis von (5), da man aus der ersten der Gleichungen (13) erkennt, daß $c^{(l-1)}\neq 0$ gewährleistet werden kann. Der noch zu untersuchende Fall $\rho(z_k)=0$ hat nach Voraussetzung $z_k=1$ zur Folge. Wir machen dann den Ansatz

$$(16)\quad u_j^{(l-1)} = 1,\quad u_j^{(l)} = cj,\quad j=0,1,\ldots,$$

zur Lösung der Gleichungen (7),(10). Aus (10) folgt die Bedingung

$$\frac{1-(qb_m)^l}{1-qb_m}(cm+cj-1) = (qb_m)^{l-1}\sigma^*(1)(c-q),$$

und aus (7) erhält man $q=c$, so daß die rechte Seite verschwindet. Dasselbe trifft auch für die linke Seite zu, da aus $\chi^{(l)}(1,q)=0$ folgt $q\sum(qb_m)^k=0$ und damit, da wir $q=0$ ausgeschlossen haben, auch $[1-(qb_m)^l]/(1-qb_m)=0$. Mit (16) sind somit die gesuchten Lösungen gefunden, was zu zeigen war.

Satz (15) bestätigt noch einmal die bereits in 4.6.(5) gefundene Auffassung, daß es sich bei einem $P(EC)^l$-Verfahren im Kern um ein Verfahren vom Typ (A_h) für $u_h^{(l-1)}$ handelt.

Entsprechend dem Vorgehen in 4.4. untersuchen wir jetzt der Arbeit [246] folgend die absolute Stabilität der $P(EC)^l$-Verfahren vom Adams-Typ, also der $P_m(EC_m)^l$- und $P_{m+1}(EC_m)^l$-Verfahren, wobei P_m bzw. C_m das m-schrittige Adams-Bashforth- bzw. Adams-Moulton-Verfahren bedeutet.

(17) <u>Mit den Bezeichnungen aus</u> 4.4.(2) <u>ist das Stabilitätspolynom</u> $\chi_m^{(l)}$ <u>des</u> $P_m(EC_m)^l$<u>-Verfahrens gegeben durch</u>

$$(18)\quad \chi_m^{(l)}(z,q) = \frac{1-(qb_m)^l}{1-qb_m}z^{m-1}[z\rho_m(z)-qz\sigma_m(z)+\phi_m^{(l-1)}(q)(z-1)^{m+1}]$$

<u>und das des</u> $P_{m+1}(EC_m)^l$<u>-Verfahrens durch</u>

$$(19)\quad \chi_m^{(l)}(z,q) = \frac{1-(qb_m)^l}{1-qb_m}z^m[z^2\rho_m(z)-qz^2\sigma_m(z)+\phi_m^{(l-1)}(q)(z-1)^{m+2}].$$

<u>Beweis</u>. Wir verwenden die im Beweis von 4.4.(2) bereitgestellten Beziehungen

$$\sigma_m(z)-\sigma_m^*(z) = b_m(z-1)^m,\quad z\sigma_m(z)-\sigma_{m+1}^*(z) = b_m(z-1)^{m+1}.$$

Im Falle des $P_m(EC_m)^l$-Verfahrens ergibt sich daher bei der Berechnung des Polynoms aus (6)

$$(\rho_m^*\sigma_m-\rho_m\sigma_m^*)(z) = z^{m-1}(z-1)b_m(z-1)^m,$$

womit man auf (18) geführt wird. Beim $P_{m+1}(EC_m)^l$-Verfahren ist auch der Korrektor C_m als (m+1)-schrittiges Verfahren zu betrachten, was dem Anbringen eines Faktors z an den charakteristischen Polynomen von C_m entspricht. Es wird daher

$$(\rho^*\sigma-\rho\sigma^*)(z) = \rho_{m+1}(z)z\sigma_m(z)-z\rho_m(z)\sigma^*_{m+1}(z) = b_m z^m(z-1)^{m+2},$$

und das Polynom aus (6) geht in (19) über, was zu zeigen war.

Durch Vergleich von 4.4.(4) und (18) erhält man das Korollar

(20) <u>Das</u> $P_{m+1}(EC_m)^{l-1}E$- <u>und das</u> $P_m(EC_m)^l$-<u>Verfahren besitzen dasselbe absolute Stabilitätsgebiet</u> $G_A^{(l)}$.

(21) <u>Sei</u> l <u>gerade, und sei</u> $t=1$ <u>bzw.</u> $t=2$ <u>für das</u> $P_m(EC_m)^{l+1}$- <u>bzw. für das</u> $P_{m+1}(EC_m)^{l+1}$-<u>Verfahren. Dann liegt</u> $q\in(-\infty,0]$ <u>genau dann in</u> $G_A^{(l+1)}$, <u>wenn</u> 4.4.(9) <u>erfüllt ist</u>.

<u>Beweis</u>. Im Falle des $P_m(EC_m)^{l+1}$-Verfahrens folgt die Behauptung aufgrund des Zusammenhanges (20) sofort aus 4.4.(8). Der Beweis von 4.4.(8) bleibt außerdem ungeändert auch im Falle $t=2$ bestehen, so daß die Behauptung auch für das $P_{m+1}(EC_m)^{l+1}$-Verfahren folgt.

Zu (21) ergibt sich das folgende Korollar.

(22) <u>Die in</u> $(-\infty,0]$ <u>gelegenen absoluten Stabilitätsgebiete des Prädiktors</u> P_m <u>allein und des</u> P_mEC_m-<u>Verfahrens stimmen überein</u>.

<u>Beweis</u>. Das absolute Stabilitätsintervall $(q_o,0)$ des P_mEC_m-Verfahrens wird durch 4.4.(9) mit $l=1$, $t=1$ beschrieben. Wegen $\phi_m^{(1)}(q)=qb_m$ ist demnach $q_o=-2/(q_m^*+2^{m+1}b_m)$ mit dem q_m^* aus 3.2.(46). Die Stabilitätsgrenze von P_m ist $-q_m$ mit dem q_m aus 3.2.(43). Die Behauptung ist daher mit

(23) $q_m = q_m^* + 2^{m+1}b_m$

gleichbedeutend. Die Richtigkeit von (23) ergibt sich unter Verwendung der Zusammenhänge $\nu_o=\gamma_o$, $\nu_j=\gamma_j-\gamma_{j-1}$, $b_j=\gamma_j$, $j\geq 1$, aus der Rechnung

$$-q_m^* = \sum_{j=0}^{m} 2^j\nu_j = \nu_o + \sum_{j=1}^{m} 2^j(\gamma_j-\gamma_{j-1}) =$$

$$= q_m - 2(1_m - 2^m\gamma_m) = - q_m + 2^{m+1}b_m.$$

(24) Bei ungeradem l gelten für das absolute Stabilitätsgebiet $G_A^{(l+1)}$ des $P_{m+1}(EC_m)^{l+1}$-Verfahrens die Aussagen von Satz 4.4.(11), wenn man dort $t = 2$ nimmt und $G_A^{(l)}$ durch $G_A^{(l+1)}$ ersetzt.

Beweis. Der Beweis von 4.4.(11) bleibt unverändert auch im Falle $t = 2$ bestehen. Insbesondere erteilt $y = 0$ unter der Bedingung 4.4.(14) auch im Falle $t = 2$ dem Ausdruck 4.4.(16) seinen größten Wert.

(25) Sei t wie in (21). Dann gelten für das absolute Stabilitätsgebiet des $P_m(EC_m)^2$- bzw. des $P_{m+1}(EC_m)^2$-Verfahrens die Aussagen von Satz 4.4.(18). Für das $P_m(EC_m)^2$-Verfahren ist 4.4.(17) genau dann erfüllt, wenn $m = 1$ oder $m > 13$ ist. Für das $P_{m+1}(EC_m)^2$-Verfahren ist 4.4.(17) für $m > 15$ erfüllt und für $m \leq 14$ nicht erfüllt.

Beweis. Für das $P_m(EC_m)^2$-Verfahren folgen aufgrund des Zusammenhanges (20) die Behauptungen aus 4.4.(18) und 4.4.(23). Der Beweis von 4.4.(18) bleibt ebenfalls für den Fall $t = 2$ gültig. Auch der Beweis von 4.4.(23) trifft im Falle $t = 2$ zu mit der einen Ausnahme, daß 4.4.(27) im Falle $t = 2$ nur für $m \leq 14$ verletzt ist. Damit ist alles bewiesen.

Numerisch berechnete Zahlenwerte deuten an, daß 4.4.(17) für das $P_{m+1}(EC_m)^2$-Verfahren auch im Falle $m = 15$ erfüllt ist.

Das qualitative Verhalten der in $\mathbb{R}$ gelegenen absoluten Stabilitätsgebiete ist am Ende von 4.4. diskutiert worden. Bei geradem l, bei dem gemäß (21) Formel 4.4.(9) das absolute Stabilitätsintervall beschreibt, besitzen die $P_{m+1}(EC_m)^{l+1}$-Verfahren ein kleineres Intervall als die $P_m(EC_m)^{l+1}$-Verfahren, und dieses wiederum ist kleiner als das des $P_m(EC_m)^l E$-Verfahrens. Ab $m = 14$ ist unter den zwei Funktionsauswertungen verwendenden Verfahren das $P_{m+1}(EC_m)^2$-Verfahren das mit dem größten absoluten Stabilitätsintervall.

Am Ende von 4.4. ist dargelegt worden, daß man in der Praxis meist PECE-Verfahren verwenden wird, etwa eins der in 4.5.

angegebenen Verfahren. Einige der dortigen Verfahren weisen ein verbessertes Stabilitätsverhalten gegenüber den PC-Verfahren vom Adams-Typ auf, wobei insbesondere das optimale Verfahren 4.5.(1) von Crane-Klopfenstein der Konsistenzordnung $p = 4$ zu nennen ist. Ebenfalls mit dem dreischrittigen Adams-Moulton-Verfahren als Korrektor C ist von Klopfenstein-Millman [286] ein optimaler vierschrittiger Prädiktor P für die PEC-Kombination entwickelt worden. Die Koeffizienten dieses Prädiktors sind

$$\text{(26)}\quad \begin{array}{ll} a_0^* = 4.55 & b_0^* = 0.69 \\ a_1^* = 12.13 & b_1^* = 13.91 \\ a_2^* = -15.39 & b_2^* = 6.65 \\ a_3^* = -0.29 & b_3^* = 2.27 \\ a_4^* = 1.00 & b_4^* = 0 \quad . \end{array}$$

Eine Schätzung des Abschneidefehlers gemäß Formel 1.5.(14) ist gegeben durch

$$\text{(27)}\quad \tau_j \sim \frac{u_j^{(o)} - u_j^{(1)}}{18.0274}$$

Die folgenden beiden Figuren 46 und 47 zeigen das absolute Stabilitätsgebiet des optimalen Verfahrens und im Vergleich dazu das des $P_{m+1}EC_m$- Verfahrens mit $m = 3$. Wenn auch die mit dem optischen Verfahren erreichte Verbesserung beträchtlich ist, so nimmt sich das Stabilitätsgebiet doch bescheiden aus gegenüber dem des optimalen PECE-Verfahrens 4.5.(1).

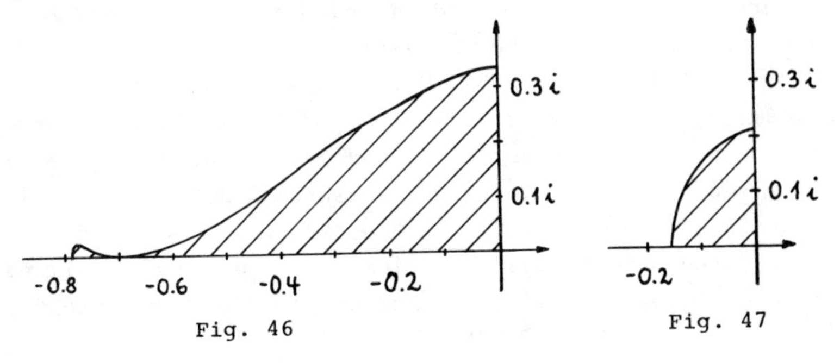

Fig. 46

Fig. 47

5. Einige Verfahren speziellen Typs

Es gibt eine ganze Reihe von Verfahren, die sich in die von uns in Kap.1 behandelte Klasse entweder nicht einpassen lassen oder unkonventionell sind. Von diesen Verfahren stellen wir in diesem Kapitel drei verschiedene vor. Es handelt sich dabei um die implizite Mittelpunktregel mit Extrapolation in einer Modifikation für steife Systeme, um ein Verfahren, das zweite Ableitungen verwendet, und um Mehrschrittverfahren mit variablen Koeffizienten. Besonders die beiden erstgenannten besitzen große Bedeutung bei der Integration steifer Systeme (s. 3.3.).

Es gibt eine große Zahl weiterer Verfahren, die ihrem Charakter nach in das vorliegende Kapitel gehörten, jedoch würde ihre Darstellung den Rahmen des Buches überschreiten, so daß wir uns auf die Nennung einiger Beispiele mit zugehörigen Literaturverweisen beschränken.

Eine gewisse Kombination der Mehrschritt- mit den Runge-Kutta-Verfahren stellen die sog. hybriden Verfahren dar, die auch Verfahren unter Verwendung von Nicht-Gitterpunkten genannt werden (s.[155,156,158,222,231,288,321,14-Ch.5.3,127-Ch.5]). Von zyklischen bzw. zusammengesetzten Verfahren spricht man, wenn für die Berechnung der Näherungen von Schritt zu Schritt sich in einer zyklischen Reihenfolge wiederholende, voneinander verschiedene Mehrschrittverfahren angewendet werden (s. [143,144,198,370,385,14-Ch.5.4]). In [348,367,409,417,418] sind Verfahren angegeben worden, die simultan die Näherungen für mehrere aufeinanderfolgende Gitterpunkte berechnen. Bezüglich Verfahren mit höheren Ableitungen findet man über das in 5.3. und I-1.2.8.,I-1.3.4. Enthaltene Hinausgehendes in [168,69,303,127-Ch.7.2.,274,275,276,277,278,279]. Eine ganze Reihe von Methoden, die speziell angepaßt sind, beispielsweise wie die exponentiell angepaßten Verfahren I-3.3.,I-3.4., findet man in [145,255,269,271,314,316,322,326,328]. Nicht lineare Verfahren derart, daß sie selbst bei Anwendung auf lineare Differentialgleichungen mit konstanten Koeffizienten nicht auf lineare Differenzengleichungen führen, sind in [301,302,304, 305,306,352] zu finden.

5.1. Die implizite Mittelpunktregel mit Glättung und Extrapolation

In I-3.2. ist die Verwendung der Trapezformel zur Integration steifer Systeme dargestellt worden. Die Trapezformel ist A-stabil, sie besitzt aber nur die Konsistenzordnung $p = 2$ und bei der Integration besonders steifer Komponenten treten Oszillationen auf, welchen allerdings mit der von Lindberg (s. I-3.2.(7)) empfohlenen Glättung entgegengewirkt werden kann. In diesem Abschnitt stellen wir eine Weiterentwicklung dieses Verfahrens dar, die von Dahlquist und von Lindberg [185,187, 310,312] vorgenommen worden ist und zu einem der wirkungsvollen Verfahren für steife Systeme gehört (s. 3.3.).

Das Verfahren beruht auf der impliziten Mittelpunktregel

$$(1)\quad u(x+h) = u(x) + hf(x+h/2,(u(x)+u(x+h))/2),$$

welche für die Differentialgleichung $u' = qu$ mit der Trapezformel übereinstimmt und daher ebenfalls A-stabil ist. Wie bei dieser ist $p = 2$ die Konsistenzordnung. Die Verwendung von (1) anstelle der Trapezformel bietet sich an, wenn man die Anwendung auf die skalare Gleichung $u' = q(x)u$ betrachtet. Die Formel (1) liefert die Näherungen

$$u_{j+1} = Q_j(h)u_j, \quad Q_j(h) := \frac{2+hq(x_j+h/2)}{2-hq(x_j+h/2)}, \quad j = 0,\dots,N-1,$$

welche die für eine A-stabile Integration gewünschte Eigenschaft $|Q_j(h)| < 1$ für $\operatorname{Re} q < 0$ besitzen. Mit der Trapezformel erhält man dagegen

$$u_{j+1} = \tilde{Q}_j(h)u_j, \quad \tilde{Q}_j(h) := \frac{2+hq(x_j)}{2-hq(x_{j+1})}, \quad j = 0,\dots,N-1,$$

welche nicht die Eigenschaft $|\tilde{Q}_j(h)| < 1$ für alle Funktionen q mit $\operatorname{Re} q < 0$ besitzt. Bei Beschränkung auf reelle $q < 0$ führt

$|\tilde{Q}_j(h)| < 1$ vielmehr auf die Bedingung $h(q(x_{j+1})-q(x_j)) < 4$, was für wachsende Funktionen q eine zusätzliche Einschränkung an die Schrittweitengröße bedeutet. Insofern kann man hoffen, daß die Formel (1) auch für allgemeine Systeme günstigere Stabilitätseigenschaften als die Trapezformel besitzt.

Im folgenden stellen wir die Überlegungen dar, welche zu der modifizierten Mittelpunktregel führen. Zentraler Punkt ist eine Art asymptotische Entwicklung für die Lösungen von (1), aus welcher Rückschlüsse über das Verhalten der mit (1) berechneten Näherungen gezogen werden. Die in Frage stehende Entwicklung ist als elementarer anzusehen als etwa die in Satz I-5.3.(6) bewiesenen, da sie allein auf einem Abgleich der h-Potenzen beruht, jedoch besitzt sie den großen Vorzug, keinerlei Voraussetzungen über die Größe der Lipschitzkonstante und von h zu machen. Von f nehmen wir im weiteren die für die einzelnen Rechnungen benötigte Glattheit als gegeben an.

(2) <u>Jede Lösung von</u> (1) <u>kann in der Form dargestellt werden</u>

$$(3)\quad u_h(x) = u(x)+h^2 d_1(x)+h^4 d_2(x)+w_h(x), \quad x\in I_h',$$

<u>wobei</u> d_1, d_2 <u>irgendwelche Lösungen der Systeme</u>

$$(4)\quad d_1' - f_y(\cdot,u)d_1 = \frac{1}{8} f_y(\cdot,u)u'' - \frac{1}{24} u'''$$

$$(5)\quad d_2' - f_y(\cdot,u)d_2 = -\frac{1}{24}d_1''' - \frac{1}{16\cdot 120}u^{(v)} + \frac{1}{8}f_y(\cdot,u)(d_1''+\frac{1}{48}u^{(iv)}) - \frac{1}{2}f_{yy}^{(2)}(\cdot,u)(d_1+\frac{1}{8}u'')^{(2)}$$

<u>sind und</u> w_h <u>die Differenzengleichungen</u>

$$(6)\quad w_{j+1} = w_j+\frac{h}{2}J_h(x_j)(w_j+w_{j+1})+hp_j, \quad j=0,\dots,N-1,$$

<u>erfüllt mit der Abkürzung</u>

$$(7)\quad J_h(x) := \int_0^1 f_y(x+\frac{h}{2},u(x+\frac{h}{2})+t[\frac{u_h(x)+u_h(x+h)}{2} - u(x+\frac{h}{2})])dt$$

<u>und einer gewissen Gitterfunktion</u> p_h, <u>die sich wie</u>

$O(\max[h^6, h^2 \|w_h\|])$ verhält.

Beweis. Zur Abkürzung der Schreibweise beschränken wir uns darauf, (3) für $x_1 = x_0 + h$ zu zeigen, der allgemeine Fall ist darin enthalten, wenn man unter x_0 einfach x_j versteht. Es bedeute $x_{1/2} = x_0 + h/2$. Wir verwenden im folgenden die für $v \in C^7$ bestehenden elementaren Beziehungen

$$(8) \quad \frac{1}{2}(v_1+v_0) = v_{1/2} + \frac{h^2}{8} v''_{1/2} + \frac{h^4}{16 \circ 24} v^{(iv)}_{1/2} + O(h^6 v^{(vi)})$$

$$(9) \quad \frac{1}{h}(v_1-v_0) = v'_{1/2} + \frac{h^2}{24} v'''_{1/2} + \frac{h^4}{16 \cdot 120} v^{(v)}_{1/2} + O(h^6 v^{(vii)})$$

sowie

$$(10) \quad f(x_{1/2}, \frac{u_1+u_0}{2}) - f(x_{1/2}, u(x_{1/2})) = J_0 \left[\frac{u_1+u_0}{2} - u(x_{1/2}) \right].$$

Es werde $e_h := u + h^2 d_1 + h^4 d_2$ gesetzt, so daß $u_h = e_h + w_h$ ist. Dann ergibt sich unter Ausnutzung, daß u_h eine Lösung von (1) und u eine von (A) ist, und unter Verwendung von (10)

$$(11) \quad \begin{aligned} \frac{w_1-w_0}{h} &= f(x_{1/2}, \frac{u_1+u_0}{2}) - f(x_{1/2}, u(x_{1/2})) + u'(x_{1/2}) - \frac{e_1-e_0}{2} \\ &= J_0 \frac{w_1-w_0}{2} + J_0 \left[\frac{e_1+e_0}{2} - u(x_{1/2}) \right] + u'(x_{1/2}) - \frac{e_1-e_0}{2} . \end{aligned}$$

Im zweiten Summanden der rechten Seite wird der Integrand von J_0 weiter entwickelt, so daß sich

$$(12) \quad \begin{aligned} J_0 = {} & f_y(x_{1/2}, u(x_{1/2})) + \frac{1}{2} f^{(2)}_{yy}(x_{1/2}, u(x_{1/2})) \left[\frac{u_1+u_0}{2} - u(x_{1/2}), \cdot \right] + \\ & h^4 O(\|\tilde{f}^{(3)}_{yyy}\| (\|u''\| + \|d_1\| + \|d_2\| + h^{-2} \|w_h\|)^2) \end{aligned}$$

ergibt, wobei $\tilde{f}^{(3)}_{yyy}$ die Fréchet-Ableitung dritter Ordnung nach der Variablen y an einer Zwischenstelle bedeutet. Verwendet man diese Entwicklung und ebenfalls (8),(9) mit v ersetzt durch u, d_1 oder d_2, so erkennt man durch Sammeln nach Potenzen von h^2 und h^4 das Bestehen von (6) mit einer Funktion p_h, welche der Abschätzung genügt

$$(13)\quad \|P_h\| = h^6 O[\|u^{(vii)}\|+\|d_1^{(v)}\|+\|d_2''\|+\|f_y u^{(vi)}\| + \|f_y d_1^{(iv)}\|+\|f_y d_2''\|+\|f_{yy}^{(2)}\|(\|u''\|+\|u^{(iv)}\|+ \|d_1\|+\|d_1''\|+\|d_2\|+h^{-4}\|w_h\|)(\|u''\|+\|u^{(iv)}\|+ \|d_1\|+\|d_1''\|+\|d_2\|)+\|\tilde{f}_{yyy}^{(3)}\|(\|u''\|+\|d_1\|+\|d_2\|+ h^{-2}\|w_h\|)^2(\|u''\|+\|d_1\|+\|d_2\|)].$$

Hier bedeutet $\|\cdot\|$ eine passende Norm für Gitterfunktionen bzw. eine dazu verträgliche Norm für die Ableitungen $f_{yy}^{(2)}$ und $f_{yyy}^{(3)}$, wobei $\tilde{f}_{yyy}^{(3)}$ als Argument eine Zwischenstelle andeutet. Damit ist der Satz bewiesen.

Die Darstellung (3) wird nun unter dem folgenden Gesichtspunkt für die Verwendung des Verfahrens (1) betrachtet. Gesucht wird eine "glatte" Lösung u des steifen Systems (A), worunter man, ganz qualitativ gesagt, eine Lösung versteht, die mitsamt ihren Ableitungen klein bleibt, bzw. wenn man es etwas präziser ausdrücken will, für die für jedes $x > a$ mit einer Zahl K und einer Zeitkonstanten T die Abschätzung besteht

$$(14)\quad |u^{(j)}(x)| \le KT^{-j}, \quad j = 0,1,\dots,j_0,$$

bis zu einer gerade benötigten Ordnung j_0. Das Verfahren (1) soll nun möglichst auch eine glatte Lösung u_h liefern. Inwiefern das möglich ist, versucht man an (3) zu erkennen. Für ein steifes System ist die Erwartung, daß sich d_1 und d_2 als ebenfalls glatte Funktionen bestimmen lassen.

Diese Erwartung trifft sicher für Systeme (A) mit konstanten Koeffizienten zu. Der Einfachheit halber nehmen wir die Koeffizientenmatrix f_y gleich in Diagonalgestalt an, so daß das System (4) in n getrennte Gleichungen zerfällt, so daß wir für die Diskussion auch gleich $n = 1$ annehmen können. Das System (4) besitzt dann die Lösung

$$d_1(x) = e^{q(x-a)}(d_1(a) + \tfrac{1}{6}q^3 u(a)(x-a)),$$

wenn $q := f_y$ bedeutet. Im Bereich $\mathrm{Re}\, q \le 0$ ist d_1 also bei beliebiger Anfangsbedingung $d_1(a)$ glatt. Dasselbe ist für d_2 der Fall.

Die Annahme bei der weiter unten beschriebenen Herleitung des Verfahrens ist, daß sich auch für das jeweils in Frage stehende, im allgemeinen nichtlineare System d_1 und d_2 als glatte Funktionen bestimmen lassen. Für allgemeine Systeme wird dies gewiß nicht für beliebige Anfangsbedingungen zutreffen, im allgemeinen auch nicht für die Anfangsbedingungen $d_1(a) = d_2(a) = 0$, jedoch wird diese Voraussetzung für das Bestehen der Darstellung (3) auch nicht benötigt.

Für das Verhalten von u_h ist demgemäß der Darstellung (3) zufolge dasjenige von w_h maßgebend. Das asymptotische Verhalten für $h \to 0$ ist leicht zu erkennen. Wenn wir $u_0 - u(0) = O(h^2)$ annehmen, so ergibt unser allgemeiner Konvergenzsatz 2.4.(4) $u_h - u = O(h^2)$ für $h \to 0$. Damit folgt aus (3) ebenfalls $|w_h| = O(h^2)$. Bei geeignetem d_1 bzw. d_2 kann auch $|w_h| = O(h^4)$ oder $|w_h| = O(h^6)$ sein (vgl. I-5.3.(13)). Jedoch sind wir in unserem Zusammenhang mit steifen Systemen nicht so sehr an dem Verhalten für $h \to 0$ interessiert, sondern wie sich w_h bei zwar möglicherweise kleinem aber festgehaltenem h in Abhängigkeit von der Steifheit des Systems verhält.

Eine erste Übersicht können wir uns wieder im Falle von Systemen mit konstanten Koeffizienten machen. Es ist dann J_h aus (7) nichts weiter als die Koeffizientenmatrix Q des Systems, und (6) stellt eine Anwendung der Trapezformel auf das System $u' = Qu$ dar. Die Störung p_h stellt sich aufgrund der Abschätzung (13) unabhängig von der Steifheit von $f_y = Q$ von der Ordnung $O(h^6)$ heraus, denn u, d_1 und d_2 sind glatt, und dasselbe trifft auch auf die Glieder $f_y u^{(vi)} = u^{(v)}$ sowie $f_y d_1^{(iv)}$, $f_y d_2''$ in (13) zu. Es ist demnach gerechtfertigt, die Störung p_h als klein zu vernachlässigen. Das Verhalten der Differenzengleichungen (6), insbesondere auch der oszillierende Charakter ihrer Lösungen bei großer Steifheit, ist in I-S.105 dargestellt worden. Dort ist auch gezeigt worden, daß eine Glättung der Art I-3.2.(7) dem Oszillieren entgegenwirkt.

Im Fall nicht notwendig konstanter Koeffizienten bleibt die Überlegung bestehen, daß unabhängig von der Steifheit des Systems mindestens

(15) $\|p_h\| = O(h^4)$

gilt, wenn nur u, d_1, d_2, die Ableitungen der Ordnung größer gleich 2 von f und auch u_h glatt sind (f_y kann groß sein, und ist es bei steifen Systemen auch). Dies ergibt sich wiederum aus (13), wo $\|p_h\|$ durch ausschließlich glatte Größen abgeschätzt wird. Die Glattheit fast aller Größen ist dabei evident, die von $h^{-2}\|w_h\|$ folgt aus (3), die der Terme mit f_y aus Umformungen der Art $f_y d_2'' = (f_y d_2')' - f_y' d_2'$. Der Einfluß, den die Nichtkonstanz von f_y auf die Lösung von (6) ausmacht, ist Ideen aus [187] zufolge überschaubar, was im nächsten Satz gezeigt wird.

Wir bezeichnen für eine Zahl $r > 0$ mit U_r die Punktmenge

(16) $U_r := \{(x,y) \in I \times \mathbb{K}^n \mid |y-u(x)| < r, \quad x \in I\}$

und mit $\langle\cdot,\cdot\rangle$ ein zur Norm $|\cdot|$ in $\mathbb{K}^n$ gehöriges Skalarprodukt (dessen Existenz wir an dieser Stelle implizit mit voraussetzen). Es wird im nächsten Satz angenommen, daß d_1 bzw. d_2 Lösungen der Systeme (4),(5) sind. Über die Darstellung (3) wird dann w_h durch u_h eindeutig bestimmt und auch umgekehrt.

(17) <u>Für eine Zahl</u> $r > 0$ <u>gelte die folgende Monotonie-Bedingung</u>

(18) $\mathrm{Re} \langle z, f_y(x,y) z \rangle \leq 0, \quad (x,y) \in U_r, \quad z \in \mathbb{K}^n.$

<u>Besteht für ein</u> l <u>in</u> $0 \leq l \leq N$ <u>die Ungleichung</u>

(19) $|w_0| + h \sum_{j=0}^{k-1} |p_j| + h^2 |d_1(x_k)| + h^4 |d_2(x_k)| < r, \quad k = 0, \ldots, l,$

<u>so gibt es eindeutig bestimmte Lösungen</u> u_k <u>von</u> (1) <u>mit</u> $(x_k, u_k) \in U_r$, $k = 0, \ldots, l$, <u>so daß gilt</u>

(20) $|w_k| \leq |w_0| + h \sum_{j=0}^{k-1} |p_j|, \quad k = 0, \ldots, l.$

Beweis. Vorbereitend bemerken wir, daß aus (18) folgt, daß die Inverse der Matrix $I-hf_y(x,y)$ existiert und mit der zu $|\cdot|$ gehörigen natürlichen Matrixnorm für $(x,y)\in U_r$ und $h>0$ die Abschätzungen

$$(21)\quad |[I-hf_y(x,y)]^{-1}| \leq 1, \quad |[I-hf_y(x,y)]^{-1}[I+hf_y(x,y)]| \leq 1$$

bestehen. Um dies einzusehen, braucht man sich nur der Ungleichungen $\mathrm{Re}\langle(I-hf_y(x,y))z,z\rangle \geq \langle z,z\rangle$, $\|(I+hf_y(x,y))z\| \leq \|(I-hf_y(x,y))z\|$ zu bedienen.

Im eigentlichen Beweis des Satzes gehen wir mit vollständiger Induktion vor. Wir nehmen an, daß für eine Zahl k in $0<k\leq l$ die Existenz von Lösungen u_j, $j=0,\dots,k-1$, mit den im Satz genannten Eigenschaften bereits bewiesen ist. Die Verankerung dieser Annahme ist evident. Wir wollen die Existenz von $u_k = u_k(h)$ zeigen, wobei die Abhängigkeit der Lösung von h sichtbar gemacht worden ist.

Offenbar kann es höchstens eine Lösung mit $(x_k,u_k(h))\in U_r$ geben, denn ist $\hat{u}_k(h)$ eine weitere, so ergibt eine Anwendung des Mittelwertsatzes

$$(22)\quad u_k-\hat{u}_k = \frac{h}{2}\tilde{f}_y(u_k-\hat{u}_k),$$

wobei die Zwischenstelle, an der f_y zu nehmen ist, in U_r liegt, und aus (21) folgt dann $u_k-\hat{u}_k=0$.

Sei h_0 definiert als Supremum aller $h'>0$, so daß $u_k(t)$ als stetige Funktion auf dem Intervall $(0,h']$ existiert und dort $(x_k,u_k(t))\in U_r$ gilt. Es ist h_0 wohldefiniert. Für genügend kleine Schrittweiten h' ergibt nämlich der Banachsche Fixpunktsatz die Existenz einer stetig von h' abhängigen Lösung $u_k(\cdot)$ (hier nehmen wir o.B.d.A. f als global Lipschitzstetig an). Diese Lösung verläuft auch in U_r, denn das gemäß (3) zu $u_k(h')$ gehörige $w_k(h')$ gestattet vermöge (6),(21) die Abschätzung $|w_k(h')| \leq |w_{k-1}| + h|p_k|$, aus der mit (3),(19),(20) auch mit einem gewissen $r_k(h)<r$

$$(23)\quad |u_k(h')-u(x_k)| \leq r_k(h)$$

folgt, solange $h' \le h$ bleibt. Mit Hilfe von (23) erschließt man aber auch gleich $h_0 \ge h$, also die Existenz einer Lösung von (1). Für $h' \to h_0 - 0$ ist nämlich wegen (23) die zugehörige Folge der $u_k(h')$ beschränkt. Jeder ihrer Häufungspunkte ist aus Stetigkeitsgründen Lösung von (1) und liegt in U_r, ist also eindeutig bestimmt, und daher kann $u_k(\cdot)$ mindestens auf das Intervall $(0, h_0]$ stetig erweitert werden. Es kann aber auch nicht $h_0 \le h$ sein, denn wegen (23) gilt dann $(x_k, u_k(h_0)) \in U_r$, so daß man (21) zur Verfügung hat und der Satz über implizite Funktionen anwendbar ist, der zeigt, daß $u_k(\cdot)$ noch in einer Umgebung von h_0 existiert. Damit ist die Existenz von $u_k(h)$ bewiesen. Die Abschätzung (20) ist bereits in den Überlegungen, die zu (23) führten, enthalten.

Die Bedingung (18) bedeutet, daß die symmetrische Matrix $\text{Re } f_y := (f_y + f_y^*)$ nur nichtpositive Eigenwerte besitzt in einem "Schlauch" um die Lösung u. Solange dann (19) erfüllt ist, verläuft auch u_h in diesem Schlauch, was eine wesentlich schärfere Aussage als die in Kap.2 gewonnene a-priori-Abschätzung ist, in welche die Lipschitzkonstante von f eingeht, die ja sehr groß sein kann. Überdies kann man erwarten, daß die Bedingung (19) auch noch für große l erfüllt bleibt, da es sich bei p_h, d_1, d_2 um glatte Funktionen handelt. Ungewiß ist allein, ob w_0 klein gehalten werden kann, da gemäß unseren weiter oben angestellten Überlegungen nicht sicher ist, ob $d_1(a)$ und $d_2(a)$ klein gewählt werden können, um glatte Lösungen d_1, d_2 zu erhalten.

Aus dem Beweis zu (17) geht außerdem noch einmal hervor, daß zur Lösung von (1) im allgemeinen eine direkte Iteration nicht geeignet ist, daß dafür aber das vereinfachte Newton-Verfahren, auf dem der Satz über implizite Funktionen ja beruht, Erfolg verspricht. Das vereinfachte Newton-Verfahren wird mit einer Näherung für die Matrix $I - hf_y(x_{j+1/2}, (u_j + u_{j+1})/2)/2$ durchgeführt, die überdies über mehrere Schritte konstant gehalten wird, und zwar solange, wie der die Konvergenzgeschwindigkeit messende Quotient

(24) $\|u_{j+1}^{(r+1)} - u_{j+1}^{(r)}\| \;/\; \|u_{j+1}^{(r)} - u_{j+1}^{(r-1)}\| \leq 0.2$

bleibt. Wie wir weiter unten sehen werden, wird eine Lösung u_h und eine Lösung $u_{h/2}$ mit der halben Schrittweite berechnet. Man beginnt mit der Berechnung der beiden Näherungen $u_{h/2}(x_{j+1/2}), u_{h/2}(x_{j+1})$. Die Startwerte für die Newton-Iteration erhält man durch quadratische Interpolation aus den Werten $u_{h/2}(x_k)$, $k=j-2,j-1,j$. Als Startwert für die Berechnung von $u_h(x_{j+1})$ wird $u_{h/2}(x_{j+1})+(u_h(x_j)-u_{h/2}(x_j))$ genommen.

Mit den vorangehend dargestellten Überlegungen als theoretischem Hintergrund wird das Verfahren nun wie folgt sukzessive von Gitterpunkt zu Gitterpunkt in drei Grundschritten durchgeführt:

a) Berechnung einer Näherung

b) Abschätzung des Fehlers

c) Gegebenenfalls Wiederholung des Schritts mit einem neuen h

Wir beschreiben anschließend die einzelnen Grundschritte.

a) Es werden zwei unabhängige Näherungen u_h und $u_{h/2}$ berechnet, die erste an den Gitterpunkten $x_o, x_1, x_2, \ldots$, mit Hilfe der Gleichungen (1) und die zweite an den Gitterpunkten x_o, $x_{1/2}, x_1, x_{3/2}, \ldots$, mit Hilfe der mit h/2 anstelle von h angeschriebenen Gleichungen (1). An den Punkten x_j wird eine sog. <u>passive Glättung</u> vorgenommen, worunter man die Berechnung von $\hat{u}_h$ und $\hat{u}_{h/2}$ versteht gemäß den Formeln

(25) $\hat{u}_h(x_j) := [u_h(x_{j-1})+2u_h(x_j)+u_h(x_{j+1})]/4$

(26) $\hat{u}_{h/2}(x_j) := [u_{h/2}(x_{j-1/2})+2u_{h/2}(x_j)+u_{h/2}(x_{j+1/2})]/4.$

Mit diesen Werten wird anschließend eine <u>passive Extrapolation</u> vorgenommen gemäß der Vorschrift

(27) $\tilde{u}_h(x_j) := \hat{u}_{h/2}(x_j)+[\hat{u}_{h/2}(x_j)-\hat{u}_h(x_j)]/3.$

Der Zusatz passiv weist hierbei darauf hin, daß die geglätteten bzw. extrapolierten Werte nicht für die fortlaufende Rechnung verwendet werden.

Bei der Durchführung der Rechnung, insbesondere für die noch weiter unten zu beschreibenden Fehlerschätzungen und Schrittweitenänderungen, wird eine Hilfsfunktion c_h verwendet, die durch

$$(28)\quad c_h(x_j) := [\hat{u}_h(x_j)-\hat{u}_{h/2}(x_j)]/3 - [u_{h/2}(x_{j-1})-2u_{h/2}(x_j)+u_{h/2}(x_{j+1})]/16$$

definiert ist. Mit Hilfe von c_h wird auch eine Näherung $\tilde{u}_h(x_{j-1/2})$ berechnet aus den Gleichungen

$$(29)\quad \tilde{u}_h(x_{j-1/2}) := 2[\hat{u}_{h/2}(x_{j-1/2})-(c_h(x_{j-1})+c_h(x_j))/2] - [\tilde{u}_h(x_j)+\tilde{u}_h(x_{j-1})]/2.$$

Die für die weitere Rechnung benötigte Information an der Stelle x_j wird dann in Form von fünfkomponentigen Vektoren $\tilde{U}_j$ und C_j gespeichert, welche rückwärts genommene Differenzen von $\tilde{u}_h(x_j)$ und $c_h(x_j)$ enthalten, d.h. es ist

$$(30)\quad \begin{aligned} \tilde{U}_j &:= (\tilde{u}_j,\nabla_{h/2}\tilde{u}_j,\nabla^2_{h/2}\tilde{u}_j,\nabla^3_{h/2}\tilde{u}_j,\nabla^4_{h/2}\tilde{u}_j) \\ C_j &:= (c_j,\nabla_h c_j,\nabla^2_h c_j,\nabla^3_h c_j,\nabla^4_h c_j). \end{aligned}$$

Die Berechnung von $\tilde{U}_{j+1}$ bzw. C_{j+1} aus $\tilde{U}_j$ bzw. C_j geschieht mit Hilfe der Transformationen

$$(31)\quad \begin{aligned} \tilde{U}_{j+1/2} &= T\tilde{U}_j+\tilde{u}_{j+1/2}e, \quad \tilde{U}_{j+1} = T\tilde{U}_{j+1/2}+\tilde{u}_{j+1}e \\ C_{j+1} &= TC_j+c_{j+1}e, \end{aligned}$$

wobei $e=(1,1,1,1,1)$ und T die untere Dreiecksmatrix mit 0 auf sowie oberhalb der Diagonalen und -1 im unteren Teil bedeutet. Man überlegt leicht, daß nach Definition der rückwärts genommenen Differenzen die Transformation (31) gerade das Richtige liefert.

Es bleibt die Bedeutung der mit (27),(29) ermittelten Näherungen nachzutragen. Aus (3) ergibt sich durch Taylorentwicklung zunächst einmal

$$(32)\quad \hat{u}_h = u + h^2(d_1+u''/4) + h^4(d_2+d_1''/4+u^{(iv)}/48) + \hat{w}_h + O(h^6) \quad \text{in } I_h',$$

wobei $\hat{w}_h$ die entsprechend wie $\hat{u}_h$ gebildete Glättung von w_h bedeutet. Hiermit ergibt sich dann

$$(33)\quad \tilde{u}_h = u - h^4(d_2+d_1''/4+u^{(iv)}/48)/4 + \tilde{w}_h + O(h^6) \quad \text{in } I_h',$$

wobei sich wiederum $\tilde{w}_h$ analog zu $\tilde{u}_h$ aus $\hat{w}_{h/2}$ und $\hat{w}_h$ ergibt. Aus (3) und (32) entnimmt man

$$(34)\quad c_h = h^2 d_1/4 + O(h^4) \quad \text{in } I_h',$$

so daß, wie man mit Hilfe von Taylorentwicklung erkennt, $(c_h(x)+c_h(x+h))/2$ eine Approximation der Ordnung $O(h^4)$ für $h^2 d_1(x+h/2)/4$ wird. Aus (29),(32),(33) folgt dann

$$(35)\quad \tilde{u}_h(x-h/2) = u(x-h/2) + O(h^4), \quad x\in I_h.$$

b) Bei der Fehlerschätzung wird angenommen, daß $\tilde{w}_h$ und $\tilde{w}_{h/2}$ klein gegen die Fehlerglieder der Ordnung $O(h^4)$ sind. Dann ist der globale Fehler gemäß (33) ungefähr gegeben durch

$$(36)\quad \tilde{u}_h - u \sim -h^4(d_2+d_1''/4+u^{(iv)}/48)/4.$$

Er setzt sich aus dem durch die Glättung (25),(26) zustande kommenden Anteil

$$(37)\quad [\tilde{u}_h-u]^g \sim -h^4(d_1'' + u^{(iv)}/12)/16$$

und dem globalen Diskretisierungsfehler

$$(38)\quad [\tilde{u}_h-u]^e \sim -h^4 d_2/4$$

zusammen. Der erste läßt sich ungefähr durch den Ausdruck

$$(39)\quad [\tilde{u}_h-u]^g \sim \nabla^2[\hat{u}_{h/2}-\hat{u}_h]/12$$

ausdrücken, den man mit Hilfe von (32) bis auf Größen der Ordnung $O(h^6)$ zu $-h^4(d_1'' + u^{(iv)}/4)/16$ bestimmt.

Der für die Schrittweitensteuerung wesentliche zweite Fehleranteil (38) gibt Anlaß zur Einführung eines mit $[\tilde{u}_h - u]^e$ gekoppelten lokalen Fehlerzuwachses

$$(40)\quad l_h(x) := h^4[|d_2(x+h)| - |d_2(x)|]/4, \quad x \in I_h.$$

Für lineare Systeme mit konstanten Koeffizienten kann l_h einfach abgeschätzt werden. In diesem Fall geht (5) bei Verwendung einer differenzierten Form von (4) und der gegebenen Differentialgleichung, welche die Konstanz von $Q := f_y(\cdot, u)$ beachtet, in

$$(41)\quad d_2' - Qd_2 = d_1'''/12 - u^{(v)}/120$$

über. Integration dieser Differentialgleichung im Intervall $[x, x+h]$ ergibt

$$(42)\quad d_2(x+h) - e^{Qh} d_2(x) = \int_x^{x+h} e^{-Q(t-x-h)}[d_1'''/12 - u^{(v)}/120]dt.$$

Für die in Frage stehenden Systeme besitzen die Eigenwerte von Q negativen Realteil, woraus man $|e^{Qh}| < 1$ erschließen kann, was wir hier für den Zweck der Begründung des Vorgehens bei der Schätzung von l_h nicht beweisen wollen. Dann erkennt man aus (42) die Abschätzung

$$(43)\quad |d_2(x+h)| \le |d_2(x)| + h|d_1'''(x)/12 - u^{(v)}(x)/120| + O(h^2).$$

Den zweiten Summanden, der den wesentlichen Anteil des Zuwachses angibt, behält man auch für den Fall nichtkonstanter Koeffizienten bei. Er läßt sich wiederum annähernd durch im Laufe des Verfahrens berechnete Größen schätzen in der sich aus (32) ergebenden Form

$$(43)\quad \nabla_h^3[\hat{u}_{h/2}(x) - \hat{u}_h(x)]/9 = -h^5[d_1'''(x)/12 + u^{(v)}(x)/48] + O(h^7).$$

Dies bedeutet, daß man die Schätzung

$$(44)\quad l_h \sim \nabla_h^3[\hat{u}_{h/2} - \hat{u}_h]/36$$

für den lokalen Fehler verwendet. Eine genauere Überlegung bei Systemen mit konstanten Koeffizienten zeigt, daß man eine realistischere Schätzung erhält, wenn man die rechte Seite von (44) noch durch 3 dividiert.

c) Sei L_j eine Schätzung des lokalen Fehlers bei der Berechnung von u_{j+1}, z.B. die mit Hilfe von (44) erhaltene. Wenn τ den maximal erlaubten lokalen Fehler bezeichnet, so verhält man sich bei der Schrittweitensteuerung wie folgt:

L_j/τ	h_{neu}
$< 1/5120$	$(\tau/(5L_j))^{1.5}h$
$\in[1/5120, 1/80]$	$2h$
$\in[1/80, 1/2]$	h
$\in[1/2, 1]$	$h/2$
> 1	Wiederholung des letzten Schrittes mit $h/2$

Die in vorstehender Tabelle enthaltene Strategie vermeidet zu geringe Schrittweitenänderungen. Dies ist erwünscht, da der bei einer Änderung entstehende numerische Aufwand relativ groß ist.

Bei einer Schrittweitenänderung sind neue Startwerte für die weitere Rechnung zu bestimmen. Man kann hier nicht einfach die auf die "Schrittweite $h = 0$" extrapolierten Werte nehmen, da man versuchen muß, auch mit der neuen Schrittweite weiterhin eine glatte Näherungslösung zu berechnen.

Um auf der glatten Näherungslösung zu bleiben, liegt es nahe, die sich bei Beachtung von (3) anbietende Startnäherung

$$(45) \quad u_{h_{neu}} = u + h_{neu}^2 d_1$$

zu verwenden. Eine $O(h^4)$-Näherung für $h^2 d_1$ ist gemäß (34) gegeben durch $4c_h$. Führen wir daher noch den Quotienten

$$(46) \quad \nu := h_{neu}/h$$

ein, so wird eine passende Startnäherung durch die Formel

$$(47)\quad u_{h_{neu}} \sim u_h + 4(\nu^2-1)c_h \sim \tilde{u}_h + 4\nu^2 c_h$$

bereitgestellt. Man kann aber noch etwas raffinierter verfahren, indem man versucht, den Wert $h^2 d_1$ des führenden Fehlergliedes in $u_{h_{neu}}$ noch möglichst klein zu machen, ohne allerdings die Glattheit der Näherungslösung zu zerstören. Dies gelingt durch Hinzufügung eines Vielfachen von u', denn u' ist ja eine glatte Lösung der zum System gehörigen Variationsgleichung, und bei deren Addition wird die Glattheit von d_1 nicht zerstört. Das Vielfache $\alpha u'$ wird nun so gewählt, daß $|h^2 d_1 - \alpha u'|$ minimal wird. Da u' nicht bekannt ist, verwendet man stattdessen

$$r := \nabla_{h/2}\tilde{u}_{h/2} + \frac{1}{2}\nabla^2_{h/2}\tilde{u}_{h/2} + \frac{1}{3}\nabla^3_{h/2}\tilde{u}_{h/2},$$

was eine Näherung der Ordnung $O(h^4)$ für hu'/2 darstellt. Da gemäß (34) $c_j \sim h^2 d_1(x_j)/4$ ist, ergibt sich die Formel

$$c_{neu} = c - \alpha r, \quad \alpha = \langle c,r\rangle / \langle r,r\rangle .$$

Entsprechend werden auch die zweite und dritte Komponente des Vektors C aus (30) umgerechnet, so daß sich insgesamt der Formelsatz ergibt

$$\begin{aligned} &\hat{C} := C - \alpha R \\ (48)\quad &R := S\tilde{U} \\ &\alpha := \langle C^{(1)}, R^{(1)}\rangle / \langle R^{(1)}, R^{(1)}\rangle , \end{aligned}$$

wobei $C^{(1)}$ bzw. $R^{(1)}$ die erste Komponente des jeweiligen Vektors und S die Matrix

$$(49)\quad S := \begin{bmatrix} 0 & 1 & 1/2 & 1/3 & 0 \\ 0 & 0 & 1 & 1/2 & 0 \\ 0 & 0 & 0 & 1 & 0 \\ 0 & 0 & 0 & 0 & 0 \\ 0 & 0 & 0 & 0 & 0 \end{bmatrix}$$

bedeutet. Die Vektoren $\hat{C}$ und $\tilde{U}$ werden dann auf die neue Schrittweite umgerechnet vermittels der Formeln

(50) $\tilde{U}_{neu} := M(\nu)\tilde{U}, \quad C_{neu} := \nu^2 M(\nu)\hat{C}$

mit der Matrix

$$(51) \quad M(\nu) := \begin{bmatrix} 1 & 0 & 0 & 0 & 0 \\ 0 & \nu & (\nu-\nu^2)/2 & \nu/3-\nu^2/2+\nu^3/6 & 0 \\ 0 & 0 & \nu^2 & \nu^2-\nu^3 & 0 \\ 0 & 0 & 0 & \nu^3 & 0 \\ 0 & 0 & 0 & 0 & 0 \end{bmatrix} .$$

Die Näherungen, mit denen man mit der neuen Schrittweite weiterrechnet, sind dann gemäß (47) gegeben durch

(52) $u_{h_{neu}} := \tilde{u}_h + 4c^{(1)}_{neu}, \quad u_{h_{neu}/2} := \tilde{u}_h + c^{(1)}_{neu}.$

5.2. Das Verfahren von Enright

Dieses Verfahren (s.[204,205]) gehört zu den wirkungsvollsten zur Integration steifer Systeme (s. 3.3.). Es läßt sich als eine Verallgemeinerung der rückwärts genommenen Differentiationsformeln auffassen durch Hinzunahme der zweiten Ableitungen von u in die Verfahrensgleichungen. Verfahren unter Verwendung höherer Ableitungen haben wir bereits in I-1.2.8. und I-3.4. kennengelernt. Bei steifen Systemen ist das Auftreten der zweiten Ableitung nicht als Einschränkung in der Anwendbarkeit der Verfahren gegenüber solchen mit nur erster Ableitung anzusehen, da zur Lösung der impliziten Verfahrensgleichungen sowieso auf Methoden zurückgegriffen wird, welche die Funktionalmatrix von f benutzen. Gegenüber den rückwärts genommenen Differentiationsformeln besitzt das Enrightsche Verfahren den Vorteil, vergleichbare Stabilitätseigenschaften bis zur Konsistenzordnung $p = 9$ aufzuweisen, jedoch ist demgegenüber der Aufwand zur Lösung der impliziten Gleichungssyste-

Tab. 28

m	p	c_o	b_o	b_1	b_2	b_3	b_4	b_5	b_6	b_7
1	3	$\frac{-1}{6}$	$\frac{2}{3}$	$\frac{1}{3}$						
2	4	$\frac{-1}{8}$	$\frac{29}{48}$	$\frac{5}{12}$	$\frac{-1}{48}$					
3	5	$\frac{-19}{180}$	$\frac{307}{540}$	$\frac{19}{40}$	$\frac{-1}{20}$	$\frac{7}{1080}$				
4	6	$\frac{-3}{32}$	$\frac{3133}{5760}$	$\frac{47}{90}$	$\frac{-41}{480}$	$\frac{1}{45}$	$\frac{-17}{5760}$			
5	7	$\frac{-863}{10080}$	$\frac{317731}{604800}$	$\frac{2837}{5040}$	$\frac{-1271}{10080}$	$\frac{373}{7560}$	$\frac{-529}{40320}$	$\frac{41}{25200}$		
6	8	$\frac{-275}{3456}$	$\frac{247021}{483840}$	$\frac{12079}{20160}$	$\frac{-13823}{80640}$	$\frac{8131}{90720}$	$\frac{-5771}{161280}$	$\frac{179}{20160}$	$\frac{-731}{725760}$	
7	9	$\frac{-33953}{453600}$	$\frac{1758023}{3528000}$	$\frac{1147051}{1814400}$	$\frac{-133643}{604800}$	$\frac{157513}{1088640}$	$\frac{-2797}{36288}$	$\frac{86791}{3024000}$	$\frac{-35453}{5443200}$	$\frac{8563}{12700800}$

me im allgemeinen als größer einzuschätzen.

Das Enrightsche Verfahren läßt sich in der Form schreiben

$$(1)\quad u_j = u_{j-1} + h\sum_{k=0}^{m} b_k f_{j-k} + h^2 c_o (Df)_j, \quad j = m,\dots,N,$$

wobei Df für die totale Ableitung von f steht. Man kommt zu diesem Ansatz durch die folgende Überlegung. Für die Stabilitätseigenschaften des Verfahrens ist das Polynom (s. 3.2.)

$$(2)\quad \chi(z,q) := z^m - z^{m-1} - q\sum_{k=0}^{m} b_k z^k - q^2 c_o z^m$$

für $\mathrm{Re}\, q < 0$ maßgebend. Die Wahl $z^m - z^{m-1}$ für den linearen Verfahrensteil läßt, wie bei den rückwärts genommenen Differentiationsformeln, günstige Stabilität für kleine q erwarten. Für die Stabilität für große q ist die Art des Polynoms maßgebend, das q^2 als Faktor hat. Auch hier sollte die Wahl von $c_o z^m$ für dieses Polynom günstig sein. Außerdem liest man die günstige Eigenschaft ab, daß sämtliche Wurzeln $\zeta_j(q)$ von χ für $q \to \infty$ gegen Null gehen, womit besonders steife Komponenten des zu lösenden Systems bei Verwendung von (1) in günstiger Weise gedämpft werden.

Die m+2 freien Koeffizienten in (1) werden so gewählt, daß die Konsistenzordnung des Verfahrens gleich m+2 wird. Die Koeffizienten bis $m = 7$ sind in Tab.28 enthalten, Fig.48 zeigt die zugehörigen Stabilitätsgebiete. Für $m = 1$ erhält man gerade das Verfahren I-3.4.(9) mit $a = 1/3$ von Liniger und Willoughby. Für $m = 8$ ist das Stabilitätsgebiet nicht mehr zusammenhängend, so daß die Formeln für $m \geq 8$ nicht verwendet werden. Die kleinste Zahl D, so daß die Halbebene $\mathrm{Re}\, z < -D$ im Gebiet der absoluten Stabilität (s. 3.2.) enthalten ist, kann man der folgenden Aufstellung entnehmen:

m	1	2	3	4	5	6	7
D	0	0	0.1	0.52	1.4	2.7	5.3

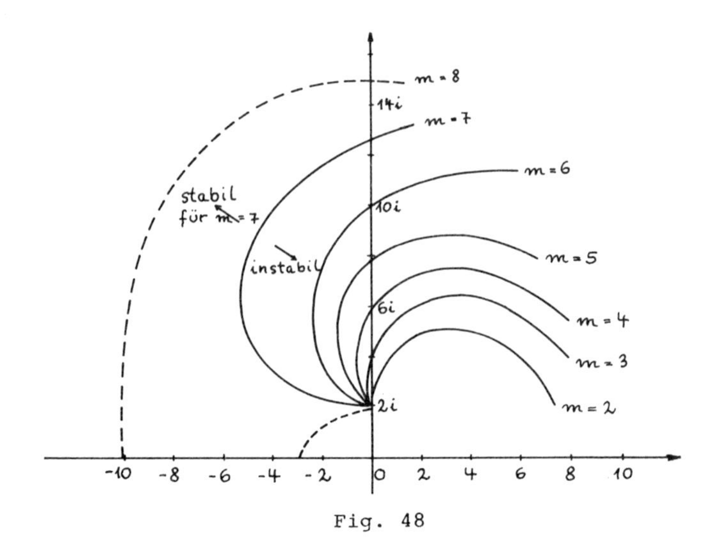

Fig. 48

Das Verfahren (1) ist von Enright mit variabler Schrittweite und Ordnung implementiert worden. Die Schrittweitensteuerung wird mit Verwendung einer Schätzung des Fehlers per Einheitsschritt (s. 3.3.) vorgenommen, welche man sich mit der in I-1.3.1. beschriebenen Methode der Halbierung der Schrittweite verschafft. Da jede Änderung der Schrittweite eine Berechnung der Funktionalmatrix und eine Matrixinversion erforderlich macht, ist man bemüht, die Zahl der Änderungen gering zu halten. Erst wenn der geschätzte Fehler über die doppelte Schrittweite kleiner als 50% der geforderten Toleranz ist, wird die Schrittweite verdoppelt. Außerdem wird eine Schrittweitenänderung nur vorgenommen, wenn h in m vorangehenden Schritten konstant war.

Wird ein Schritt aus Genauigkeitsgründen zurückgewiesen, so startet man das Verfahren, wie auch zu Beginn der Rechnung, mit $m = 2$. Die Ordnung des Verfahrens wird erhöht, wenn h m+1 Schritte lang konstant war und sie noch kleiner als $p_{max} = 9$ ist.

Als iteratives Verfahren zur Lösung der impliziten Gleichungen (1) wird analog zu I-3.4.(27) ein modifiziertes Newton-Verfahren verwendet. Der Zuwachs $\Delta u_j^{(l+1)} := u_j^{(l+1)} - u_j^{(l)}$ im l-ten Iterationsschritt wird aus dem linearen Gleichungssystem

$$(3) \quad W\Delta u_j^{(l+1)} = -u_{j+1}^{(l)} + hb_o f_j^{(l)} + h^2 c_o (f_y \circ f)_j^{(l)} + u_j + h \sum_{k=1}^{m} b_k f_{j-k}, \quad l = 0,1,2,\ldots,$$

mit $u_j^{(0)} := u_{j-1}$ berechnet, wobei $f_j^{(l)}$ für $f(x_j, u_j^{(l)})$ steht, f_y die Funktionalmatrix bezüglich des zweiten Argumentes von f bedeutet und

$$(4) \quad W \approx I - hc_o f_y - h^2 c_o (f_y)^2$$

ist. Die Matrix W hält man soweit wie möglich konstant. Sie wird neu berechnet, wenn die Schrittweite oder die Konsistenzordnung geändert werden, oder die Iteration (3) nicht schnell genug konvergiert. Letzteres wird als gegeben angenommen, wenn für $l \leq 9$ noch nicht das Abbruchkriterium der Iteration erfüllt ist. Die Iteration wird abgebrochen, wenn $\Delta u_j^{(l+1)}$ die weiter oben beschriebene Genauigkeitsanforderung für den Fehler pro Einheitsschritt erfüllt, also komponentenweise kleiner als τh ist mit der vorgegebenen Genauigkeit τ. Für die Lösung von (3) wird eine LR-Zerlegung von W gespeichert.

Bei Systemen mit einer großen Zahl n von Gleichungen nimmt die Berechnung von W und die Lösung von (3) einen beträchtlichen Teil des numerischen Aufwandes in Anspruch. Meist ist f_y aber schwach besetzt, so daß man diese Eigenschaft ausnutzen muß, um zu einem effektiven Verfahren zu kommen. Insbesondere versucht man dabei, auch die Berechnung von $(f_y)^2$ zu vermeiden, um die dafür benötigte Reichenzeit einzusparen, und da $(f_y)^2$ nicht gleichzeitig mit f_y schwach besetzt sein muß. Enright macht dazu zwei Vorschläge.

Der erste Vorschlag besteht darin, die Matrix W zu faktorisieren, so daß sich (3) bei Abkürzung der rechten Seite durch $g_j^{(l)}$ in der Form

$$(5) \quad -c_o(hf_y - rI)(hf_y - \bar{r}I)\Delta u_j^{(l+1)} = g_j^{(l)}$$

Tab. 29

m	p	Z	b_o	b_1	b_2	b_3	b_4	b_5	b_6
1	2	$\sqrt{2}$	$2 - Z$	$-1 + Z$					
2	3	$\sqrt{6}$	$\frac{4}{3} - \frac{1}{3}Z$	$\frac{2}{9} - \frac{1}{9}Z$	$\frac{-5}{9} + \frac{4}{9}Z$				
3	4	$\sqrt{5}$	$\frac{12}{11} - \frac{3}{11}Z$	$\frac{-257}{2904} + \frac{6}{121}Z$	$\frac{137}{363} - \frac{27}{121}Z$	$\frac{-1103}{2904} + \frac{54}{121}Z$			
4	5	$\sqrt{1419}$	$\frac{24}{25} + \frac{1}{75}Z$	$\frac{1057}{22500} + \frac{1}{625}Z$	$\frac{-3661}{15000} - \frac{16}{1875}Z$	$\frac{3853}{7500} + \frac{12}{625}Z$	$\frac{-12449}{45000} - \frac{16}{625}Z$		
5	6	$\sqrt{5118}$	$\frac{120}{137} + \frac{5}{822}Z$	$\frac{-261979}{9009120} - \frac{10}{18769}Z$	$\frac{2416169}{13513680} + \frac{125}{37538}Z$	$-\frac{2083057}{4504560} - \frac{500}{56307}Z$	$\frac{2889973}{4504560} + \frac{250}{18769}Z$	$\frac{-5534137}{27027360} - \frac{250}{18769}Z$	
6	7	$\sqrt{117573}$	$\frac{40}{49} + \frac{1}{882}Z$	$\frac{1231883}{62233920} + \frac{5}{64827}Z$	$\frac{-20297}{144060} - \frac{4}{7203}Z$	$\frac{124541}{288120} + \frac{25}{14406}Z$	$\frac{-2887799}{3889620} - \frac{200}{64827}Z$	$\frac{587501}{768320} + \frac{25}{7203}Z$	$\frac{-10783}{72030} - \frac{20}{7203}Z$

schreiben läßt, wenn r die Bedeutung

$$(6)\quad r = -\frac{b_o}{2c_o} + i\sqrt{-(\frac{b_o}{2c_o})^2 - \frac{1}{c_o}}$$

hat. Die in Tab.28 angegebenen Formeln sind derart, daß r nichtreell ist, so daß komplexe Rechnung nötig ist. Setzt man

$$(7)\quad v_j^{(l+1)} := (hf_y - \bar{r}I)\Delta u_j^{(l+1)},$$

so ist $v_j^{(l+1)}$ aus dem linearen Gleichungssystem

$$(8)\quad -c_o(hf_y - rI)v_j^{(l+1)} = g_j^{(l)}$$

mit komplexen Koeffizienten zu bestimmen, indem spezielle Eigenschaften von f_y ausgenutzt werden können. Da f_y und $\Delta u_j^{(l+1)}$ reell sind, erhält man dann durch Bildung des Imaginärteils in (7) die Bestimmungsgleichung für $\Delta u_j^{(l+1)}$

$$(9)\quad \Delta u_j^{(l+1)} = \mathrm{Im}(v_j^{(l+1)})/\sqrt{-(b_o/c_o)^2 - 1/c_o}\ .$$

Der zweite Vorschlag besteht darin, in (1) $c_o = -(b_o/2)^2$ zu setzen und die restlichen Koeffizienten so zu bestimmen, daß die Formel die Konsistenzordnung $p = m+1$ besitzt. Die sich dabei ergebenden Koeffizienten sind nicht eindeutig bestimmt. Die von Enright ausgewählten sind in Tab.29 enthalten. Die zugehörigen Gebiete absoluter Stabilität zeigt Fig.29. Die angegebene Wahl von c_o bietet den Vorteil, daß sich das Gleichungssystem (3) in der Form

$$(10)\quad (I - h\beta_o f_y/2)^2 \Delta u_j^{(l+1)} = g_j^{(l)}$$

schreibt, zu dessen Lösung nur ein zweimaliger Durchgang mit der LR-zerlegten Matrix $I - h\beta_o f_y/2$ nötig ist.

Die folgende Tabelle aus [205] enthält einen Vergleich der drei Verfahren, die wir der Reihenfolge nach, wie wir sie dargestellt haben, mit Enright, Enright-I, Enright-II bezeichnen, und dem Gearschen Verfahren, angewandt auf das System

Fig. 49

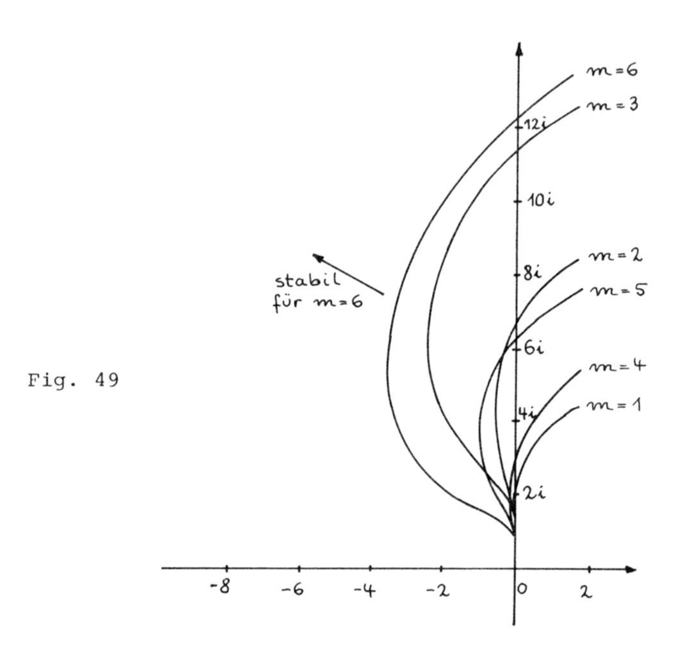

$$u_1' = u_2, \quad u_1(0) = 0$$

$$u_2' = u_3, \quad u_2(0) = 0$$

$$u_3' = u_4, \quad u_3(0) = 0$$

$$u_4' = (u_1^2 - \sin u_1 - \Gamma^4)u_1 + (u_2 u_3/(u_1^2+1) - 4\Gamma^3) + (1-6\Gamma^2)u_3 + (10e^{-u_4^2} - 4\Gamma)u_4 + 1, \quad u_4(0) = 0,$$

mit $\Gamma = 100$. Als Startschrittweite wurde $h_0 = 6.8 \cdot 10^{-3}$ genommen, als Toleranz $\tau = 10^{-6}$. Bei diesem System werden die Vorteile der Verfahren I und II nicht sichtbar, da für dieses kleine n die schwache Besetztheit von f_y nicht ausgenutzt wurde (und auch noch nicht zum Tragen gekommen wäre).

Verfahren	Schritte	f-Aufrufe	f_y-Aufrufe	f_y^{-1}-Aufrufe	$h\tau_{h,max}$	Zeit
Enright	51	131	123	19	3E-7	.17
Enright-I	51	131	123	19	3E-7	.33
Enright-II	74	217	209	30	7E-7	.27
Gear	135	349	15	15	11E-7	.16

Ein weiterer Satz von Koeffizienten für m-schrittige Verfahren vom Enright-Typ der Konsistenzordnung m+1, $m = 1,\ldots,7$, ist kürzlich in [251] angegeben worden.

5.3. Verfahren mit variablen Koeffizienten

Von Lambert [299] und Lambert-Sigurdsson [307] sind Verfahren angegeben worden, welche sich als Mehrschrittverfahren ansehen lassen, deren Koeffizienten von der Schrittweite h abhängen. Durch geschickte Wahl dieser Koeffizienten lassen sich günstige Stabilitätseigenschaften der Verfahren, insbesondere auch A-Stabilität, erreichen.

In diesem Abschnitt geben wir in den Formeln (1)-(3) die allgemeine Gestalt der Verfahren mit variablen Koeffizienten an. Es folgen dann eine Reihe von speziellen Verfahren dieses Typs. In dem verbleibenden größeren Teil werden allgemeine Sätze über die erreichbare Konsistenzordnung, über Stabilitätseigenschaften sowie die Konvergenz der Näherungslösungen bewiesen.

Unter einem Mehrschrittverfahren mit variablen Koeffizienten verstehen wir ein Verfahren auf äquidistantem Gitter, das sich in der Gestalt

(1) $$\frac{1}{h}\sum_{k=0}^{m} A_{k,h}(x_j,u_{j-m},\ldots,u_j)u_{j+k-m} =$$

$$= \sum_{k=0}^{m} B_{k,h}(x_j, u_{j-m}, \ldots, u_j) f(x_{j+k-m}, u_{j+k-m}), \quad j = m, \ldots, N,$$

$$u_k = \alpha_h^{(k)}, \quad k = 0, \ldots, m-1,$$

schreiben läßt. Dabei sind $A_{k,h}, B_{k,h}$ matrixwertige Funktionen, die für Argumente aus $I_h \times \mathbb{K}^{n(m+1)}$ erklärt sind. $A_{m,h}$ wird als invertierbar vorausgesetzt. Eine Lösung u_j von (1), falls sie überhaupt existiert, kann man versuchen, mit einem iterativen Verfahren der in 1.1. dargestellten Art zu ermitteln. Wenn $A_{k,h}, B_{k,h}$, $k = 0, \ldots, m$, nicht von u_j abhängig sind und $B_{m,h} = 0$ gilt, so heißt (1) linear implizit, da zur Bestimmung von u_j dann nur die Lösung eines linearen Gleichungssystems erforderlich ist. Den allgemeinen Fall nennt man vollimplizit.

Spezialfälle von (1) sind in [126,150,256,299,302,307,337,351, 352,369] behandelt worden. Wir beschränken uns hier auf die von Lambert-Sigurdsson [307] betrachtete Klasse von Verfahren, bei denen für $k = 0, \ldots, m$

$$(2) \quad A_{k,h}(x, y_0, \ldots, y_m) := \sum_{l=0}^{s} a_k^{(l)} h^l Q_h^l(x, y_0, \ldots, y_m),$$

$$(3) \quad B_{k,h}(x, y_0, \ldots, y_m) := b_k^{(0)} I + \sum_{l=1}^{s-1} b_k^{(l)} h^l Q_h^l(x, y_0, \ldots, y_m)$$

als Polynom in hQ_h definiert sind, wobei s eine nichtnegative Zahl sowie Q_h eine matrixwertige Funktion der angegebenen Veränderlichen ist und $a_k^{(l)}, b_k^{(l)}$ reelle Zahlen sind mit $a_m^{(0)} \neq 0$. An einigen Stellen verwenden wir der Kürze halber $b_k^{(-1)} = b_k^{(s)} = 0$.

In [126,255,256] ist der Fall betrachtet worden, daß $A_m = I$ und die restlichen Koeffizienten rationale Funktionen in hQ_h sind. Ersichtlich kann man beide Klassen ineinander überführen, wenn auch die sich ergebenden Bedingungen für Konsistenz usw. formverschieden sind.

Ein Verfahren der Gestalt (1)-(3) läßt sich in die von uns betrachtete Klasse 1.1.(7) von Mehrschrittverfahren einfach einpassen, indem

(4) $\rho(z) := \sum_{k=0}^{m} a_k^{(0)} z^k$

und

(5) $f_h(x,y_0,\ldots,y_m) = \sum_{k=0}^{m} \sum_{l=0}^{s-1} h^l [b_k^{(l)} Q_h^l(x,y_0,\ldots,y_m) \cdot$

$f(x+(k-m)h,y_k) - a_k^{(l+1)} Q_h^{l+1}(x,y_0,\ldots,y_m) y_k]$

gesetzt wird. Mit dieser Identifizierung sind die Begriffe Konsistenz und Konsistenzordnung für (1)-(3) aus 1.1. zu entnehmen. Die Verfahren heißen A-stabil, wenn sie für jedes $h > 0$ und jedes λ mit $\operatorname{Re}\lambda < 0$ bei Anwendung auf die skalare Differentialgleichung $u'(x) = \lambda u(x)$, $x \geq a$, nur Lösungen u_h mit $u_h(x_j) \to 0$ $(j \to \infty)$ besitzen.

Wir entnehmen der Arbeit [307] Koeffizienten für einige Verfahren vom Typ (1)-(3). Bei allen diesen Verfahren wird angenommen, daß

$$Q_h(x,y_0,\ldots,y_m) \sim -f_y(x,y_0,\ldots,y_m),$$

also eine Annäherung an die negativ genommene Funktionalmatrix ist. Dabei muß die Bildung von Q_h so erfolgen, daß im Fall eines Systems mit konstanter Koeffizientenmatrix A gilt

(6) $Q_h(x,y_0,\ldots,y_m) = -A.$

Es ist zu jedem Verfahren das führende Glied des Abschneidefehlers τ_h und ein Bereich für die noch frei wählbaren Parameter angegeben worden, in dem A-Stabilität vorliegt. Die Bedeutung von R(z) wird weiter unten in (33) ersichtlich.

1. Verfahren. $m = s = 1$, $p = 1$ oder 2 (im allg. vollimplizit)

$a_1^{(o)} = 1$, $a_o^{(o)} = -1$, $a_1^{(1)} = a$, $a_o^{(1)} = -a$

$b_1^{(o)} = b$, $b_o^{(o)} = 1-b$

$\tau_h(x) = h[(1/2-b)u''(x)+aQ_h u'(x)] + O(h^2)$

$\quad = -h^2 u'''(x)/12 + O(h^3)$, falls $b = 1/2$, $a = 0$,

$R(z) = [1-(a+b)z]^{-1}[1-(a+b-1)z]$

A-stabil, falls $a+b \geq 1/2$

$b = 0$: linear implizit; $b = 1/2$, $a = 0$: Trapezformel

<u>2. Verfahren</u>. $m = 2$, $s = 1$, $p = 2$, linear implizit

$a_2^{(o)} = 1$, $a_1^{(o)} = -1-\alpha$, $a_o^{(o)} = \alpha$, $a_2^{(1)} = 1/2$, $a_1^{(1)} = -1$, $a_o^{(1)} = 1/2$

$b_2^{(o)} = 0$, $b_1^{(o)} = (3-\alpha)/2$, $b_o^{(o)} = -(1+\alpha)/2$

$\tau_h(x) = h^2((5+\alpha)u'''(x)/12 + Q_h u''(x)/2) + O(h^3)$

$R(z) = [1-z/2]^{-1}[1+z/2]$

A-stabil, falls $|\alpha| < 1$.

<u>3. Verfahren</u>. $m = s = p = 2$, linear implizit

$a_2^{(o)} = 1$, $a_1^{(o)} = -1-\alpha$, $a_o^{(o)} = \alpha$

$a_2^{(1)} = a$, $a_1^{(1)} = -(1-\alpha)/2-a(1+\alpha)$, $a_o^{(1)} = (1-\alpha)/2+a\alpha$

$a_2^{(2)} = b$, $a_1^{(2)} = c$, $a_o^{(2)} = -b-c$

$b_2^{(o)} = 0$, $b_1^{(o)} = (3-\alpha)/2$, $b_o^{(o)} = -(1+\alpha)/2$

$b_2^{(1)} = 0$, $b_1^{(1)} = -1/2+a-b(1+\alpha)-c$, $b_o^{(1)} = \alpha/2-a\alpha+b(1+\alpha)+c$

$$\tau_h(x) = h^2[(5+\alpha)u'''(x)/12+((1+\alpha)/4+a(1-\alpha)/2+b(1+\alpha)+c)Q_h u''(x)+ (2b+c)Q_h^2 u'(x)] + O(h^3)$$

$R(z) = [1-az+bz^2]^{-1}[1-(a-1)z+(1/2-a+b)z^2]$

A-stabil, falls $|\alpha| < 1$, $4b \geq 2a-1 \geq 0$

$a = 1/2$, $b = c = 0$ $\Rightarrow$ 2. Verfahren

<u>4. Verfahren</u>. $m = s = 2$, $p = 3$ oder 4, im allg. vollimplizit

$a_2^{(o)} = 1$, $a_1^{(o)} = -1-\alpha$, $a_o^{(o)} = \alpha$, $a_2^{(1)} = 2a-(1+\alpha)/12$

$a_1^{(1)} = \alpha/3-2a(1+\alpha)$, $a_2^{(2)} = b$, $a_1^{(2)} = -2b$

$a_o^{(2)} = b$, $a_o^{(1)} = (1-3\alpha)/12+2a\alpha$

$b_2^{(o)} = (5+\alpha)/12$, $b_1^{(o)} = 2(1-\alpha)/3$, $b_o^{(o)} = -(1+5\alpha)/12$

$b_2^{(1)} = a-b$, $b_1^{(1)} = -1/6+a(1-\alpha)+2b$, $b_o^{(1)} = \alpha/6-a\alpha-b$

$$\tau_h(x) = h^3[-(1+\alpha)u^{(iv)}(x)/24+((1+2\alpha)/36-a(1-\alpha)/6+b)Q_h u'''(x)+ bQ_h^2 u''(x)] + O(h^4)$$
$$= h^4[-u^{(v)}(x)/90-Q_h u^{(iv)}(x)/72] + O(h^5) \quad \text{falls } \alpha=-1,\ a=1/12,\ b=0$$

$$R(z) = [1-(1/3+2a)z+az^2]^{-1}[1+(2/3-2a)z+(1/6-a)z^2]$$

A-stabil, falls $|\alpha|<1$, $a \geq 1/2$ (nicht A-stabil für $p=4$).

<u>5. Verfahren</u>. $m=3$, $s=2$, $p=3$, linear implizit

$a_3^{(o)}=1$, $a_2^{(o)}=-1-\alpha$, $a_1^{(o)}=\alpha+\beta$, $a_o^{(o)}=-\beta$

$a_3^{(1)}=1/3+2a$, $a_2^{(1)}=(-15+\alpha+\beta-24a(1+\alpha))/12$

$a_1^{(1)}=(4-\beta+6a(\alpha+\beta))/3$, $a_o^{(1)}=(-5-\alpha+3\beta-24a\beta)/12$

$a_3^{(2)}=a$, $a_2^{(2)}=b$, $a_1^{(2)}=-3a-2b$, $a_o^{(2)}=2a+b$

$b_3^{(o)}=0$, $b_2^{(o)}=(23-5\alpha-\beta)/12$

$b_1^{(o)}=-2(2+\alpha-\beta)/3$, $b_o^{(o)}=(5+\alpha+5\beta)/12$

$b_3^{(1)}=0$, $b_2^{(1)}=-1/6+a(1-\alpha)-b$

$b_1^{(1)}=\alpha/6+a(3-\alpha+\beta)+2b$, $b_o^{(1)}=-\beta/6-a(2-\beta)-b$

$$\tau_h(x) = h^3[(9+\alpha+\beta)u^{(iv)}(x)/24+((14+\alpha+2\beta)/36+ a(17+\alpha-\beta)/6+b)Q_h u'''(x)+(3a+b)Q_h^2 u''(x)] + O(h^4)$$

$$R(z) = [1-(1/3+2a)z+az^2]^{-1}[1+(2/3-2a)z+(1/6-a)z^2]$$

A-stabil, falls $a \geq 1/12$, und es Zahlen ζ_2, ζ_3 gibt mit $|\zeta_2|<1$, $|\zeta_3|<1$ sowie $\alpha=\zeta_2+\zeta_3, \beta=\zeta_2\zeta_3$.

<u>6. Verfahren</u>. $m=4$, $s=2$, $p=4$, linear implizit

$a_4^{(o)}=1$, $a_3^{(o)}=-1$, $a_2^{(o)}=0$, $a_1^{(o)}=0$, $a_o^{(o)}=0$,

$a_4^{(1)}=1/2$, $a_3^{(1)}=-43/24$, $a_2^{(1)}=59/24$, $a_1^{(1)}=-37/24$, $a_o^{(1)}=9/24$

$a_4^{(2)}=1/12$, $a_3^{(2)}=-1/4$, $a_2^{(2)}=1/4$, $a_1^{(2)}=-1/12$, $a_o^{(2)}=0$

$b_4^{(o)}=0$, $b_3^{(o)}=55/24$, $b_2^{(o)}=-59/24$, $b_1^{(o)}=37/24$, $b_o^{(o)}=-9/24$

$b_4^{(1)}=0$, $b_3^{(1)}=1/6$, $b_2^{(1)}=-1/4$, $b_1^{(1)}=1/12$, $b_o^{(1)}=0$

$$\tau_h(x) = h^4[251u^{(v)}(x)/720+31Q_h u^{(iv)}(x)/72+Q_h^2 u'''(x)/12] + O(h^5)$$

$R(z) = [1-z/2+z^2/12]^{-1}[1+z/2+z^2/12]$

A-stabil.

Im restlichen Teil dieses Abschnitts untersuchen wir die erreichbare Konsistenzordnung der Verfahren vom Typ (1)-(3), ihre Konvergenz und die wichtige Stabilisierungsbedingung.

(7) Der Verfahrensteil von (1)-(3) besitzt dann und nur dann für jede Anfangswertaufgabe (A) mit $f \in C^p(U)$ und für jede beschränkte Folge (Q_h) die Konsistenzordnung $p \geq s$, wenn für $j = 1,\ldots,p-1$, $l = 0,1,\ldots,s$ die Bedingungen erfüllt sind

$$(8) \quad \sum_{k=0}^{m} a_k^{(l)} = 0, \quad \frac{1}{j}\sum_{k=0}^{m} k^j a_k^{(l)} = \sum_{k=0}^{m} k^{j-1} b_k^{(l)}.$$

Beweis. Die vorstehenden Bedingungen ergeben sich in elementarer Weise nach Taylorentwicklung von u_{j+k-m} und u'_{j+k-m} um den Punkt x_{j-m} durch Verwendung von $u = x^t$, $t = 0,\ldots,x^p$, und Abgleich nach Potenzen von h bzw. hQ_h.

Wir verzichten darauf, die (8) entsprechenden Bedingungen für $p < s$ anzuschreiben, da wir im weiteren nur den Fall $p \geq s$ verfolgen.

Für ein konsistentes Verfahren ist $\zeta_1 = 1$ stets eine Wurzel von ρ. Mit $\zeta_2,\ldots,\zeta_m$ bezeichnen wir die weiteren Wurzeln von ρ. Bei einem asymptotisch stabilen Verfahren ist $|\zeta_j| \leq 1$, $j = 1,\ldots,m$, und die numerisch akzeptablen Verfahren erfüllen sogar $|\zeta_j| < 1$, $j = 2,\ldots,m$. Wie wir in Kap.3 ausführlich dargelegt haben, ist man bemüht, die parasitären Wurzeln $\zeta_j(h)$, $j = 2,\ldots,m$, die sich bei Anwendung auf eine lineare Gleichung mit konstanten Koeffizienten bei der Schrittweite h einstellen, in irgendeiner Weise (etwa relativ zu $\zeta_1(h)$ oder absolut) klein zu halten. Die Idee bei der gleich zu beschreibenden Stabilisierungsbedingung für (1)-(3) besteht nun darin, die Koeffizienten $a_k^{(l)}, b_k^{(l)}$ so zu wählen, daß $\zeta_2,\ldots,\zeta_m$ von h unabhängig werden.

Wie man die Stabilisierung bewerkstelligen kann, führen wir zuerst bei einer skalaren Gleichung mit $s = 1$ vor. Bei Anwendung von (1)-(3) auf die Testgleichung $u' = \lambda u$ ergeben sich die Differenzengleichungen

$$(9) \quad \sum_{k=0}^{m} [a_k^{(o)} - h\lambda(a_k^{(1)} + b_k^{(o)})] u_{j+k-m} = 0, \quad j = m,\dots,N.$$

Es werde nun $a_k^{(1)} + b_k^{(o)}$, $k = 0,\dots,m$, so gewählt, daß die Bedingung

$$(10) \quad \sum_{k=0}^{m} (a_k^{(1)} + b_k^{(o)}) \zeta_t^k = 0, \quad t = 2,\dots,m,$$

erfüllt ist. Man erkennt, daß dann $\zeta_2,\dots,\zeta_m$ auch Lösung der zu (9) gehörigen charakteristischen Gleichung sind, was gerade bewirkt werden sollte.

Um die Stabilisierungsbedingung für den allgemeinen Fall anschreiben zu können, führen wir die Zahlen $c_k^{(l)}$ ein durch die Vorschrift

$$(11) \quad \begin{aligned} c_k^{(l)} &:= a_k^{(l)} + b_k^{(l-1)}, \quad l = 0,\dots,s, \\ c_k^{(l)} &:= 0, \quad l = -1, \quad l > s, \quad k = 0,\dots,m. \end{aligned}$$

(12) <u>Das Verfahren</u> (1)-(3) <u>heißt stabilisiert, wenn die</u> ζ_j, $j = 2,\dots,m$, <u>auch Wurzeln der Polynome</u>

$$(13) \quad \rho^{(l)}(z) := \sum_{k=0}^{m} c_k^{(l)} z^k, \quad l = 1,\dots,s,$$

<u>mit derselben Vielfachheit wie von</u> ρ <u>sind und</u> $|\zeta_j| < 1$ <u>gilt</u>.

Als Vorbereitung für die Sätze (19),(21) beweisen wir drei Lemmata.

(14) <u>Für ein Verfahren, das mit einem</u> $p \geq s$ <u>die Bedingungen in</u> (7) <u>erfüllt, gilt</u>

$$\sum_{k=0}^{m} c_k^{(l)} = \sum_{k=0}^{m} \left(\sum_{j=1}^{l} \frac{(-1)^{j+1}}{j!} k^j c_k^{(l-j)} \right), \quad l = 0,1,\dots,p.$$

<u>Beweis</u>. Bei Verwendung der Beziehungen (8) erhält man die Behauptung durch sukzessive Umformungen der Art

$$\sum_{k=0}^{m} c_k^{(l)} = \sum_{k=0}^{m} b_k^{(l-1)} = \sum_{k=0}^{m} kc_k^{(l-1)} - \sum_{k=0}^{m} kb_k^{(l-2)},$$
$$\sum_{k=0}^{m} kb_k^{(l-2)} = \frac{1}{2}\sum_{k=0}^{m} k^2 c_k^{(l-2)} - \frac{1}{2}\sum_{k=0}^{m} k^2 b_k^{(l-3)}.$$

(15) <u>Ein stabilisiertes Verfahren genügt für</u> $l = 0,1,\dots,p$, $k = 0,\dots,m$ <u>den Bedingungen</u>

$$(16)\quad c_k^{(l)} = c_m^{(l)}(\rho_{k-1}-\rho_k) + \frac{\rho_k}{\rho^*(1)}\sum_{r=0}^{m} c_r^{(l)},$$

<u>wenn das Polynom</u> ρ^* <u>mit Koeffizienten</u> ρ_k <u>definiert ist durch</u>

$$(17)\quad \rho^*(z) := \prod_{k=2}^{m}(z-\zeta_k) =: \sum_{k=0}^{m-1}\rho_k z^k, \quad \rho_{-1} := 0 =: \rho_m.$$

<u>Beweis</u>. Die Stabilisierungsbedingung (12) bedeutet, daß für $l = 0,1,\dots,s$ mit einer gewissen Wurzel $\zeta^{(l)}$ gilt

$$\sum_{k=0}^{m} c_k^{(l)} z^k = \rho^{(l)}(z) = c_m^{(l)}(z-\zeta^{(l)})\rho^*(z) = c_m^{(l)}\sum_{k=0}^{m}\rho_k(z-\zeta^{(l)})z^k.$$

Koeffizientenvergleich ergibt

$$c_k^{(l)} = c_m^{(l)}(\rho_{k-1}-\zeta^{(l)}\rho_k) = c_m^{(l)}(\rho_{k-1}-\rho_k)+c_m^{(l)}\rho_k(1-\zeta^{(l)}).$$

Für $z = 1$ erhält man außerdem $\Sigma c_k^{(l)} = c_m^{(l)}(1-\zeta^{(l)})\rho^*(1)$, so daß nach Elimination von $c_m^{(l)}(1-\zeta^{(l)})$ die Behauptung folgt. Ergänzend bemerken wir noch, daß aufgrund der Voraussetzung (12) $\rho^*(1) \neq 0$ ist.

(18) <u>Für ein stabilisiertes Verfahren, das mit einem</u> $p \geq s$ <u>die Bedingungen in</u> (7) <u>erfüllt, gilt</u>

$$\sum_{k=0}^{m} c_k^{(l)} = \rho^*(1)\sum_{r=1}^{l}\frac{(-1)^{r+1}}{r!}c_m^{(l-r)}, \quad l = 0,1,\dots,p.$$

<u>Beweis</u>. Wir gehen mit vollständiger Induktion vor. Wegen $\rho^{(o)}(1) = \rho(1) = 0$ und $\Sigma_1^o \cdot = 0$ ist die Verankerung gegeben. Gelte die Behauptung für $l = 0,1,\dots,s-1 < p-1$. Wir zeigen, daß sie dann auch für s richtig ist. Indem wir nacheinander bei den folgenden Umformungen die Hilfssätze (14),(15) und die

Induktionsannahme verwenden, ergibt sich

$$\sum_{k=0}^{m} c_k^{(s)} = \sum_{k=0}^{m} \sum_{j=1}^{s} \frac{(-1)^{j+1}}{j!} k^j c_k^{(s-j)}$$

$$= \sum_{k=0}^{m} \sum_{j=1}^{s} \frac{(-1)^{j+1}}{j!} k^j \left[c_m^{(s-j)} (\rho_{k-1}-\rho_k) + \frac{\rho_k}{\rho^*(1)} \sum_{r=0}^{m} c_r^{(s-j)} \right]$$

$$= \sum_{k=0}^{m} \sum_{j=1}^{s} \frac{(-1)^{j+1}}{j!} k^j \left[c_m^{(s-j)} (\rho_{k-1}-\rho_k) + \rho_k \sum_{r=1}^{s-j} \frac{(-1)^{r+1}}{r!} c_m^{(s-j-r)} \right]$$

$$= \sum_{r=1}^{s} \frac{(-1)^{r+1}}{r!} d_j c_m^{(s-r)},$$

wobei man die letzte Summe durch Sammeln nach $c_m^{(s-r)}$ erhält. Die Zahlen d_r sind gegeben durch

$$d_r = \sum_{k=0}^{m} k^r (\rho_{k-1}-\rho_k) - \left\{ \sum_{j=1}^{r-1} \frac{r!}{j!(r-j)!} \sum_{k=0}^{m} k^j \rho_k \right\}$$

$$= \sum_{k=0}^{m} \rho_k [(k+1)^r - k^r - \{(k+1)^r - k^r - 1\}] = \rho^*(1).$$

Damit ist die Behauptung bewiesen.

Mit den bereitgestellten Hilfsmitteln sind wir in der Lage, den ersten Satz zu beweisen.

(19) <u>Für ein stabilisiertes Verfahren vom Typ</u> (1)-(3), <u>das die Bedingungen in</u> (7) <u>erfüllt, ist</u> $p \le 2s$.

<u>Beweis</u>. Wegen $c_k^{(l)} = 0$, $l > s$, folgt aus (18), daß bei einem Verfahren mit $p > s$ die Bedingungen

$$(20) \quad \sum_{r=1}^{l} \frac{(-1)^{r+1}}{r!} c_m^{(l-r)} = 0, \quad l = s+1,\dots,p,$$

erfüllt sind. Wäre $p > 2s$, so folgte aus dem linearen Gleichungssystem (20) $c_m^{(l)} = 0$, $l = 0,1,\dots,s$. Dies widerspricht der Annahme $a_m^{(o)} \neq 0$.

Bemerkenswert an (19) ist, daß die maximal erreichbare Konsistenzordnung unabhängig von der Schrittzahl m ist. Die folgende anschauliche Überlegung zeigt, daß auch nicht zu erwarten ist, daß p mit wachsendem m beliebig groß wird. Eine Vergrößerung von m um 1 bringt 2s+1 neue Koeffizienten. Wenn $p \geq s$ ist, so wächst die Zahl der Bedingungen in (7) bei Erhöhung von p um 1 um s+1. Außerdem müssen die Koeffizienten den (der Vielfachheit nach gerechneten) Bedingungen $\rho^{(l)}(\zeta_k) = 0$, $k = 2,\ldots,m$, $l = 0,1,\ldots,s$ genügen, deren Zahl um s+1 zunimmt, wenn m um 1 vergrößert wird. Damit stehen den 2s+1 neu hinzukommenden Koeffizienten 2s+2 neu zu erfüllende Bedingungen gegenüber.

(21) Ein stabilisiertes Verfahren, das die Bedingungen in (7) mit $p \geq s$ erfüllt, läßt sich in der Form schreiben

$$\left[\sum_{l=0}^{s} c_m^{(l)}(hQ_h)^l\right]\left[\sum_{k=0}^{m-1}\rho_k u_{j+k-m+1}\right] - \left[\sum_{l=0}^{s}\sum_{r=0}^{l}\frac{(-1)^r}{r!}c_m^{(l-r)}(hQ_h)^l\right]\cdot$$

$$\left[\sum_{k=0}^{m-1}\rho_k u_{j+k-m}\right] = h\sum_{k=0}^{m}\sum_{l=0}^{s-1} b_k^{(l)}(hQ_h)^l(f_{j+k-m}+Q_h u_{j+k-m}).$$

Dabei ist Q_h die Abkürzung für $Q_h(x_j,u_{j+k-m},\ldots,u_{j+k})$ und f_{j+k-m} für $f(x_{j+k-m},u_{j+k-m})$.

Beweis. Die behauptete Darstellung ergibt sich durch einfache Umrechnung, indem man $a_k^{(l)}$ in (1)-(3) durch $c_k^{(l)}$ gemäß (11) ersetzt und für $c_k^{(l)}$ dann (16) verwendet, wobei man die Summe in (16) mit Hilfe von (18) substituiert.

(22) Es seien ρ_k, $k = 0,\ldots,m-1$, relle Zahlen mit $\rho_{m-1} = 1$, so daß die Wurzeln des Polynoms ρ^* aus (17) $|\zeta_j| < 1$, $j = 2,\ldots,m$, erfüllen. Sind $c_m^{(l)} \in \mathbb{R}$, $l = 0,\ldots,s$, irgendwelche Zahlen mit $c_m^{(o)} \neq 0$, so definiert die Formel in (21) ein stabilisiertes Verfahren, dessen Koeffizienten $c_k^{(l)}$, $k = 0,\ldots,m-1$, gegeben sind durch

$$(23)\quad c_k^{(l)} = (\rho_{k-1}-\rho_k)c_m^{(l)} - \rho_k\sum_{r=1}^{l}\frac{(-1)^r}{r!}c_m^{(l-r)}, \quad l = 0,\ldots,s.$$

Beweis. Die Darstellung (23) erhält man in elementarer Weise durch Umschreiben der Gleichungen in (21) auf die Form (1)-(3). Aufgrund der Bedeutung der ρ_k erkennt man dann sofort, daß die Stabilisierungsbedingungen erfüllt sind.

Bisher unbeantwortet ist die Frage, ob es überhaupt stabilisierte Verfahren der Konsistenzordnung $p = 2s$ gibt und wie man gegebenenfalls welche konstruieren kann. Im Hinblick auf (21), (22) liegt es nahe zu versuchen, solche Verfahren in der Gestalt aus (21) zu suchen. Daß dies in der Tat gelingt, zeigt der folgende Satz.

(24) Seien ρ_k, $k = 0,\dots,m-1$, $c_m^{(l)}$, $l = 0,\dots,s$, wie in (22) gegeben. Darüber hinaus gelte $s-1 \le m < 2s$ und

$$(25) \quad \sum_{r=1}^{l} \frac{(-1)^r}{r!} c_m^{(l-r)} = 0, \quad l = s+1,\dots,m+1.$$

Dann lassen sich zu den $c_m^{(l)}$ gemäß (11) gehörige Koeffizienten $a_k^{(l)}, b_k^{(l)}$, $k = 0,\dots,m$, $l = 0,\dots,s$, so bestimmen, daß die Konsistenzbedingungen in (7) für $p = m+1$ erfüllt sind und das zugehörige Verfahren (1)-(3) stabilisiert ist.

Der vorstehende Satz besagt, daß es stets $(s-1)$-schrittige stabilisierte Verfahren der Konsistenzordnung $p = s$ gibt. Dabei hat man noch die Freiheit, die ρ_k und $c_m^{(l)}$ soweit beliebig vorzuschreiben, wie es durch (22) gestattet ist, da (25) in diesem Fall leer ist. Mit $(2s-1)$-schrittigen Verfahren läßt sich die überhaupt nur mögliche größte Konsistenzordnung $p = 2s$ erreichen, da das Gleichungssystem (25) lösbar ist, und zwar nach Vorgabe von $c_m^{(o)} \neq 0$ eindeutig. Die Koeffizienten $a_k^{(l+1)}, b_k^{(l)}$, $k = 0,\dots,m$, sind für $l = 1,\dots,s-1$, nicht eindeutig bestimmt durch die Festlegung der ρ_k und $c_m^{(l)}$. Wie die Beispiele zu Beginn dieses Abschnitts zeigen, ist die im Satz angegebene Schrittzahl m zum Erreichen von $p = m+1$ nicht die kleinstmögliche.

Zum Beweis von (24) stellen wir zwei Hilfssätze bereit.

(26) Sind für eine Zahl p in $0 \le p \le 2s$ die Bedingungen (8) für $j = 1,\dots,p-1$, $l = 0,1,\dots,\min(p-1,s)$, und ist (11) erfüllt, so gilt für $r = 0,\dots,p-1$, $l = 0,\dots,\min(p,s)$ die Beziehung

(27) $$\sum_{k=0}^{m} k^r a_k^{(l)} = \sum_{k=0}^{m} \sum_{t=1}^{l} (-1)^t \frac{r!}{(r+t)!} k^{r+t} c_k^{(l-t)} .$$

Beweis. Man erhält die Beziehungen (27) auf dieselbe Weise wie im Beweis von (14).

(28) Ist (23) erfüllt, so folgt aus dem Bestehen von (27) für eine Zahl l in $0 \leq l \leq s$ die Beziehung

(29) $$\sum_{k=0}^{m} k^r a_k^{(l)} = r! \sum_{k=0}^{m} \rho_k \sum_{j=1}^{l} (-1)^{j+1} c_m^{(l-j)} \sum_{t=0}^{r-1} \frac{k^t}{t!(j+r-t)!} .$$

Beweis. Wir ersetzen auf der rechten Seite von (27) $c_k^{(l-t)}$ durch (23) und erhalten

$$\sum_{k=0}^{m} k^r a_k^{(l)} = \sum_{t=1}^{l} \frac{(-1)^t r!}{(r+t)!} \Bigg[\sum_{k=0}^{m} k^{r+t} (\rho_{k-1} - \rho_k) c_m^{(l-t)} -$$

$$\sum_{k=0}^{m} k^{r+t} \sum_{j=1}^{l-t} \frac{(-1)^j}{j!} c_m^{(l-t-j)} \Bigg]$$

$$= \sum_{k=0}^{m} r! \rho_k \sum_{j=1}^{l} c_m^{(l-j)} \Bigg[\frac{(-1)^j}{(r+j)!} ((k+1)^{r+t} - k^{r+t}) -$$

$$\sum_{t=0}^{j-1} \frac{(-1)^j}{(r+t)!(j-t)!} k^{r+t} \Bigg] .$$

Nun ist

$$\sum_{t=0}^{j-1} \frac{k^{r+t}}{(r+t)!(j-t)!} = \frac{(k+1)^{r+t}}{(r+t)!} - \frac{k^{r+t}}{(r+t)!} - \sum_{t=0}^{r-1} \frac{k^t}{t!(j+r-t)!} ,$$

wie man etwa mit Hilfe r-facher Differentiation beider Seiten nach dem als Variable aufgefaßten k in elementarer Weise verifizieren kann. Fügt man die letzte Beziehung in die vorletzte ein, so erhält man (29).

Beweis von (24). Aus (22) geht hervor, daß mit den Zahlen ρ_k, $c_m^{(l)}$ die Gleichungen in (21) ein stabilisiertes Verfahren beschreiben und daß die Gleichungen (23) gelten. Es bleibt zu zeigen, daß man die Koeffizienten $a_k^{(l)}, b_k^{(l)}$ wie benötigt bestimmen kann. Dazu weisen wir zunächst schrittweise das Bestehen von (8) für $l=0,1,\dots,s$ nach. Wir betrachten den Fall $l=0$. Die Beziehungen (11) ergeben $a_k^{(o)}=c_k^{(o)}$, $k=0,\dots,m$. Wir wenden (26) mit $p=0$ an, so daß (27) für $l=r=0$ gilt. Aus (29) folgt dann $\rho^{(o)}(1)=0$, also die erste Bedingung in (8). Die $b_k^{(o)}$, $k=0,\dots,m$, können dann aus den restlichen Gleichungen in (8) bestimmt werden, da die $a_k^{(o)}$ bekannt sind und die Koeffizientendeterminante $((k^{j-1}))$, $k=0,\dots,m$, $j=1,\dots,m+1$, nicht singulär ist.

Für ein allgemeines $l=l_o\le s$ schließen wir analog. Die Bedingungen (8) mögen bereits bis l_o-1 erfüllt sein. Eine Anwendung von (26) mit $p=l_o$ führt zu (29) mit $r=0$, $l=l_o$, so daß die erste Bedingung (8) erfüllt ist, wobei die Koeffizienten $a_k^{(l_o)}$ durch (11) bestimmt sind. Die restlichen Bedingungen in (8) lassen sich dann trivialerweise erfüllen. Damit ist ein Verfahren der Konsistenzordnung $p=s$ konstruiert worden.

Um zu einem Verfahren zu kommen, das (8) für ein $p>s$ erfüllt, sind die Gleichungen

$$(30)\qquad \sum_{k=0}^{m} k^j a_k^{(s)} = 0, \qquad j=1,\dots,p-s,$$

zu erfüllen, denn nach Vereinbarung ist $b_k^{(s)}=0$, $k=0,\dots,m$. Das Bestehen von (30) erschließt man unter Verwendung von (29), denn es ist

$$\sum_{j=1}^{s} \frac{(-1)^j}{(j+r-t)!}\, c_m^{(s-j)} = (-1)^{t-r} \sum_{k=q-s+1}^{q} \frac{(-1)^k}{k!}\, c_m^{(q-k)}$$

mit der Abkürzung $q=s+r-t$, und wegen (25) verschwindet bei Beachtung von $c_m^{(l)}=0$, $l>s$, die letzte Summe für $q=s,\dots,m+1$, d.h. für $t=0,\dots,r-1$, $r=1,\dots,p-s$. Damit ist alles bewiesen.

Wir leiten jetzt über zu den Stabilitätseigenschaften der stabilisierten Verfahren vom Typ (1)-(3). Hier ist die Anwendung der Verfahren auf die skalare Differentialgleichung $u'=-\lambda u$ von Bedeutung. Die sich mit einem Verfahren der in

(21) angegebenen Form ergebenden Differenzengleichungen lauten bei Beachtung der Vereinbarung $Q_h = \lambda$ für diesen Fall

$$(31)\quad \left[\sum_{l=0}^{s} c_m^{(l)} (h\lambda)^l\right]\left[\sum_{k=0}^{m-1} \rho_k u_{j+k-m+1}\right] -$$

$$\left[\sum_{l=0}^{s} \sum_{r=0}^{l} \frac{(-1)^r}{r!} c_m^{(l-r)} (h\lambda)^l\right]\left[\sum_{k=0}^{m-1} \rho_k u_{j+k-m}\right] = 0.$$

Das charakteristische Polynom $\chi(z,-h\lambda)$ dieser Differenzengleichungen erhält man durch Ersetzen von u_{j+k-m} durch z^k. Es ergibt sich mit dem Polynom ρ^* aus (17)

$$(32)\quad \chi(z,-h\lambda) = \rho^*(z)\left[z \sum_{l=0}^{s} c_m^{(l)} (h\lambda)^l - \sum_{l=0}^{s} \sum_{r=0}^{l} \frac{(-1)^r}{r!} c_m^{(l-r)} (h\lambda)^l\right].$$

Es liegt nahe, die gebrochene rationale Funktion R einzuführen durch

$$(33)\quad R(z) := \left[\sum_{l=0}^{s} c_m^{(l)} z^l\right]^{-1}\left[\sum_{l=0}^{s} \sum_{r=0}^{l} \frac{(-1)^r}{r!} c_m^{(l-r)} z^l\right],$$

mit der man der Darstellung (32) zufolge sofort das folgende Ergebnis aussprechen kann.

(34) <u>Für ein stabilisiertes Verfahren der in</u> (21) <u>angegebenen Gestalt liegt eine Zahl</u> $q \in \mathbb{C}$ <u>genau dann im Bereich der absoluten Stabilität</u> (s. 3.2.(1)), <u>wenn</u> $|R(-q)| < 1$ <u>ist. Ein solches Verfahren ist daher A-stabil, wenn für alle</u> q <u>mit</u> $\operatorname{Re} q > 0$ <u>gilt</u> $|R(q)| < 1$.

In [307,369] sind noch allgemeinere Stabilitätsuntersuchungen vorgenommen worden, bei denen man als Testgleichung ein lineares System $u' = A(x)u$ mit variablen Koeffizienten zugrunde legt. Hierauf können wir in unserem Rahmen nicht eingehen.

Die Funktion R beschreibt das Verhalten der aus der wesentlichen Wurzel $\zeta_1 = 1$ von ρ hervorgehenden Wurzel $\zeta_1(h)$ vermöge des Zusammenhanges $\zeta_1(h) = R(-h\lambda)$. Für ein Verfahren der Konsistenzordnung p ist bereits in 2.3.(10) die Eigenschaft $\zeta_1(h) = \exp(h\lambda) + O(h^{p+1})$ bewiesen worden. Diese Eigenschaft ergibt sich bei den hier betrachteten Verfahren auf eine etwas allgemeinere Weise.

(35) Sind die Gleichungen (20) erfüllt, so gilt für ein Verfahren der in (21) angegebenen Gestalt

(36) $R(z) = e^{-z} + O(z^{p+1}), \quad z \to 0.$

Beweis. Für den Nachweis von (36) ist für $z \to 0$ die Beziehung

$$e^{z} \sum_{l=0}^{s} \left[\sum_{r=0}^{l} \frac{(-1)^{r}}{r!} c_m^{(l-r)} \right] z^{l} = \sum_{l=0}^{s} c_m^{(l)} z^{l} + O(z^{p+1})$$

zu zeigen. Setzt man hier die Reihenentwicklung für e^{z} ein und nimmt dann elementare Umordnungen nach Potenzen von z sowie den Koeffizienten $c_m^{(l)}$ vor, so wird man von der vorstehenden Bedingung unter Beachtung von (20) auf die Forderung

$$\sum_{r=0}^{l} \left[\sum_{k=0}^{l-r} \frac{(-1)^{k}}{(l-k-r)!k!} \right] c_m^{(r)} = c_m^{(l)}, \quad l = 0,\dots,p,$$

geführt, wobei wir an die Vereinbarung $c_m^{(l)} = 0$, $l > s$, erinnern. Berechnung der inneren Summe mit dem Binomischen Lehrsatz zeigt, daß diese Gleichungen in der Tat erfüllt sind, was den Beweis des Satzes ergibt.

Für $p = 2s$ stellt $R(-z)$ also eine diagonale Padé-Approximation von e^{z} dar, von der wir in I-3.5.(12) die Eigenschaft $|R(-z)| < 1$, $\mathrm{Re}\, z < 0$, bewiesen haben. Daher folgt aus (34),(35) die Aussage

(37) Ein stabilisiertes Verfahren vom Typ (1)-(3), das die Konsistenzbedingungen in (7) mit $p = 2s$ erfüllt, ist A-stabil.

Für die Verfahren mit $s = 1,2$ lassen sich auch leicht Bedingungen an die Koeffizienten $c_k^{(l)}$ für das Vorliegen von A-Stabilität angeben. Mit diesen nachfolgend aufgeführten Bedingungen kann man bei den zu Beginn dieses Abschnitts explizit angeschriebenen Verfahren den Bereich der A-Stabilität leicht nachrechnen.

(38) Ein stabilisiertes Verfahren vom Typ (1)-(3) mit $a_m^{(o)} = 1$, das die Konsistenzbedingungen in (7) mit $p = s$ erfüllt, ist

<u>genau dann A-stabil, wenn gilt</u>

(i) $c_m^{(1)} \geq 1/2$ <u>im Falle</u> $s = 1$

(ii) $c_m^{(1)} \geq 1/2,\ 1-2c_m^{(1)}+2c_m^{(2)} \geq 0$ <u>im Falle</u> $s = 2$.

<u>Beweis</u>. Bei Beachtung von $c_m^{(o)} = a_m^{(o)} = 1$ ist im Falle $s = 1$ die Funktion R aus (33) gegeben durch $R(z) = (1+(-1+c_m^{(1)})z)/(1+c_m^{(1)}z)$. Identifiziert man in I-3.4.(7) die Zahl μ mit $1-c_m^{(1)}$, so ist (i) bewiesen. Im Falle $s = 2$ ist

$$R(z) = \frac{1 + (c_m^{(1)}-1)z + (c_m^{(2)}-c_m^{(1)}+1/2)z^2}{1 + c_m^{(1)}z + c_m^{(2)}z^2}.$$

Die Behauptung (ii) folgt dann aus I-3.4.(20), wenn man dort $a = 2c_m^{(1)}-1,\ b = 4c_m^{(2)}-4c_m^{(1)}+2$ setzt.

Das weiter oben angegebene 4. Verfahren ist bei Wahl der Koeffizienten für eine Konsistenzordnung $p = 4$ nicht A-stabil. Es lautet

$$\begin{aligned}(39)\quad & (1+hQ_{h,j}/6)u_j-(hQ_{h,j}/3)u_{j-1}+(-1+hQ_{h,j})u_{j-2} = \\ & h[(1/3+hQ_{h,j}/12)f_j+4/3f_{j-1}+(1/3-hQ_{h,j}/12)f_{j-2}].\end{aligned}$$

Dieses Verfahren ist als eine stabilisierte Form der Simpsonregel anzusehen, in die es bei Wahl von $Q_h = 0$ übergeht (vgl. [337]). Es ist jedoch kein stabilisiertes Verfahren im Sinne von (12), da $\zeta_2 = -1$ ist. Dies bedeutet, daß bei Anwendung von (39) auf $u' = \lambda u$ mit $\mathrm{Re}\,\lambda < 0$ die Lösung u_j von (39) einen abklingenden Bestandteil und einen weiteren Bestandteil enthält, der sich wie $(-1)^j$ verhält (s. 2.3.) und daher beschränkt bleibt. Die Simpsonformel besäße in ihrer Lösung dagegen eine exponentiell anwachsende Komponente (s. nach 2.9.(31)).

Das folgende, [299] entnommene numerische Beispiel spiegelt diesen Effekt wider. Die Anfangswertaufgabe

$$(40)\quad u' = -10(u-1)^2,\quad u(0) = 2,$$

welche die exakte Lösung $u = 1+1/(1+10x)$ besitzt, wird mit der

Simpsonregel und mit der Formel (39) integriert, wobei als Startwert die exakte Lösung genommen wird. Die Ergebnisse sind in der nachfolgenden Tabelle aufgeführt.

x_j	$u(x_j)$	$u_h^S(x_j)$	$u_h^{(36)}(x_j)$
0.0	2.000 000	2.000 000	2.000 000
0.1	1.500 000	1.500 000	1.500 000
0.2	1.333 333	1.302 776	1.333 333
0.3	1.250 000	1.270 115	1.249 579
0.4	1.200 000	1.165 775	1.200 050
.	.	.	.
.	.	.	.
.	.	.	.
3.8	1.025 641	0.867 153	1.025 815
3.9	1.025 000	0.953 325	1.024 819
4.0	1.024 390	0.850 962	1.024 565
.	.	.	.
.	.	.	.
.	.	.	.
4.8	1.020 408	0.040 686	1.020 583
4.9	1.020 000	-5.990 968	1.019 820
5.0	1.019 608	-394.086	1.019 782

Es bleibt die Konvergenz der Verfahren vom Typ (1)-(3) zu beweisen, was mit den allgemeinen Konvergenzsätzen aus Kap.2 einfach geschehen kann.

(41) Das Verfahren (1)-(3) mit variablen Koeffizienten möge den folgenden Bedingungen genügen.

(i) f genügt der Lipschitzbedingung (L_0).

(ii) Es gibt eine Zahl Q_0, so daß für alle Schrittweiten h mit der zur Norm $|\cdot|$ in $\mathbb{K}^n$ gehörigen natürlichen Matrixnorm $|\cdot|$ gilt

$$(42)\quad |Q_h(x,u(x),\dots,u(x))| \le Q_0, \quad x\in I_h.$$

(iii) Es gibt eine Zahl Q, so daß für alle h mit $h_{max} < H$ und für alle Vektoren y_k, y_k' mit $(x,y_k),(x,y_k')\in U\cap(I_h\times\mathbb{K}^n)$, $k=0,\dots,m$, gilt

$$(43)\quad |Q_h(x,y_0,\dots,y_m)-Q_h(x,y_0',\dots,y_m')| \le Q\sum_{k=0}^{m}|y_k-y_k'|.$$

(iv) Das Polynom ρ aus (4) genügt der Wurzelbedingung (P).

(v) Das Verfahren ist konsistent.

Dann besitzen die Gleichungen (1)-(3) für genügend kleine h eine in U verlaufende eindeutig bestimmte Lösung u_h, es konvergiert

(44) $\max_{x \in I_h'} |u_h(x)-u(x)| \to 0 \quad (h \to 0)$,

und diese Konvergenz erfolgt mit der Ordnung der Konsistenz.

Beweis. Wir verwenden den Konvergenzsatz 2.4.(4) und den Satz 2.2.(14) über das Vorliegen von Lipschitz-Stabilität. Diese Sätze liefern die Behauptung, wenn man die Bedingung (L) nachweist. Wir können o.B.d.A. U als beschränkt annehmen. Dann folgt aus (42),(43), daß Q_h in $U \cap (I_h \times \mathbb{K}^n)$ beschränkt ist. Auch ist f in U beschränkt. Die zum Verfahren (1)-(3) gehörige Verfahrensfunktion f_h aus (5) genügt dann als Summe von Produkten beschränkter Lipschitzstetiger Funktionen der Bedingung (L).

Mit dem vorangehenden Beweis ist gleichzeitig die Anwendbarkeit von 2.4.(7) gezeigt, so daß man auch die dort enthaltenen Konvergenzeigenschaften der Differenzenquotienten hat. Satz 2.4.(20) zeigt die Notwendigkeit der Wurzelbedingung (P), falls das Verfahren (1)-(3) im Falle einer Anfangswertaufgabe (A) mit $f = 0$ unter Störungen der Startwerte oder unter Störungen auf I_h konvergent ist. Als Hinweis auf die Anwendbarkeit von 2.4.(20) sei bemerkt, daß aufgrund der Vereinbarung $Q_h = -A$ für lineare Aufgaben mit konstanter Koeffizientenmatrix aus $f = 0$ folgt $f_h = 0$. Die Notwendigkeit der Konsistenz für die Konvergenz (44) folgt bei Annahme von (41)(i)-(iii) aus 2.4.(13), wenn $\rho(1) = 0$ ist und eine Funktion $F_Q \in C(I)$ existiert, mit der

(45) $\sum_{x \in I_h} h|Q_h(x,u(x-mh),\ldots,u(x))-F_Q(x)| \to 0 \quad (h \to 0)$

konvergiert, da dann 2.4.(15) erfüllt ist. Es sei noch bemerkt, daß für die Bedingung (43) im allgemeinen die Voraussetzung $f \in C^2(U)$ hinreichend ist, da zur Bildung von Q_h nur f_y herangezogen wird (vgl. auch [137]).

6. Verfahren für Systeme höherer Ordnung

Systeme höherer Ordnung können immer in äquivalente Systeme erster Ordnung überführt werden (s. I-4.) und dann mit einem der in den ersten Kapiteln beschriebenen Verfahren integriert werden. Die direkte Integration der Systeme höherer Ordnung scheint in manchen, wenn auch nicht allen Fällen günstiger zu sein (s. die Diskussion in I-4. und [292,165-6.,404-S.108]).

In diesem Kapitel werden Mehrschrittverfahren für Systeme höherer Ordnung beschrieben. Es handelt sich dabei um zwei verschiedene Klassen von Verfahren. Die erste, $(A_h I)$ genannte, ist in Anlehnung an die Überführung in ein System erster Ordnung zu verstehen. Die mit $(A_h II)$ bezeichnete zweite Klasse, zu der die Verfahren von Störmer und von Cowell gehören, trägt ihrer Struktur nach dem Auftreten höherer Ableitungen mehr Rechnung. Spezielle zu den beiden Klassen gehörige Verfahren werden im zweiten Abschnitt angegeben.

Der dritte und vierte Abschnitt sind der Lipschitz-Stabilität der Verfahren und ihrer damit eng verbundenen Konvergenz gewidmet. Für Verfahren vom Typ $(A_h II)$ wird man in natürlicher Weise auf verschiedenartige Stabilitätsbegriffe geführt, die durch äquivalente algebraische Begriffe charakterisiert werden. Der letzte Abschnitt behandelt eine Möglichkeit, die Mehrschrittverfahren vom Typ $(A_h II)$ so anzuwenden, daß ein wesentlich verbessertes Verhalten gegenüber Rundungsfehlern eintritt.

6.1. Definition der Verfahren

Bei der zu lösenden Anfangswertaufgabe (A) handelt es sich in diesem Kapitel um ein System von Differentialgleichungen der Ordnung $q \geq 1$. Es werden zwei verschiedene Typen von Mehrschrittverfahren beschrieben und die grundlegenden Definitionen sowie einfachste Eigenschaften behandelt. Wir beschränken uns dabei auf ein äquidistantes Gitter I_h'.

Die Anfangswertaufgabe (A) ist in Verallgemeinerung der in 1.1. gegebenen Definition auf höhere Ordnung wie folgt erklärt.

(A) Es sei $q \in \mathbb{N}$. Gegeben seien eine stetige Funktion $f: I \times \mathbb{K}^{nq} \to \mathbb{K}$ und Vektoren $\alpha^{(o)}, \ldots, \alpha^{(q-1)} \in \mathbb{K}^n$. Gesucht ist eine Lösung $u \in C^q(I)$ des Systems

$$(1) \quad u^{(q)}(x) = f(x, u(x), \ldots, u^{(q-1)}(x)), \quad x \in I,$$

von n gewöhnlichen Differentialgleichungen q-ter Ordnung unter den Anfangsbedingungen

$$(2) \quad u^{(l)}(a) = \alpha^{(l)}, \quad l = 0, \ldots, q-1.$$

Die Existenz einer eindeutig bestimmten Lösung u von (A) nehmen wir stets als gegeben an.

Zur Aufstellung einer Klasse von Mehrschrittverfahren für (A) verfährt man analog wie in 1.1. im Falle $q = 1$ und approximiert die linke Seite von (1) durch einen (m+1)-punktigen Differenzenquotienten aus den $u^{(q-1)}$ und die rechte Seite durch eine Funktion f_h, die eine Approximation von f darstellt. Wie man im Falle $q > 1$ sofort erkennt, ist eine so gewonnene Differenzengleichung allein nicht ausreichend für die Durchführung des Verfahrens, da in der Auswertung von f_h auch Näherungen für $u^{(q-2)}, \ldots, u$ benötigt werden. Für diese kann man aber ebenfalls Differenzengleichungen gleicher Art aufstellen, denn wie man durch mehrmalige Integration von (1) erkennt, genügt $u^{(l)}$ für $l = 0, 1, \ldots, q$ den Integro-Differentialgleichungen

$$(3) \quad \begin{aligned} u^{(q-l)}(x) = {} & \sum_{k=0}^{l-1} \frac{(x-a)^k}{k!} u^{(q-l+k)}(a) + \\ & \int_a^x \int_a^{t_1} \ldots \int_a^{t_{l-1}} f(\cdot, u, \ldots, u^{(q-1)})(t_l)\, dt_l \ldots dt_1, \quad x \in I, \end{aligned}$$

die sich auf dieselbe Weise wie (1) approximieren lassen. (Im Falle $l = 0$ soll unter den Gleichungen (3) die Differentialgleichung (1) verstanden werden.) Demnach werden simultan Näherungen $u_h^{(l)}$, $l = 0, \ldots, q-1$, für $u^{(l)}$ gesucht, und jede Funktion $u_h^{(l)}$ genügt einem Mehrschrittverfahren derselben Bauart, das sich durch Approximation der linken Seite von (3) durch einen Differenzenquotienten in den $u^{(q-l-1)}$ und der rechten Seite durch eine Funktion $f_h^{(q-l-1)}$ ergibt, welche als Argument, einem m-schrittigen Verfahren entsprechend, die Näherungen der Ableitungen in m+1 aufeinanderfolgenden Punkten enthält. Damit kommen wir zur Definition der Mehrschrittverfahren des ersten Typs. Für eine sinnvolle Definition nehmen wir $m \geq q$ an.

(A_hI) Für jedes $l = 0,\dots,q-1$ seien relle Zahlen $a_0^{(l)},\dots,a_m^{(l)}$, $a_m^{(l)} \neq 0$, und eine Funktion $f_h^{(l)}$ der m+2 Veränderlichen $(x,y_0,\dots,y_m) \in I_h \times [\mathbb{K}^{nq}]^{(m+1)}$ mit Werten in $\mathbb{K}^n$ sowie Vektoren $\alpha_{k,h}^{(l)} \in \mathbb{K}^n$, $k = 0,\dots,m-1$, gegeben. Gesucht sind Lösungen $u_h(x) := (u_h^{(o)}(x),\dots,u_h^{(q-1)}(x))$, $x \in I_h'$, des algebraischen Gleichungssystems

$$\text{(4)}\quad \begin{aligned} &\frac{1}{h}\sum_{k=0}^{m} a_k^{(l)} u_h^{(l)}(x+(k-m)h) = f_h^{(l)}(x,u_h(x-mh),\dots,u_h(x)),\ x \in I_h \\ &u_h^{(l)}(a+kh) = \alpha_{k,h}^{(l)},\quad k = 0,\dots,m-1,\ l = 0,\dots,m-1. \end{aligned}$$

Die Gleichungen (4) stellen ein im allgemeinen implizites Gleichungssystem für den nq-komponentigen Vektor $u_h(x)$ dar, das mit den entsprechenden, wie in 1.1. besprochenen Methoden gelöst wird, worauf wir hier nicht mehr eingehen. Aus (4) werden auf diese Weise sukzessive $u_h(x_m), u_h(x_{m+1}),\dots$ bestimmt.

Zu einem wichtigen Spezialfall von Funktionen $f_h^{(q-l)}$ kommt man, indem man die l-te Gleichung in (3) noch einmal integriert und das Integral näherungsweise durch Ersetzen des Integranden durch ein Interpolationspolynom auswertet. Unter a hat man sich etwa x-h oder x-2h vorzustellen. Die sich auf diese Weise ergebenden $f_h^{(l)}$ sind von der allgemeinen Gestalt

$$\text{(5)}\quad f_h^{(l)}(x,y_0,\dots,y_m) = \sum_{j=0}^{q-l-2} h^j \sum_{k=0}^{m} b_{jk}^{(l)} y_k^{(j+l+1)} + h^{q-l-1}\sum_{k=0}^{m} c_k^{(l)} f(x+(k-m)h,y_k),\ l = 0,\dots,q-1,$$

mit gewissen reellen Zahlen $b_{jk}^{(l)}, c_k^{(l)}$, wobei $y_k = (y_k^{(o)}, \dots, y_k^{(q-1)})$ und wie üblich $\Sigma_o^{-1} \cdot = 0$ zu setzen ist. Ein Verfahren vom Typ (5) nennen wir <u>linear</u>.

Die Gleichungen (4) schreiben wir noch in kompakterer Form durch Einführung des Operators A_h gemäß der Vorschrift

$$(6) \quad (A_h v_h)^{(l)}(x) := \frac{1}{h} \sum_{k=0}^{m} a_k^{(l)} v_h^{(l)}(x+(k-m)h) - f_h^{(l)}(x, v_h(x-mh), \dots, v_h(x)),$$

für $x \in I_h$ und $l = 0, \dots, q-1$ sowie

$$(7) \quad (A_h v_h)^{(l)}(x_k) = v_h^{(l)}(x_k) - \alpha_{k,h}^{(l)}, \quad k = 0, \dots, m-1.$$

A_h operiert im Vektorraum der Gitterfunktionen $v_h = (v_h^{(o)}, \dots, v_h^{(q-1)}): I_h' \to \mathbb{K}^{nq}$. Die Gleichungen (4) sind dann mit

$$(8) \quad A_h u_h = 0$$

gleichbedeutend. Erklären wir für Funktionen $v \in C^q(I)$ den Restriktionsoperator r_h durch

$$(9) \quad (r_h v)(x) = (v(x), v'(x), \dots, v^{(q-1)}(x)), \quad x \in I_h',$$

so läßt sich $A_h r_h v$ bilden. Insbesondere definieren wir mit der Lösung u von (A) den <u>Abschneidefehler</u> τ_h durch

$$(10) \quad \tau_h(u) := A_h r_h u.$$

Das Verfahren $(A_h I)$ ist <u>konsistent</u> mit (A), wenn

$$(11) \quad [\tau_h(u)] \to 0, \quad h \to 0,$$

konvergiert, wobei $[\cdot]$ eine Abkürzung für die diskrete l^1-Norm

$$(12) \quad [v_h] := \max_{k=0,\dots,m-1} |v_h(x_k)| + \sum_{x \in I_h} h |v_h(x)|$$

ist. Hier ist zu beachten, daß v_h einen q-komponentigen Vektor von Vektoren aus $\mathbb{K}^n$ darstellt und $|v_h|$ sich durch Anwendung einer Norm in $\mathbb{K}^n$ auf jede Komponente von v_h und anschließender Bildung einer Norm in $\mathbb{R}^q$ ergibt. Entsprechend wird die Konsistenzordnung $p \geq 1$ durch das Bestehen der Abschätzung

(13) $[\tau_h(u)] \leq Kh^p, \quad h \to 0,$

definiert.

Für die Konsistenz der Verfahren vom Typ (5) kann man leicht algebraische Bedingungen angeben.

(14) <u>Ein lineares Verfahren ist dann und nur dann für jede Anfangswertaufgabe</u> (A) <u>konsistent, wenn gilt</u>

$$\sum_{k=0}^{m} k a_k^{(l)} = \sum_{k=0}^{m} b_{ok}^{(l)}, \; l=0,\dots,q-2, \quad \sum_{k=0}^{m} k a_k^{(q-1)} = \sum_{k=0}^{m} c_k^{(q-1)}$$

$$\sum_{k=0}^{m} a_k^{(l)} = 0, \quad \alpha_{k,h}^{(l)} \to u^{(l)}(a) \quad (h \to 0), \quad \begin{array}{l} k = 0,\dots,m-1, \\ l = 0,\dots,q-1. \end{array}$$

<u>Beweis</u>. Durch Taylorentwicklung berechnet man für die l-te Komponente des Abschneidefehlers, $l=0,\dots,q-1$,

$$\tau_h^{(l)}(x+mh) = \sum_{k=0}^{m} [\tfrac{1}{h} a_k^{(l)} u^{(l)}(x) + k a_k^{(l)} u^{(l+1)}(x)] -$$

$$\sum_{k=0}^{m} [(1-\delta_{l,q-1}) b_{ok}^{(l)} u^{(l+1)}(x) + \delta_{l,q-1} c_k^{(l)} u^{(q)}(x)] + o(1), \quad h \to 0,$$

wobei $\delta_{l,q-1}$ für das Kroneckersymbol steht. Mit Hilfe dieser Darstellung liest man leicht die Behauptung ab.

Wir verzichten darauf, die algebraischen Bedingungen für das Vorliegen einer Konsistenzordnung $p \geq 1$ anzugeben. Der Begriff der genauen Konsistenzordnung kann für lineare Verfahren genauso wie bei 1.1.(34) definiert werden.

Zu den Mehrschrittverfahren der zweiten Klasse gelangt man durch Approximation sämtlicher Ableitungen in (A) durch geeignete Differenzenquotienten, wodurch nur Funktionswerte von u selbst auftreten und sich auf diese Weise auch nur Differenzengleichungen für eine Näherung u_h von u ergeben. Die Ableitung $u^{(q)}(x)$ wird durch einen Differenzenquotienten der Gestalt

(15) $$\Delta^{(q)}u(x) := \frac{1}{h^q}[a_o u(x-mh)+a_1 u(x-(m-1)h)+\ldots+a_m u(x)]$$

approximiert. Entsprechend nähert man $f(x,u(x),\ldots,u^{(q-1)}(x))$ durch einen Ausdruck an, der die Funktionswerte $u(x-mh),\ldots,$ $u(x)$ verwendet, also formelmäßig ausgedrückt durch $f_h(x,$ $u(x-mh),\ldots,u(x))$. Eine Möglichkeit, zu einer solchen Annäherung zu kommen, ist die Ersetzung der Ableitungen in den Argumenten von f durch (15) entsprechende Differenzenquotienten

(16) $$\Delta^{(l)}u(x) := \frac{1}{h^l}[a_o^{(l)}u(x-mh)+a_1^{(l)}u(x-(m-1)h)+\ldots+a_m^{(l)}u(x)],$$

so daß sich eine Funktion f_h der Gestalt

(17) $$f_h(x,v_h(x-mh),\ldots,v_h(x)) = \sum_{k=o}^{m} b_k f(x+(k-m)h,\Delta_k^{(o)}v_h(x),\ldots,\Delta_k^{(q-1)}v_h(x)),\ x\in I_h,$$

ergibt, wobei v_h für eine beliebige Gitterfunktion steht. Dabei deutet der Index "k" bei $\Delta_k^{(l)}$ an, daß der gewählte Differenzenquotient (16) für die Approximation der Ableitung l-ter Ordnung in f noch vom jeweiligen Wert des Summationsindex in (17) abhängen kann. Bei einem Verfahren der Gestalt (17) wird angenommen, daß die Differenzenquotienten (16) so gewählt sind, daß für jedes $v\in C^q(I)$ gilt

(18) $$\max_{x\in I_h} |\Delta^{(l)}v(x)-v^{(l)}(x)| \to 0 \quad (h\to 0), \quad l=0,\ldots,q-1.$$

Nach diesen Vorbereitungen können wir die zweite Klasse von Verfahren einführen.

(A_hII) Es seien reelle Zahlen $a_o,\ldots,a_m$, $a_m \neq 0$, und eine Funktion f_h der m+2 Veränderlichen $(x,y_o,\ldots,y_m)\in I_h\times\mathbb{K}^{n(m+1)}$ mit Werten in $\mathbb{K}^n$ sowie Vektoren $\alpha_h^{(k)}\in\mathbb{K}^n$, $k=0,\ldots,m-1$, gegeben. Gesucht ist eine Lösung $u_h(x)$, $x \in I_h'$, des algebraischen Gleichungssystems

$$\text{(19)} \quad \begin{aligned} \frac{1}{h^q} \sum_{k=0}^{m} a_k u_h(x+(k-m)h) &= f_h(x, u_h(x-mh), \ldots, u_h(x)), \quad x \in I_h, \\ u_h(a+kh) &= \alpha_h^{(k)}, \quad k=0,\ldots,m-1. \end{aligned}$$

Auch das Verfahren $(A_h II)$ kann man in der kurzen Schreibweise (8) zusammenfassen durch Einführung der Abbildung A_h von Gitterfunktionen v_h auf I_h' in sich gemäß der Vorschrift

$$\text{(20)} \quad (A_h v_h)(x) = \frac{1}{h^q} \sum_{k=0}^{m} a_k v_h(x+(k-m)h) - f_h(x, v_h(x-mh), \ldots, v_h(x))$$

für $x \in I_h$ sowie

$$\text{(21)} \quad (A_h v_h)(x_k) = v_h(x_k) - \alpha_h^{(k)}, \quad k=0,\ldots,m-1.$$

Damit geben auch für $(A_h II)$ die Definitionen (10),(11),(13) einen Sinn, wobei im vorliegenden Fall statt (12) nur die Definition

$$\text{(22)} \quad [v_h] := \sum_{k=0}^{q-1} |(D^k v_h)(a)| + \sum_{j=1}^{m-q} |(D^{q-1} v_h)(x_j)| + \sum_{x \in I_h} h|v_h(x)|$$

zu verwenden ist, D^k der k-fach iterierte vorwärts genommene Differenzenquotient. Dies bedeutet, daß bei der Konsistenz verlangt wird, daß die Startwerte $\alpha_h := (\alpha_h^{(0)}, \ldots, \alpha_h^{(m-1)})$ die Eigenschaft haben, daß die mit ihnen gebildeten Differenzenquotienten $D^k \alpha_h$ bis zur Ordnung q-1 gegen die entsprechenden Ableitungen von u im Punkte a konvergieren (vgl. auch 2.8. (2)). Dies ist eine natürliche Forderung für die Verfahren $(A_h II)$, von deren Lösung wir erwarten, daß die Differenzenquotienten (16),(18) Approximationen der Ableitungen darstellen.

Ein Mehrschrittverfahren $(A_h II)$ mit der Verfahrensfunktion (17) heißt linear (stets vorausgesetzt ist dabei (18)). Für solche Verfahren geben wir eine äquivalente Bedingung für die Konsistenz an, bei der wir die beiden Polynome

$$(23)\quad \rho(z) := \sum_{k=0}^{m} a_k z^k, \quad \sigma(z) := \sum_{k=0}^{m} b_k z^k$$

verwenden.

(24) <u>Ein lineares Mehrschrittverfahren</u> (A_hII) <u>ist dann und nur dann mit jeder Anfangswertaufgabe</u> (A) <u>konsistent, wenn gilt</u>

$$\rho^{(l)}(1) = 0, \quad l = 0,\dots,q-1, \qquad \rho^{(q)}(1) = q!\sigma(1)$$

$$(D^l\alpha_h)(a) \to u^{(l)}(a), \quad l = 0,\dots,q-1,$$

$$(D^{q-1}\alpha_h)(x_k) \to u^{(q-1)}(a), \quad k = 1,\dots,m-q.$$

<u>Beweis</u>. Die Bedingungen bezüglich der Startwerte sind klar, da $(D^l u)(x_k) \to u^{(l)}(a)$ $(h \to 0)$, $l = 0,\dots,q-1$, $k = 0,\dots,m$, konvergiert. Durch Taylorentwicklung erhält man für $h \to 0$

$$\frac{1}{h^q} \sum_{k=0}^{m} a_k u(x+kh) = \sum_{l=0}^{q} h^{l-q} \sum_{k=0}^{m} a_k \frac{k^l}{l!} u^{(l)}(x) + o(1).$$

Aufgrund der Annahme (18) und der Stetigkeit von f folgt

$$\max_{x \in I_h} |f_h(x+mh, u(x),\dots,u(x+mh)) - \sigma(1) f(x, u(x),\dots,u^{(q-1)}(x))| \to 0$$

für $h \to 0$. Werden die Bedingungen in (24) vorausgesetzt, so ergibt

$$(25)\quad 0 = \rho^{(l)}(1) = \sum_{k=0}^{m} k(k-1)\dots(k-l+1) a_k, \quad l = 0,\dots,q-1,$$

auch

$$(26)\quad \sum_{k=0}^{m} k^l a_k = 0, \quad l = 0,\dots,q-1, \qquad \sum_{k=0}^{m} k^q a_k = q!\rho^{(q)}(1),$$

so daß man die Konsistenz erschließt. Umgekehrt erhält man bei Voraussetzung der Konsistenz für jedes (A) das Bestehen der ersten q Beziehungen (26) und von $\Sigma k^q a_k = q!\sigma(1)$, aus denen wiederum die Bedingungen in (24) folgen.

Abschließend bemerken wir, daß die beiden Verfahren (A_hI),

(A_hII) für $q=1$ übereinstimmen und mit dem Verfahren (A_h) aus Kap.1 identisch sind. Für $q>1$ unterscheiden sie sich voneinander. Bei (A_hI) sind qN unbekannte Vektoren aus $\mathbb{K}^n$ zu berechnen, während es bei (A_hII) nur N Stück sind. Nach ihrer Konstruktion unterscheiden sich die Funktionen f_h in den beiden Fällen bezüglich ihres Verhaltens für $h \to 0$. Während man in (A_hI) erwarten kann, daß $f_h^{(1)}$ beschränkt bleibt, wird sich die Funktion f_h aus (A_hII) wie $O(h^{-r})$ verhalten, wenn $r \le q-1$ die größte Ordnung der in f explizit vorkommenden Ableitungen ist.

6.2. Spezielle Mehrschrittverfahren für Systeme zweiter Ordnung

Es werden in diesem Abschnitt Koeffizienten für einige Verfahren vom Typ (A_hI) und (A_hII) angegeben, die man mit denselben Ideen wie in 1.2. aus der integrierten Form 1.(3) der Anfangswertaufgabe durch Ersetzen des Integranden durch ein Interpolationspolynom gewinnt. Die Verfahren des zweiten Typs betreffen speziell konservative Systeme $u'' = f(\cdot,u)$ und umfassen u.a. die Verfahren von Störmer und von Cowell. Die hier gegebene Darstellung lehnt sich zum Teil an das Buch [7] von Henrici an. Verfahren für Systeme der Ordnung $q>2$ werden auch in [5] behandelt.

6.2.1. Verfahren vom Typ (A_hI)

Wir geben ein explizites und ein implizites Verfahren an, welche in Analogie zu dem Adams-Bashforth- und dem Adams-Moulton-Verfahren stehen. Dabei gehen wir von den Formeln 1.(3) aus, die wir hier noch einmal mit x bzw. a ersetzt durch x_{j+m} bzw. x_{j+m-1} anschreiben:

$$\begin{aligned} u(x_{j+m}) &= u(x_{j+m-1}) + hu'(x_{j+m-1}) + \int_{x_{j+m-1}}^{x_{j+m}} \int_{x_{j+m-1}}^{t_1} f(t,u(t),u'(t))\,dt\,dt_1 \\ u'(x_{j+m}) &= u'(x_{j+m-1}) + \int_{x_{j+m-1}}^{x_{j+m}} f(t,u(t),u'(t))\,dt, \quad j=0,\dots,N-m. \end{aligned} \tag{1}$$

Ersetzt man den Integranden durch das Interpolationspolynom durch die Punkte (x_{j+k}, f_{j+k}), $k=0,\dots,m-1$, so gelangt man zu dem expliziten Verfahren

$$u_{j+m} = u_{j+m-1}+hu'_{j+m-1}+h^2 \sum_{k=0}^{m-1} \hat{\alpha}_{mk} f(x_{j+k},u_{j+k},u'_{j+k})$$

$$(2) \quad u'_{j+m} = u'_{j+m-1}+h \sum_{k=0}^{m-1} \alpha_{mk} f(x_{j+k},u_{j+k},u'_{j+k}), \quad j=0,\dots,N-m,$$

$$u_k = \alpha_{k,h}^{(o)}, \quad u'_k = \alpha_{k,h}^{(1)}, \quad k = 0,\dots,m-1.$$

Die ersten m Näherungen $\alpha_{k,h}^{(o)}$, $\alpha_{k,h}^{(1)}$, $k=0,\dots,m-1$, müssen durch eine Anlaufrechnung hinreichend großer Konsistenzordnung bereitgestellt werden, etwa durch ein Einschrittverfahren (s. I-4.) oder durch Implementierung der Verfahren mit variabler Konsistenzordnung (s. 1.6.).

Die Koeffizienten α_{mk} in der zweiten Formelzeile von (2) stimmen nach Konstruktion mit den Koeffizienten der Formel 1.2.(9) von Adams-Bashforth überein. Einige der Koeffizienten $\hat{\alpha}_{mk}$ sind in der folgenden Tabelle zusammengestellt.

Tab. 30

k	0	1	2	3	4	5	6
$6\hat{\alpha}_{2k}$	-1	4					
$24\hat{\alpha}_{3k}$	3	-10	19				
$360\hat{\alpha}_{4k}$	-38	159	-264	323			
$1440\hat{\alpha}_{5k}$	135	-692	1446	-1596	1427		
$10080\hat{\alpha}_{6k}$	-863	5260	-13474	18752	-15487	10852	
$120960\hat{\alpha}_{7k}$	9625	-68106	207495	-354188	369399	-243594	139849

Im Falle $m=3$ erhält man z.B. bei Verwendung der Abkürzung $f_j = f(x_j,u_j,u'_j)$ die Formeln

$$(3)\quad \begin{aligned} u_{j+3} &= u_{j+2} + hu'_{j+2} + \frac{h^2}{24}(3f_j - 10f_{j+1} + 19f_{j+2}) \\ u'_{j+3} &= u'_{j+2} + \frac{h}{12}(5f_j - 16f_{j+1} + 23f_{j+2}), \quad j = 0,\dots,N-3. \end{aligned}$$

Über das Verfahren (2) kann man mit ganz ähnlichen Methoden wie in 1.2.1. den folgenden Satz beweisen.

(4) Das Extrapolationsverfahren (2) ist mit der Anfangswertaufgabe (A) konsistent. Für $f \in C^m(U)$ und $|\alpha^{(l)}_{k,h} - u^{(l)}(x_k)| = O(h^m)$, $k = 0,\dots,m-1$, $l = 0,1$, besitzt es die genaue Konsistenzordnung $p = m$.

Sinngemäß ist in diesem Fall unter U eine Umgebung des Graphen von (u,u') zu verstehen, d.h. es ist

$$(5)\quad U \subset I \times \mathbb{K}^n \times \mathbb{K}^n$$

eine Umgebung der Punktmenge $\{(x,u(x),u'(x)) | x \in I\}$.

Ersetzt man die Integranden in (1) durch das Interpolationspolynom durch die Punkte (x_{j+k}, f_{j+k}), $k = 0,\dots,m$, so erhält man das implizite Verfahren

$$(6)\quad \begin{aligned} u_{j+m} &= u_{j+m-1} + hu'_{j+m-1} + h^2 \sum_{k=0}^{m} \hat{\beta}_{mk} f(x_{j+k}, u_{j+k}, u'_{j+k}) \\ u'_{j+m} &= u'_{j+m-1} + h \sum_{k=0}^{m} \beta_{mk} f(x_{j+k}, u_{j+k}, u'_{j+k}), \quad j = 0,\dots,N-m, \\ u_k &= \alpha^{(0)}_{k,h}, \quad u'_k = \alpha^{(1)}_{k,h}, \quad k = 0,\dots,m-1. \end{aligned}$$

Tab. 31

k	0	1	2	3	4	5	6
$6\hat{\beta}_{1k}$	2	1					
$24\hat{\beta}_{2k}$	-1	10	3				
$360\hat{\beta}_{3k}$	7	-36	171	38			
$1440\hat{\beta}_{4k}$	-17	96	-246	752	135		
$10080\hat{\beta}_{5k}$	82	-529	1492	-2542	5674	863	
$120960\hat{\beta}_{6k}$	-731	5370	-17313	32524	-41469	72474	9625

Die Koeffizienten β_{mk} der zweiten Formelzeile in (6) sind gleich den Koeffizienten des Verfahrens 1.2.(33) von Adams-Moulton. Einige der Koeffizienten $\hat{\beta}_{mk}$ sind in der vorstehenden Tabelle enthalten.

Für $m = 2$ erhält man beispielsweise das implizite Verfahren

$$(7)\quad \begin{aligned} u_{j+2} &= u_{j+1} + hu'_{j+1} + \frac{h^2}{24}(-f_j+10f_{j+1}+3f_{j+2}) \\ u'_{j+2} &= u'_{j+1} + \frac{h}{12}(-f_j+8f_{j+1}+5f_{j+2}), \quad j = 0,\dots,N-2. \end{aligned}$$

Über die Konsistenz des Verfahrens (6) geben wir, wieder ohne Beweis, das folgende Ergebnis an.

(8) <u>Das Interpolationsverfahren</u> (6) <u>ist mit</u> (A) <u>konsistent. Für</u> $f \in C^{m+1}(U)$ <u>und</u> $|\alpha_{k,h}^{(l)} - u^{(l)}(x_k)| = O(h^{m+1})$, $k = 0,\dots,m-1$, $l = 0,1$, <u>besitzt es die genaue Konsistenzordnung</u> $p = m+1$.

6.2.2. Verfahren vom Typ (A_hII) für $u'' = f(\cdot,u)$

Die Formeln 1.(3) ergeben durch Ersetzen von a durch x die Beziehung

$$u(x) = u(x^*) + h(x-x^*)u'(x^*) + \int_{x^*}^{x}\int_{x^*}^{t_1} f(t,u(t))\,dt\,dt_1.$$

Hieraus erhält man durch partielle Integration

$$u(x) = u(x^*) + h(x-x^*)u'(x^*) + \int_{x^*}^{x} (x-t)f(t,u(t))\,dt.$$

In dieser Gleichung ersetzen wir x durch $2x^*-x$ und addieren das Ergebnis zu vorstehender Formel, wodurch sich das Glied mit $u'(x^*)$ weghebt. Nach einer Variablentransformation gelangt man dann zu

$$(9)\quad u(x+mh) - 2u(x^*) + u(2x^*-x-mh) = \int_{x}^{x+mh} (x+mh-t)[f(t,u(t))+f(2x^*-t,u(2x^*-t))]\,dt.$$

Ersetzt man den Integranden durch das Interpolationspolynom durch die Punkte $(x+jh, f(x+jh,u(x+jh)))$, $j = 0,\dots,r$, vom Grade

$r \leq m$, so erhält man ein Verfahren der Form (A_hII). Je nachdem ob $r = m-1$ oder $r = m$ und $x^* = x+(m-1)h$ oder $x^* = x+(m-2)h$ ist, ergeben sich vier verschiedene Verfahrenstypen, die wir in der folgenden Tabelle zusammenstellen.

Typ	Name	r	x*
Extrapolations-	STÖRMER	m-1	x+(m-1)h
verfahren	Formel (29)	m-1	x+(m-2)h
Interpolations-	COWELL	m	x+(m-1)h
verfahren	Formel (37)	m	x+(m-2)h

Im weiteren behandeln wir nacheinander diese Verfahren. Um zum <u>Verfahren von Störmer</u> zu gelangen, wird f im Integranden von (9) durch das Interpolationspolynom 1.2.(4) ersetzt. Es ergeben sich die Formeln

$$(10)\quad \begin{aligned} &u_{j+m}-2u_{j+m-1}+u_{j+m-2} = h^2 \sum_{k=0}^{m-1} \sigma_k \nabla^k f_{j+m-1}, \quad j = 0,\ldots,N-m, \\ &u_k = \alpha_h^{(k)}, \quad k = 0,\ldots,m-1, \end{aligned}$$

mit den Koeffizienten

$$(11)\quad \sigma_k = (-1)^k \int_0^1 (1-s)\left[\binom{-s}{k}+\binom{s}{k}\right]ds,$$

zu denen man wie in 1.2. gelangt. Es wird angenommen, daß die Anlaufrechnung konsistente Startwerte $\alpha_h^{(k)}$, $k = 0,\ldots,m-1$, liefert, d.h. daß für $h \to 0$ gilt

$$(12)\quad \alpha_h^{(o)} - u(a) \to 0, \quad \frac{\alpha_h^{(k+1)} - \alpha_h^{(k)}}{h} - u'(x_k) \to 0, \quad k = 0,\ldots,m-2.$$

Die Startwerte hat man bei der Durchführung des Verfahrens so zu bestimmen, daß die Konvergenz in (12) mit der Konsistenzordnung des Verfahrensteils (s. S.132) erfolgt.

Zur Bestimmung der erzeugenden Funktion der σ_k führen wir in

(11) eine partielle Integration aus und erhalten

$$\sigma_k = (-1)^k \int_0^1 \int_0^s [\binom{-t}{k}+\binom{t}{k}]dt\,ds.$$

Verwenden wir 1.2.(7), so ergibt sich für die erzeugende Funktion

$$\sum_{k=0}^{\infty} \sigma_k z^k = \frac{1}{\log(1-z)} \int_0^1 [(1-z)^s-(1-z)^{-s}]ds, \quad |z|<1,$$

und nach Ausführung der Integration gelangt man schließlich zu dem Ergebnis

$$(13) \quad \sum_{k=0}^{\infty} \sigma_k z^k = \frac{1}{1-z}\left[\frac{z}{\log(1-z)}\right]^2, \quad |z|<1.$$

Mit Hilfe von (13) lassen sich die σ_k rekursiv berechnen. Dazu benötigen wir die Potenzreihenentwicklung der rechten Seite von (13). Zu ihrer Herleitung bedienen wir uns des Zusammenhangs

$$\frac{d}{dz}[\log(1-z)]^2 = -\frac{2}{1-z}\log(1-z) = 2(1+z+z^2+\ldots)\cdot$$
$$(z+\frac{1}{2}z^2+\frac{1}{3}z^3+\ldots) = 2(H_1z+H_2z^2+H_3z^3+\ldots),$$

wobei H_j die j-te Partialsumme der harmonischen Reihe bedeutet. Integration im Intervall [0,z] liefert

$$\left[\frac{\log(1-z)}{z}\right]^2 = 1 + \frac{2}{3}H_2z + \frac{2}{4}H_3z^2 + \ldots .$$

Geht man hiermit in (13) ein, so erhält man durch Koeffizientenvergleich die Rekursionsformeln

$$(14) \quad \sigma_k = 1-\frac{2}{3}H_2\sigma_{k-1}-\frac{2}{4}H_3\sigma_{k-2}-\ldots-\frac{2}{k+2}H_{k+1}\sigma_0, \quad k=1,2,\ldots,$$

mit $\sigma_0 = 1$. Einige Koeffizienten sind in Tabelle 32 zusammengestellt. Als Spezialfall erhält man für $m=2$ die Formeln

$$(15) \quad u_{j+2}-2u_{j+1}+u_j = h^2f(x_{j+1},u_{j+1}), \quad j=0,\ldots,N-2.$$

Das Verfahren (10) ist ein lineares Verfahren im Sinne von

1.(17). Man braucht dort für $\Delta_k^{(o)}$ nur die Verschiebung um m-k Gitterpunkte in negativer x-Richtung und für die Polynome aus 1.(23)

$$(16)\quad \rho(z) = z^m - 2z^{m-1} + z^{m-2}, \quad \sigma(z) = z^{m-1} \sum_{k=0}^{m-1} \sigma_k (1-z^{-1})^k$$

zu nehmen.

Tab. 32

k	0	1	2	3	4	5	6	7
σ_k	1	0	$\frac{1}{12}$	$\frac{1}{12}$	$\frac{19}{240}$	$\frac{3}{40}$	$\frac{863}{12096}$	$\frac{275}{4032}$
ρ_k	1	-1	$\frac{1}{12}$	0	$-\frac{1}{240}$	$-\frac{1}{240}$	$-\frac{221}{60480}$	$-\frac{19}{6048}$
σ_k^*	4	-4	$\frac{4}{3}$	0	$\frac{1}{15}$	$\frac{1}{15}$	$\frac{61}{945}$	$\frac{59}{945}$
ρ_k^*	4	-8	$\frac{16}{3}$	$-\frac{4}{3}$	$\frac{1}{15}$	0	$-\frac{2}{945}$	$\frac{61}{945}$

Über die Konsistenz beweisen wir die folgende Aussage.

(17) <u>Das Extrapolationsverfahren</u> (10) <u>von Störmer ist mit der Anfangswertaufgabe</u> (A) <u>konsistent. Für</u> $f \in C^m(U)$ <u>und</u>

$$(18)\quad |\alpha_h^{(o)} - u(a)| = O(h^m), \quad |(D\alpha_h)(x_k) - (Du)(x_k)| = O(h^m), \quad k = 0,\ldots,m-2,$$

<u>besitzt es die genaue Konsistenzordnung</u> $p = m$.

<u>Beweis</u>. Man rechnet leicht $\rho(1) = \rho'(1) = 0$, $\rho''(1) = 2 = 2!\sigma(1)$ nach, so daß 1.(24) die Konsistenz ergibt, da wir konsistente Startrechnung stets annehmen. Für den Abschneidefehler hat man nach Konstruktion die Darstellung

$$\tau_{j+m} = \frac{1}{h^2} \int_{x_{j+m-1}}^{x_{j+m}} (x_{j+m} - t)[(f(\cdot,u)-P)(t) - (f(\cdot,u)-P)(2x_{j+m-1} - t)]dt$$

mit dem Interpolationspolynom P aus 1.2.(4). Der Interpolationsfehler $R := f(\cdot,u)-P$ ist vor 1.2.(15) angegeben worden. Mit seiner Verwendung erhält man

$$(19)\quad \tau_h(x_{j+m}) = (-1)^m h^m \int_0^1 (1-s)\{\binom{-s}{m}[D^m f(\cdot,u)](\xi(s)) + \binom{s}{m}[D^m f(\cdot,u)](\tilde{\xi}(s))\}ds, \quad j=0,\ldots,N-m,$$

mit gewissen, von s abhängigen Zwischenstellen $\xi(s)$ und $\tilde{\xi}(s)$. Hieraus geht die Konsistenzordnung $p=m$ hervor. Die Fehlerkonstante C_p für $p=m$, das ist der Faktor von $h^p u^{(p+1)}(x_{j+m})$ in der Entwicklung von τ_h nach Potenzen von h, ergibt sich aus (19) zu

$$C_p = (-1)^p \int_0^1 (1-s)[\binom{-s}{p} + \binom{s}{p}]ds = \sigma_p.$$

Eine Diskussion des Integranden zeigt $C_p > 0$, so daß $p=m$ die genaue Konsistenzordnung ist.

Zum <u>Verfahren von Cowell</u>, einem impliziten Verfahren, kommt man, indem man in (9) f durch das Interpolationspolynom durch die Punkte $(x+kh, f(x+kh,u(x+kh)))$, $k=0,\ldots,m$, ersetzt. Man erhält den Formelsatz

$$(20)\quad \begin{aligned} u_{j+m} - 2u_{j+m-1} + u_{j+m-2} &= h^2 \sum_{k=0}^{m} \rho_k \nabla^k f_{j+m}, \quad j=0,\ldots,N-m, \\ u_k &= \alpha_h^{(k)}, \quad k=0,\ldots,m-1, \end{aligned}$$

mit den Koeffizienten

$$(21)\quad \rho_k = (-1)^k \int_{-1}^{0} (-s)[\binom{-s}{k} + \binom{s+2}{k}]ds, \quad k=0,1,\ldots .$$

Die erzeugende Funktion dieser Koeffizienten bestimmt man mit einem entsprechenden Rechengang wie beim Verfahren von Störmer zu

$$(22)\quad \sum_{k=0}^{\infty} \rho_k z^k = \left[\frac{z}{\log(1-z)}\right]^2, \quad |z| < 1.$$

Durch Potenzreihenentwicklung der rechten Seite (vgl. (13)ff.)

wird man auf die Beziehung

$$(\rho_o+\rho_1 z+\rho_2 z^2+\ldots)(1+\tfrac{2}{3}H_2 z+\tfrac{2}{4}H_3 z^2+\ \ldots) = 1$$

geführt, aus der sich $\rho_o = 1$ und die Rekursionsformeln

(23) $$\rho_k = -\tfrac{2}{3}H_2\rho_{k-1}-\tfrac{2}{4}H_3\rho_{k-2}-\ldots-\tfrac{2}{k+2}H_{k+1}\rho_o, \quad k=1,2,\ldots,$$

ergeben. Die Zahlen ρ_k kann man auch mit Hilfe der Beziehung $\rho_k = \sigma_k-\sigma_{k-1}$, $k=1,2,\ldots$, berechnen, die aus dem Zusammenhang $\Sigma\rho_k z^k = (1-z)\Sigma\sigma_k z^k$ entsteht. Einige Zahlenwerte der ρ_k sind in Tab. 32 enthalten. Für $m=2$ und $m=3$ erhält man aus (20) als Spezialfall die Formel

(24) $$u_{j+2}-2u_{j+1}+u_j = \frac{h^2}{12}(f_j+10f_{j+1}+f_{j+2}), \quad j=0,\ldots,N-2.$$

Zur Lösung der impliziten Gleichungen (20) kann man mit einer Prädiktor-Korrektor-Technik (s. Kap. 4) arbeiten, bei der die Störmerschen Formeln (10) als Prädiktor herangezogen werden.

Auch das Verfahren von Cowell ist ein lineares Verfahren im Sinne von 1.(17), bei dem die Polynome aus 1.(23) durch

(25) $$\rho(z) = z^m-2z^{m-1}+z^{m-2}, \quad \sigma(z) = z^m\sum_{k=0}^{m}\rho_k(1-z^{-1})^k$$

gegeben sind. Mit 1.(24) erhält man dann sofort die Konsistenz von (20). Entsprechend wie in (18) leitet man für den Abschneidefehler die Darstellung

(26) $$\tau_h(x_{j+m}) = (-1)^m h^{m+1}\int_{-1}^{0}(-s)\{\tbinom{-s}{m+1}[D^{m+1}f(\cdot,u)](\xi(s)) +$$
$$\tbinom{s+2}{m+1}[D^{m+1}f(\cdot,u)](\tilde{\xi}(s))\}ds, \quad j=0,\ldots,N-m,$$

her und kommt damit leicht zu dem folgenden Ergebnis.

(27) Das Interpolationsverfahren (20) von Cowell ist mit der Anfangswertaufgabe (A) konsistent. Für $f\in C^{m+1}(U)$ und

(28) $$|\alpha_h^{(o)}-u(a)| = O(h^{m+1}), \quad |(D\alpha_h)(x_k)-(Du)(x_k)| = O(h^{m+1}),$$
$$k = 0,\ldots,m-2,$$

besitzt es die Konsistenzordnung $p = m+1$, die im Falle $m \geq 3$ genau ist. Im Falle $m = 2$ und $f \in C^4(U)$ ist $p = 4$ die genaue Konsistenzordnung, falls die Startwerte ebenfalls diese Konsistenzordnung besitzen.

Die Sonderstellung von $m = 2$ kommt dadurch zustande, daß $\rho_3 = 0$ ist, während sonst die Fehlerkonstante $C_p = \rho_{p+1} < 0$, $p = m+1$, $m > 2$, erfüllt.

Im restlichen Teil dieses Abschnitts geben wir noch zwei weitere Verfahren an, welche den Verfahren von Nyström bzw. Milne-Simpson entsprechen. Sie gehen durch eine Integration in (9) über ein Intervall der Länge 2h hervor. Bezüglich ihrer Stabilität weisen diese Verfahren ein Verhalten auf, das dem in 1.2.2. beschriebenen bei den Verfahren mit zentralen Differenzen erster Ordnung entspricht. Für die praktische Verwendung werden sie daher nur in Spezialfällen herangezogen.

Das explizite Verfahren ergibt sich mit dem nun schon oft beschriebenen Vorgehen aus (9) in der Gestalt

$$(29)\quad \begin{aligned} u_{j+m}-2u_{j+m-2}+u_{j+m-4} &= h^2\sum_{k=0}^{m}\sigma_k^*\nabla^k f_{j+m-1}, \quad j = 0,\ldots,N-m, \\ u_k &= \alpha_h^{(k)}, \quad k = 0,\ldots,m-1, \end{aligned}$$

mit den Koeffizienten

$$(30)\quad \sigma_k^* = (-1)^k \int_{-1}^{1}(1-s)\left[\binom{-s}{k}+\binom{s+2}{k}\right]ds, \quad k = 0,1,\ldots .$$

Ihre erzeugende Funktion ist durch

$$(31)\quad \sum_{k=0}^{\infty}\sigma_k^* z^k = \frac{z^2-4z+4}{1-z}\left[\frac{z}{\log(1-z)}\right]^2, \quad |z| < 1,$$

gegeben, aus der man $\sigma_0^* = 4$, $\sigma_1^* = -4$ und die Rekursionsformeln

$$(32)\quad \sigma_k^* = 1-\frac{2}{3}H_2\sigma_{k-1}^*-\frac{2}{4}H_3\sigma_{k-2}^*-\ldots-\frac{2}{k+2}H_{k+1}\sigma_0^*, \quad k = 2,3,\ldots,$$

herleitet. Einige der Zahlenwerte sind in Tab.32 aufgeführt. Setzt man $m = 4$, so ergibt sich das Verfahren

(33) $u_{j+4}-2u_{j+2}+u_j = \frac{4}{3}h^2(f_{j+3}+f_{j+2}+f_{j+1})$, $j=0,\ldots,N-4$.

Die Polynome ρ und σ aus 1.(23) bestimmt man für das Verfahren (29) zu

(34) $\rho(z) = z^m-2z^{m-2}+z^{m-4}$, $\sigma(z) = z^{m-1}\sum_{k=0}^{m-1}\sigma_k^*(1-z^{-1})^k$,

und der Abschneidefehler gestattet die Darstellung

(35) $$\tau_h(x_{j+m}) = (-1)^m h^m \int_{-1}^{1}(1-s)\{\binom{-s}{m}[D^m f(\cdot,u)](\xi(s)) + \binom{s+2}{m}[D^m f(\cdot,u)](\tilde{\xi}(s))\}ds, \quad j=0,\ldots,N-m.$$

Über die Konsistenz gilt die folgende sich leicht aus (34), (35) ergebende Aussage.

(36) _Das Interpolationsverfahren_ (29) _ist mit der Anfangswertaufgabe_ (A) _konsistent. Unter den Voraussetzungen_ $f\in C^m(U)$ _und_ (18) _besitzt es die genaue Konsistenzordnung_ $p=m$.

Das (29) entsprechende implizite Verfahren hat die Form

(37) $$u_{j+m}-2u_{j+m-2}+u_{j+m-4} = h^2\sum_{k=0}^{m}\rho_k^*\nabla^k f_{j+m}, \quad j=0,\ldots,N-m$$
$$u_k = \alpha_h^{(k)}, \quad k=0,\ldots,m-1,$$

mit den Koeffizienten

(38) $\rho_k^* = (-1)^k\int_{-2}^{0}(-s)[\binom{-s}{k}+\binom{s+4}{k}]ds$, $k=0,1,\ldots$.

Die erzeugende Funktion

(39) $\sum_{k=0}^{\infty}\rho_k^* z^k = (z^2-4z+4)\left[\frac{z}{\log(1-z)}\right]^2$, $|z|<1$,

der ρ_k^* liefert nach Taylorentwicklung der rechten Seite die Koeffizienten $\rho_0^* = 4$, $\rho_1^* = -8$, $\rho_2^* = 16/3$ und die Rekursionsformel

(40) $\rho_k^* = -\frac{2}{3}H_2\rho_{k-1}^* - \frac{2}{4}H_3\rho_{k-2}^* - \ldots - \frac{2}{k+2}H_{k+1}\rho_0^*$, $k=3,4,\ldots$.

Die Koeffizienten können ebenfalls mittels der Beziehung $\rho_k^* = \sigma_k^* - \sigma_{k-1}^*$, $k = 1,2,\ldots$, berechnet werden, die sich aus der entsprechenden Beziehung für die erzeugenden Funktionen ergibt. Einige Zahlenwerte für die ρ_k^* enthält Tab. 32. Für $m = 4$ und $m = 5$ erhält man dieselbe Formel

$$(41)\quad u_{j+4} - 2u_{j+2} + u_j = \frac{h^2}{15}(f_{j+4} + 16f_{j+3} + 26f_{j+2} + 16f_{j+1} + f_j)$$

für $j = 0,1,\ldots,N-4$. Die Polynome ρ und σ aus 1.(23) sind durch

$$(42)\quad \rho(z) = z^m - 2z^{m-2} + z^{m-4}, \quad \sigma(z) = z^m \sum_{k=0}^{m} \rho_k^* (1-z^{-1})^k$$

gegeben, und der Abschneidefehler besitzt die Darstellung

$$(43)\quad \tau_h(x_{j+m}) = (-1)^m h^{m+1} \int_{-2}^{0} (-s)\{\binom{-s}{m+1}[D^{m+1}f(\cdot,u)](\xi(s)) + \binom{s+4}{m+1}[D^{m+1}f(\cdot,u)](\tilde{\xi}(s))\}ds, \quad j = 0,\ldots,N-m.$$

Mit (42) und (43) erhält man leicht die folgende Aussage über die Konsistenz des Verfahrens.

(44) Das Interpolationsverfahren (37) ist mit der Anfangswertaufgabe (A) konsistent. Unter den Voraussetzungen $f \in C^{m+1}(U)$ und (28) besitzt es die Konsistenzordnung $p = m+1$, die für $m \geq 5$ genau ist. Im Falle $m = 4$ und $f \in C^6(U)$ ist bei entsprechend genauen Startwerten $p = 6$ die genaue Konsistenzordnung.

6.3. Asymptotische Stabilität der Verfahren für Systeme höherer Ordnung

Wie bei den Verfahren für Systeme erster Ordnung ist die (inverse) Lipschitz-Stabilität der Verfahren vom Typ $(A_h I)$ oder $(A_h II)$ der harte Kern für Konvergenzuntersuchungen. Für Verfahren des ersten Typs verläuft der Beweis der Lipschitz-Stabilität sehr ähnlich wie in Abschnitt 2.2., 2.3., so daß wir uns etwas kürzer fassen können.

Die Untersuchung der Verfahren vom Typ $(A_h II)$ erfordert demgegenüber einige Erweiterungen. Für Systeme höherer Ordnung, bei denen f nur von u selbst und nicht von den Ableitungen von u abhängt, ist die Lipschitz-Stabilität bereits in [183] (s. auch [5,Ch.10],[7,Ch.6]) und später in allgemeinerem Zusammenhang in [373,374] studiert worden. Die Lipschitz-Stabilität unter Einschluß von Differenzenquotienten höherer Ordnung, die in diesem Abschnitt ebenfalls behandelt wird, geht auf [193] zurück. Mit anderen Methoden sind solche und allgemeinere a-priori-Abschätzungen in [233] bewiesen worden im Zusammenhang mit Konvergenzuntersuchungen von Mehrschrittverfahren bei gleichzeitigen Existenzaussagen (vgl.2.8.) für Systeme mit nicht notwendig stetigem f. Mit wiederum anderen Methoden ist in [331] für lineare gewöhnliche Differenzenoperatoren in l^p-Räumen die Lipschitz-Stabilität durch algebraische Bedingungen charakterisiert worden. Der von uns in diesem Abschnitt verwendete Zugang beruht auf der in 2.3. entwickelten Technik. Lipschitz-Stabilität für Systeme höherer Ordnung mit matrixwertigen Koeffizienten, die wir hier nicht behandeln, wird in [5,195] studiert.

6.3.1. Lipschitz-Stabilität für Verfahren vom Typ (A_hI)

Als Definition der Lipschitz-Stabilität für Verfahren des ersten Typs wird wie bei Systemen erster Ordnung 2.1.(3) genommen, nur daß $[\cdot]$ und A_h jetzt durch 1.(6),(7),(12) erklärt sind. Über die Verfahrensfunktion von (A_hI) setzen wir wie in 2.1. die gleichmäßige Lipschitz-Stetigkeit (L) voraus, welche wie folgt lautet.

(L) Es gibt eine Umgebung $U \subset I \times \mathbb{K}^{nq}$ des Graphen $(x,u(x),u'(x),\ldots,u^{(q-1)}(x))$, $x \in I$, und eine Zahl $L>0$, so daß für alle h mit $h<H$, für alle Vektoren y_k, y'_k mit $(x,y_k),(x,y'_k) \in U \cap (I_h \times \mathbb{K}^{nq})$, $k=0,\ldots,m$, für den Vektor $f_h=(f_h^{(0)},f_h^{(1)},\ldots,f_h^{(q-1)})$ der Verfahrensfunktion gilt

$$(1) \qquad |f_h(x,y_0,\ldots,y_m)-f_h(x,y'_0,\ldots,y'_m)| \le L \sum_{k=0}^{m} |y_k-y'_k|.$$

Es ist zu beachten, daß $|\cdot|$ in (1) die Norm eines q-komponentigen Vektors mit Komponenten aus $\mathbb{K}^n$ bedeutet. Für ein lineares Verfahren 1.(5) ist die Bedingung (L) offenbar erfüllt, falls f in U der Lipschitzbedingung (L_o) genügt, d.h. einer Abschätzung der Form

$$(2)\quad |f(x,y^{(o)},\ldots,y^{(q-1)})-f(x,\tilde{y}^{(o)},\ldots,\tilde{y}^{(q-1)})| \le L_o \sum_{l=0}^{q-1} |y^{(l)}-\tilde{y}^{(l)}|$$

für $(x,y^{(o)},\ldots,y^{(q-1)}),(x,\tilde{y}^{(o)},\ldots,\tilde{y}^{(q-1)}) \in U$.

Entsprechend Satz 2.1.(9) verhält sich die Lipschitz-Stabilität stabil gegenüber Störungen der Verfahrensfunktion, welche der Bedingung (L) genügen.

(3) <u>Unter der Bedingung</u> (L) <u>ist</u> ($A_h I$) <u>dann und nur dann im Punkte</u> $\{r_h u\}$ <u>Lipschitz-stabil, wenn das mit</u> $f_h = 0$ <u>gebildete Verfahren Lipschitz-stabil ist</u>.

<u>Beweis</u>. Der Beweis ist identisch mit dem von Satz 2.1.(9), der auch gültig bleibt, wenn es sich wie im vorliegenden Fall um Gitterfunktionen handelt, die q-komponentige Vektoren von Gitterfunktionen mit Werten in $\mathbb{K}^n$ darstellen.

Damit sind wir in der Lage, die Lipschitz-Stabilität durch algebraische Bedingungen zu charakterisieren. Die Wurzelbedingung (P) wird jetzt mit Hilfe der Polynome

$$(4)\quad \rho^{(l)}(z) := \sum_{k=0}^{m} a_k^{(l)} z^k, \quad l = 0,\ldots,q-1,$$

formuliert und lautet:

(P) <u>Für jedes</u> $l = 0,\ldots,q-1$, <u>besitzt</u> $\rho^{(l)}$ <u>nur Wurzeln vom Betrage kleiner gleich</u> 1, <u>und die unimodularen Wurzeln sind einfach</u>.

(5) <u>Unter der Voraussetzung</u> (L) <u>ist das Mehrschrittverfahren</u> ($A_h I$) <u>dann und nur dann Lipschitz-stabil, wenn die Bedingung</u> (P) <u>erfüllt ist</u>.

<u>Beweis</u>. Gemäß Satz (3) genügt es, die Behauptung für $f_h = 0$ zu

beweisen. Für den hinreichenden Teil sei l in $0 \le l \le q-1$ gewählt. Ist eine Gitterfunktion v_h gegeben, so setzen wir

$$(6)\quad w_h^{(l)}(x) := h(A_h v_h)^{(l)}(x) = \sum_{k=0}^{m} a_k^{(l)} v_h^{(l)}(x+(k-m)h), \quad x \in I_h.$$

Satz 2.2.(6) ergibt dann für $j = 0,\dots,N$, $l = 0,\dots,q-1$, die Darstellung

$$(7)\quad v_h^{(l)}(x_j) = \sum_{k=m}^{N} w_h^{(l)}(x_k) S^{(l)}(j+m-k) + \sum_{k=0}^{m-1} v_h^{(l)}(x_k) P_k^{(l)}(j),$$

wobei $S^{(l)}, P_k^{(l)}$ die mit $\rho^{(l)}$ anstelle von ρ gebildeten Funktionen $S, P^{(k)}$ aus 2.2.(1),2.2.(4) bedeuten. Aufgrund der Wurzelbedingung sind sie gemäß 2.2.(9),2.2.(13) beschränkt, so daß man bei der Berechnung der Norm von $v_h(x) = (v_h^{(0)}(x),\dots, v_h^{(q-1)}(x))$ bei Verwendung von (7) mit einer von v_h und h unabhängigen Zahl η die Abschätzung

$$(8)\quad |v_h(x)| \le \eta\left[\sum_{k=0}^{m-1} |v_h(x_k)| + \sum_{k=m}^{N} h|A_h v_h(x_k)|\right], \quad x \in I_h',$$

erhält, was die Lipschitz-Stabilität im linearen Fall $f_h = 0$ ist (vgl.2.1.(6)).

Zum Beweis der Umkehrung nehmen wir an, daß für ein l die Wurzelbedingung für $\rho^{(l)}$ verletzt ist. Dann erhält man aus 2.2.(15) die Existenz einer Folge $\{v_h^{(l)}\}$ von ($\mathbb{K}^n$-wertigen) Gitterfunktionen mit den Eigenschaften $A_h^{(l)} v_h^{(l)}(x) = 0$, $x \in I_h$, und

$$(9)\quad \max_{x\in I_h} |v_h^{(l)}(x)| \to \infty, \quad |v_h^{(l)}(x_k)| \to 0 \quad (h \to 0), \quad k = 0,\dots,m-1.$$

Erklärt man die restlichen Komponenten einer Folge $\{v_h\}$ durch $v_h^{(r)} = 0$, $r \ne l$, so hat man eine Folge gefunden, für die (8) verletzt ist, so daß ein Widerspruch zur Lipschitz-Stabilität erbracht ist.

6.3.2. Lipschitz-Stabilität für Verfahren vom Typ (A_hII)

Die Lipschitz-Stabilität der Verfahren (A_hII) ist für eine angemessene Behandlung dieser Verfahren in Abhängigkeit von der höchsten auftretenden Ordnung r der Ableitungen von u in dem Argument von f zu definieren. Bereits bei den speziellen Verfahren vom Typ (A_hII) in 6.2. für Systeme zweiter Ordnung zeigte sich, daß man das Nichtauftreten von u' in f gezielt ausnutzt, und am Ende von 6.1. ist darauf hingewiesen worden, daß das Wachstum der Verfahrensfunktion in Potenzen von h^{-1} je nach der Größe von r unterschiedlich ausfällt.

Wir nehmen daher für diesen Abschnitt an, daß r eine gegebene ganze Zahl in $0 \leq r \leq q-1$ ist. Dann führen wir die Norm $|\cdot|_r$ ein durch

$$(10)\quad |v_h|_r := \sum_{l=0}^{r} \max_{\substack{x \in I_h' \\ x+lh \in I_h'}} |(D^l v_h)(x)|,$$

wobei D^l den l-fach iterierten vorwärts genommenen Differenzenquotienten bedeutet. Damit geben wir die folgende Definition der an r angepaßten Lipschitz-Stabilität.

(11) <u>Das Mehrschrittverfahren</u> (A_hII) <u>heißt Lipschitz-r-stabil im Punkte</u> $\{v_h\}$, <u>wenn es positive Zahlen</u> H,δ,η <u>gibt, so daß für alle</u> $h < H$ <u>und für alle</u> w_h <u>mit der Eigenschaft</u>

$$(12)\quad [A_h v_h - A_h w_h] < \delta$$

<u>die Abschätzung besteht</u>

$$(13)\quad |v_h - w_h|_r \leq \eta [A_h v_h - A_h w_h].$$

Im Falle $r = 0$ stimmt vorstehende Definition mit der in 2.1.(3) gegebenen überein. Die (L) entsprechende Lipschitzbedingung lautet wie folgt.

(L_r) <u>Es gibt eine Umgebung</u> $U \in I \times \mathbb{K}^n$ <u>des Graphen</u> $(x,u(x))$ <u>von</u> u <u>und eine Zahl</u> $L > 0$, <u>so daß für alle</u> $h < H$ <u>und für alle Vektoren</u> y_k, y_k' <u>mit</u> $(x,y_k),(x,y_k') \in U \cap (I_h \times \mathbb{K}^n)$ <u>gilt</u>

$$(14)\quad |f_h(x,y_o,\ldots,y_m) - f_h(x,y_o',\ldots,y_m')| \leq L \sum_{l=0}^{r} \sum_{k=0}^{m-1} |[D^l(y-y')](x_k)|,$$

wobei y, y' die in den ersten $m+1$ Gitterpunkten erklärten Funktionen $y(x_k) = y_k$, $y'(x_k) = y'_k$, $k = 0,\dots,m$, bedeuten.

Für $r > 0$ treten auf der rechten Seite von (14) durch die Differenzenquotienten auch negative Potenzen von h auf. Dies ist auch erforderlich zuzulassen, wie am Ende von 6.1. näher erläutert worden ist.

Für lineare Verfahren $(A_h II)$ hoffen wir, daß die Bedingung (L_r) erfüllt ist, wenn f der Lipschitzbedingung (L_0) aus (2) genügt, was in der Tat zutrifft. Zum Nachweis dieses Sachverhalts benötigen wir einen vorbereitenden Hilfssatz, bei dessen Formulierung wir den Verschiebungsoperator E verwenden, der erklärt ist durch

$$(15)\quad (Ev_h)(x) = v_h(x+h), \quad x+h \in I'_h.$$

(16) Es sei p ein Polynom vom Grade m und l eine Zahl, so daß für $u = x^j$, $j = 0,1,\dots,l$, gilt

$$(17)\quad \frac{1}{h^l}[p(E)u](a) \to u^{(l)}(a) \quad (h \to 0).$$

Dann besitzt p die Darstellung $p(z) = (z-1)^l p^*(z)$ mit einem Polynom p^*, das $p^*(1) = 1$ erfüllt. Ist diese Darstellung umgekehrt vorausgesetzt, so läßt sich $h^{-l}p(E)$ mit den Koeffizienten b_k von p^* in der Form

$$(18)\quad \frac{1}{h^l}\, p(E) = \sum_{k=0}^{m-l} b_k E^k D^l$$

schreiben, und für jedes $u \in C^l(I)$ konvergiert

$$(19)\quad \max_{x+mh \in I_h} \left| \frac{1}{h^l}[p(E)u](x) - u^{(l)}(x) \right| \to 0 \quad (h \to 0).$$

Beweis. Ersetzt man in (17) die Funktion u durch $(x-a)^j$, was wegen der Linearität gestattet ist, so erhält man die Beziehungen

$$(20)\quad \sum_{k=0}^{m} a_k k^j = l!\,\delta_{jl}, \quad j = 0,\dots,l,$$

wobei a_k die Koeffizienten von p sind. Das Bestehen von (20) für $j=0,\ldots,l-1$ ergibt, daß $z=1$ eine l-fache Wurzel von p ist. Damit läßt sich p wie behauptet faktorisieren. Aus (20) folgt weiter $p^{(l)}(1)=l!$, was auf $p^*(1)=1$ führt. Umgekehrt ergibt sich (18) aus dem Zusammenhang $D=h^{-1}(E-I)$. Wegen $p^*(1)=1$ folgt dann (19) leicht aus (18).

(21) Die Anfangswertaufgabe (A) genüge der Bedingung (L_o), und f sei nur von den Veränderlichen $x,u,u',\ldots,u^{(r)}$ abhängig. Dann erfüllt ein lineares Verfahren 1.(16)-1.(18) die Bedingung (L).

Beweis. Aus 1.(16),1.(18) folgt, daß sich $\Delta^{(l)}$ analog zu (18) schreiben läßt, so daß man mit einer von h unabhängigen Zahl K

$$(22)\quad |\Delta^{(l)}v_h(x)| \le K\sum_{j=0}^{m-1}|D^l v_h(x+(j-m)h)|,\quad x\in I_h,$$

erhält. Zum Nachweis von (14) für die Funktion f_h aus 1.(17) schätzen wir die linke Seite von (14) zunächst mit Hilfe von (L_o) ab und wenden dann (22) im Punkte $x=a+mh$ auf die in (L_r) auftretende Funktion y-y' an, was die Behauptung ergibt.

Als Vorbereitung stellen wir eine diskrete Form der bekannten Friedrichsschen Ungleichung bereit.

(23) Für $l=0,1,\ldots,q$ und jede Gitterfunktion v_h gilt für $x\in I'$

$$(24)\quad |v_h(x)| \le \sum_{k=0}^{l-1}(b-a)^k|(D^k v_h)(a)| + (b-a)^l \max_{\substack{t\in I_h'\\ t+lh\in I_h'}} |(D^l v_h)(t)|.$$

Beweis. Sei l in $1\le l\le q$, und sei $x\in I_h'$ mit $x+(k-1)h\in I_h'$. Dann hat man die Identität

$$(D^{l-1}v_h)(x) = (D^{l-1}v_h)(a) + \sum_{\substack{t\in I_h'\\ t<x}} h(D^l v_h)(t),$$

aus der man wegen $\Sigma h\le(b-a)$ die Abschätzung

$$(25)\quad |(D^{l-1}v_h)(x)| \le |(D^{l-1}v_h)(a)| + (b-a)\max_{t+lh\in I_h'}|(D^l v_h)(t)|$$

erhält. Hiermit verifiziert man (24) ohne Schwierigkeiten.

Wendet man (24) mit l ersetzt durch $l-k$ auf $v_h = D^k w_h$ an und summiert über $k = 0,\dots,l-1$, so erhält man als Korollar für $l = 1,\dots,r$ die Ungleichung

$$(26)\quad |v_h|_{l-1} \le \frac{(b-a)^{l}-1}{b-a-1}\Big[\sum_{k=0}^{l-1} |(D^k v_h)(a)| + (b-a) \max_{\substack{t\in I_h' \\ t+lh\in I_h'}} |(D^l v_h)(t)|\Big].$$

Der nächste Satz zeigt, daß die naheliegende Vermutung zutrifft, daß die Lipschitz-r-Stabilität stabil gegenüber der Addition von Verfahrensfunktionen ist, die (L) genügen.

(27) Unter der Bedingung (L_r) ist $(A_h II)$ dann und nur dann im Punkte $\{r_h u\}$ Lipschitz-r-stabil, wenn das mit $f_h = 0$ gebildete Verfahren Lipschitz-r-stabil ist.

Beweis. Die Beweisführung verläuft parallel zum Beweis von 2.1.(9), an die wir uns eng anlehnen. Wie dort gelangt man für genügend kleine h zu der 2.1.(10) entsprechenden Ungleichung

$$s(x) := \sum_{l=0}^{r} \max_{\substack{t\in I_h' \\ t\le x-lh}} |(D^l z_h)(t)| \le \eta\Big[\sum_{\substack{t\in I_h \\ t\le x}} h|(A_h r_h u - A_h w_h)(t)| + [z_h]^a\Big],\quad x\in I_h',\quad x \ge x_{m-1},$$

wobei $[v_h]^a$ als Abkürzung für die ersten beiden Summen auf der rechten Seite von 1.(22) steht. Wie im Beweis von 2.1.(9) kommt man dann bei Verwendung von (L_r) weiter zu der Abschätzung

$$s(x) \le \eta\Big[\sum_{t\in I_h} h|(\tilde{A}_h r_h u - \tilde{A}_h w_h)(t)| + [z_h]^a + L \sum_{\substack{t\in I_h \\ t\le x}} h \sum_{l=0}^{r} \sum_{k=0}^{m-1} |(D^l z_h)(t+(k-m)h)|\Big],\quad x\in I_h.$$

Für $h \le h_{max}$ mit $h_{max}\eta L < 1$ folgt hieraus nach Abspalten des

Summanden mit $t = x$ für $x \in I_h$

$$s(x) \le \frac{\eta}{1-h_{max}\eta L}\{[\tilde{A}_h r_h u - \tilde{A}_h w_h] + mL \sum_{t \in I_h} hs(t-h)\}.$$

Ab hier verläuft der Beweis genauso weiter wie in 2.1.(9).

Wir sind nun in der Lage, die algebraische Charakterisierung der Lipschitz-r-Stabilität anzugehen. Dazu benötigen wir die Wurzelbedingung

(P_r) Das Polynom ρ besitzt nur Wurzeln vom Betrage kleiner gleich 1, $\zeta = 1$ ist, wenn überhaupt, eine Wurzel der Vielfachheit höchstens q, und jede weitere unimodulare Wurzel ist höchstens $(q-r)$-fach.

Im Falle $r = 0$ besagt (P_r), daß die Wurzeln von ρ in $\bar{D}$ liegen und unimodulare Wurzeln höchstens q-fach sind. Für $q = 1$ ist dies gerade wieder die frühere Wurzelbedingung (P).

Vorbereitend für Satz (31) stellen wir noch einen Hilfssatz bereit.

(28) Es sei $\zeta = 1$ eine mindestens r-fache Wurzel von ρ, (P_r) sei erfüllt und $r_o > 1$ sei eine reelle Zahl. Wird $\rho^*(z) = (z-1)^{-r}\rho(z)$ gesetzt, so gibt es eine Zahl K mit der für alle Schrittweiten h gilt

$$\text{(29)} \quad h^{q-r-1} \Big| \int_{|z|=r_o} \frac{z^j}{\rho^*(z)} dz \Big| \le K, \quad j \in \mathbb{Z}, \quad j \le 2N.$$

Beweis. Für $j \le m-r-2$ fällt der Integrand in (29) mindestens wie $O(|z|^{-2})$ für $z \to \infty$ ab, und da ρ^* für $|z| \ge r_o$ keine Wurzeln besitzt, verschwindet das Integral in (29). Für die verbleibenden j bleibt nach Auswertung des Integrals mit dem Residuensatz für jede Wurzel z_k von ρ^* die Abschätzung

$$h^{q-r-1} \Big| \operatorname{Res}\Big(\frac{z^j}{\rho^*(z)}\Big)_{z=z_k} \Big| \le K$$

zu zeigen. Mit Hilfe von 2.2.(11),2.2.(12) läuft dies auf den Nachweis von

(30) $h^{q-r-1} j^{\nu_k-1} |z_k|^j \leq K, \quad j = m-r-1, m-r, \ldots, 2N,$

hinaus, wenn ν_k die Vielfachheit von z_k ist. Für $|z_k| < 1$ ist (30) trivialerweise erfüllt. Im Falle $|z_k| = 1$ ergibt die Bedingung (P_r), daß $\nu_k \leq q-r$ ist. Wegen $jh \leq 2(b-a)$ für den angegebenen Laufbereich von j ist dann ebenfalls (30) erfüllt, womit alles bewiesen ist.

(31) Es sei $\zeta=1$ eine mindestens (q-1)-fache Wurzel von ρ. Unter der Voraussetzung (L_r) ist das Mehrschrittverfahren $(A_h II)$ dann und nur dann im Punkte $\{r_h u\}$ Lipschitz-r-stabil, wenn die Wurzelbedingung (P_r) erfüllt ist.

Beweis. Satz (27) zufolge kann $f_h = 0$ angenommen werden. Es werde

(32) $\rho^*(z) := (z-1)^{-r}\rho(z), \quad \rho_1(z) := (z-1)^{1-q}\rho(z) =: \sum_{k=0}^{m-q+1} c_k z^k$

gesetzt. Der Operator A_h aus 1.(20) läßt sich dann in der Form

(33) $(A_h v_h)(x) = \frac{1}{h} \sum_{k=0}^{m-q+1} c_k (D^{q-1} v_h)(x+(k-m)h), \quad x \in I_h,$

schreiben. Es bietet sich an,

(34) $w_h(x) := (D^{q-1} v_h)(x), \quad x \in I_h^1 := I_h \cap [a, b-(q-1)h]$

zu setzen, da dann die Gleichung $A_h v_h = z_h$ gleichbedeutend ist mit dem s-schrittigen Verfahren

$$A_h^1 w_h(x) := \frac{1}{h} \sum_{k=0}^{s} c_k w_h(x+(k-s)h) = z_h(x)+(q-1)h, \quad x \in I_h^2,$$

(35)

$$w_h(x_k) = (D^{q-1} v_h)(x_k), \quad k = 0, 1, \ldots, s-1,$$

wobei $s := m-q+1$, $N_1 := N-q+1$ und $I_h^2 := \{x_j \mid j = s, s+1, \ldots, N_1\}$ bezeichnet. Die Funktion w_h aus (35) läßt sich mit Hilfe von 2.2.(6) in der Form

(36) $w_j = \sum_{k=s}^{N_1} hz_{k+q-1}S_1(j+s-k) + \sum_{l=0}^{s-1} w_l P_1^{(l)}(j), \quad j=0,\ldots,N_1,$

darstellen, wobei S_1 und $P_1^{(l)}$ die mit ρ_1 anstelle von ρ gebildeten Funktionen $S, P^{(l)}$ aus 2.2. sind. Die rechte Seite von (36) ist noch nicht mit Hilfe von (29) abschätzbar, da im Integranden ρ_1 statt des benötigten ρ^* steht. Um diese Schwierigkeit zu beheben, führen wir die Funktionen $T_1, Q_1^{(l)}$ ein, die wie S_1 und $P_1^{(l)}$ definiert werden, nur daß man im Integranden ρ_1 durch ρ^* ersetzt und den Faktor h^{q-r-1} anbringt. Nach Definition von T_1 berechnet man die vorwärts genommene Differenz $T_1(j+1)-T_1(j)$ zu

$$T_1(j+1)-T_1(j) = \frac{h^{q-r-1}}{2\pi i} \int_{|z|=r_0} \frac{(z-1)z^{j-1}}{\rho^*(z)} dz$$

und entsprechend die von $Q_1^{(l)}$. Da $\rho^*(z) = (z-1)^{q-r-1}\rho_1(z)$ ist, stellt man damit sofort den Zusammenhang

$$D^{q-r-1}T_1 = S_1, \quad D^{q-r-1}Q_1^{(l)} = P_1^{(l)}, \quad l=0,\ldots,s-1,$$

her, bei dem sinngemäß $T_1, Q_1^{(l)}$ als Gitterfunktionen aufgefaßt werden. Erklärt man daher in Anlehnung an (36) g_h durch

(37) $g_j := \sum_{k=s}^{N_1} hz_{k+q-1}T_1(j+s-k) + \sum_{l=0}^{s-1} w_l Q_1^{(l)}(j), \quad j=0,\ldots,N_1,$

so gilt

(38) $(D^{q-r-1}g_h)(x_j) = w_h(x_j), \quad j=0,\ldots,N_1-q+r+1.$

Wegen $T_1(k) = 0$, $k < m-r$, $Q_1^{(l)}(k) = 0$, $k < q-r-1$ (vgl. 2.2.(2)) wird $g_j = 0$, $j=0,\ldots,q-r-2$, und damit auch

(39) $(D^k g_h)(a) = 0, \quad k=0,\ldots,q-r-2.$

Aus (28) folgt, daß T_1 gleichmäßig in h für alle in Frage kommenden Argumente beschränkt ist und dasselbe trifft auch für $Q_1^{(l)}$ als eine gewisse Linearkombination mit konstanten Koeffizienten der T_1 zu. Somit erhält man aus (37)

$$(40)\quad |g_h(x)| \le K[\sum_{t\in I_h} h|z_h(t)| + \sum_{l=0}^{s-1} |w_h(a+lh)|].$$

Wir wenden nun die Friedrichssche Ungleichung (24) mit v_h ersetzt durch $D^r v_h - g_h$ und l ersetzt durch q-r-1 an. Bei Beachtung von (34) und (38) ergibt sich $D^{q-r-1}[D^r v_h - g_h] = 0$, so daß man mit (39),(40)

$$|D^r v_h(x)| \le |(D^r v_h - g_h)(x)| + |g_h(x)| \le$$

$$K[\sum_{k=0}^{q-r-2} |(D^{k+r} v_h)(a)| + \sum_{t\in I_h} h|z_h(t)| + \sum_{l=0}^{m-q} |(D^{q-1} v_h)(x_l)|]$$

erhält. Es ist $z_h = A_h v_h$. Wenden wir dann die Friedrichssche Ungleichung (26) noch einmal an mit l ersetzt durch r-1, so ergibt sich

$$|v_h|_r \le K[A_h v_h]$$

und das ist die behauptete Lipschitz-r-Stabilität im Falle $f_h = 0$. Der Beweis der Umkehrung ergibt sich aus dem nächsten Satz.

(41) Sei $\zeta = 1$ eine mindestens r-fache Wurzel von ρ, und sei $\{x_h\}$ eine Folge von Gitterpunkten mit $\liminf x_h > a$. Ist (P_r) nicht erfüllt, so existieren Lösungen v_h von

$$(42)\quad \sum_{k=0}^{m} a_k v_h(x+(k-m)h) = 0, \quad x\in I_h,$$

mit der Eigenschaft

$$(43)\quad |(D^r v_h)(x_h)| \to \infty, \quad \sum_{k=0}^{q-1} |(D^k v_h)(a)| + \sum_{j=1}^{m-q} |(D^{q-1} v_h)(x_j)| \to 0, \ (h\to 0).$$

Beweis. Es sei z eine Wurzel von ρ mit $|z| > 1$. Da auch $\rho(\bar{z}) = 0$ gilt, folgt aus 2.3.(6), daß für jedes $c_h \in \mathbb{R}^n$ die Funktionen

$$(44)\quad u_h^{(1)}(x_j) := c_h(z^j + \bar{z}^j), \quad u_h^{(2)}(x_j) := c_h(z^j - \bar{z}^j)/i$$

reelle Lösungen von (42) sind. Wir setzen $c_h = h^q c_o$ mit einem

$c_o \neq 0$. Wählt man nun in passender Weise v_h gleich $u_h^{(1)}$ oder $u_h^{(2)}$, so erkennt man (43) als erfüllt.

Ist (P_r) aufgrund von unimodularen Wurzeln nicht erfüllt, so besitzt das Polynom $\rho^*(z) := (z-1)^{-r}\rho(z)$ eine mindestens $(q-r+1)$-fache unimodulare Wurzel z. Gemäß 2.3.(6) sind dann die Funktionen

$$(45)\quad u_h^{(1)}(x_j) := c_h j^{q-r}(z^j+\bar{z}^j), \quad u_h^{(2)}(x_j) := c_h j^{q-r}(z^j-\bar{z}^j)/i$$

reelle Lösungen der Differenzengleichung $\rho^*(E)u_h^{(k)} = 0$, $k = 1,2$, wobei $Ev_h(x) = v_h(x+h)$ bedeutet. Wir setzen $c_h = h^{q-r-1/2}c_o$ mit $c_o \neq 0$. Ist $j(h)$ der Index, für den $x_h = x_{j(h)}$ gilt, so hat man $\liminf (hj(h))^{q-r} > 0$. Setzt man daher wie oben z_h in passender Weise gleich $u_h^{(1)}$ oder $u_h^{(2)}$, so geht $|z_h(x_h)| \to \infty$ $(h \to 0)$. Die gesuchte Folge $\{v_h\}$ ist dann durch Lösungen der Differenzengleichungen

$$(D^k v_h)(a) = 0, \quad k = 0,\ldots,r-1, \quad (D^r v_h)(x) = z_h(x), \quad x+mh \in I_h,$$

gegeben, denn mit dieser Wahl ist $|(D^k v_h)(a)| = O(h^{1/2})$, $k = 0, \ldots, q-1$, $|(D^{q-1}v_h)(x_j)| = O(h^{1/2})$, $j = 1,\ldots,m-q$, erfüllt, so daß das zu zeigende Verhalten (43) vorliegt.

Abschließend gehen wir noch kurz auf die inverse Lipschitz-Stabilität unter Einschluß der Differenzenquotienten q-ter Ordnung ein. Es ist leicht zu sehen, daß (13) nicht für $r = q$ bestehen kann, da sich die (diskrete) l^∞-Norm nicht gleichmäßig in h durch die l^1-Norm abschätzen läßt. Hingegen kann (13) gelten, wenn man auch auf der rechten Seite die l^∞-Norm verwendet. Wir beschränken uns darauf, dies im linearen Fall $f_h = 0$ zu behandeln.

(46) Für das mit $f_h = 0$, $\alpha_h^{(k)} = 0$, $k = 0,\ldots,m-1$, gebildete Mehrverfahren $(A_h II)$ besteht unter der Voraussetzung, daß $\zeta = 1$ eine mindestens q-fache Wurzel von ρ ist, die a-priori-Abschätzung

$$(47)\quad |v_h|_q \leq \eta\Big[\sum_{k=0}^{q-1}|D^k v_h(a)| + \sum_{j=0}^{m-q-1}|D^q v_h(x_j)| + \max_{x\in I_h}|A_h v_h(x)|\Big]$$

mit einer von v_h und h unabhängigen Zahl η genau dann, wenn $\rho^* := (z-1)^{-q}\rho$ nur in D gelegene Wurzeln besitzt.

Beweis. Im Beweis von 2.5.(12) ist gezeigt worden, daß bei Annahme der Wurzelbedingung (P*) für ρ^* die a-priori-Abschätzung 2.5.(9) gilt, wobei im vorliegenden Fall dort m durch m-q+1 zu ersetzen ist. Wendet man 2.5.(9) auf $D^q v_h$ an, so ergibt sich für $x \in I_h' \cap [a,b-qh]$

$$|D^q v_h(x)| \le \eta [\sum_{j=0}^{m-q-1} |(D^q v_h)(x_j)| + \max_{x\in I_h} |(A_h v_h)(x)|].$$

Hieraus folgt die Behauptung mit Hilfe einer Anwendung der Friedrichsschen Ungleichung (26) mit l ersetzt durch q.

Zum Beweis der Notwendigkeit nehmen wir an, daß z eine unimodulare Wurzel von ρ^* ist. Wir führen wie im Beweis von 2.2. (12) w_h durch $w_j := j(z^j+\bar{z}^j)$, $j = 0,\ldots,N$, ein und erhalten auf diese Weise eine Folge von Funktionen, die für $h \to 0$ auf I_h nicht beschränkt sind, dagegen aber w_j, $j = 0,\ldots,m-q-1$, und $\rho^*(E)w_h$. Durch Lösung der Differenzengleichungen $D^q v_h = w_h$ erhält man eine Folge von Funktionen $\{v_h\}$, die zu einem Widerspruch zu dem Bestehen von (47) führen.

6.4. Konvergenz der Mehrschrittverfahren für Systeme höherer Ordnung

Die Konvergenz der Verfahren vom Typ (A_hI) und (A_hII) ist eine einfache Folgerung aus Konsistenz und Lipschitz-Stabilität. Die entsprechenden Ergebnisse geben wir anschließend an. Die Notwendigkeit von Konsistenz und Lipschitz-Stabilität für die Konvergenz kann mit analogen Ideen wie in 2.4. untersucht werden, was hier aber nicht vorgeführt wird.

(1) Das Mehrschrittverfahren vom Typ (A_hI) sei Lipschitz-stabil im Punkte $\{r_h u\}$ und mit der Anfangswertaufgabe (A) konsistent. Unter der Bedingung (L) gibt es ein $H > 0$, so daß für alle $h < H$ eine in U verlaufende eindeutige Lösung u_h existiert, es konvergiert

(2) $\max\limits_{x \in I_h'} |u_h^{(l)}(x) - u^{(l)}(x)| \to 0, \quad (h \to 0), \quad l = 0,\dots,q-1,$

und diese Konvergenz erfolgt mit der Konsistenzordnung p des Verfahrens.

Beweis. Die Existenz- und Eindeutigkeitsfrage erledigt man unter Ausnutzung der Bedingung (L) wie im Beweis von 2.4.(1). Die Lipschitz-Stabilität ergibt die Ungleichung

$$|u_h(x) - r_h u(x)| \le \eta[A_h r_h u] = \eta[\tau_h(u)], \quad x \in I_h',$$

für den Vektor $u_h - r_h u = (u_h^{(o)} - u, \dots, u_h^{(q-1)} - u^{(q-1)})$ des globalen Diskretisierungsfehlers. Hieraus folgen die weiteren Behauptungen.

Wir erinnern an 3.(5), wo die Lipschitz-Stabilität durch eine algebraische Bedingung charakterisiert worden ist. Als Anwendung von (1) beweisen wir die Konvergenz der in 6.2.1. angegebenen Verfahren.

(3) Die Anfangswertaufgabe (A) genüge der Bedingung (L_o). Das implizite Verfahren 2.(6) besitzt für genügend kleine h eine in U verlaufende, und das explizite Verfahren 2.(2) besitzt für alle h eine eindeutige Lösung u_h, und es liegt die Konvergenz (2) vor. Für $f \in C^p(U)$ und $|\alpha_{k,h}^{(l)} - u^{(l)}(x_k)| = O(h^p)$, $k = 0,\dots,m-1$, $l = 0,1$, erfolgt die Konvergenz (2) mit der Ordnung p mit $p = m$ bzw. $p = m+1$ für 2.(2) bzw. 2.(6).

Beweis. Die Konsistenz und die Konsistenzordnung der Verfahren geht aus 2.(4) und 2.(8) hervor. Die Bedingung (L) ist in 6.3. nachgewiesen worden. Da $\rho^{(l)} = z^m - z^{m-1}$, $l = 0,1$, ist, hat man die Wurzelbedingung (P), so daß 3.(5) die Lipschitz-Stabilität zeigt. Damit sind die Behauptungen eine Folge von (1).

Wir kommen nun zu den Mehrschrittverfahren des zweiten Typs.

(4) Das Verfahren $(A_h II)$ sei für eine Zahl r in $0 \le r < q$ Lipschitz-r-stabil und mit (A) konsistent. Unter der Bedingung (L_r) gibt es ein $H > 0$, so daß für alle $h < H$ eine in U verlaufende eindeutige Lösung u_h existiert, und es konvergiert

(5) $$\max_{x+lh\in I_h'} |(D^l u_h - u^{(l)})(x)| \to 0 \quad (h\to 0), \quad l=0,\dots,r.$$

Ist p die Konsistenzordnung, so gilt für $l=0,\dots,r$

(6) $$\max_{x+lh\in I_h'} |(D^l u_h - D^l u)(x)| = O(h^p), \quad h\to 0.$$

Beweis. Man verfährt entsprechend wie im Beweis von (1). Insbesondere ergibt die Lipschitz-r-Stabilität die Abschätzung $|u_h-u|_r \le \eta[\tau_h(u)]$. Nach Definition 3.(10) von $|\circ|_r$ ergibt dies (6). Ebenso ist (5) eine Folge, wenn man beachtet, daß gilt

(7) $$\max_{x+lh\in I_h'} |(D^l u)(x) - u^{(l)}(x)| \to 0 \quad (h\to 0).$$

Die vorwärts genommenen Differenzenquotienten l-ter Ordnung konvergieren im allgemeinen nicht mit der Ordnung $O(h^p)$ gegen $u^{(l)}$. Hat man jedoch eine Differenzenapproximation der Gestalt 1.(16) für $u^{(l)}$ mit der Eigenschaft, daß für eine Zahl s in $0\le s\le m$ und jedes $v=x^j$, $j=0,1,\dots,l$, gilt

(8) $$\max_{x\in I_h} |\Delta^{(l)}v(x) - v^{(l)}(x-sh)| = O(h^p), \quad h\to 0,$$

so gilt unter der Voraussetzung von (6) und $u\in C^l(I)$ auch

(9) $$\max_{\substack{x\in I_h' \\ x-sh\in I_h}} |\Delta^{(l)}u_h(x) - u^{(l)}(x-sh)| = O(h^p), \quad h\to 0.$$

Dies beweist man mit Hilfe von 3.(16), denn aus (8) folgt die Darstellung 3.(18), so daß

$$\max_{x\in I_h} |\Delta^{(l)}(u_h-u)(x)| \le \sum_{k=0}^{m-l} |b_k| \max_{x\in I_h} |D^l(u_h-u)(x+(k-m)h)|$$

wird, und dies ist gemäß (6) von der Ordnung $O(h^p)$. Eine Anwendung der Dreiecksungleichung auf die linke Seite von (9) ergibt dann die behauptete Konvergenzordnung der $\Delta^{(l)}u_h$.

Die Lipschitz-r-Stabilität ist in 3.(31) durch algebraische Bedingungen charakterisiert worden. Wir wenden jetzt Satz (4) an, um die Konvergenz der Verfahren aus 6.3.2. zu zeigen.

(10) Sei (A) eine Anfangswertaufgabe der Gestalt $u''=f(\cdot,u)$, welche der Bedingung (L_0) genügt. Dann besitzen die impliziten Verfahren 2.(20),2.(37) für genügend kleine h eine in U verlaufende, und die expliziten Verfahren 2.(10),2.(29) für alle h eine eindeutige Lösung u_h, und es liegt die Konvergenz (5) für $r=0$ und für 2.(10),2.(20) auch für $r=1$ vor. Für $f\in C^p(U)$ und

$$|\alpha_h^{(0)}-u(a)| = O(h^p), \quad |(D\alpha_h-Du)(x_k)| = O(h^p), \quad k=0,\ldots,m-2,$$

gilt (6) entsprechend für $r=0$ bzw. $r=1$, wobei $p=m$ für die expliziten und $p=m+1$ für die impliziten Verfahren ist.

Beweis. Die Konsistenz und die Konsistenzordnung der Verfahren geht aus 2.(17),2.(27),2.(36),2.(44) hervor. Die Bedingung (L_r) mit $r=0$ und damit auch mit $r=1$ ist in 3.(21) gezeigt worden. Für die Verfahren 2.(10),2.(20) ist $\rho = z^{m-2}(z-1)^2$, so daß die Wurzelbedingung (P_1) erfüllt ist und die Verfahren gemäß 3.(31) Lipschitz-r-stabil mit $r=1$ sind. Bei den beiden anderen Verfahren ist $\rho = z^{m-4}(z^2-1)^2$. Damit ist $z=-1$ eine doppelte Wurzel von ρ, und es ist (P_0), aber nicht (P_1) erfüllt. Damit sind die Verfahren Lipschitz-r-stabil mit $r=0$. Die Behauptungen folgen nun aus (4).

Auf die Verfahren von Störmer und von Cowell ließe sich auch Satz 3.(46) anwenden, was wir aber nicht weiter verfolgen.

6.5. Reduktion von Rundungsfehlern

Bei Mehrschrittverfahren vom Typ $(A_h II)$ für Systeme q-ter Ordnung ist ein Verhalten $h^{-q}\varepsilon$ des Einflusses der Rundungsfehler der Größe ε auf den globalen Diskretisierungsfehler zu erwarten (vgl. I-1.4.). In [7-6.4] ist eine summierte Form der Mehrschrittverfahren für Systeme zweiter Ordnung angegeben worden, mit welcher sich unter gewissen Bedingungen der Rundungsfehlereinfluß zurückdrängen läßt. Diese Idee ist in allgemeinerer Form in [377] aufgegriffen worden, die wir in diesem Abschnitt darstellen. Eine eng verwandte Methode für Systeme höherer Ordnung findet sich in [404-S.108].

Wir gehen aus von einem linearen Mehrschrittverfahren vom Typ $(A_h II)$ für Systeme der Gestalt $u'' = f(\cdot,u)$, das wir in der Form

$$
(1) \qquad \begin{aligned} [\rho(E)u_h](x_j) &= h^2[\sigma(E)f(\cdot,u_h)](x_j), \quad j=0,\dots,N-m, \\ u_h(x_k) &= \alpha_h^{(k)}, \quad k=0,\dots,m-1, \end{aligned}
$$

schreiben. Dabei sind ρ,σ die Polynome aus 1.(23), und E bedeutet den vorwärts genommenen Verschiebungsoperator $(Eu_h)(x) = u_h(x+h)$. Im gesamten Abschnitt wird angenommen, daß ρ und σ teilerfremd sind (vgl. 1.1.(42)). Der Einfachheit halber nehmen wir an, daß f global Lipschitzstetig mit der Lipschitzkonstanten L_o ist und daß

$$
(2) \quad h^2 L_o |b_m| / |a_m| < 1
$$

ausfällt. Damit existiert insbesondere eine eindeutige Lösung u_h von (1).

Die Gleichungen (1) werden in eine aufgespaltene Form überführt. Es seien $\rho_1,\rho_2,\sigma_1,\sigma_2$ Polynome mit reellen Koeffizienten und der Eigenschaft

$$
(3) \quad \rho = \rho_1\rho_2, \quad \sigma = \sigma_1\sigma_2.
$$

Es sei m_1 bzw. m_2 der Grad von σ_1 bzw. ρ_2, und es gelte

$$
(4) \quad m_o := m_1 + m_2 > 0.
$$

Seien p,q reelle Zahlen mit der Eigenschaft $p+q = 2$. Dann führen wir die Differenzengleichungen

$$
(5) \quad [\rho_1(E)u_h](x_j) = h^p[\sigma_1(E)v_h](x_j), \qquad j=0,\dots,N-m+m_2,
$$

$$
(6) \quad [\rho_2(E)v_h](x_j) = h^q[\sigma_2(E)f(\cdot,u_h)](x_j), \quad j=0,\dots,N-m+m_1,
$$

$$
(7) \quad u_h(x_k) = \alpha_h^{(k)}, \qquad k=0,\dots,m-1,
$$

für die Gitterfunktionen u_h,v_h ein. Dabei ist v_h definiert für x_j, $j=0,\dots,N-m+m_o$, also möglicherweise auch außerhalb von I_h.

Durch Anwendung von $\rho_2(E)$ auf die erste der Gleichungen (5) ergibt sich wegen $\rho_2(E)\sigma_1(E) = \sigma_1(E)\rho_2(E)$ die Aussage:

(8) <u>Sind</u> u_h, v_h <u>Lösungen von</u> (5)-(7), <u>so ist</u> u_h <u>eine Lösung von</u> (1).

Wir zeigen, daß die Gleichungen (5)-(7) eindeutig lösbar sind. Damit sind dann die Gleichungen (1) und (5)-(7) als äquivalent erkannt (sofern sie exakt gelöst werden). Vorbereitend beweisen wir einen Hilfssatz.

(9) <u>Es ist</u> $v_h(x_j) = 0$, $j = 0,\ldots,m_0-1$, <u>die einzige Lösung der der Gleichungen</u>

$$[\sigma_1(E)v_h](x_k)=0,\ k=0,\ldots,m_2-1,\ [\rho_2(E)v_h](x_k)=0,\ k=0,\ldots,m_1-1.$$

<u>Beweis</u>. Die Polynome σ_1 und ρ_2 sind teilerfremd, da σ und ρ es sind. Daher gibt es bekanntlich für jedes $l = 0,1,\ldots,m_0-1$ Polynome τ_1 bzw. τ_2 vom Grade kleiner m_2 bzw. m_1 mit $(\tau_1\sigma_1+\tau_2\rho_2)(z) = z^l$ (Euklidischer Algorithmus). Dies hat

$$v_h(x_l) = (E^l v_h)(x_o) = [(\tau_1\sigma_1+\tau_2\rho_2)(E)v_h](x_o) = 0,$$

also die Behauptung zur Folge.

(10) <u>Unter der Voraussetzung</u> (2) <u>besitzen die Gleichungen</u> (5)-(7) <u>eindeutig bestimmte Lösungen</u> $u_h(x_j)$, $j = 0,\ldots,N$, $v_h(x_j)$, $j = 0,\ldots,N-m+m_o$.

<u>Beweis</u>. Für $j = 0,\ldots,m_2-1$ ist die linke Seite von (5) und für $j = 0,\ldots,m_1-1$ ist die rechte Seite von (6) aufgrund von (7) bekannt. Die zugehörigen $v_h(x_j)$, $j = 0,\ldots,m_o-1$, ergeben sich als Lösungen der linearen Gleichungssysteme (5),(6), deren Koeffizientenmatrix gemäß (9) nichtsingulär ist.

Als nächstes wird $u_h(x_m)$ bestimmt. Dazu eliminieren wir aus (6) $v_h(x_{m_o})$ und setzen das Ergebnis in (5) ein. Dadurch entsteht eine Gleichung der Form

$$(11)\quad [\rho_1(E)u_h](x_m) = h^2 b_m f(\cdot,u_h)(x_m) + g$$

wobei g sich aus den bereits bekannten $u_h(x_j)$, $j = 0,\ldots,m-1$,

$v_h(x_j)$, $j=0,\dots,m_o-1$, berechnet. Aufgrund von (2) ist (11) eindeutig lösbar. Aus der für $j=m_o$ angeschriebenen Gleichung (6) erhält man dann $v_h(x_{m_o})$. Auf diese Weise verfährt man schrittweise weiter. Damit ist (10) bewiesen.

Als Vorbereitung für den Hauptsatz dieses Abschnitts beweisen wir noch einen Hilfssatz.

(12) Das Polynom ρ erfülle die Wurzelbedingung (P_r) mit $r=0$, ρ_1 erfülle die Bedingung (P) aus 2.2., und zu gegebenem w_h sei v_h die Lösung der Differenzengleichungen

$$(13) \quad \begin{aligned} h^{-2}[\rho(E)v_h](x_j) &= [\rho_2(E)w_h](x_j), \quad j=0,\dots,N-m, \\ v_h(x_k) &= 0, \quad k=0,\dots,m-1. \end{aligned}$$

Dann gibt es eine von w_h und h unabhängige Zahl η, so daß die Abschätzung besteht

$$(14) \quad \max_{x\in I_h'} |v_h(x)| \le \eta h^{-1} \max_{x\in I_h'} |w_h(x)|.$$

Beweis. Die Lösung von (13) läßt sich vermöge 2.2.(6) in der Form

$$v_j = \sum_{k=m}^{N} [\rho_2(E)w_h](x_{k-m})S(j+m-k), \quad j=0,\dots,N,$$

schreiben. Bezeichnet c_l, $l=0,\dots,m$, die Koeffizienten von ρ_2, so erhält man aus der vorstehenden Beziehung durch Umsummierung

$$(15) \quad v_j = \sum_{l=0}^{m} c_l \left[\sum_{k=N+1-m}^{N+l-m} - \sum_{k=0}^{l-1}\right] w_k S(j+l-k) +$$

$$\sum_{k=0}^{N-m} w_k \sum_{l=0}^{m} c_l S(j+l-k), \quad j=0,\dots,N.$$

Aus 3.(28), angewandt mit $q=2$, $r=0$, folgt, daß $S(j+l+m-k)$ sich wie $O(h^{-1})$ verhält. Nach Definition von S ergibt sich weiter

$$\sum_{l=0}^{m} c_l S(j+l-k) = \frac{1}{2\pi i} \int_{|z|=r_1} \frac{z^{j-k-1}}{\rho_1(z)} dz,$$

und da ρ_1 die Bedingung (P) erfüllt, ist gemäß 2.2.(9) dieser Ausdruck gleichmäßig für $j,k=0,\dots,N$ und h beschränkt. Insgesamt folgt dann aus (15) die behauptete Abschätzung.

Es wird nun der Einfluß der Rundungsfehler bei der Lösung von (5)-(7) berücksichtigt. Statt dieser werden numerisch die Gleichungen

(16) $[\rho_1(E)\tilde{u}_h](x_j) = h^p[\sigma_1(E)\tilde{v}_h](x_j)+\nu_h(x_j)$, $j=0,\dots,N-m+m_2$,

(17) $[\rho_2(E)\tilde{v}_h](x_j) = h^q[\sigma_2(E)f(\cdot,\tilde{u}_h)](x_j)+\omega_h(x_j)$, $j=0,\dots,N-m+m_1$,

(18) $\tilde{u}_h(x_k) = \alpha_h^{(k)}$, $k=0,\dots,m-1$,

gelöst, wobei $\nu_h(x_j),\omega_h(x_j)$ lokale Rundungsfehler darstellen, die wir formal außerhalb der angegebenen Laufbereiche von j durch Null erklärt denken. Der Einfachheit halber haben wir angenommen, daß bei den Startwerten exakt gerechnet wird. Wir behaupten dann die folgende Fehlerabschätzung für den globalen Rundungsfehler.

(19) Das Polynom ρ erfülle $\rho(1)=0$ sowie die Wurzelbedingung (P_r) mit $r=0$, und ρ_1 erfülle (P) aus 2.2.. Dann existieren positive Zahlen H,η, so daß für alle $h<H$ und alle σ_h,ω_h mit den Lösungen (5)-(7) bzw. (16)-(18) die Abschätzung besteht

(20) $|(u_h-\tilde{u}_h)(x)| \le \eta h^{-1}[\max_{t\in I_h'}|\nu_h(t)| + h^{p-1}\max_{t\in I_h'}|\omega_h(t)|]$, $x\in I_h'$.

Beweis. Durch Anwendung von $\rho_2(E)$ auf Gleichung (16) ergeben sich mit Hilfe von (17) für $\tilde{u}_h$ in den Punkten x_j, $j=0,\dots,N-m$, die Differenzengleichungen

(21) $\rho(E)\tilde{u}_h = h^2\sigma(E)f(\cdot,\tilde{u}_h)+h^p\sigma_1(E)\omega_h+\rho_2(E)\nu_h$.

Sei v_h die Lösung von

(22) $[\rho(E)v_h](x_j) = [\rho_2(E)\nu_h](x_j)$, $j=0,\dots,N-m$, $v_h(x_k)=0$, $k=0,\dots,m-1$.

Hilfssatz (12) ergibt die Abschätzung

(23) $|v_h(x)| \le \eta h^{-1} \max_{t\in I_h'} |\nu_h(t)|, \quad x\in I_h'.$

Satz 3.(31) zeigt die Lipschitz-r-Stabilität von (1) mit $r=0$, so daß man die Abschätzung erhält

$$\frac{1}{\eta}|u_h-\tilde{u}_h+v_h| \le \sum_{j=0}^{N-m} h|[h^{-2}\rho(E)(\tilde{u}_h-v_h)-\sigma(E)f(\cdot,\tilde{u}_h-v_h)](x_j)|$$

$$\le h^{p-2}\sum_{j=0}^{N-m} h|\sigma_1(E)\omega_h(x_j)|+\sum_{j=0}^{N-m} h|\sigma(E)[f(\cdot,\tilde{u}_h)-f(\cdot,\tilde{u}_h-v_h)](x_j)|,$$

wobei für die zweite Ungleichung (21),(22) verwendet worden ist. Für v_h hat man (23) zur Verfügung, so daß man nach Anwendung der Dreiecksungleichung $|u_h-\tilde{u}_h| \le |u_h-\tilde{u}_h+v_h|+|v_h|$ und der Lipschitzbedingung für f in der letzten Summe die Behauptung erhält.

An der Abschätzung (20) ist leicht zu erkennen, auf welche Weise man durch die Aufspaltung (5)-(7) zu einer Reduzierung des Rundungsfehlereinflusses $u_h-\tilde{u}_h$ kommt, welcher in der nicht aufgespaltenen Form (1) nur eine Abschätzung der Ordnung $O(h^{-2})$ gestattet. In (20) kann man jedoch durch Wahl von $p\ge 1$ ein Verhalten $O(h^{-1})$ erhalten. Das günstigere Verhalten des globalen Rundungsfehlers bezüglich des Einflusses von ν_h kann man sich auch an der Fehlergleichung (21) veranschaulichen, in die ν_h in der Form $\rho_2(E)\nu_h$ eingeht. Aber ρ_2 ist ein Faktor von ρ, so daß im globalen Rundungsfehler nur der Differenzenoperator $\rho_1(E) = (\rho/\rho_2)(E)$ wirksam wird, der aufgrund der Voraussetzung (P) gutartiger als $\rho(E)$ ist.

Wir geben einige Beispiele für Aufspaltungsmöglichkeiten gemäß (3) an.

(i) Es sei $\rho(1)=0$, $\rho_1 := (z-1)^{-1}\rho$, $\rho_2 := (z-1)$, $\sigma_1 := \sigma$, $\sigma_2 := 1$, $p := q := 1$. Dies ergibt die summierte Form von Henrici [7]. Satz (19) läßt sich anwenden, wenn ρ die Wurzelbedingung (P_1) aus 2.3. erfüllt.

Das Störmersche Verfahren 2.(10) mit $m=3$ ist beispielsweise durch

$$u_{j+3}-2u_{j+2}+u_{j+1} = \frac{h^2}{12}(13f_{j+2}-2f_{j+1}+f_j), \quad j=0,\ldots,N-3,$$

gegeben, so daß $\rho = z(z-1)^2$, $\sigma = (13z^2-2z+1)/12$ ist. Die unter diesem Punkt angegebenen Zerlegungen führen auf die Gleichungen

$$u_{j+2}-u_{j+1} = \frac{h}{12}(13v_{j+2}-2v_{j+1}+v_j), \quad j=0,\ldots,N-2,$$

$$v_{j+1}-v_j = hf(x_j,u_j), \quad j=0,\ldots,N-1.$$

(ii) Es sei $\rho_1 := z-1$, $\rho_2 := (z-1)^{-1}\rho$, $\sigma_1 := 1$, $\sigma_2 := \sigma$, $p := q := 1$. In diesem Fall wird nur verlangt, daß ρ die Wurzelbedingung (P_r) mit $r=0$ erfüllt, um (19) anwenden zu können.

(iii) Das Beispiel (ii) mag bei Rechnung in Gleitkommadarstellung auch mit der Abänderung $p=0$, $q=2$ sinnvoll sein. Die Fehlerabschätzung (20) lautet dann

$$(24) \quad |(u_h-\tilde{u}_h)(x)| \le \eta h^{-1}[\max_{t\in I_h'}|\nu_h(t)|+h^{-1}\max_{t\in I_h'}|\omega_h(t)|], \quad x\in I_h'.$$

Die Gleichung (16) lautet bei der vorliegenden Zerlegung

$$\tilde{u}_{j+1}-\tilde{u}_j = \tilde{v}_j+\nu_j, \quad j=0,\ldots,N-1.$$

Wenn ν_j klein genug ist, wird man daher $|\tilde{v}_j| = O(h)$ erwarten. Dann ergibt (17) auch $|\omega_h| = O(h)$ und die Abschätzung (24) zeigt wiederum wie in (ii) das Verhalten $O(h^{-1})$ des globalen Rundungsfehlers.

In [377] ist der Effekt der Aufspaltung der Differenzengleichungen auf den Rundungsfehler am Beispiel des vierschrittigen expliziten Verfahrens 2.(29)

$$(25) \quad u_{j+4}-2u_{j+2}+u_j = \frac{4}{3}h^2(f_{j+3}-f_{j+2}+f_{j+1}), \quad j=0,\ldots,N-4,$$

bei der Anfangswertaufgabe

$$(26) \quad u'' = -u^{-3}, \quad u(0) = 1, \quad u'(0) = 2,$$

vorgeführt worden. Es werden die folgenden vier aufgespaltenen Formen von (25) verwendet:

(27) $u_{j+1}-u_j = hv_j, \quad v_{j+3}+v_{j+2}-v_{j+1}-v_j = \frac{4}{3}h(f_{j+3}+f_{j+2}+f_{j+1})$

(28) $u_{j+1}-u_j = v_j \;, \quad v_{j+3}+v_{j+2}-v_{j+1} = \frac{4}{3}h^2(f_{j+3}+f_{j+2}+f_{j+1})$

(29) $u_{j+2}-u_j = hv_j, \quad v_{j+2}-v_j = \frac{4}{3}h(f_{j+3}+f_{j+2}+f_{j+1})$

(30) $u_{j+2}-u_j = v_j \;, \quad v_{j+2}-v_j = \frac{4}{3}h^2(f_{j+3}+f_{j+2}+f_{j+1})$.

Die ersten beiden Formeln entsprechen einer Aufspaltung gemäß Beispiel (ii) bzw. (iii). Als Startwerte wurden die exakten Werte der Lösung u genommen. Die Rechnung wurde in einer Gleitkommaarithmetik durchgeführt, bei der die Mantisse 24 Binärstellen hatte. Die Rundung der verwendeten Maschine erfolgte durch einfaches Abschneiden überzähliger Stellen. Die folgende Tabelle enthält den akkumulierten Rundungsfehler $u_h-\tilde{u}_h$ an der Stelle $x=10$ für zwei verschiedene Schrittweiten h. Er wurde ermittelt durch Vergleichsrechnung in doppelt genauer Arithmetik.

N	(25)	(27)	(28)	(29)	(30)
320	328E-4	3E-4	5E-4	4E-4	6E-4
1280	5835E-4	19E-4	22E-4	22E-4	19E-4

Literatur

(Numerierung fortlaufend von Band 1)

a) Monographien und Kongreßberichte

120. Ansorge, R., und W. Törnig (ed.): Num. Bhdlg. nichtlinearer Integrodifferential- und Differentialgln. Lect.Notes Math. 359. Berlin: Springer 1974

121. Bettis, D. (ed.): Proc. Conf. Num. Sol. Ord. Differential Equ. Lect.Notes Math. 362. Berlin: Springer 1974

122. Bulirsch, R., R.D. Grigorieff und J. Schröder (ed.): Tagung über Num. Bhdlg. von Differentialgleichungen, Oberwolfach 1976. Erscheint demnächst als Lect.Notes Math., Springer-Verlag.

123. Gröbner, W., et al.(ed.): Development of new methods for the solution of nonlinear differential equations by the method of Lie series and extension to new fields. Techn. Rep. European Res. Office, London W.1: 1970

124. Gröbner, W., et al.(ed.): The method of Lie series for differential equations and its extensions. Techn. Rep. European Res. Office, London W.1: 1973

125. Hall, G., and J.M. Watt (ed.): Modern numerical methods for ordinary differential equations. Oxford: Clarendon Press 1976

126. Houwen, P.J. van der: Constructions of integration formulas for initial value problems. Amsterdam: North-Holland Publishing Company 1977

127. Lambert, J.D.: Computational methods in ordinary differential equations. London: Wiley 1973

128. Lapidus, L., and W.E. Schiesser (ed.): Numerical methods for differential systems. New York: Academic Press 1976

129. Morris, J.L. (ed.): Conf. Num. Sol. Differential Equ. Lect. Notes Math. 109. Berlin: Springer 1969

130. Morris, J.L. (ed.): Conf. Appl. Num. Anal. Lect.Notes Math. 228. Berlin: Springer 1971

131. Rice, J.R. (ed.): Mathematical Software. New York: Academic Press 1971

132. Watson, G.A. (ed.): Conf. Num. Sol. Differential Equ. Lect. Notes Math. 363. Berlin: Springer 1974

133. Watson, G.A. (ed.): Proc. Conf. Num. Anal. Dundee. Lect. Notes Math. 506. Berlin: Springer 1976

134. Werner, H., und R. Schaback: Praktische Mathematik II. Berlin: Springer 1972

135. Willoughby, R.A. (ed.): Stiff differential systems. New York: Plenum Press 1974

b) Originalarbeiten

136. Anderson, P.G., M.R. Garey and L.E. Heindel: Computational aspects of deciding if all roots of a polynomial lie within the unit circle. Computing 16, 293-304 (1976)

137. Andreassen, D.: On k-step methods with almost constant coefficients. BIT 13, 265-271 (1973)

138. Axelsson, O.: A note on a class of strongly A-stable methods. BIT 12, 1-4 (1972)

139. Bachmann, K.-H.: Untersuchungen zur Einschließung der Lösungen von Systemen gewöhnlicher Differentialgleichungen. Beitr. Num. Math. 1, 9-42 (1974)

140. Barton, D., I.M. Willers and R.V.M. Zahar: Taylor series methods for ordinary differential equations - An evaluation. In [131], 369-390 (1971)

141. Bedet, R., W.H. Enright and T.E. Hull: STIFF DETEST: A Program for comparing numerical methods for stiff ordinary differential equations. Dept. of Computer Science Techn. Rep., University of Toronto 1974

142. Bettis, D.G.: Stabilization of finite difference methods of numerical integration. Celestical Mech. 2, 282-295 (1970)

143. Bickart, T.A., and Z. Picel: High order stiffly stable composite multistep methods for numerical integration of stiff differential equations. BIT 13, 272-286 (1973)

144. Bickart, T.A., and W.B. Rubin: Composite multistep methods and stiff stability. In [135], 21-36 (1974)

145. Bjurel, G.: Modified linear multistep methods for a class of stiff ordinary differential equations. BIT 12, 142-160 (1972)

146. Blanch, G.: On modified divided differences. Math. Comp. 8, 1-11 und 67-75 (1954)

147. Brayton, R.K., F.G. Gustavson and G.D. Hachtel: A new algorithm for solving differential-algebraic systems using implicit backward differentiation formulae. Proc. of the IEEE 60, 98-108 (1972)

148. Brown, R.L.: Numerical integration of linearized stiff ordinary differential equations. In [128], 39-44 (1976)

149. Brown, R.R., J.D. Riley and M.M. Bennett: Stability properties of Adams-Moulton type methods. Math. Comp. 19, 90-96 (1965)

150. Brunner, H.: Stabilization of optimal difference operators. ZAMP 18, 438-444 (1967)

151. Brunner, H.: Marginal stability and stabilization in the numerical integration of ordinary differential equations. Math. Comp. 24, 635-646 (1970)

152. Brunner, H.: Über Klassen von A-stabilen linearen Mehrschrittverfahren maximaler Ordnung. ISNM 19, 67-75 (1972)

153. Brunner, H.: A note on modified optimal linear multistep methods. Math. Comp. 26, 625-631 (1972)

154. Brunner, H.: A class of A-stable two-step methods based on Schur polynomials. BIT 12, 468-474 (1972)

155. Brush, D.G., J.J. Kohfeld and G.T. Thompson: Solution of ordinary differential equations using two "off-step" points. JACM 14, 769-784 (1967)

156. Butcher, J.C.: A modified multistep method for the numerical integration of ordinary differential equations. JACM 12, 124-135 (1965)

157. Butcher, J.C.: On the convergence of numerical solutions to ordinary differential equations. Math. Comp. 20, 1-10 (1966)

158. Butcher, J.C.: A multistep generalization of Runge-Kutta methods with four or five stages. JACM 14, 84-99 (1967)

159. Butcher, J.C.: A convergence criterion for a class of integration methods. Math. Comp. 26, 107-117 (1972)

160. Butcher, J.C.: An algebraic theory of integration methods. Math. Comp. 26, 79-106 (1972)

161. Butcher, J.C.: Order conditions for general linear methods for ordinary differential equations. ISNM 19, 77-81 (1972)

162. Butcher, J.C.: The order of differential equation methods. Lect.Notes Math. 362, 72-75 (1974)

163. Butcher, J.C.: On the implementation of implicit Runge-Kutta methods. BIT 16, 237-240 (1976)

164. Byrne, G.D., and A.C. Hindmarsh: A polyalgorithm for the numerical solution of ordinary differential equations. ACM Trans. Math. Software 1, 71-96 (1975)

165. Byrne, G.D., et al.: Panel discussion of quality software of ODEs. In [128], 267-285 (1976)

166. Cash, J.R.: A class of implicit Runge-Kutta methods for the numerical integration of stiff ordinary differential equations. JACM 22, 504-511 (1975)

167. Ceschino, F.: Modification de la longueur du pas dans l'intégration numérique par les méthodes à pas liés. Chiffres 2, 101-106 (1961)

168. Ceschino, F.: Une méthode de mise en oeuvre des formules d' Obrechkoff pour l'intégration des équations différentielles. Chiffres 2, 49-54 (1961)

169. Chartres, B., and R. Stepleman: A general theory of convergence for numerical methods. SINUM 9, 476-492 (1972)

170. Chartres, B., and R. Stepleman: Actual order of convergence of Runge-Kutta methods on differential equations with discontinuities. SINUM 11, 93-106 (1974)

171. Chartres, B., and R. Stepleman: Convergence of linear multistep methods for differential equations with discontinui-

ties. Num. Math. 27, 1-10 (1976)

172. Chase, P.E.: Stability properties of predictor-corrector methods for ordinary differential equations. JACM 9, 457-468 (1962)

173. Chipman, F.H.: A note on implicit A-stable R-K methods with parameters. BIT 16, 223-225 (1976)

174. Christiansen, J.: Numerical solution of ordinary simultaneous differential equations of the 1st order using a method of automatic step change. Num. Math. 14, 317-324 (1970)

175. Cooke, C.H.: On stiffly stable implicit linear multistep-methods. SINUM 9, 29-34 (1972)

176. Cooper, G.J.: Interpolation and quadrature methods for ordinary differential equations. Math. Comp. 22, 69-76 (1968)

177. Crane, R.L., and R.W. Klopfenstein: A predictor-corrector algorithm with an increased range of absolute stability. JACM 12, 227-241 (1965)

178. Crane, R.L., and R.J. Lambert: Stability of a generalized corrector formula. JACM 9, 104-117 (1962)

179. Creedon, D.M., and J.J.H. Miller: The stability properties of q-step backward difference schemes. BIT 15, 244-249 (1975)

180. Cryer, C.W.: A new class of highly-stable methods: A_0-stable methods. BIT 13, 153-159 (1973)

181. Cryer, C.W.: On the instability of high order backward-difference multistep methods. BIT 12, 17-25 (1972)

182. Dahlquist, G.: Convergence and stability in the numerical integration of ordinary differential equations. Math. Scand. 4, 33-53 (1956)

183. Dahlquist, G.: Stability and error bounds in the numerical integration of ordinary differential equations. Kungl. Tekn. Högsk. Handl. Stockholm Nr. 130, 1-87 (1959)

184. Dahlquist, G.: Stability questions for some numerical methods for ordinary differential equations. Proc. Symp. Appl. Math. Vol. XV, 147-158. Providence 1963

185. Dahlquist, G.: A special stability problem for linear multistep methods. BIT 3, 27-43 (1963)

186. Dahlquist, G.: On rigorous error bounds in the numerical solution of ordinary differential equations. In D. Greenspan (ed.): Numerical solutions of differential equations. New York: Wiley 1966

187. Dahlquist, G.: The sets of smooth solutions of differential and difference equations. In [135], 67-80 (1974)

188. Dahlquist, G.: Error analysis for a class of methods for stiff

non-linear initial value problems. Lect.Notes Math. 506, 60-74 (1975)

189. Dahlquist, G.: On the relation of G-stability to other stability concepts for linear multistep methods. Erschein in Proc. Conf. on Num. Anal. Dublin 1976

190. Dahlquist, G.: A priori error bounds for stiff non-linear systems. A survey. Erscheint in [122], 2 S.

191. Danchick, R.: On the non-equivalence of maximum polynomial degree Nordsieck-Gear and classical methods. Lect.Notes Math. 362, 92-106 (1974)

192. Davey, D.P., and N.F. Stewart: Guaranteed error bounds for the initial value problem using polytope arithmetic. BIT 16, 257-268 (1976)

193. Dejon, B.: Stronger than uniform convergence of multistep difference methods. Num. Math. 8, 29-41 (1966). Addendum: Num. Math. 9, 268-270 (1966)

194. Dejon, B.: Vergleich verschiedener Normen in der Theorie der Mehrschrittdifferenzenverfahren. ISNM 7, 179-184 (1967)

195. Dejon, B.: Numerical stability of difference equations with matrix coefficients. SINUM 4, 119-128 (1967)

196. Dennis, J.E., and R.A. Sweet: Some minimum properties of the trapezoidal rule. SINUM 9, 230-236 (1972)

197. Distefano, G.P.: Causes of instabilities in numerical integration techniques. Int. J. Comp. Math. 2, 123-142 (1968)

198. Donelson III, J., and E. Hansen: Cyclic composite multistep predictor-corrector methods. SINUM 8, 137-157 (1971).

199. Ehle, B.L.: A-stable methods and Padé approximations to the exponential. SINUM 4, 571-580 (1973)

200. Ehle, B.L., and Z. Picel: Two-parameter, arbitrary order, exponential approximations for stiff equations. Math. Comp. 29, 501-511 (1975)

201. Emanuel, G.: The Wilf stability criterion for numerical integration. JACM 10, 557-561 (1963)

202. Engels, H.: Runge-Kutta-Verfahren auf der Basis von Quadraturformeln. ISNM 19, 83-102 (1972)

203. Engels, H.: Allgemeine Einschrittverfahren. ISNM 26, 47-62 (1975)

204. Enright, W.H.: Second derivative multistep methods for stiff ordinary differential equations. SINUM 11, 321-331 (1974)

205. Enright, W.H.: Optimal second derivative methods for stiff systems. In [135], 95-109 (1974)

206. Enright, W.H., R. Bedet, I. Farkas and T.E. Hull: Test results on initial value methods for non-stiff ordinary differential equations. Tech. Rep. No. 68, Dept. of Comp. Sci., University of Toronto 1974

207. Enright, W.H., and T.E. Hull: Comparing numerical methods for the solution of stiff systems of ODEs arising in chemistry. In [128], 45-66 (1976)

208. Enright, W.H., T.E. Hull and B. Lindberg: Comparing numerical methods for stiff systems of O.D.E:s. BIT 15, 10-48 (1975)

209. Esser, H., und K. Scherer: Konvergenzordnungen von Ein- und Mehrschrittverfahren bei gewöhnlichen Differentialgleichungen. Computing 12, 127-143 (1974)

210. Fehlberg, E.: Numerisch stabile Interpolationsformeln mit günstigster Fehlerfortpflanzung für Differentialgleichungen erster und zweiter Ordnung. ZAMM 41, 101-110 (1961)

211. Filippi, S.: Verallgemeinerte k-Schrittverfahren der Ordnung $p=3k-m+2$ und der Ordnung $p=2k-m+1$ zur numerischen Lösung von Anfangswertaufgaben bei Differentialgleichungen m-ter Ordnung der Form $y^{(m)}=f(x,y)$. Computing 17, 361-372 (1977)

212. Filippi, S., und E. Kraska: Stabile k-Schritt-Verfahren der Ordnung $p=3k+1$ zur numerischen Lösung von Anfangswertaufgaben bei gewöhnlichen Differentialgleichungen. ZAMM 53, 527-539 (1973)

213. Filippi, S., und S. Krüger: Verallgemeinerte Mehrschrittverfahren - eine Klasse effizienter Methoden zur numerischen Integration gewöhnlicher Differentialgleichungen. Mitteilungen Math. Sem. Gießen 93, 32-63 (1971)

214. Forrington, C.V.D.: Extensions of the predictor-corrector method for the solution of systems of ordinary differential equations. Computer J. 4, 80-84 (1961)

215. Fox, P.A.: DESUB: Integration of a first-order system of ordinary differential equations. In [131], 477-507 (1971)

216. Fraboul, F.: Un critère de stabilité pour l'intégration numérique des équations différentielles. Chiffres 1, 55-63 (1962)

217. Frank, R., and C.W. Ueberhuber: Iterated defect correction for the efficient solution of stiff systems of ordinary differential equations. Bericht Nr. 17/76, Institut Num. Math. TU Wien.

218. Friedli, A.: Verallgemeinerte Runge-Kutta Verfahren zur Lösung steifer Differentialgleichungssysteme. Erscheint in [122], 16 S.

219. Friedrich, V., und D. Müller: Untersuchungen zum asymptotischen Stabilitätsbegriff bei numerischen Verfahren für Anfangswertaufgaben zu gewöhnlichen Differentialgleichungen. Beiträge Num. Math. 3, 21-35 (1975)

220. Gautschi, W.: Numerical integration of ordinary differential equations based on trigonometric polynomials. Num. Math. 3, 381-397 (1961)

221. Gear, C.W.: Hybrid methods for initial value problems in ordinary differential equations. SINUM 2, 69-86 (1964)

222. Gear, C.W.: The numerical integration of ordinary differential equations. Math. Comp. 21, 146-156 (1967)

223. Gear, C.W.: The automatic integration of stiff ordinary differential equations. Information processing 68, 187-193, Amsterdam 1969.

224. Gear, C.W.: The automatic integration of ordinary differential equations. Comm. ACM 14, 176-179 (1971)

225. Gear, C.W.: Algorithm 407, DIFSUB for solution of ordinary differential equations. Comm. ACM 14, 185-190 (1971)

226. Gear, C.W., and K.W. Tu: The effect of variable mesh size on the stability of multistep methods. SINUM 11, 1025-1043 (1974)

227. Gear, C.W., K.W. Tu and D.S. Watanabe: The stability of automatic programs for numerical processes. In [135], 111-121 (1974)

228. Gear, C.W., and D.S. Watanabe: Stability and convergence of variable order multistep methods. SINUM 11, 1044-1058 (1974)

229. Genin, Y.: An algebraic approach to A-stable linear multistep-multiderivative integration formulas. BIT 14, 382-406 (1974)

230. Gourlay, A.R.: A note on trapezoidal methods for the solution of initial value problems. Math. Comp. 24, 629-633 (1970)

231. Gragg, W.B., and H.J. Stetter: Generalized multistep predictor-corrector methods. JACM 11, 188-209 (1964)

232. Griepentrog, E.: Mehrschrittverfahren zur numerischen Integration von gewöhnlichen Differentialgleichungssystemen und asymptotische Exaktheit. Wiss. Z. Humboldt-Univ. Berlin 19, 637-653 (1970)

233. Grigorieff, R.D.: Über die Koerzitivität gewöhnlicher Differenzenoperatoren und die Konvergenz von Mehrschrittverfahren. Num. Math. 15, 196-218 (1970)

234. Grigorieff, R.D., und J. Schroll: Über A(α)-stabile Verfahren hoher Konsistenzordnung. Erscheint demnächst.

235. Gruttke, W.B.: Pseudo-Runge-Kutta methods of the fifth order. JACM 17, 613-628 (1970)

236. Guderley, K.G., and Chen-Chi Hsu: A predictor-corrector method for a certain class of stiff differential equations. Math. Comp. 26, 51-69 (1972)

237. Guderley, K.G., and C.L. Keller: A basic theorem in the computation of ellipsoidal bounds. Num. Math. 19, 218-229 (1972)

238. Gupta, R.G.: A direct numerical integration method for second-order ordinary differential equations. ZAMM 55, 709-714 (1975)

239. Gupta, G.K.: Some new high-order multistep formulae for solving stiff equations. Math. Comp. 30, 417-432 (1976)

240. Gupta, G.K., and C.S. Wallace: Some new multistep methods

for solving ordinary differential equations. Math. Comp. 29, 489-500 (1975)

241. Haines, C.F.: Implicit integration processes with error estimation for the numerical solution of differential equations. Comp. J. 12, 183-187 (1969)

242. Hairer, E.: Méthodes de Nyström pour l'équation differentielle y" = f(x,y). Num. Math. 27, 283-300 (1977)

243. Hairer, E., and G. Wanner: Multistep- multistage- multiderivative methods for ordinary differential equations. Computing 11, 287-303 (1973)

244. Hairer, E., and G. Wanner: A theory for Nyström methods. Num. Math. 25, 383-400 (1976)

245. Hall, G.: The stability of predictor-corrector methods. Comp. J. 9, 410-412 (1967)

246. Hall, G.: Stability analysis of predictor-corrector algorithms of Adams type. SINUM 11, 494-505 (1974)

247. Hall, G., W.H. Enright, T.E. Hull and A.E. Sedgwick: DETEST: a program for comparing numerical methods for ordinary differential equations. Dept. of computer Science Tech. Rep. No. 60, University of Toronto 1973

248. Hamming, R.W.: Stable predictor-corrector methods for ordinary differential equations. JACM 6, 37-47 (1959)

249. Hayashi, K.: On instability in the numerical integration of y' = -xy by multistep methods. TRU Math. 3, 30-40 (1967)

250. Hennart, J.P.: One-step piecewise polynomial multiple collocation method for initial value problems. Math. Comp. 31, 24-36 (1977)

251. Hill, D.R.: Second derivative multistep formulas based on g-splines. In [128], 25-38 (1976)

252. Hindmarsh, A.C., and G.D. Byrne: Applications of EPISODE: An experimental package for the integration of systems of ordinary differential equations. In [128], 147-166 (1976)

253. Hoog, F.R. de, and R. Weiss: The application of linear multistep methods to singular initial value problems. Techn. Rep. No. 1576 University of Wisconsin. Madison 1976

254. Houwen, P.J. van der: Explicit Runge-Kutta formulas with increased stability boundaries. Num. Math. 20, 149-164 (1972)

255. Houwen, P.H. van der: One-step methods with adaptive stability functions for the integration of differential equations. Lect.Notes Math. 333, 164-174 (1973)

256. Houwen, P.J. van der, and J.G. Verwer: Generalized linear multistep methods I. Development of algorithms with zero-parasitic roots. Mathematisch centrum, Amsterdam 1974

257. Hull, T.E.: The validation and comparison of programs for stiff systems. In [135], 151-164 (1974)

258. Hull, T.E.: Numerical solutions of initial value problems for ordinary differential equations. In A.K. Aziz: Num. sol. boundary value pr. for ord. diff. equ. New York: Academic Press 1975

259. Hull, T.E., and A.L. Creemer: Efficiency of predictor-corrector procedures. JACM 10, 291-301 (1963)

260. Hull, T.E., and W.A. Luxemburg: Numerical methods and existence theorems for ordinary differential equations. Num. Math. 2, 30-41 (1960)

261. Hull, T.E., and A.C.R. Newberry: Error bounds for three-point integration procedures. J. Soc. Indust. Appl. Math. 7, 402-412 (1959)

262. Hull, T.E., and A.C.R. Newberry: Integration procedures which minimize propagated errors. J. Soc. Indust. Appl. Math. 9, 31-47 (1961)

263. Hull, T.E., and A.C.R. Newberry: Corrector formulas for multistep integration methods. J. Soc. Indust. Appl. Math. 10, 351-359 (1962)

264. Hull, T.E., W.H. Enright, B.M. Fellen, and A.E. Sedgwick: Comparing numerical methods for ordinary differential equations. SINUM 9, 603-637 (1972)

265. Hulme, B.L.: Discrete Galerkin and related one-step methods for ordinary differential equations. Math. Comp. 26, 881-891 (1972)

266. Hulme, B.L.: One-step piecewise polynomial Galerkin methods for initial value problems. Math. Comp. 26, 415-426 (1972)

267. Iserles, A.: Functional fitting - new family of schemes for integration of stiff O.D.E. Math. Comp. 31, 112-123 (1977)

268. Jackson, L.W.: The A-stability of a family of fourth order methods. BIT 16, 383-387 (1976)

269. Jackson, L.W., and S.K. Kenue: A fourth order exponentially fitted method. SINUM 11, 965-978 (1974)

270. Jain, R.K.: A-stable multi-step methods for stiff ordinary differential equations. Conf. Num. Maths, Winnipeg, 401-416 (1971)

271. Jain, R.K.: Some A-stable methods for stiff ordinary differential equations. Math. Comp. 26, 71-77 (1972)

272. Jeltsch, R.: Multistep multiderivative methods for the numerical solution of initial value problems of ordinary differential equations. Seminar Notes University of Kentucky 1975-76

273. Jeltsch, R.: Stiff stability and its relation to A_0- and A(0)-stability. SINUM 13, 8-17 (1976)

274. Jeltsch, R.: Note on A-stability of multistep multiderivative methods. BIT 16, 74-78 (1976)

275. Jeltsch, R.: Multistep multiderivative methods and Hermite-Birkhoff interpolation. In B.L. Hartnell et al. (ed.): Proc.

5th Conf. Num. Math., 417-428 (1976)

276. Jeltsch, R.: A necessary condition for A-stability of multistep multiderivative methods. Math. Comp. 30, 739-746 (1976)

277. Jeltsch, R.: Multistep methods using higher derivatives and damping at infinity. Math. Comp. 31, 124-138 (1977)

278. Jeltsch, R.: Stiff stability of multistep-multiderivative methods. Erscheint in SINUM.

279. Jeltsch, R.: On the stability regions of multistep multiderivative methods. Erscheint in [122], 18 S.

280. Jensen, P.S.: Stiffly stable methods for undamped second order equations of motions. SINUM 13, 549-563 (1976)

281. Johnson, A.I., and I.R. Barney: Numerical solution of large systems of stiff ordinary differential equations in a modular simulation framework. In [128], 97-124 (1976)

282. Kahan, W.: A computable error bound for systems of ordinary differential equations. SIAM Rev. 8, 568-569 (1966)

283. Kahaner, D.K.: Minimum norm differentiation formulas with improved roundoff error bounds. Math. Comp. 26, 477-485 (1972)

284. Kastlunger, K.H., and G. Wanner: Runge Kutta processes with multiple nodes. Computing 9, 9-24 (1972)

285. Klopfenstein, R.W., and C.B. Davis: PECE algorithms for the solution of stiff systems of ordinary differential equations. Math. Comp. 25, 457-463 (1971)

286. Klopfenstein, R.W., and R.S. Millman: Numerical stability of a one evaluation predictor-corrector algorithm for numerical solution of ordinary differential equations. Math. Comp. 22, 557-564 (1968)

287. Kohfeld, J.J., and G.T. Thompson: Multistep methods with modified predictors and correctors. JACM 14, 155-166 (1967)

288. Kohfeld, J.J., and G.T. Thompson: A modification of Nordsieck's method using an off-step point. JACM 15, 390-401 (1968)

289. Krogh, F.T.: Predictor-corrector methods of high order with improved stability characteristics. JACM 13, 374-385 (1966)

290. Krogh, F.T.: A test for instability in the numerical solution of ordinary differential equations. JACM 14, 351-354 (1967)

291. Krogh, F.T.: A note on conditionally stable correctors. Math. Comp. 21, 717-719 (1967)

292. Krogh, F.T.: A variable step variable order multistep method for the numerical solution of ordinary differential equations. Information processing 68, S. 194-199. Amsterdam 1969

293. Krogh, F.T.: Opinions on matters connected with the evaluation of programs and methods for integrating ordinary differential equations. SIGNUM newsletters 7 (1972)

294. Krogh, F.T.: Algorithms for changing the step size. SINUM 10, 949-965 (1973)

295. Krogh, F.T.: On testing a subroutine for the numerical integration of ordinary differential equations. JACM 20, 545-562 (1973)

296. Krogh, F.T.: Changing stepsize in the integration of differential equations using modified divided differences. Lect.Notes Math. 362, 22-71 (1974)

297. Kronsjö, L., and G. Dahlquist: On the design of nested iterations for ellipt. difference equations. BIT 12, 63-71 (1972)

298. Krüger, S.: Neue stabile Prädiktor-Korrektor-Systeme hoher Ordnung. Dissertation Aachen 1971

299. Lambert, J.D.: Linear multistep methods with mildly varying coefficients. Math. Comp. 24, 81-93 (1970)

300. Lambert, J.D.: Predictor-corrector algorithms with identical regions of stability. SINUM 8, 337-344 (1971)

301. Lambert, J.D.: Nonlinear methods for stiff systems of ordinary differential equations. Lect.Notes Math. 363, 75-88 (1974)

302. Lambert, J.D.: Two unconventional classes of methods for stiff systems. In [135], 171-186 (1974)

303. Lambert, J.D., and A.R. Mitchell: On the solution of $y' = f(x,y)$ by a class of high accuracy difference formulae of low order. ZAMP 13, 223-232 (1962)

304. Lambert, J.D., and B. Shaw: On the numerical solution of $y' = f(x,y)$ by a class for formulae based on rational approximation. Math. Comp. 19, 456-462 (1965)

305. Lambert, J.D., and B. Shaw: A method for the numerical solution of $y' = f(x,y)$ based on a self-adjusting non-polynomial interpolant. Math. Comp. 20, 11-20 (1966)

306. Lambert, J.D., and B. Shaw: A generalization of multistep methods for ordinary differential equations. Num. Math. 8, 250-263 (1966)

307. Lambert, J.D., and S.T. Sigurdsson: Multistep methods with variable matrix coefficients. SINUM 9, 715-733 (1972)

308. Lambert, R.J.: An analysis of the numerical stability of predictor-corrector solutions of nonlinear ordinary differential equations. SINUM 4, 597-606 (1967)

309. Lawson, J.D., and B.L. Ehle: Improved generalized Runge-Kutta methods. Proc. Canadian Comp. Conf., 223201-223213 (1972)

310. Lindberg, B.: IMPEX - a program package for solution of systems of stiff differential equations. Rep. NA 72.50, Dept. of Information Processing, Royal Inst. of Tech., Stockholm 1972

311. Lindberg, B.: On a dangerous property of methods for stiff differential equations. BIT 14, 430-436 (1974)

312. Lindberg, B.: A stiff system package based on the implicit midpoint method with smoothing and extrapolation. In [135],

201-215 (1974)

313. Liniger, W.: A criterion for A-stability of linear multistep integration formulae. Computing 3, 280-285 (1968)

314. Liniger, W.: Global accuracy and A-stability of one- and two-step integration formulae for stiff ordinary differential equations. Lect.Notes Math. 109, 188-193 (1969)

315. Liniger, W.: Connections between accuracy and stability of linear multistep formulas. Comm. ACM 18, 53-56 (1975)

316. Liniger, W.: On stability and accuracy of numerical integration methods for stiff differential equations. IBM Rep. No. 25927. New York 1976

317. Liniger, W.: High-order A-stable averaging algorithms for stiff differential systems. In [128], 1-23, (1976)

318. Liniger, W., and T. Gagnebin: Construction of a family of second order, A-stable k-step formulas depending on the maximum order, 2k-2, of parameters. In [135], 217-227 (1974)

319. Liniger, W., and F. Odeh: A-stable accurate averaging of multistep methods for stiff differential equations. IBM J. of Research 16, 335-348 (1972)

320. Liniger, W., and F. Odeh: On Liapunov stability of stiff non-linear multistep difference equations. IBM Rep. No. 25511. New York 1976

321. Lyche, T.: Optimal order multistep methods with an arbitrary number of nonsteppoints. Lect.Notes Math. 109, 194-199 (1969)

322. Mäkelä, M., O. Nevanlinna and A.H. Sipilä: On the concepts of convergence, consistency, and stability in connection with some numerical methods. Num. Math. 22, 261-274 (1974)

323. Makinson, G.J.: Stable high order implicit methods for the numerical solution of systems of differential equations. Comp. J. 11, 305-310 (1968)

324. Mannshardt, R.: Prädiktoren mit vorgeschriebenem Stabilitätsverhalten. Erscheint in [122], 16 S.

325. Marden, M.: The geometry of the zeros of a polynomial in a complex variable. New York: AMS 1949

326. Meister, G.: Über die Integration von Differentialgleichungssystemen 1. Ordnung mit exponentiell angepaßten numerischen Methoden. Computing 13, 327-352 (1974)

327. Miller, J.J.H.: On the location of zeros of certain classes of polynomials with applications to numerical analysis. J. Inst. Math. Appl. 8, 397-406 (1971)

328. Miranker, W.L.: Matricial difference schemes for integrating stiff systems of ordinary differential equations. Math. Comp. 25, 717-728 (1971)

329. Miranker, W.L.: The computational theory of stiff differential equations. Roma: IAC 1975

330. Müller, K.H.: Stabilitätsungleichungen für lineare gewöhnliche Differenzenoperatoren. Dissertation Frankfurt a.M. 1971

331. Müller, K.H.: Stabilitätsungleichungen für lineare Differenzenoperatoren. ISNM 27, 227-253 (1975)

332. Nevanlinna, O.: On error bounds for G-stable methods. BIT 16, 79-84 (1976)

333. Nevanlinna, O., and A.H. Sipilä: A nonexistence theorem for explicit A-stable methods. Math. Comp. 28, 1053-1055 (1974)

334. Newberry, A.C.R.: Convergence of successive substitution starting procedures. Math. Comp. 21, 489-491 (1967)

335. Nordsieck, A.: Numerical integration of ordinary differential equations. Math. Comp. 16, 22-49 (1962)

336. Norsett, S.P.: A criterion for A(α) stability of linear multistep methods. BIT 9, 259-263 (1969)

337. Norsett, S.P.: An A-stable modification of the Adams-Bashforth methods. Lect.Notes Math. 109, 214-219 (1969)

338. Norsett, S.P.: Runge-Kutta methods with a multiple real eigenvalue only. BIT 16, 388-393 (1976)

339. Oberländer, S.: Fehlerabschätzung für Anfangswertprobleme. Beitr. Num.Math. 2, 137-145 (1974)

340. Odeh, F., and W. Liniger: A note on unconditional fixed-h stability of linear multistep formulae. Computing 7, 240-253 (1971)

341. Odeh, F., and W. Liniger: Nonlinear fixed-h stability of linear multistep formulae. Erscheint in J. Math. Anal. Appl.

342. Oesterhelt, G.: Mehrschrittverfahren zur numerischen Integration von Differentialgleichungssystemen mit stark verschiedenen Zeitkonstanten. Computing 13, 279-298 (1974)

343. Ohashi, T.: On the conditions for convergence of one step methods for ordinary differential equations. TRU Math. 6, 59-62 (1970)

344. Osborne, M.R.: On Nordsieck's method for the numerical solution of ordinary differential equations. BIT 6, 52-57 (1966)

345. Pelios, A., and R.W. Klopfenstein: Minimal error constant numerical differentiation (N.D.) formulas. Math. Comp. 26, 467-475 (1972)

346. Peters, E.: Über Stabilität bei Mehrschrittverfahren zur Integration steifer Differentialgleichungen. Diplomarbeit TU Berlin 1973

347. Piotrowski, P.: Stability, consistency and convergence of variable k-step methods for numerical integration of large systems of ordinary differential equations. Lect.Notes Math. 109, 221-227 (1969)

348. Prager, M., J. Taufer and E. Vitásek: Some new methods for numerical solution of initial value problems. Equadiff III,

247-253 (1974)

349. Prothero, A.: Introduction to stiff problems. In [125], 123-135 (1976)

350. Prothero, A., and A. Robinson: On the stability and accuracy of one-step methods for solving stiff systems of ordinary differential equations. Math. Comp. 28, 145-162 (1974)

351. Rahme, H.S.: A new look at the numerical integration of ordinary differential equation. JACM 16, 496-506 (1969)

352. Rahme, H.S.: Stability analysis of a new algorithm used for integrating a system of ordinary differential equations. JACM 17, 284-293 (1970)

353. Ralston, A.: Some theoretical and computational matters relating to predictor-corrector methods of numerical integration. Comput. J. 4, 64-67 (1961)

354. Ralston, A.: Relative stability in the numerical solution of ordinary differential equations. SIAM Rev. 7, 114-125 (1965)

355. Riha, W.: Optimal stability polynomials. Computing 9, 37-43 (1972)

356. Robertson, H.H.: Numerical integration of systems of stiff ordinary differential equations with special structure. In [125], 174-196 (1976)

357. Robertson, H.H., and J. Williams: Some properties of algorithms for stiff differential equations. J. Inst. Maths. Appl. 16, 23-34 (1975)

358. Rodabaugh, D.J.: On stable correctors. Comp. J. 13, 98-100 (1970)

359. Sandberg, I.W., and H. Shichman: Numerical integration of systems of stiff nonlinear differential equations. Bell System Tech. J. 47, 511-527 (1968)

360. Scheifele, G.: On numerical integration of perturbed linear oscillating systems. ZAMP 22, 186-210 (1971)

361. Scherer, R.: Exaktheitseigenschaft einiger Runge-Kutta-Formeln. ZAMM 55, T 259 - T 260 (1974)

362. Scherer, R.: Zur Stabilität halbexpliziter Runge-Kutta-Methoden. Archiv Math. 26, 267-272 (1975)

363. Scherer, R.: Spiegelung von Stabilitätsbereichen. Erscheint in [122], 6 S.

364. Schmidt, J.W.: Bemerkungen zu einem Verfahren von H.J.Stetter. Beitr. Num. Math. 4, 205-213 (1975)

365. Schoen, K.: Fifth and sixth order PECE algorithms with improved stability properties. SINUM 8, 244-248 (1971)

366. Scholz, S., K. Bräuer und S. Thomas: Ein A-stabiles einstufiges Rosenbrock-Verfahren dritter Ordnung. Beitr. Num. Math. 5, 191-199 (1976)

367. Shampine, F., and H.A. Watts: Block implicit one-step methods. Math. Comp. 23, 731-740 (1969)

368. Shimizu, T.: Errors in numerical integration of ordinary differential equations. TRU Math. 8, 27-32 (1972)

369. Sigurdsson, S.: Linear multistep methods with variable matrix coefficients. Lect.Notes Math. 228, 327-331 (1971)

370. Sloate, H.M., and T.A. Bickart: A-stable composite multistep methods. JACM 20, 7-26 (1973)

371. Snider, A.D.: Error analysis for a stiff system procedure. Math. Comp. 30, 216-219 (1976)

372. Sqier, D.P.: Non-linear difference schemes. J. Approx. th. 1, 236-242 (1968)

373. Spijker, M.N.: Convergence and stability of step-by-step methods for the numerical solution of initial-value problems. Num. Math. 8, 161-177 (1966)

374. Spijker, M.N.: Stability and convergence of finite-difference methods. Thesis, Leiden 1968

375. Spijker, M.N.: Round-off error in the numerical solution of second order differential equations. Lect.Notes Math. 109, 249-254 (1969)

376. Spijker, M.N.: On the structure of error estimates for finite-difference methods. Num. Math. 18, 73-100 (1971)

377. Spijker, M.N.: Reduction of roundoff error by splitting of difference formulae. SINUM 8, 345-357 (1971)

378. Spijker, M.N.: Equivalence theorems for nonlinear finite-difference methods. Lect.Notes Math. 267, 233-264 (1972)

379. Spijker, M.N.: Two-sided error estimates in the numerical solution of initial value problems. Lect.Notes Math. 395, 109-122 (1974)

380. Spijker, M.N.: On the possibility of two-sided error bounds in the numerical solution of initial value problems. Num. Math. 26, 271-300 (1976)

381. Stetter, H.J.: Stabilizing predictors for weakly unstable correctors. Math. Comp. 9, 84-89 (1965)

382. Stetter, H.J.: Stability of nonlinear discretization algorithm. Proc. Symp. Num. Sol. Partial Diff. Equ., 111-123. New York 1966

383. Stetter, H.J.: Improved absolute stability of predictor-corrector schemes. Computing 3, 286-296 (1968)

384. Stetter, H.J.: Stability of discretizations on infinite intervals. Lect.Notes Math. 228, 207-222 (1971)

385. Stetter, H.J.: Cyclic finite-difference methods for ordinary differential equations. Lect.Notes Math. 363, 134-143 (1974)

386. Stetter, H.J.: Economical global error estimation. In [135], 245-258 (1974)

387. Stetter, H.J.: Considerations concerning a theory for ODE-solvers. Erscheint in [122], 13 S.

388. Stiefel, E., and D.G. Bettis: Stabilization of Cowell's method. Num. Math. 13, 154-175 (1969)

389. Stiefel, E.L., and G. Scheifele: Linear and regular celestial mechanics. Berlin: Springer 1971

390. Stoer, J.: Extrapolation methods for the solution of initial value problems and their practical realization. Lect.Notes Math. 362, 1-21 (1974)

391. Strehmel, K.: Ein neues Differenzenschemaverfahren zur Lösung von Anfangswertaufgaben gewöhnlicher Differentialgleichungen. Beitr. Num. Math. 1, 157-165 (1974)

392. Strehmel, K.: Mehrschrittverfahren mit Exponentialanpassung für Differentialgleichungssysteme 1. Ordnung. Computing 17, 247-260 (1976)

393. Stummel, F.: Biconvergence, bistability and consistency of one step methods for the numerical solution of initial value problems. In Proc. Conf. Num. Anal. Dublin 1974, 197-211. London: Academic Press 1975

394. Stutzman, L.F., et al.: FAST: A translator for the solution of stiff and nonlinear differential and algebraic equations. In [128], 125-146 (1976)

395. Taubert, K.: Differenzenverfahren für gewöhnliche Anfangswertaufgaben mit unstetiger rechter Seite. Lect.Notes Math. 395, 137-148 (1973)

396. Taubert, K.: Eine Erweiterung der Theorie von G. Dahlquist. Computing 17, 177-185 (1976)

397. Taubert, K.: Differenzenverfahren für Schwingungen mit trockener und zäher Reibung und für Regelungssysteme. Erscheint in Num. Math.

398. Treanor, C.E.: A method for the numerical integration of coupled first-order differential equations with greatly different time constants. Math. Comp. 20, 39-45 (1966)

399. Urabe, M.: Theory of errors in numerical integration of ordinary differential equations. J. Sci. Hiroshima Univ. Ser. A-I, 25, 3-62 (1961)

400. Verwer, J.G.: Generalized linear multistep methods II, numerical applications. Mathematisch centrum: Amsterdam 1975

401. Verwer, J.G.: Multipoint multistep Runge-Kutta methods I: On a class of two-step methods for parabolic equations. Mathematisch centrum: Amsterdam 1976

402. Verwer, J.G.: On generalized linear multistep methods with zero-parasitic roots and an adaptive principal root. Num. Math. 27, 143-155 (1977)

403. Verwer, J.G.: S-stability properties of generalized Runge-Kutta methods. Num. Math. 27, 359-370 (1977)

404. Vitasek, E.: The numerical stability in solution of differential equations. Lect.Notes Math. 109, 87-111 (1969)

405. Walsh, J.: Initial and boundary value routines for ordinary differential equations. Proc. Conf. Software for Numerical Mathematics, 177-189. Academic Press: 1974

406. Wanner, G.: A short proof on non-linear A-stability. BIT 16, 226-227 (1976)

407. Watt, J.M.: Consistency, convergence and stability of general discretizations of the initial value problem. Num. Math. 12, 11-22 (1968)

408. Watt, J.M.: Convergence and stability of discretization methods for functional equations. Comp. J. 11, 77-82 (1968)

409. Watts, H.A., and L.F. Shampine: A-stable block implicit one-step methods. BIT 12, 252-266 (1972)

410. Weiss, W., und S. Scholz: Runge-Kutta-Nyström-Verfahren mit variablen Parametern zur numerischen Behandlung von gewöhnlichen Differentialgleichungen zweiter Ordnung. Beitr. Num. Math. 2, 211-227 (1974)

411. Weissinger, J.: Eine verschärfte Fehlerabschätzung zum Extrapolationsverfahren von Adams. ZAMM 30, 356-363 (1950)

412. Weissinger, J.: Eine Fehlerabschätzung für die Verfahren von Adams und Störmer. ZAMM 32, 62-67 (1952)

413. Weissinger, J.: Über zulässige Schrittweiten bei den Adams-Verfahren. ZAMM 53, 121-126 (1973)

414. Werner, H.: Interpolation and integration of initial value problems of ordinary differential equations by regular splines. SINUM 12, 255-271 (1975)

415. Widlund, O.B.: A note on unconditionally stable linear multistep methods. BIT 7, 65-70 (1967)

416. Wilf, H.S.: A stability criterion for numerical integration. JACM 6, 363-366 (1959)

417. Williams, J., and F. de Hoog: A class of A-stable advanced multistep methods. Math. Comp. 28, 163-177 (1974)

418. Worland, P.B.: A stability and error analysis of block methods for the numerical solution of $y'' = f(x,y)$. BIT 14, 106-111 (1974)

419. Wouk, A.: Collocation for initial value problems. BIT 16, 215-222 (1976)

420. Wyk, R. van: Variable mesh multistep methods for ordinary differential equations. J. Comp. Phys. 5, 244-264 (1970)

421. Zadunaisky, P.E.: On the estimation of errors propagated in the numerical integration of ordinary differential equations. Num. Math. 27, 21-39 (1976)

422. Zondek, B., and J.W. Sheldon: On the error propagation in Adams' extrapolation method. Math. Comp. 13, 52-55 (1959)

Sachverzeichnis

Hellwig, Partial Differential Equations
An Introduction

2nd Edition. XII. 259 pages with 35 figures

Contents:

Examples

Classification into Types, Theory of Characteristics, and Normal Form

Questions of Uniqueness

Questions of Existence

Simple Tools from Functional Analysis Applied to Questions of Existence

Knobloch/Kappel
Gewöhnliche Differentialgleichungen

332 Seiten mit 29 Bildern und 98 Aufgaben, zum Teil mit Lösungen

Aus dem Inhalt:

Elementare Integrationsmethoden

Lineare Systeme

Steuerbarkeit, Beobachtbarkeit

Abhängigkeit der Lösungen von Anfangswerten und Parametern

Stabilitätstheorie (Ljapunov-Funktionen, Satz von Zubov, Kriterium von Popov-Kalman)

Ebene autonome Systeme

Linearisierung (Integralmannigfaltigkeiten, kleine Parameter, Methode von Krylov-Bogoljubov)

Maximumprinzip von Pontrjagin

Transversalitätsbedingungen

Kamke, Differentialgleichungen
Lösungsmethoden und Lösungen

1. Gewöhnliche Differentialgleichungen

9. Aufl. XXVI. 670 Seiten mit 60 Bildern

Aus dem Inhalt:

A: Allgemeine Lösungsmethoden

Differentialgleichungen erster Ordnung

Systeme von allgemeinen expliziten Differentialgleichungen

Systeme von linearen Differentialgleichungen

Allgemeine Differentialgleichungen n-ter Ordnung

Lineare Differentialgleichungen n-ter Ordnung

Differentialgleichungen zweiter Ordnung

Lineare Differentialgleichungen dritter und vierter Ordnung

Numerische, graphische und maschinelle Integrationsverfahren

B: Rand- und Eigenwertaufgaben

Rand- und Eigenwertaufgaben bei einer linearen Differentialgleichung n-ter Ordnung

Rand- und Eigenwertaufgaben bei Systemen linearer Differentialgleichungen

Rand- und Eigenwertaufgaben der niedrigeren Ordnungen

C: Einzel-Differentialgleichungen

Mehr als die Hälfte des Buches enthält rund 1600 Differentialgleichungen in lexikographischer Anordnung mit nachgeprüften Lösungen.